中国古老小克拉通台地碳酸盐岩储层特征和成因文集

沈安江　　主编

石油工业出版社

内 容 提 要

本文集精选了以四川盆地、塔里木盆地和鄂尔多斯盆地碳酸盐岩为研究对象的相关优秀论文25篇，梳理了近年来不同盆地碳酸盐岩研究现状及勘探进展方面取得的成果，内容涵盖碳酸盐岩储层岩石类型、成岩作用、储层分布规律、构造演化方式、发育条件、不同研究分析技术、碳酸盐岩建模及模拟试验等方面，对中国海相碳酸盐岩研究有重要的参考价值。

本文集可供从事碳酸盐岩研究的科研人员及大专院校相关专业师生参考阅读。

图书在版编目（CIP）数据

中国古老小克拉通台地碳酸盐岩储层特征和成因文集 /
沈安江主编. — 北京：石油工业出版社，2021.11
ISBN 978-7-5183-4895-4

Ⅰ. ①中… Ⅱ. ①沈… Ⅲ. ①碳酸盐岩－储集层特征
－中国－文集 Ⅳ. ①P588.24-53

中国版本图书馆 CIP 数据核字（2021）第 196770 号

出版发行：石油工业出版社
　　　　　（北京安定门外安华里2区1号　100011）
　　　　　网　址：www.petropub.com
　　　　　编辑部：（010）64222261
图书营销中心：（010）64523633
经　　销：全国新华书店
印　　刷：北京中石油彩色印刷有限责任公司

2021年11月第1版　2021年11月第1次印刷
787×1092毫米　开本：1/16　印张：22.25
字数：550千字

定价：200.00元
（如出现印装质量问题，我社图书营销中心负责调换）

目　　录

中国海相碳酸盐岩储层研究进展及油气勘探意义

沈安江[1,2]，陈娅娜[1,2]，蒙绍兴[1,2]，郑剑锋[1,2]，乔占峰[1,2]，
倪新锋[1,2]，张建勇[1,2]，吴兴宁[1,2]

1. 中国石油杭州地质研究院；2. 中国石油集团碳酸盐岩储层重点实验室

摘　要　中国海相碳酸盐岩具有克拉通台地小、位于叠合盆地下构造层、埋藏深和年代老的特点，储层成因和分布是油气勘探面临的诸多科学问题之一。综述了近 5 年来中国石油集团碳酸盐岩储层重点实验室项目团队在中国海相碳酸盐岩沉积储层研究领域取得的 3 项创新性成果认识：（1）通过对四川盆地震旦系—寒武系、二叠系长兴组—三叠系飞仙关组等层系构造—岩相古地理的解剖，发现小克拉通台地台内裂陷普遍发育，建立了"两类台缘"和"双滩"沉积模式，揭示了台内同样发育烃源岩和规模储层，这为勘探领域由台缘拓展到台内提供了理论依据，并为安岳气田的发现所证实。（2）基于塔里木盆地勘探实践所提出的岩溶储层成因、内幕岩溶储层类型和分布规律的认识，突破了岩溶储层主要分布于潜山区的观点，创新提出碳酸盐岩内幕同样发育岩溶储层，这使勘探领域由潜山区拓展到内幕区，并为塔北南斜坡哈拉哈塘油田、顺北油田的发现所证实。（3）深层和古老海相碳酸盐岩储层仍具相控性、继承性大于改造性的地质认识，揭示了深层和古老海相碳酸盐岩储层的规模性和可预测性，确立了深层和古老碳酸盐岩油气勘探的地位和勘探家的信心，并为塔里木盆地、四川盆地油气勘探实践所证实；礁滩（丘）相沉积、蒸发潮坪、层序界面、暴露面和不整合面、古隆起和断裂系统控制深层和古老海相碳酸盐岩规模优质储层的分布。这些认识不但对碳酸盐岩沉积储层学科发展具重要的理论意义，而且为勘探领域的拓展提供了依据。

关键词　台内裂陷；沉积模式；岩溶储层；白云岩储层；深层和古老储层；储层相控性；海相碳酸盐岩；中国

碳酸盐岩是油气勘探非常重要的领域，全球剩余可采油气储量的 47.5%（约 $2000 \times 10^8 t$）来自碳酸盐岩[1]。中国海相碳酸盐岩分布面积广，总面积超过 $455 \times 10^4 km^2$，其中的油气资源丰富，原油资源量约为 $340 \times 10^8 t$，天然气资源量为 $24.30 \times 10^{12} m^3$，探明率分别为 4.56% 和 13.17%[2]，勘探潜力巨大，因此海相碳酸盐岩是中国非常重要的油气勘探接替领域。

由于中国海相碳酸盐岩具有克拉通台地小、位于叠合盆地下构造层、埋藏深、年代老和经历跨构造期复杂地质改造的特点，油气勘探面临诸多科学问题亟待解决，在沉积储层领域主要表现在以下 3 个方面：（1）台缘带礁滩储层规模发育，距外海烃源岩近，是碳酸盐岩油气勘探非常有利的领域，但由于中国小克拉通台地的特殊性，台缘带大多俯冲到造

第一作者：沈安江，博士，教授级高级工程师，主要从事碳酸盐岩沉积储层研究。通信地址：310023 浙江省杭州市西湖区西溪路 920 号中国石油杭州地质研究院；E-mail：shenaj_hz@petrochina.com.cn。

山带之下，埋藏深、勘探难度大，台内勘探潜力评价成为关键科学问题；（2）中国的碳酸盐岩潜山主要发育在上、下构造层之间的古隆起区，岩溶储层勘探面积有限，但受小克拉通台地多旋回构造运动的控制，碳酸盐岩内幕的暴露剥蚀和断裂系统多期次发育，大面积分布，其成储效应是碳酸盐岩内幕岩溶储层勘探潜力评价亟需解决的关键科学问题；（3）深层和古老海相碳酸盐岩储层成因和分布规律、储层的规模性和可预测性，是深层和古老海相碳酸盐岩勘探潜力评价亟需解决的关键科学问题。

笔者依托国家及中国石油科技重大专项，以塔里木盆地、四川盆地和鄂尔多斯盆地重点层系的碳酸盐岩构造—岩相古地理、储层成因和分布规律研究为切入点，以露头、岩心、薄片观察和储层地球化学、储层模拟实验为手段，综合利用露头、钻井和地震资料，围绕中国海相碳酸盐岩油气勘探面临的3个关键科学问题开展研究，取得3项创新性成果认识。这些成果认识为勘探领域的评价和拓展提供了依据，并为三大盆地的油气勘探发现所证实。

1 "两类台缘"和"双滩"沉积模式的建立及意义

Wilson[3]建立了镶边碳酸盐台地模式，把碳酸盐沉积划分为3大沉积区、9个相带和24个微相。Tucker[4]和Wright等[5]建立了碳酸盐缓坡沉积模式，将缓坡划分为内缓坡（浅缓坡）、中缓坡、外缓坡（深缓坡）和盆地4个相带。Friedman等[6]建立了孤立碳酸盐台地沉积模式：四周由深水包围的浅水碳酸盐台地，大小从几平方千米到几千平方米不等，台地边缘陡峭、发育礁滩，内部为潟湖。这些沉积模式为中国海相碳酸盐岩层系岩相古地理研究发挥了重要作用，但在实践中也存在机械地套用这些沉积模式的问题。

沉积模式具有年代效应、纬度效应和尺度效应。基于显生宙和现代沉积所建立的沉积模式不一定适用于前寒武系古老碳酸盐岩层系——中—新元古界碳酸盐岩以微生物丘或微生物席白云岩为主，几乎没有高能颗粒滩和格架礁沉积，没有明显的镶边台缘，古地貌和板块分异远不如显生宙明显，这可能与前寒武纪全球缺氧环境，以及前寒武纪共性大于差异性、显生宙差异性大于共性的地质旋回有关[7,8]。不同纬度的沉积物特征也会有很大的差异，现代沉积揭示碳酸盐岩主要分布于赤道两侧南北纬30°的范围内，而且不同纬度的生物和沉积物特征均有很大的差异，古纬度控制了沉积特征和组合[9]。受海岸带能量分带和古地形、古地貌的控制，不同尺度（板块尺度或局部）的沉积物和组合特征也会有很大的差异和不同层级[10]。因此，在解决具体地质问题时，不能简单地套用前人的沉积模式，需要建立个性化的沉积模式，以满足不同地质背景（年代、纬度、尺度）的古地理研究需求。"两类台缘"和"双滩"沉积模式的建立就是一个典型的个性化沉积模式案例，丰富了小克拉通台地沉积学内涵。

1.1 台内裂陷的识别、成因和演化

台缘是碳酸盐岩油气勘探非常重要的领域，全球70%的勘探活动集中在该领域[11]。但由于中国小克拉通台地的特殊性，台缘带大多俯冲到造山带之下，因此台内勘探潜力评价成为中国海相碳酸盐岩能否成为勘探接替领域面临的关键问题。通过对四川盆地晚震旦世—早寒武世德阳—安岳裂陷、晚二叠世长兴组沉积期—早三叠世飞仙关组沉积期开江—梁平裂陷的解剖，建立了"两类台缘"和"双滩"沉积模式，为勘探领域由台缘拓展到

台内提供了理论依据，并为安岳气田、普光气田和元坝气田的发现所证实。

台内裂陷指碳酸盐台地内由于基底断裂拉张或走滑拉分、差异沉降作用所形成的带状沉降区，基底为陆壳，裂陷深度为数百米至一千米，宽度为数十至一百千米，长度为一百至数百千米[12]。台内裂陷具以下5个识别标志：（1）裂陷与台地具有明显不同的地层序列和沉积特征；（2）裂陷与台地的地层厚度有明显的差异（图1）；（3）裂陷与台地的过渡带具有明显的台缘带和（或）分界断裂；（4）台地边缘进积体特征明显；（5）裂陷内常具有重力负异常。

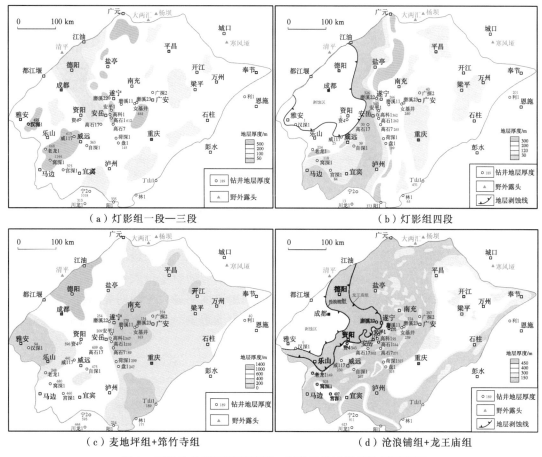

图 1　四川盆地震旦系灯影组—寒武系龙王庙组地层厚度图

泛大陆裂解是基底断裂拉张或走滑拉分作用的驱动力，更是小克拉通台内裂陷发育的主控因素（图2）。罗迪尼亚（Rodinia）泛大陆裂解与新元古代晚期兴凯地裂运动是德阳—安岳台内裂陷发育的区域构造背景，南盘江地区泥盆纪—石炭纪台内裂陷的发育与冈瓦纳（Gondwana）泛大陆裂解有关，开江—梁平台内裂陷的发育则受控于潘基亚（Pangea）泛大陆的裂解。塔里木盆地库满裂陷、塔西南裂陷的发育与罗迪尼亚泛大陆裂解有关，鄂尔多斯盆地靖边裂陷和晋陕裂陷的发育与中—新元古代哥伦比亚（Columbia）泛大陆的裂解有关。因此，中国小克拉通台内裂陷的发育具有普遍性和层位的选择性。

德阳—安岳台内裂陷经历了初始裂陷期、裂陷鼎盛期、裂陷充填期和裂陷消亡期4个阶段。灯影组二段（简称灯二段）沉积期为小克拉通浅水台地发育阶段，在四川盆地西北

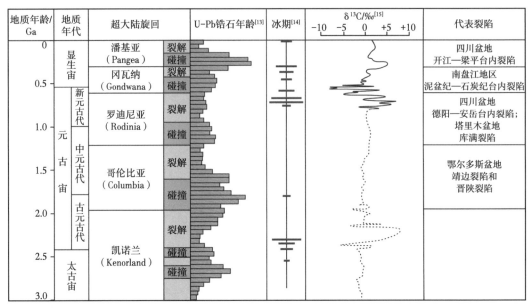

图2　地质历史时期超大陆旋回与台内裂陷发育的耦合关系（据文献［16］修编）

缘的江油一带开始发育台内裂陷的雏形和裂陷周缘小规模的微生物丘滩体；灯二段沉积期之后，在拉张环境下开始发育南北向的断裂，形成北西—南东向的侵蚀谷和台内裂陷，由江油向南延伸到德阳—安岳一带，甚至一直延伸到蜀南地区。灯四段沉积期，进入台内裂陷发育鼎盛期，裂陷内的灯四段为较深水沉积，裂陷周缘的台缘带发育2期丘滩体，呈进积式叠置。早寒武世进入裂陷充填阶段，裂陷内地层厚度明显大于同期裂陷周缘和台内的地层厚度，也是麦地坪组和筇竹寺组2套烃源岩发育的重要时期。之后，向上演变为龙王庙组沉积期的碳酸盐缓坡。

1.2　台内裂陷背景下的成藏组合

德阳—安岳台内裂陷的发育和演化控制了台内2类成藏组合的发育。首先是控制2套规模优质储层的发育，即灯四段与台内裂陷发育鼎盛期相关的裂陷周缘丘滩白云岩储层，龙王庙组与台内裂陷演化末期填平补齐相关的碳酸盐缓坡颗粒滩白云岩储层，以这2套储层为实例建立了"两类台缘"和"双滩"沉积模式（图3）。同时也控制了生烃中心的发育：沿台内裂陷筇竹寺组烃源岩厚度最大，一般为300~350m，裂陷两侧烃源岩厚度明显减薄，一般为100~300m，裂陷主体部位烃源岩厚度是邻区的2~5倍；麦地坪组烃源岩主要分布在裂陷内，厚度在50~100m，而周缘地区仅1~5m，二者相差10倍以上。

烃源岩和储层的时空配置构成2类成藏组合：一是麦地坪组、筇竹寺组烃源岩与灯二段和灯四段储层构成旁生侧储或上生下储型成藏组合，不整合面是油气运移的通道；二是麦地坪组、筇竹寺组烃源岩与龙王庙组缓坡颗粒滩储层构成下生上储型成藏组合，断裂是油气运移的通道。

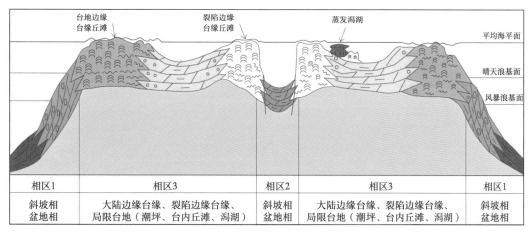

（a）灯四段与台内裂陷发育鼎盛期相对应的"两类台缘"沉积模式

（b）龙王庙组与台内裂陷演化末期填平补齐后相对应的"双滩"沉积模式

图 3　中国海相碳酸盐岩"两类台缘"和"双滩"沉积模式

2　碳酸盐岩规模储层成因和分布规律的认识创新

　　前人[11,17-19]在碳酸盐岩储层成因方面做了大量的研究工作，取得了很多地质认识。但是，对白云石化和热液作用对孔隙的贡献、深层碳酸盐岩储层的相控性和规模、碳酸盐岩储层孔隙保存机理、层间岩溶和断溶体等特殊储层类型和成因等的地质认识，还存在分歧和争议。笔者在碳酸盐岩储层成因和分布规律方面提出了颠覆性认识，丰富了储层地质学内涵，为勘探领域评价提供了支撑。

2.1　碳酸盐岩储层类型

　　根据物质基础、地质背景和成孔作用 3 个储层发育条件，考虑勘探生产的实用性，将海相碳酸盐岩储层划分为 3 大类 11 亚类[20]（表 1），这一分类方案为绝大多数地质工作者所接受。

表1 中国海相碳酸盐岩储层成因分类

储层类型			定义	实例
沉积型	礁滩储层	镶边台缘礁滩储层	分布于碳酸盐台地边缘的礁滩相储层，呈条带状分布，厚度大，常受早表生岩溶作用改造	塔里木盆地塔中北斜坡上奥陶统良里塔格组
		台内裂陷周缘礁滩储层	分布于碳酸盐台地台内裂陷周缘的礁滩相储层，呈条带状分布，厚度大，常受早表生岩溶作用改造	四川盆地德阳—安岳台内裂陷周缘上震旦统灯四段
		碳酸盐缓坡颗粒滩储层	分布于碳酸盐缓坡的颗粒滩相储层，呈大面积准层状分布，为台内洼地或潟湖所分割，垂向上多套叠置	塔里木盆地下寒武统肖尔布拉克组、四川盆地下寒武统龙王庙组
	白云岩储层	沉积型白云岩储层 — 回流渗透白云岩储层	由渗透回流白云石化作用形成的白云岩储层，原岩为礁滩相沉积，经历早期低温白云石化，保留原岩结构	塔北牙哈地区中—下寒武统
		萨布哈白云岩储层	由萨布哈白云石化作用所形成的白云岩储层，经历早期低温白云石化，岩性主要为石膏质白云岩，发育膏模孔	鄂尔多斯盆地奥陶系马家沟组上组合
复合型		埋藏—热液改造型白云岩储层	由埋藏—热液白云石化作用所形成的白云岩储层，经历埋藏期高温白云石化	四川盆地下二叠统栖霞组—茅口组
成岩型	岩溶储层	潜山（风化壳）岩溶储层 — 灰岩潜山岩溶储层	分布于碳酸盐岩潜山区，与中长期的角度不整合面有关，岩溶缝洞呈准层状分布，集中分布于不整合面下0~100m的范围内，峰丘地貌特征明显，上覆地层为碎屑岩层系	轮南低凸奥陶系鹰山组
		白云岩风化壳储层	分布于碳酸盐岩潜山区，呈准层状，围岩为白云岩，古地貌平坦，峰丘特征不明显。实际上为白云岩储层，储集空间以晶间孔和晶间溶孔为主，岩溶缝洞不发育，但潜山岩溶作用可使储层物性变好，上覆地层为碎屑岩层系	靖边奥陶系马家沟组五段、塔北牙哈—英买力寒武系—蓬莱坝组
		内幕岩溶储层 — 层间岩溶储层	分布于碳酸盐岩内幕区，与碳酸盐岩层系内部中短期的平行（微角度）不整合面有关，准层状分布，垂向上可多套叠置	塔中北斜坡奥陶系鹰山组
		顺层岩溶储层	分布于碳酸盐潜山周缘具斜坡背景的内幕区，环潜山周缘呈环带状分布，与不整合面无关，顺层岩溶作用时间与上倾方向潜山区的潜山岩溶作用时间一致，岩溶强度向下倾方向逐渐减弱	塔北南斜坡奥陶系鹰山组
		断溶体储层	分布于断裂发育区，与不整合面及峰丘地貌无关，缝洞发育的跨度大（200~500m），沿断裂呈栅状分布，走滑断裂、沿断裂发育的深部岩溶作用被认为是岩溶缝洞发育的主控因素	塔北哈拉哈塘地区、顺北地区和英买1-2井区奥陶系一间房组—鹰山组

（1）沉积型储层。沉积作用为主控因素，分布受相带控制，主要指礁滩储层和沉积型白云岩储层，以基质孔为主，原生孔和早表生溶孔发育，有较强的均质性。

（2）成岩型储层。成岩作用为主控因素，分布受暴露面（不整合面）及断裂系统控制，主要指岩溶储层，储集空间以岩溶缝洞为主，有强烈的非均质性。

（3）复合型储层。沉积和成岩作用共为主控因素，分布受相带（礁滩相带为主）和后期成岩叠加改造（埋藏—热液作用、白云石化作用）共同控制，主要指结晶白云岩储层，储集空间以晶间孔和晶间溶孔为主，非均质性介于沉积型和成岩型储层之间。

2.2　碳酸盐岩储层成因

大多数学者[21,22]认为礁滩储层主要受沉积相控制，岩溶储层和白云岩储层主要受成岩相控制。笔者认为碳酸盐岩储层均具有相控性，礁滩相沉积是储层发育的基础；孔隙主要形成于沉积和表生环境，埋藏环境是孔隙调整（贫化或富集）的场所，但对深层优质储层的发育具有重要的贡献；白云石化对孔隙的保存大于建设作用，热液对孔隙的破坏作用大于建设作用，但均指示了先存储层的存在。

2.2.1　岩溶储层和白云岩储层的原岩为礁滩沉积

白云岩储层可分为2类：一类是保留或残留原岩礁滩结构的白云岩储层，另一类是晶粒白云岩储层。前者的原岩显然为礁滩相沉积（图4a，b），孔隙以沉积原生孔为主，发育少量溶蚀孔洞；后者通过锥光、荧光等原岩结构恢复技术，发现其原岩也为礁滩相沉积。最为典型的案例是四川盆地二叠系栖霞组细—中晶白云岩储层（图4c，d），其原岩

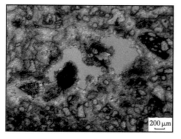  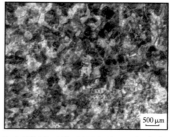

| （a）藻礁白云岩。保留原岩结构，藻格架孔发育。塔里木盆地巴楚地区方1井4600.50m，下寒武统。铸体薄片，单偏光 | （b）颗粒白云岩。保留原岩结构，粒间孔和鲕模孔发育。塔里木盆地牙哈地区牙哈7X-1井5833.20m，中寒武统。铸体薄片，单偏光 | （c）细晶白云岩，见晶间孔和晶间溶孔。川中磨溪42井4656.25 m，栖霞组。铸体薄片，单偏光 |

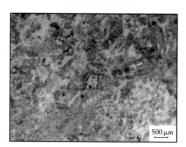  

| （d）与（c）为同一视域，原岩为生物碎屑灰岩，见粒间孔、铸模孔和体腔孔 | （e）鲕粒白云岩。白云石晶体粒度小于鲕粒，粒间孔发育。四川盆地龙岗地区龙岗26井5626.00m，下三叠统飞仙关组，铸体薄片 | （f）块状粗晶白云岩。白云石被溶蚀成港湾状，晶间溶孔和溶蚀孔洞发育。四川盆地池67井3311.69m，茅口二段。铸体片，单偏光 |

图4　保留礁滩结构的白云岩储层和晶粒白云岩储层的原岩特征

为砂屑生物碎屑灰岩，晶间孔和晶间溶孔实际上是对原岩粒间孔、粒内孔（体腔孔）和溶孔的继承和调整，并非白云石化作用的产物。塔里木盆地英买力地区下奥陶统蓬莱坝组细—中晶白云岩储层的原岩同样为礁滩相沉积。需要指出的是，细—中晶白云岩的原岩颗粒结构易于恢复，而中—粗晶、巨晶白云岩的原岩结构难以恢复，这可能是因为以下两个方面的原因：一是原岩颗粒粒度大于白云石晶体粒度时，原岩颗粒结构易于恢复（图4e），原岩颗粒粒度小于白云石晶体粒度时，原岩颗粒结构难以恢复（图4f）；二是晶粒粗的白云石晶体经历了更强烈的重结晶作用。

岩溶缝洞的发育除受潜山不整合面、层间岩溶面和断裂控制外，溶蚀模拟实验表明其还具有岩性选择性[23]。岩溶缝洞主要发育于泥粒灰岩中，而颗粒灰岩、粒泥灰岩和泥晶灰岩中较少见，这也为塔里木盆地一间房组—鹰山组岩溶缝洞（孔洞）围岩的岩性统计数据所证实。因此，岩溶缝洞的发育离不开不整合面、层间岩溶面和断裂，但岩溶缝洞的富集受岩性控制。

2.2.2 沉积和表生环境是储层孔隙发育的重要场所

碳酸盐岩储层孔隙有3种成因：（1）沉积原生孔隙；（2）早表生成岩环境不稳定矿物（文石、高镁方解石等）溶解形成组构选择性溶孔；（3）晚表生成岩环境中碳酸盐岩溶蚀形成非组构选择性溶蚀孔洞。表生环境是储集空间发育非常重要的场所，因为只有表生环境才是完全的开放体系，富含CO_2的大气淡水能得到及时的补充，溶解的产物能及时地被搬运走，这为规模溶蚀创造了优越的条件。这些溶蚀孔洞为埋藏成岩流体提供了运移通道。

碳酸盐岩原生孔隙类型比碎屑岩复杂得多，除粒间孔外，还有其特有的粒内孔或体腔孔、窗格孔、遮蔽孔和格架孔等。但由于碳酸盐岩的高化学活动性和早成岩特征，原生孔隙大多通过胶结或充填作用被破坏，或被溶蚀扩大，失去原生孔隙的识别特征。尽管碳酸盐岩原生孔隙难以保存或因溶蚀扩大而难以识别，但粒间孔、格架孔等在塔里木盆地和四川盆地碳酸盐岩储层中也是很常见的。

碳酸盐岩的高化学活动性贯穿于整个埋藏史，但最为强烈的孔隙改造发生在早表生成岩环境。受层序界面之下的沉积物暴露于大气淡水并发生溶蚀所驱动，早表生成岩环境形成的孔隙以基质孔为主，具有强烈的组构选择性。塔里木盆地良里塔格组礁滩储层为早表生溶孔发育的典型案例：早表生期海平面下降导致良里塔格组泥晶棘屑灰岩暴露和遭受大气淡水溶蚀，形成组构选择性溶孔。塔中62井测试井段为4703.50~4770.00m，日产油38m³，日产气29762m³。测试段4706.00~4759.00m有取心，经铸体薄片鉴定，有效储层岩性为泥晶棘屑灰岩，共3层10m，与含亮晶方解石泥晶棘屑灰岩、含藻泥晶棘屑灰岩呈不等厚互层，上覆生物碎屑泥晶灰岩（图5）。

高分辨率层序地层研究揭示，在高位体系域向上变浅准层序组上部发育的台缘礁滩沉积，最易暴露和受大气淡水淋滤形成溶孔，而且距三级层序界面越近的准层序组，溶蚀作用越强烈，储层厚度越大，垂向上呈多层段相互叠置分布。紧邻储层之下的含亮晶方解石泥晶棘屑灰岩段、含藻泥晶棘屑灰岩段，粒间往往见大量渗流沉积物，再往深处才变为未受影响带，构成完整的淡水溶蚀带—渗流物充填带—未受影响带的淋溶渐变剖面（图5）。塔中62井良里塔格组礁滩储层的垂向剖面表明，组构选择性溶孔主要是早表生期大气淡水溶蚀的产物。

晚表生岩溶作用的对象已经不是碳酸盐沉积物，而是被重新抬升到地表的碳酸盐岩，

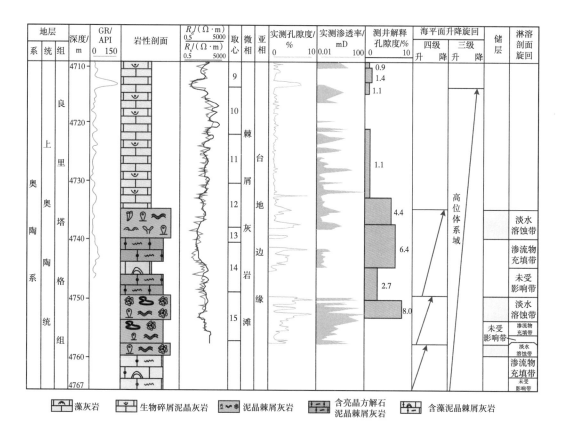

图 5　塔里木盆地塔中 62 井 4710~4767m 井段（颗粒灰岩段）海平面升降旋回
与储层发育特征（据文献 [20]）

形成的岩溶缝洞、孔洞等非组构选择性溶蚀孔洞，具有强烈的非均质性。晚表生岩溶作用有 3 种形式：（1）沿大型的潜山不整合面分布，如塔北地区轮南低凸起奥陶系鹰山组上覆石炭系砂泥岩，之间代表长达 120Ma 的地层剥蚀和缺失，鹰山组峰丘地貌特征明显，潜山高度可达数百米，储集空间以岩溶缝洞为主，集中分布在不整合面之下 0~100m 的范围内。（2）沿碳酸盐岩内幕的层间间断面或剥蚀面分布，如塔中—巴楚地区大面积缺失一间房组和吐木休克组，鹰山组裸露区为灰质白云岩山地，上覆良里塔格组，代表了 14~20Ma 的地层缺失，储集空间以溶蚀孔洞为主，发育少量岩溶缝洞。塔北南缘围斜区一间房组和鹰山组具有类似的岩溶特征。（3）沿断裂分布，如塔北哈拉哈塘和顺北地区、英买 1-2 井区的鹰山组及一间房组，岩溶缝洞沿断裂带呈网状、栅状分布，之间没有明显的地层缺失和不整合，缝洞垂向上的分布跨度也大得多。

2.2.3　埋藏环境是储层孔隙保存和调整的场所

　　埋藏环境通过溶蚀作用可以新增孔隙这一观点已为地质学家们所接受[24-28]。笔者通过塔里木盆地、四川盆地和鄂尔多斯盆地碳酸盐岩储层实例解剖，认为埋藏期碳酸盐岩孔隙的改造作用主要是通过溶蚀（有机酸、TS 及热液等作用）和沉淀作用导致先存孔隙的富集和贫化：先存孔隙发育带控制埋藏溶孔的分布；开放体系高势能区是孔隙建造的场所，低势能区是孔隙破坏的场所；封闭体系是先存孔隙的保存场所。通过先存孔隙的富集和贫化形成深层优质储层，其作用和意义远大于新增孔隙[23]。

9

2.2.4 白云石化与热液作用对孔隙的贡献

白云石化在孔隙建造和破坏中的作用，长期以来都是争论的焦点[11,19]。由于碳酸盐岩储集空间主要发育于各类白云岩中——即使是礁滩储层，储集空间也主要发育于白云石化的礁滩相沉积中，尤其是经历了漫长成岩改造的碳酸盐岩尤其如此，因此，许多学者认为白云石化对孔隙有重要的贡献[29-32]，并建立了10余种白云石化模式解释白云岩的成因。然而，笔者认为白云石化作用对孔隙的贡献被夸大，白云岩中的孔隙部分是对原岩孔隙的继承和调整，部分来自溶蚀作用[33]，但白云石化作用对早期孔隙的保存具重要的作用。与石灰岩地层相比，白云岩在表生环境遇弱酸几乎不溶，在埋藏环境具有更大的脆性和抗压实—压溶性，导致缝合线不发育，这些特性均有利于白云岩中先存孔隙（原生孔、表生溶孔和埋藏溶孔）的保存，白云岩为先存孔隙提供了坚固的格架[34]。

热液指进入围岩地层且温度明显高于围岩（>5℃）的矿化流体[35]。拉张断层上盘、走滑断层、拉张断层和走滑断层的交叉部位是热液活动的活跃场所，热液对主岩的改造体现在3个方面：（1）"热液岩溶作用"[36-38]形成溶蚀孔洞，如果热液溶解作用足够强，甚至可造成岩层的局部垮塌和角砾岩化，形成储集空间；（2）交代围岩或沉淀白云石形成热液白云岩；（3）沉淀热液矿物充填先存孔隙和断裂/裂缝。所以，热液活动在局部范围可以形成溶蚀孔洞，但其规模具有不确定性，受控于热液活动的规模，而且总体以热液矿物沉淀破坏先存孔隙为主。但热液活动需要有断裂、不整合面和高渗透层作为热液的通道，其对先存储集空间的指示意义大于建设作用。

2.3 碳酸盐岩储层分布

综上所述，碳酸盐岩储集空间主要形成于沉积期和表生期，埋藏溶蚀孔洞主要沿先存孔隙发育带分布，继承性大于改造性。镶边台缘（包括台内裂陷周缘）、碳酸盐缓坡、蒸发台地、大型古隆起—不整合和断裂系统控制了储层的发育，储层分布有规模、有规律、可预测（表2）。

表 2　碳酸盐岩储层发育主控因素和分布规律

储层类型			主控因素	分布规律
沉积型	礁滩储层	镶边台缘礁滩储层	镶边台缘或台内裂陷周缘礁滩相带沉积、表生暴露阶段是主要成孔期，受埋藏成岩改造，继承性大于改造性	分布于台缘带，条带状，厚度大
		台内裂陷周缘礁滩储层		分布于台内裂陷周缘，条带状，厚度大
		碳酸盐缓坡颗粒滩储层	碳酸盐缓坡颗粒滩沉积、表生暴露阶段是孔隙的主要发育期，受埋藏期成岩改造，继承性大于改造性	分布于碳酸盐缓坡，准层状大面积分布，垂向上多套叠置
	白云岩储层	沉积型白云岩储层 回流渗透白云岩储层	蒸发台地或潟湖相带，小规模的礁滩相沉积和大规模环带状膏质白云岩沉积、表生暴露阶段是主要成孔期，受埋藏期成岩改造，继承性大于改造性	蒸发台地或潟湖相带小规模礁滩，与萨布哈白云岩储层伴生
		萨布哈白云岩储层		沿膏盐湖周缘呈环带状分布
复合型		埋藏—热液改造型白云岩储层	沿断裂、不整合面分布的高渗透礁滩相沉积，受埋藏—热液改造发生白云石化，孔隙的继承性大于改造性	透镜状或斑状白云石化的礁滩体，沿断裂、不整合面分布

储层类型			主控因素	分布规律
成岩型	岩溶储层	潜山（风化壳）岩溶储层 — 灰岩潜山岩溶储层	潜山不整合面和晚表生岩溶作用控制岩溶缝洞的发育，岩性（泥粒灰岩为主）控制岩溶缝洞的富集程度	分布于潜山不整合面之下 0 ~ 100m 的深度范围
		白云岩风化壳储层	先存的白云岩储层，储集空间以晶间孔和晶间溶孔为主，潜山岩溶作用形成的孔洞使储层物性进一步改善	分布范围可以大于风化壳，内幕为先存的白云岩储层
		内幕岩溶储层 — 层间岩溶储层	碳酸盐岩地层内幕暴露剥蚀、岩溶作用形成岩溶缝洞，岩性（泥粒灰岩为主）控制岩溶缝洞的富集程度	碳酸盐岩地层内幕准层状大面积分布，垂向上多套叠置
		顺层岩溶储层	潜山周缘斜坡区沿碳酸盐岩内幕不整合面、高渗透层发生顺层岩溶作用形成岩溶缝洞，岩性（以泥粒灰岩为主）控制岩溶缝洞的富集程度	沿潜山带周缘的斜坡区呈环带状分布，向下倾方向岩溶作用逐渐减弱
		断溶体储层	走滑断裂和深部溶蚀作用控制岩溶缝洞的发育，岩性（以泥粒灰岩为主）控制岩溶缝洞的富集程度	沿断裂带成网格状、栅状分布，垂向跨度达 200 ~ 500m

3 对碳酸盐岩勘探领域评价的指导意义

小克拉通台地裂解和"两类台缘""双滩"沉积模式的建立，突破了传统沉积模式的束缚，不但丰富了沉积学内涵，而且在模式指导下识别发现了台内 2 类成藏组合，为油气勘探由台缘拓展到台内奠定了基础。储层相控性、继承性大于改造性地质认识，揭示了储层的规模性和可预测性，确立了古老深层海相碳酸盐岩的勘探地位。

3.1 勘探领域的拓展

3.1.1 岩溶储层成因和分布规律的认识创新使勘探领域由潜山区拓展到内幕区

岩溶作用指水对可溶性岩石的化学溶蚀、机械侵蚀、物质迁移和再沉积的综合地质作用及由此所产生现象的统称，岩溶储层则为与岩溶作用相关的储层[39]。传统意义上的岩溶储层都与明显的地表剥蚀和峰丘地貌有关，或与大型的角度不整合有关，岩溶缝洞沿大型不整合面或峰丘地貌呈准层状分布[40]。塔北地区轮南低凸起奥陶系鹰山组岩溶储层就属于这种类型。

塔里木盆地的勘探实践证实，碳酸盐岩内幕同样发育岩溶储层，其与层间中短期的地层剥蚀有关，被称为层间岩溶储层。如果后期形成斜坡背景，还可叠加顺层岩溶作用改造，如塔北南缘围斜区的一间房组和鹰山组就属于顺层岩溶储层。碳酸盐岩内幕区还发育一类特殊的岩溶储层，即受断裂控制的断溶体储层，如塔北哈拉哈塘、顺北地区和英买 1—2 井区均发育这类储层。基于塔里木盆地奥陶系勘探实践提出的岩溶储层细分方案（表 1）和分布规律（表 2）的认识，勘探领域由潜山区拓展到内幕区：由原先寻找大的角度不整合面之下潜山区的岩溶缝洞储层，拓展到寻找碳酸盐岩内幕区层间岩溶储层（图6）、顺层岩溶储层和断溶体储层。这一认识和拓展的正确性为塔北南斜坡哈拉哈塘油田、顺北油田的发现所证实。事实上，不整合面类型、斜坡背景和断裂均控制岩溶作用类型（层间岩溶作用、顺层岩溶作用、潜山岩溶作用和断溶体岩溶作用）和岩溶缝洞的发育。

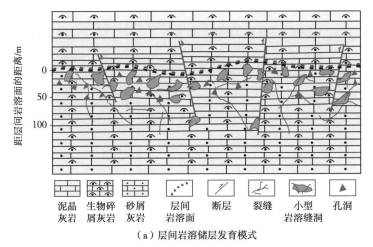

（a）层间岩溶储层发育模式

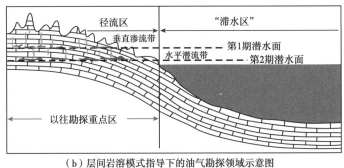

（b）层间岩溶模式指导下的油气勘探领域示意图

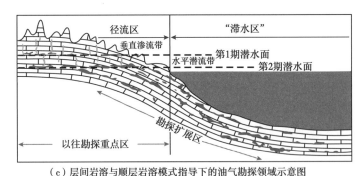

（c）层间岩溶与顺层岩溶模式指导下的油气勘探领域示意图

图6　岩溶储层发育模式及模式指导下的油气勘探领域示意图

塔里木盆地岩溶储层勘探可划分为3个阶段：（1）2008年之前的潜山岩溶储层勘探阶段，勘探领域集中在潜山区；（2）2008—2015年碳酸盐岩内幕岩溶储层勘探阶段，勘探领域由潜山区拓展到内幕区，整个塔北南斜坡均成为勘探的主战场；（3）2013—2018年的断溶体储层勘探阶段，发现沿断裂系统同样可以发育岩溶缝洞，岩溶缝洞不受潜山或层间岩溶面的控制（图7）。

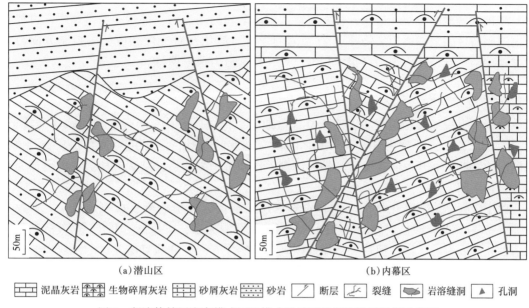

泥晶灰岩	生物碎屑灰岩	砂屑灰岩	砂岩	断层	裂缝	岩溶缝洞	孔洞

(a) 潜山区　　　　　　　　　　　　　　　　(b) 内幕区

图 7　断溶体储层发育模式图及模式指导下的岩溶储层勘探示意图

3.1.2　小克拉通"两类台缘"和"双滩"沉积模式的建立使勘探领域由台缘拓展到台内

基于 Wilson 等[3]的沉积相模式，台缘带礁滩储层规模发育，距外海烃源岩近，成藏条件优越，因此以往的碳酸盐岩油气勘探主要集中在台缘带。但由于中国海相小克拉通台地的特殊性，台缘带大多俯冲到造山带之下，勘探难度大，台内碳酸盐岩勘探潜力评价成为关键问题。

笔者通过四川盆地晚震旦世—早寒武世、晚二叠世长兴组沉积期—早三叠世飞仙关组沉积期构造—岩相古地理的解剖，发现小克拉通台内裂陷普遍发育，建立了台内裂陷鼎盛期的"两类台缘"沉积模式和台内裂陷填平补齐后的碳酸盐缓坡"双滩"沉积模式（图 3），揭示了台内同样发育烃源岩和规模储层，它们构成"侧生侧储"和"下生上储"2 类成藏组合（图 8），这为勘探领域由台缘拓展到台内提供了理论依据，并为安岳气田、

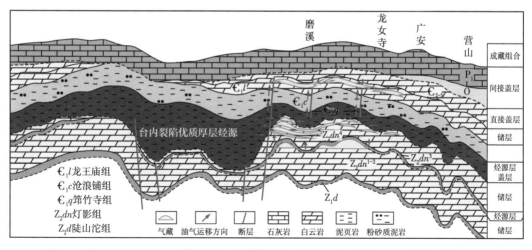

图 8　四川盆地震旦纪—早寒武世台内裂陷演化控制的 2 类成藏组合（据文献［41］）

13

普光气田和元坝气田的发现所证实。

塔里木盆地南华纪—早寒武世发育塔西南裂陷和阿满裂陷，鄂尔多斯盆地中元古代发育定边—榆林裂陷和铜川裂陷[42]，在裂陷的发育、演化及对成烃和成储的控制方面与四川盆地德阳—安岳台内裂陷有很多相似之处，勘探潜力值得期待。

3.2 勘探深度的拓展

中国小克拉通海相碳酸盐岩位于叠合盆地的下构造层，具有年代老和埋藏深的特点。勘探实践证实，储层物性与埋藏深度之间没有必然的关系，深层仍可发育优质储层[43]。但深层油气勘探和开发的投资大，储层的规模性和可预测性是深层碳酸盐岩油气勘探面临的关键科学问题之一。

由于碳酸盐岩的高化学活动性和古老深层碳酸盐岩经历的漫长成岩改造，大多数学者[24-28]认为深层碳酸盐岩的储集空间以埋藏溶蚀孔洞为主，有机酸、TSR、热液活动是埋藏溶蚀孔洞发育的关键。但这种储层成因观点显然没有回答勘探家所关注的深层碳酸盐岩储层的规模性和可预测性问题。笔者提出了深层碳酸盐岩储层具有相控性，继承性大于改造性；储集空间主要形成于沉积和表生环境，埋藏环境是孔隙贫化和富集的场所，但对深层优质储层的发育具有重要的贡献；埋藏溶蚀孔洞主要沿先存孔隙发育带分布，这个作用和意义远大于孔隙的增加。这些认识揭示了深层碳酸盐岩储层的规模性和可预测性，确立了深层碳酸盐岩油气勘探的地位和信心。

基于深层碳酸盐岩储层有规模可预测的地质认识，近几年在3大海相盆地部署了一批风险探井：塔里木盆地部署了和田2、楚探1、轮探1、柯探1、乔探1、中寒1和红探1等井，四川盆地部署了双探1、双探2、双探3、磨溪56、五探1、楼探1、角探1、蓬探1和充探1等井，鄂尔多斯盆地部署了桃77、桃59、桃90、统99、统74、莲92、靳6和靳12等井。这些探井进一步证实了深层规模优质储层的存在，增强了深层碳酸盐岩勘探的信心，明确了礁滩相沉积、蒸发潮坪、层序界面、暴露面和不整合面、古隆起和断裂系统控制深层碳酸盐岩规模优质储层的分布。

3.3 勘探层系的拓展

全球范围内前寒武系油气资源丰富，如西伯利亚地区中—新元古界发育晚里菲期和晚文德期沉积形成的2套微生物白云岩规模储层，至2005年发现油气田65个，探明原油储量 $5.25 \times 10^8 t$、天然气 $2.02 \times 10^{12} m^3$，探明总油气当量 $22.36 \times 10^8 t$[44]；阿曼新元古界探明原油储量 $3.5 \times 10^8 t$[45]；印度巴格哈瓦拉油田拥有地质储量约 $6.28 \times 10^8 bbl$ 的原油，层位为新元古界[46]。

中国前寒武系碳酸盐岩广泛分布，岩性和全球一样以微生物白云岩为主，在四川盆地震旦系、华北任丘蓟县系也发现了大油气田。四川盆地灯影组四段微生物白云岩储层发育，具备万亿立方米天然气的储量规模，已探明天然气 $2200 \times 10^8 m^3$。华北任丘蓟县系微生物白云岩储层是一套区域性优质储层，孔隙度平均值为 $2.51\% \sim 9.94\%$，渗透率平均值为 $8.8 \sim 8450 mD$；牛东1井 $5641.5 \sim 6027.0m$ 井段日产油 $642.91 m^3$、日产天然气 $56 \times 10^4 m^3$；在郑州、雁翎潜山的22口试油井中，日产油千吨以上的井有8口，最高日产量3055t（雁10井）。但是，中国前寒武系碳酸盐岩的研究程度低，尤其是优质规模储层发育的潜力问题，是勘探领域评价的关键。

笔者研究认为微生物岩不但是储层发育的物质基础，也是原生孔隙的载体；微生物早期降解形成的酸性气体有利于孔隙发育和保存，微生物岩热解形成的 CO_2 气体和有机酸有利于孔隙发育和保存；早期白云石化导致抗压实压溶能力提升和微孔隙发育，有利于早期孔隙的保存；显生宙岩溶作用是显著提高微生物碳酸盐岩储层品质的关键。这些认识揭示了古老微生物白云岩的相控性、规模性和可预测性：缓坡台缘、潮坪和碳酸盐缓坡是中新元古界微生物白云岩储层的有利发育区，古老层系的勘探值得期待，今后的碳酸盐岩油气勘探应积极向这些层系拓展。

4 结论和展望

综上所述，中国海相小克拉通碳酸盐岩沉积储层研究主要取得以下 3 项创新性成果认识，为勘探领域的拓展发挥了重要的作用：

（1）"两类台缘"和"双滩"沉积模式。通过四川盆地晚震旦世—早寒武世、晚二叠世长兴期—早三叠世飞仙关期构造—岩相古地理的解剖，发现小克拉通台内裂陷普遍发育，建立了台内裂陷鼎盛期的"两类台缘"和填平补齐后的缓坡"双滩"沉积模式，这不但丰富了沉积学理论内涵，而且揭示了台内同样发育烃源岩和规模储层，它们构成"侧生侧储"和"下生上储" 2 类成藏组合，这些成果为勘探领域由台缘拓展到台内提供了理论依据，并为安岳气田、普光气田和元坝气田的发现所证实。

（2）碳酸盐岩内幕岩溶储层成因和分布规律认识。基于塔里木盆地岩溶储层勘探实践提出的岩溶储层成因认识、碳酸盐岩内幕岩溶储层成因类型和分布规律的认识，突破了岩溶储层主要分布于潜山区、都与明显的地表剥蚀和峰丘地貌有关或与大型的角度不整合有关、岩溶缝洞沿大型不整合面或峰丘地貌呈准层状分布的观点，提出碳酸盐岩内幕同样发育岩溶储层（层间岩溶、顺层岩溶和断溶体储层），这些认识丰富了储层地质学内涵，促使勘探领域由潜山区拓展到内幕区，并为塔北南斜坡哈拉哈塘油田、顺北油田的发现所证实。

（3）古老和深层碳酸盐岩储层的相控性和可预测性认识。古老和深层碳酸盐岩储层仍具相控性，孔隙主要形成于沉积和表生环境；埋藏溶蚀孔洞沿先存孔隙发育带分布，并导致孔隙的富集和贫化及优质储层的发育，其意义远大于孔隙的增加；白云岩储层的原岩以礁滩相沉积为主，晶间孔和晶间溶孔主要是对原岩孔隙的继承和调整，部分来自溶蚀作用；白云石化对孔隙的保存大于建设作用，热液对孔隙的破坏大于建设作用，但指示了先存孔隙的存在。碳酸盐岩储层成因的认识创新不但丰富了储层地质学内涵，而且揭示了古老和深层碳酸盐岩储层的规模性和可预测性，确立了深层和古老碳酸盐岩油气勘探的地位和勘探家的信心，这些认识为塔里木盆地、四川盆地古老和深层碳酸盐岩油气勘探所证实。古老和深层碳酸盐岩发育优质规模储层，可以突破深度的限制，礁滩（丘）相沉积、蒸发潮坪、层序界面、暴露面和不整合面、古隆起和断裂系统控制古老和深层碳酸盐岩规模优质储层的分布。

碳酸盐岩沉积储层研究虽然取得了重要进展，但仍然有漫长的路要走，主要需要开展以下 5 个方面的研究工作：（1）个性化沉积相模式的建立与应用，系统建立基于年代效应、纬度效应和尺度效应的沉积相模式，并应用于相应层系（年代）、盆地（纬度）和区块（尺度）的岩相古地理研究中；（2）储层成因和分布规律的深化认识；（3）多尺度储层表征、建模与评价，包括宏观尺度、油藏尺度和微观尺度 3 个层次的储层非均质性表征、评价和建模，为有利储层分布区预测、探井和高效开发井部署提供支撑；（4）实验技术开发，尤其是储层地球化学和储层溶蚀模拟实验技术开发，为储层成因研究提供利器；（5）测井岩相和储层识别技术（常规和成像测井）、基于储层地质模型的地震岩相识别和储层预测技术的开发应用。

参 考 文 献

［1］穆龙新，万仑昆．全球油气勘探开发形势及油公司动态（勘探篇·2017）［M］．北京：石油工业出版社，2017.

［2］赵文智，胡素云．中国海相碳酸盐岩油气勘探开发理论与关键技术概论［M］．北京：石油工业出版社，2016.

［3］Willson J L. Carbonate facies in geologic history［M］. Berlin：Springer Verlag, 1975.

［4］Tucker M E. Shallow-marine carbonate facies and facies models［J］. Sedimentology recent developments & applied aspects, 1985, 18（1）：147-169.

［5］Wright V P, Burchette T P. Carbonate ramps［M］. Special Publication No. 149, London：Geological Society, 1998.

［6］Friedman G M, Sanders J E. Principles of sedimentology［M］. New York：John Wiley and Sons, 1978.

［7］沈树忠，朱茂炎，王向东，等．新元古代—寒武纪与二叠—三叠纪转折时期生物和地质事件及其环境背景之比较［J］．中国科学：D辑地球科学，2010，40（9）：1228-1240.

［8］旷红伟，柳永清，耿元生，等．中国中新元古代重要沉积地质事件及其意义［J］．古地理学报，2019，21（1）：1-30.

［9］Tucker M E. Sedimentary petrology：an introduction［M］. Oxford：Blackwell Scientific Publications, 1981.

［10］Bathurst R G C. Carbonate sediments and their diagenesis［M］. 2nd ed. Developments in sedimentology 12, Amsterdam：Elsevier, 1975.

［11］Moore C H. Carbonate reservoirs：porosity evolution and diagenesis in a sequence stratigraphic framework［M］. New York：Elsevier, 2001.

［12］Linden W J M. Passive continental margins and intracratonic rifts, a comparison［M］//Ramberg I B, Neumann E R. Tectonics and geophysics of continental rifts. Netherlands：Springer, 1978.

［13］Roberts N M W. Increased loss of continental crust during supercontinent amalgamation［J］. Gondwana research, 2012, 21（4）：994-1000.

［14］Young G. Precambrian supercontinents, glactions, atmospheric oxygenation, metazoan evolution and an impact that may have changed the second half of Earth history［J］. Geoscience frontiers, 2013, 4（3）：247-261.

［15］Och L M, Shields-zhou G A, Poulton S W, et al. Redox changes in Early Cambrian black shales at Xiaotan section, Yunnan Province, South China［J］. Precambrian research, 2013, 225：166-189.

［16］Merdith A S, Williams S E, Brune S, et al. Rift and plate boundary evolution across two supercontinent cycles［J］. Global and planetary change, 2019, 173：1-14.

［17］Kerans C. Karst-controlled reservoir heterogeneity in Ellenburger Group carbonates of west Texas［J］. AAPG bulletin, 1988, 72（10）：1160-1183.

［18］James N P, Choquetteh P W. Paleokarst［M］. New York：Springer-Verlag, 1988.

［19］Lucia F J. Carbonate reservoir characterization［M］. Berlin：Springer-Verlag, 1999：226.

［20］沈安江，赵文智，胡安平，等．海相碳酸盐岩储层发育主控因素［J］．石油勘探与开发，2015，42（5）：545-554.

［21］罗平，张静，刘伟，等．中国海相碳酸盐岩油气储层基本特征［J］．地学前缘，2008，15（1）：36-50．

［22］何治亮，魏修成，钱一雄，等．海相碳酸盐岩优质储层形成机理与分布预测［J］．石油与天然气地质，2011，32（4）：489-498．

［23］沈安江，佘敏，胡安平，等．海相碳酸盐岩埋藏溶孔规模与分布规律初探［J］．天然气地球科学，2015，26（10）：1823-1830．

［24］Surdam R C，Crossey L J，Gewan M．Redox reactions involving hydrocarbons and mineral oxidants：a mechanism for significant porosity enhancement in sandstones［J］．AAPG bulletin，1993，77（9）：1509-1518．

［25］蔡春芳，梅博文，马亭，等．塔里木盆地有机酸来源、分布及对成岩作用的影响［J］．沉积学报，1997，15（3）：103-109．

［26］Bildstein R H，Worden E B．Assessment of anhydrite dissolution as the rate-limiting step during thermo-chemical sulfate reduction［J］．Chemical geology，2001，176（1）：173-189．

［27］朱光有，张水昌，梁英波，等．TSR 对深部碳酸盐岩储层溶蚀改造：四川盆地深部碳酸盐岩优质储层形成的重要方式［J］．岩石学报，2006，22（8）：809-826．

［28］张水昌，朱光有，何坤．硫酸盐热化学还原作用对原油裂解成气和碳酸盐岩储层改造的影响及作用机制［J］．岩石学报，2011，27（3）：2182-2194．

［29］Bush P．Some aspects of the diagenetic history of the sabkha in Abu Dhabi，Persian Gulf［M］∥PURSER B H．The Persian Gulf，Holocene carbonate sedimentation and diagenesis in a shallow Epicontinental Sea．New York：Springer，1973：395-407．

［30］Hardi L A．Dolomitization：a critical view of some current views［J］．Journal of sedimentary petrology，1987，57（1）：166-183．

［31］Montanez I P．Late diagenetic dolomitization of Lower Ordovician，Upper Knox Carbonates：a record of the hydrodynamic evolution of the southern Appalachian Basin［J］．AAPG bulletin，1994，78（8）：1210-1239．

［32］Vahrenkamp V C，Swart P K．Late Cenozoic dolomites of the Bahamas：metastable analogues for the genesis of ancient platform dolomites［M］∥PURSER B，TUCKER M，ZENGER D．Dolomites：a volume in honor of dolomieu．Cambridge：Blackwell Scientific Publication，1994，21：133-153．

［33］赵文智，沈安江，郑剑锋，等．塔里木、四川及鄂尔多斯盆地白云岩储层孔隙成因探讨及对储层预测的指导意义［J］．中国科学：D 辑 地球科学，2014，44（9）：1925-1939．

［34］赵文智，沈安江，乔占峰，等．白云岩成因类型、识别特征及储集空间成因［J］．石油勘探与开发，2018，45（6）：923-935．

［35］White D E．Thermal waters of volcanic origin［J］．Geological Society of America bulletin，1957，68（12）：1637-1658．

［36］Dzulynski S．Hydrothermal karst and Zn-Pb sulfide ores［J］．Annales Societatis Geologorum Poloniae，1976，46：217-230．

［37］Sass-Gustkiewiczk M．Internal sediment as a key to understanding the hydrothermal karst origin of the Upper Silesian Zn-Pb ore deposits［C］∥SANGSTER D F．Carbonatehosted lead-zinc deposits．Society of Economic Geologists special publication 4，1996：171-181．

［38］Davies G R，Smith L B．Structurally controlled hydrothermal dolomite reservoir facies：an overview［J］．AAPG bulletin，2006，90（11）：1641-1690．

［39］张宝民，刘静江．中国岩溶储层分类与特征及相关的理论问题［J］．石油勘探与开发，2009，36（1）：12-29．

［40］Lohmann K C．Geochemical patterns of meteoric diagenetic systems and their application to studies of paleokarst [C]//James N P, Choquette P W. Paleokarst. New York：Springer-Verlag, 1988：58-80.

[41] 杜金虎, 汪泽成, 邹才能, 等. 古老碳酸盐岩大气田地质理论与勘探实践 [M]. 北京：石油工业出版社, 2015.

[42] Brueseke M E, Hobbs J M, Bulen C L, et al. Cambrian intermediate-mafic magmatism along the Laurentian margin：evidence for flood basalt volcanism from well cuttings in the Southern Oklahoma Aulacogen (USA) [J]. Lithos, 2016, 260：164-177.

[43] 李平平, 郭旭升, 郝芳, 等. 四川盆地元坝气田长兴组古油藏的定量恢复及油源分析 [J]. 地球科学, 2016, 41 (3)：452-462.

[44] 王铁冠, 韩克猷. 论中—新元古界的原生油气资源 [J]. 石油学报, 2011 (1)：5-11.

[45] 罗平, 王石, 李朋威, 等. 微生物碳酸盐岩油气储层研究现状与展望 [J]. 沉积学报, 2013, 31 (5)：807-823.

[46] 吴林, 管树巍, 杨海军, 等. 塔里木北部新元古代裂谷盆地古地理格局与油气勘探潜力 [J]. 石油学报, 2017 (4)：17-27.

原文刊于《海相油气地质》, 2019, 24 (4)：1-14.

中国海相含油气盆地构造—岩相古地理特征

周进高[1,2]，刘新社[2,3]，沈安江[1,2]，邓红婴[1,2]，朱永进[1,2]，
李维岭[1,2]，丁振纯[1,2]，于　洲[1,2]，张建勇[1,2]，郑剑锋[1,2]，
吴兴宁[1,2]，张　茹[2,4]，唐　瑾[2,4]

1. 中国石油杭州地质研究院；2. 中国石油集团碳酸盐岩储层重点实验室；
3. 中国石油长庆油田分公司勘探事业部；4. 中国石油大学（北京）

摘　要　构造—岩相古地理是生—储—盖及成藏组合评价的基础，在油气勘探研究中占有十分重要的地位，然而，限于资料和认识程度，中国主要海相含油气盆地已有的相图难以满足深层海相碳酸盐岩快速勘探的需求。应用新的钻井和地震资料，结合岩相识别技术，开展了塔里木盆地、四川盆地和鄂尔多斯盆地海相碳酸盐岩构造—岩相古地理研究，取得以下成果认识：（1）中国小克拉通海相碳酸盐台地构造—古地理具有隆坳相间、隆控储、坳控源的特点；（2）构造—岩相古地理具有"多台缘、多滩带和多台盆"的特点；（3）构造—岩相古地理对早期白云石化的发生和岩溶作用的范围及改造程度具有重要影响，从而控制储层分布；（4）建立了"多台缘"镶边台地模式并改进"双滩"缓坡沉积模式，揭示中国海相碳酸盐台地内部具备多种有利成藏组合。研究成果深化了中国小克拉通碳酸盐台地构造—岩相古地理共性特点的认识，为深层海相碳酸盐岩油气勘探提供了理论支撑。

关键词　构造—岩相古地理；沉积模式；碳酸盐岩；鄂尔多斯盆地；四川盆地；塔里木盆地

1　概况

中国海相碳酸盐岩主要发育在古生界和前寒武系，位于叠合盆地下构造层，具有埋藏深、年代老和构造改造复杂的特点，在华北板块、扬子板块和塔里木板块均有分布，面积达 $455 \times 10^4 km^2$。海相碳酸盐岩油气资源丰富，原油资源量为 $340 \times 10^8 t$，天然气资源量为 $24.30 \times 10^{12} m^3$，是非常重要的油气勘探领域。中国海相碳酸盐岩油气勘探主要集中在塔里木盆地、四川盆地和鄂尔多斯盆地，这三大海相含油气盆地碳酸盐岩发育层位多、厚度大：四川盆地发育层位包括震旦系—中三叠统（图1a），累计厚度 5000～10000m；塔里木盆地主要包括震旦系—奥陶系（图1b），累计厚度 5000～7000m；鄂尔多斯盆地则包括长城系—奥陶系（图1c），累计厚度 3000～5000m。勘探揭示这三大盆地碳酸盐岩具有巨大的油气勘探潜力，已经发现了塔河、轮南、塔中、靖边、安岳、普光等大型或特大型油气田[1-5]，这些发现支撑了中国近30年来油气储量的持续增长。

第一作者：周进高，教授级高级工程师，博士，主要从事碳酸盐岩沉积储层及石油地质研究工作，发表论文 70 余篇，出版专著 7 部。通信地址：310023 浙江省杭州市西溪路 920 号；ORCID：0000-003-4064-361x；E-mail：zhoujg_hz@ petrochina. com. cn。

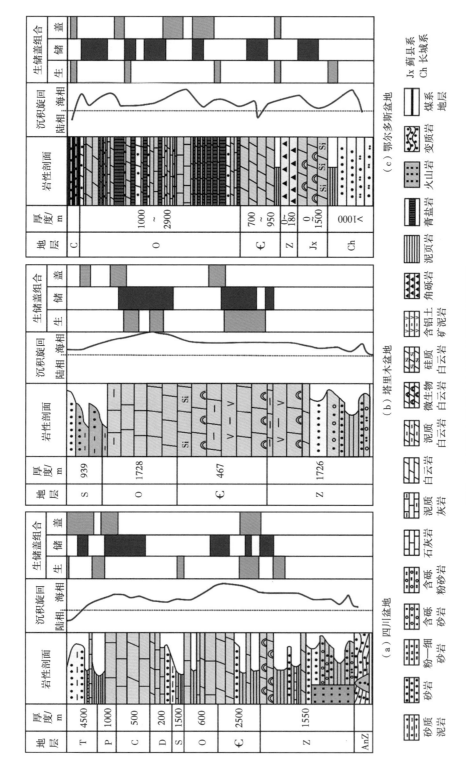

图 1 中国三大海相含油气盆地海相地层概况

20

前人对这三大盆地的岩相古地理开展了大量的研究工作，取得了丰硕成果，这些成果对推动中国海相碳酸盐岩油气勘探和开发发挥了重要作用。20世纪40至80年代，以黄汲清[6]、刘鸿允[7]、关士聪[8]和王鸿祯[9]等为代表的老一辈地质家对中国岩相古地理开展了卓有成效的工作，奠定了中国陆上区域岩相古地理基本格局。20世纪90年代至21世纪初，刘宝珺等[10]、冯增昭等[11,12]、贾承造[13]、赵文智等[14]、马永生等[15]及郑和荣等[16]开展了以层序地层为基础的岩相古地理研究，指导了塔里木盆地塔中油田和塔河油田，鄂尔多斯盆地靖边气田，以及四川盆地罗家寨气田、铁山坡气田、普光气田等一批油气田的发现。这些研究成果和认识对中国岩相古地理研究具有深远的影响。

近年来，依托国家科技重大专项和中国石油科技项目，基于新的钻井和地震资料，应用岩相综合识别技术，对塔里木、四川和鄂尔多斯盆地海相碳酸盐岩开展了新一轮研究，在构造—岩相古地理方面取得了新进展。本文着重探讨中国海相碳酸盐岩构造—岩相古地理的一些共性特点及其对储层发育和分布的控制作用。研究揭示，中国海相碳酸盐岩构造—岩相古地理具有3个显著的共同特点：（1）普遍发育古裂（坳）陷、古隆起，具有隆坳相间的构造古地理背景，古裂（坳）陷是烃源岩发育的主要场所，裂（坳）陷边缘和古隆起周缘是有利储集相带发育的主要场所，具有裂（坳）陷控源、古隆控储的特点；（2）在隆坳构造古地理背景控制下，中国海相碳酸盐岩构造—岩相古地理具有发育"多台缘、多滩带和多台盆"的特点，台缘带和滩带经白云石化、岩溶作用改造而形成优质储层，台盆发育良好烃源岩，二者一起构成多种有利成藏组合；（3）构造古地理不仅控制了储层发育的物质基础，也控制了白云石化、岩溶作用等成岩改造的范围和改造程度，从而控制了规模储层沿台缘带或古隆周围滩带分布。此外，还建立了"多台缘"镶边台地沉积模式，并改进了"双滩"缓坡模式，为三大海相碳酸盐岩盆地有利储层相带和优质储层分布预测以及有利勘探区带的评价提供了理论支撑，推动了碳酸盐岩领域的勘探发现。

2　构造古地理特征

中国海相碳酸盐岩发育于小克拉通台地背景，隆坳相间的构造古地理格局是其显著的特点，其中的古裂陷和古隆起对碳酸盐岩沉积及相带展布具有重要控制作用。

中国三大海相盆地主要发育4期古裂陷，分别与哥伦比亚、罗迪尼亚、冈瓦纳、潘基亚4期超级大陆裂解相对应[17,18]。四川盆地主要发育3期裂陷，包括罗迪尼亚期的南华纪裂陷[19-23]、冈瓦纳期的震旦纪—寒武纪裂陷（如德阳—安岳裂陷）[24-31]、潘基亚期的二叠纪裂陷（如梁平—开江海槽）[32,33]。鄂尔多斯盆地主要发育哥伦比亚期裂陷，如长城纪的贺兰裂陷、定边裂陷、晋陕裂陷等[34-36]。塔里木盆地主要发育罗迪尼亚期裂陷，如南华纪的库满裂陷、塔西南裂陷等[37]。上述裂陷的识别和分布刻画为构造古地理恢复奠定了基础。

除了古裂陷，三大盆地普遍发育古隆起。迄今已发现多期多个古隆起（这里所说的古隆起指水下隆起，可能局部有陆或岛屿），如四川盆地震旦纪的川中古隆起[4]、古生代的乐山—龙女寺古隆起等[38,39]，塔里木盆地古生代的温宿古隆、轮南古隆及塔西南古隆等[13,40]，鄂尔多斯盆地寒武纪的镇原古隆、横山古隆以及吕梁古隆等[41-44]。这些古隆起与裂陷共同构成了隆坳相间的古构造地理背景，对中国海相碳酸盐岩沉积具有重要影响。

以四川盆地震旦系灯影组、塔里木盆地寒武系肖尔布拉克组和鄂尔多斯盆地寒武系张夏组为例，具体说明中国海相碳酸盐岩沉积的构造古地理特征。

2.1 四川盆地灯影组沉积期构造古地理

灯影组沉积期，四川盆地整体处于扬子地台的西缘，具有"两隆两坳"的古地理背景[45]（图2），发育成都—威远—峨边古台隆和广元—重庆—万州古台隆，及德阳—安岳裂陷和城口—开江坳陷。灯影组早期德阳—安岳裂陷主要分布在安岳以北地区，宜宾—长宁一带存在裂陷雏形，但未与北部裂陷沟通（图2a）；灯影组沉积晚期德阳—安岳裂陷已与长宁裂陷贯通，将四川盆地分割成东、西两部分（图2b）。四川盆地范围以外主要是大陆边缘盆地，如与松潘—甘孜海相连的上扬子西大陆边缘盆地、与秦岭洋相连的上扬子北大陆边缘盆地、与华南洋相连的上扬子东南大陆边缘盆地。灯影组沉积期，台隆演化为碳酸盐台地，裂陷和台坳演化为台内盆地，而外围的大陆边缘演化为深水斜坡—盆地环境。

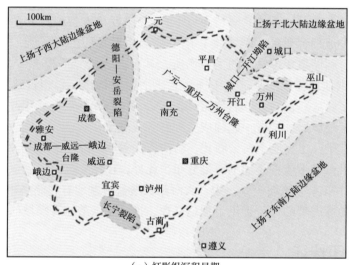

（a）灯影组沉积早期

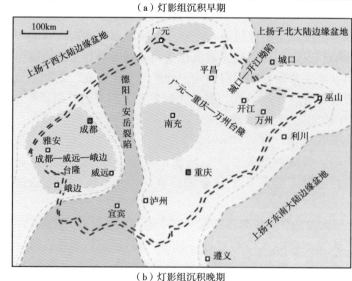

（b）灯影组沉积晚期

盆地　　裂陷　　坳陷　　台坪　　台隆　　四川盆地边界

图2　四川盆地震旦系灯影组沉积时期构造古地理背景图

22

2.2 塔里木盆地肖尔布拉克组沉积期构造古地理

肖尔布拉克组沉积时，塔里木盆地具有"四隆两坳"的古地理格局（图3）："四隆"指盆地南部的塔西南古隆，盆地北部的柯坪—温宿低隆、轮南—牙哈低隆，盆地东部的罗西低隆；"两坳"指介于南北隆起之间的满西坳陷和库满台盆。塔西南古隆起沿喀什—和田—且末一带呈东西向展布，延伸900km，YL6井和TC1井揭示古隆起由前寒武系构成；柯坪—温宿低隆位于乌恰至阿克苏一带，呈南西至北东走向展布，延伸长度约520km，宽约80km，整体向东、东南方向倾斜；轮南—牙哈低隆位于现今轮南至牙哈地区，西以YH5井至YN2井一带为界，东至TS1井区，整体呈近南北走向，南北长约170km，东西宽约80km；罗西低隆位于盆地东端，南北延伸约300km。盆地外围是洋盆：北、西为南天山洋，南、东为西昆仑洋—阿尔金洋。

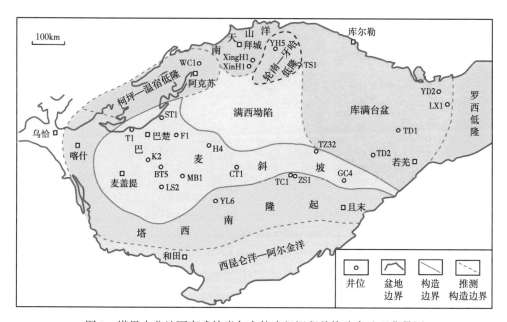

图3 塔里木盆地下寒武统肖尔布拉克组沉积前构造古地理背景图

2.3 鄂尔多斯盆地张夏组沉积期构造古地理

张夏组沉积期，鄂尔多斯盆地总体位于华北地台的西缘，北为伊盟古陆，西为与祁连海相连的西部大陆边缘盆地，南为与秦岭洋相连的南部大陆边缘盆地。盆地范围内具有"三隆两坳"构造格局（图4）："三隆"分别是盆地西南缘的庆阳古隆、盆地中部的横山低隆和东部的吕梁低隆；"两坳"分别是东北部的保德坳陷、西南部的黄陵—宜川坳陷。在盆地外围，西部大陆边缘仍继承性发育贺兰裂陷和定边裂陷，南部大陆边缘仍发育晋陕裂陷，它们以深海槽或海湾的形式向台地内部延伸，对张夏组相带的展布具有重要控制作用。

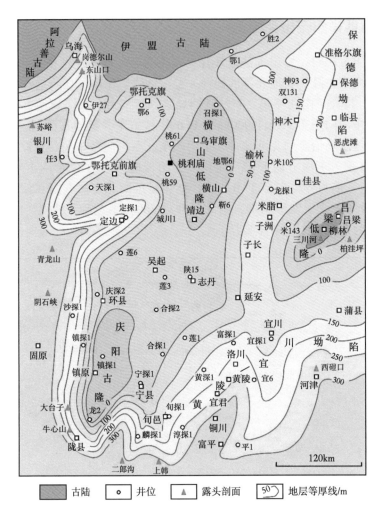

图 4　鄂尔多斯盆地寒武系张夏组沉积前构造古地理背景图

古陆　　○ 井位　　▲ 露头剖面　　⟨50⟩ 地层等厚线/m

3　构造—岩相古地理特征

在构造古地理背景恢复的基础上，结合露头、井—震岩相识别，对三大海相盆地主要勘探目的层的构造—岩相古地理进行了恢复，揭示中国海相碳酸盐岩以发育"多台缘、多滩带和多台盆"为标志，具有"裂陷控源、古隆控储"的重要特点。下面以四川盆地灯影组二段和塔里木盆地肖尔布拉克组为例分别介绍"多台缘、多滩带和多台盆"的古地理特征。

3.1　"多台缘"特征

"多台缘"指多种类型台缘。目前识别出来的台缘类型有 3 种，即大陆边缘型台缘、裂陷边缘型台缘和坳陷边缘型台缘。四川盆地震旦系灯影组[45]、二叠系长兴组、三叠系飞仙关组[46]，塔里木盆地奥陶系良里塔格组，鄂尔多斯盆地寒武系张夏组等沉积期都具有"多台缘"的特点，其中，四川盆地灯影组二段岩相分异清晰，"多台缘"的特点尤为

24

突出（图5），故以此为例展开论述。

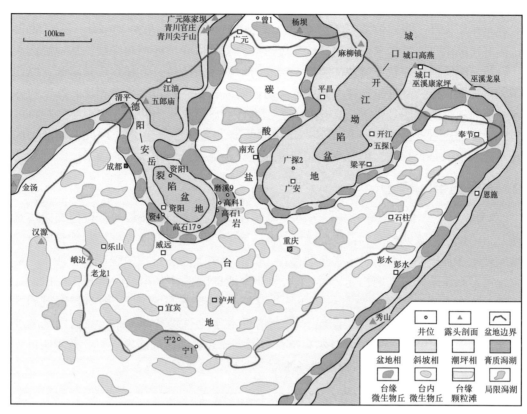

图5　四川盆地震旦系灯影组二段沉积期岩相古地理图

3.1.1　大陆边缘型台缘

　　大陆边缘型台缘带主要分布在盆地边界，西缘和北缘已卷入造山带前缘冲断带，东部卷入了川东褶皱带。从广元旺苍、南江杨坝、什邡清平、巫溪康家坪、遵义松林以及金沙岩孔等野外剖面看，大陆边缘型台缘带由大型微生物丘和滩构成，微生物丘滩具备丘状正向地貌特征，由微生物凝块白云岩、微生物叠层白云岩、微生物纹层白云岩组成，构成多个沉积旋回，单个旋回厚2~8m不等，累计厚度200~280m，可划分出丘基、丘核、丘盖等微相[45,47]。滩主要是鲕粒豆粒滩、砂砾屑滩和微生物粘结砂砾屑滩，单层厚0.8~3.5m，单一旋回5~8m，纵向发育4~5个旋回。

3.1.2　裂陷边缘型台缘

　　裂陷边缘型台缘带呈"V"形分布在盆地中西部，环绕德阳—安岳裂陷发育，宽5~10km，长约500km，向西在什邡一带、向北在广元附近与大陆边缘型台缘带相接。在高石梯—磨溪地区的高科1井、高石1井、磨溪9井等钻井揭示微生物丘滩体，岩心和成像测井资料显示其与野外观察到的微生物丘滩体具有相同的沉积结构、构造和岩性特点；资阳地区资4井及高石梯—磨溪地区高科1井、磨溪9井等也揭示台缘颗粒滩较发育，颗粒滩由砂砾屑白云岩、微生物粘结颗粒白云岩组成，单层厚1~3m，累计厚达80m，发育斜层理等沉积构造。钻探揭示，台缘微生物丘滩体是储层发育的基础，优质储层主要沿台缘带规模分布[48-50]。

3.1.3 坳陷边缘型台缘

坳陷边缘型台缘带发育在盆地东北部，呈"U"形展布，向北西方向在南江一带、向北东在巫溪康家坪一带与被动大陆边缘型台缘带相连，相带宽达20~30km，长约600km。城口—开江坳陷可能是继承南华纪低洼地貌形成，坳陷边缘坡度相对平缓。从地震剖面上看，台缘丘滩空白和丘状反射特征明显，台缘与斜坡界线清楚，下超点也较清晰；纵向上可识别出3期丘滩，呈进积迁移方式叠置。与德阳—安岳裂陷边缘丘滩相比，坳陷边缘型台缘丘滩前斜坡角度明显变缓，具有低坡度台缘特点。需要指出的是，也有学者把该区域地震剖面下超点看成是上超，将城口—开江地区称为宣汉古隆起[51]。因此，该区到底是坳还是隆，台缘是否存在，仍有待钻探和研究进一步证实。

3.2 "多滩带"特征

"多滩带"指多种类型颗粒滩：镶边台地发育大陆边缘台缘颗粒滩、台内裂陷边缘颗粒滩、台内坳陷边缘颗粒滩和古隆周缘颗粒滩4种类型；缓坡台地发育内缓坡颗粒滩和中缓坡颗粒滩2种类型。但由于多隆起的存在，会发育多个内缓坡或中缓坡颗粒滩带。塔里木盆地奥陶系蓬莱坝组、鹰山组[52]，鄂尔多斯盆地奥陶系马家沟组中组合，四川盆地寒武系洗象池组[56]、二叠系栖霞组和茅口组[57,58]等层系都是镶边台地"多滩带"沉积的典型案例，而四川盆地寒武系龙王庙组[53-55]和塔里木盆地寒武系肖尔布拉克组则是缓坡台地"多滩带"沉积的典型案例。肖尔布拉克组围绕3大古隆起周缘发育了3条规模巨大的滩带（图6）。下文以该组为例阐述"多滩带"沉积和分布的特点。

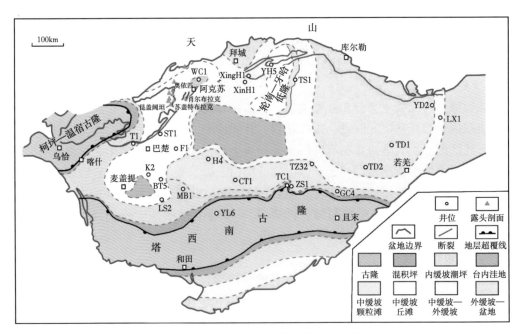

图6 塔里木盆地早寒武世肖尔布拉克期构造—岩相古地理图

3.2.1 塔西南古隆北缘颗粒滩带

该滩带发育在塔西南古隆起北缘平缓的古地貌背景上，位于麦盖提—BT5井—H4井一线至TZ32井之间，宽50~130km，西宽东窄，反映出受古洋流或信风影响，滩体呈现往西侧向迁移的效应，预测面积达 $4×10^4km^2$。颗粒滩带以鲕粒滩、砂屑滩沉积为主，垂向上单层厚度大、滩地比高，具向上变粗变浅的旋回特征，如 CT1 井单层厚度可达 10m，滩地比达 77.9%。由滩带向古隆方向，相变为混积潮坪，由泥晶白云岩、藻白云岩及含陆源碎屑的白云岩组成；往海方向逐渐过渡到外缓坡—台盆相，主要由泥晶灰岩和泥质灰岩组成。

3.2.2 柯坪—温宿古隆东部丘滩带

柯坪—温宿古隆呈北东方向展布，滩体发育于低隆的东翼，宽 150~200km，北东方向延伸长约 500km。由于坡度平缓并远离外海，该带水体相对局限、能量偏弱，以发育微生物丘滩为特点。从阿克苏地区苏盖特布拉克、昆盖阔坦等露头剖面及 ST1 井钻井揭示看，丘滩主要分布在肖尔布拉克组上段，微生物丘呈上拱丘状，高 7~21m，宽达 50m；滩以藻屑滩为主，顶部为砂屑藻屑滩，在肖尔布拉克组剖面横向追踪延续超过 28km（露头长度）。该滩带呈现出"小丘大滩"的组合特征，预测面积达 $3.3×10^4km^2$。

3.2.3 环轮南—牙哈低隆丘滩带

轮南—牙哈低隆为一个水下低隆起，在低隆及其周缘发育了丘滩体。丘滩体发育微生物格架岩（图7），地震剖面具有前积反射特点，如在低隆西翼的 YH5 井—YN2 井以及低隆东翼的 TS1 井一带，均发现了前积反射带，指示为微生物丘—丘滩复合体过渡沉积。预测该丘滩复合体的面积达 $1.38×10^4km^2$。

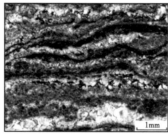
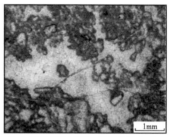
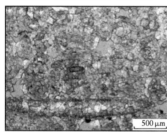
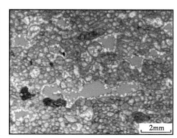
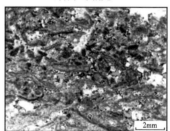

（a）砂质白云岩。陆源石英颗粒分选中等—好，磨圆好。肖尔布拉克组底部，奥依匹剖面。铸体薄片

（b）藻叠层白云岩。ST1井1885.6m。蓝色铸体，单偏光

（c）藻格架白云岩，格架孔被白云石完全充填。YH5井6396.86m。粉色铸体，单偏光

（d）藻砂屑白云岩，粒间孔发育。ST1井1916.6m。铸体薄片

（e）泡沫棉白云岩。球状藻密集发育，膏模孔和鸟眼孔发育。肖尔布拉克剖面。铸体薄片

（f）生物碎屑鲕粒白云岩。粒间溶孔、体腔孔发育，局部可见颗粒为线接触，受压实作用改造。CT1井7767.6m。铸体薄片

图 7　塔里木盆地下寒武统肖尔布拉克组典型岩相微观照片

3.3 "多台盆"特征

"多台盆"指多种类型盆地，目前识别出 3 类盆地，即大陆边缘盆地、台内裂陷盆地（本文称之为裂陷型台盆）、台内坳陷盆地（本文称之为坳陷型台盆）。从水深看，大陆边

缘盆地最深，裂陷盆地次之，坳陷盆地最浅；从分布看，大陆边缘盆地范围最大，常与海洋相连，而后两者位于台地内部，范围相对狭小。由于大陆边缘盆地后期往往卷入造山带而难以保存，故本文主要讨论台内的2类盆地。下面以四川盆地德阳—安岳裂陷型台盆和城口—开江坳陷型台盆为例，讨论这2类台内盆地的特点（图5）。

3.3.1 裂陷型台盆

德阳—安岳裂陷型台盆向北与松潘—甘孜海相连，该台盆相具3个方面的特点[31,45]：（1）地球物理解释显示，由高石梯—磨溪台缘向盆地—斜坡，灯影组厚度明显减薄，地震相由台缘的丘状或杂乱状反射变为高连续、强振幅反射特征。（2）盆地内具有水体较深、能量较弱的缓慢沉积特点，与台地相比较，地层明显变薄。如裂陷内的高石17井揭示的震旦系厚约170m，主要岩性为疙瘩状泥质白云岩，泥质含量较高；资阳1井揭示的震旦系厚度不足100m，为薄层泥质白云岩夹石灰岩。（3）野外剖面显示发育黑色泥页岩、硅质岩及重力流沉积，如川西北地区青川官庄剖面和广元陈家坝剖面。

3.3.2 坳陷型台盆

城口—开江坳陷型台盆向北与秦岭海沟通。该台盆与裂陷型台盆具有相似的特点：地震剖面上显示台盆相为高频连续反射特征；五探1井揭示灯影组厚约300m，其中，灯影组一段和二段厚度仅60m，为一套深灰色泥质白云岩夹泥页岩；川北城口高燕剖面显示震旦系为薄层灰岩、泥页岩和硅质灰岩，属较深水沉积。

4 构造—岩相古地理控储特点

构造—岩相古地理至少在以下2个方面对储层的发育和分布具有重要控制作用：一是构造—岩相古地理控制了有利储集相带的发育，为储层形成奠定了物质基础。前面已经讨论了构造—岩相古地理对镶边台地或缓坡台地有利储集相带的控制，对于蒸发台地，有利储集相带也同样受构造—岩相古地理控制：如鄂尔多斯盆地马家沟组含膏白云岩坪相带是主要的储集相带，其环绕古隆起和膏盐湖发育，这种含膏白云岩坪相带经岩溶作用改造成为有利储集体。二是构造—岩相古地理控制了白云石化和岩溶改造的范围和程度，从而控制储层的分布。下文重点以鄂尔多斯盆地寒武系张夏组为例，讨论构造—岩相古地理对白云石化和岩溶改造的影响。

4.1 构造—岩相古地理对早期白云石化的影响

众所周知，高镁钙比值流体的参与是白云石化发生的重要条件[59,60]，而高镁钙比值流体的形成往往有赖于局限、蒸发的浅水环境，这种环境又通常受古隆起和古障壁等构造—岩相古地理背景的控制。以鄂尔多斯盆地张夏组为例，张夏组沉积时具有"三隆两坳"的古地理格局（图4），白云岩主要分布在镇原—横山—柳林古隆起及其周围，并且由古隆起向坳陷区白云石化逐渐变弱（图8），坳陷区则完全未白云石化，这种分布特点显然受隆坳背景的控制。这也说明，在同等干旱气候条件下，古隆起及周围由于地貌高、水体浅，海水经蒸发作用迅速浓缩，形成高镁钙比值卤水，从而具备准同生白云石化发生的地质条件，促使张夏组鲕粒滩发生白云石化。与此相反，在古隆起外围至坳陷区，由于地貌低、海水深，并与外海水体循环通畅，难以形成准同生白云石化的地质条件，因此远离古隆起区域的张夏组鲕粒滩未发生白云石化。

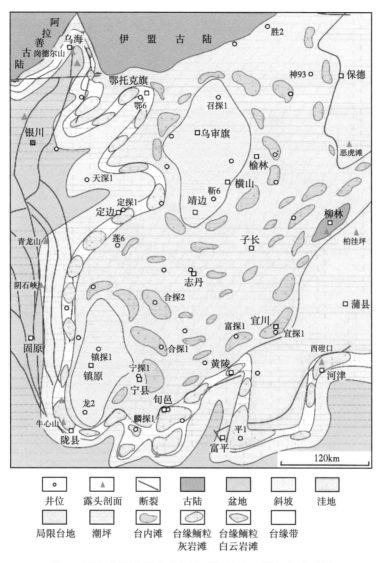

井位	露头剖面	断裂	古陆	盆地	斜坡	洼地

局限台地	潮坪	台内滩	台缘鲕粒灰岩滩	台缘鲕粒白云岩滩	台缘带

图 8　鄂尔多斯盆地寒武纪张夏期构造—岩相古地理图

部分井名、露头剖面名参见图 4

除了鄂尔多斯盆地张夏组，四川盆地栖霞组白云岩也主要分布在古隆起部位，同样显示出古地理控制白云石化作用发生范围的特点。

4.2　构造—岩相古地理对表生岩溶作用的影响

表生岩溶作用对储层的改造具有重要建设性意义。中国许多重要的油气产层，如四川盆地震旦系灯影组和寒武系龙王庙组[61]、鄂尔多斯盆地奥陶系马家沟组[62-64]、塔里木盆地奥陶系鹰山组[65]等，往往与岩溶作用密切相关。对于以整体抬升暴露为主的古生代碳酸盐台地来说，构造—岩相古地理对岩溶作用的范围和改造强度具有重要控制作用。以鄂尔多斯盆地张夏组为例（图 9）：寒武纪末，华北板块整体抬升，造成大面积沉积间断，在古隆起及斜坡上部地区三山子组大多被剥蚀殆尽，张夏组直接暴露而遭受淡水淋滤溶蚀，形成大量溶蚀孔洞，这进一步改善了储集性能；而在古隆起斜坡下部，因剥蚀较弱，大多残存三山子组，张夏组未直接暴露地表，受风化淋滤溶蚀程度低，导致孔洞不发育，储集性能明显变差。

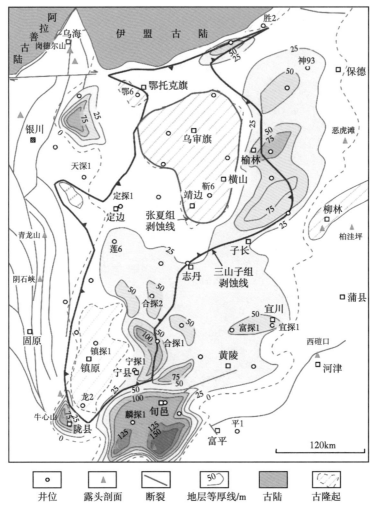

图 9　鄂尔多斯盆地寒武系张夏组岩溶作用范围
部分井名、露头剖面名参见图 4

四川盆地寒武系龙王庙组储层也具有由古隆向斜坡区溶蚀减弱、储层物性变差的特点。上述讨论表明构造—岩相古地理对储层的形成与改造具有明显控制作用。

5　沉积模式及油气地质意义

以上分析表明，中国海相含油气盆地构造—岩相古地理具有鲜明的中国特色，沉积模式也与经典 Tucker 等[66] 和 Wilson[67] 的模式有很大不同。图 10 是新建的碳酸盐岩"多台缘"镶边台地沉积模式，该模式包含 3 类台缘和 2 种台盆：3 类台缘即大陆边缘型台缘、裂陷边缘型台缘和坳陷边缘型台缘；两种台盆即裂陷型台盆和坳陷型台盆。台缘带构成了规模储层发育的物质基础，经准同生溶蚀和晚期岩溶作用改造以及白云石化作用形成优质储层。台盆是烃源岩沉积的有利环境，如四川盆地震旦纪—寒武纪德阳—安岳裂陷型台盆发育了灯三段沉积期和早寒武世优质烃源岩，梁平—开江坳陷型台盆发育长兴期烃源岩[68,69]。该模式的建立揭示中国小克拉通碳酸盐台地内部存在多种成藏组合，为台内油气勘探提供了理论依据。

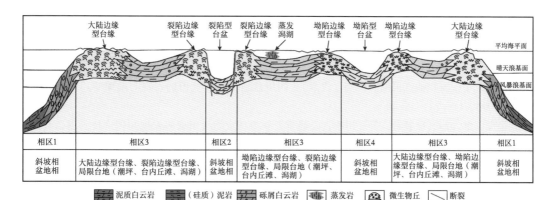

图 10　中国海相碳酸盐岩"多台缘"镶边台地模式

图 11 是碳酸盐岩"双滩"缓坡沉积模式，该模式是对前人缓坡模式[53,54,70]的改进，有 2 个特点：一是在内缓坡和中缓坡均发育具有规模的滩带，且内缓坡滩带分布范围极广，如塔里木盆地肖尔布拉克组内缓坡颗粒滩沿塔西南隆起的北部缓坡和柯坪—温宿隆起的东南缓坡大面积分布，又如四川盆地龙王庙组内缓坡颗粒滩围绕川西古降大面积分布等，这些滩带经白云石化和岩溶作用改造成为良好储层；二是在"双滩"之间发育台盆，如塔里木盆地肖尔布拉克期介于 3 个古隆之间的满加尔台盆，四川盆地龙王庙期的川东台盆，它们是潜在的烃源岩发育区，与外缓坡烃源岩一起构成供烃系统，并与滩带形成有利成藏组合。目前，该类型成藏组合在四川盆地龙王庙组内缓坡滩带已发现安岳特大型气田，这对具有相似构造—古地理背景的塔里木盆地肖尔布拉克组勘探具有重要的借鉴意义。

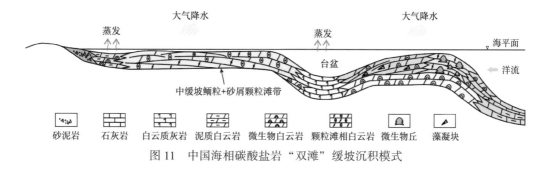

图 11　中国海相碳酸盐岩"双滩"缓坡沉积模式

6　结论

中国小克拉通海相碳酸盐台地构造—古地理具有隆坳相间、隆控储、坳控源的特点，构造—岩相古地理具有"多台缘、多滩带和多台盆"的特点，构造—岩相古地理对早期白云石化的发生和岩溶作用的范围及改造程度具有重要影响，从而控制储层分布。

建立了"多台缘"镶边台地模式和"双滩"缓坡沉积模式，揭示中国海相碳酸盐台地内部具备多种成藏组合，具有良好勘探潜力。"多台缘"镶边台地模式和"双滩"缓坡沉积模式为台内勘探提供了理论支撑。

参 考 文 献

[1] 赵文智，汪泽成，王红军，等．近年来中国发现大中型气田的地质特点与21世纪初天然气勘探前景 [J]．天然气地球科学，2005，16（6）：687-692.

[2] 冉隆辉，陈更生，徐仁芬．中国海相油气田勘探实例（之一）：四川盆地罗家寨大型气田的发现和探明 [J]．海相油气地质，2005，10（1）：43-47.

[3] 马永生．中国海相油气田勘探实例（之六）：四川盆地普光大气田的发现与勘探 [J]．海相油气地质，2006，11（2）：35-40.

[4] 杜金虎，邹才能，徐春春，等．川中古隆起龙王庙组特大型气田战略发现与理论技术创新 [J]．石油勘探与开发，2014，41（3）：268-277.

[5] 邹才能，杜金虎，徐春春，等．四川盆地震旦系—寒武系特大型气田形成分布、资源潜力及勘探发现 [J]．石油勘探与开发，2014，41（3）：278-293.

[6] 黄汲清．中国主要地质构造单位 [M]．中央地质调查所地质专报甲种第20号，1945年首版英文版.

[7] 刘鸿允．中国古地理图 [M]．北京：科学出版社，1955：1-50.

[8] 关士聪，演怀玉，陈显群，等．中国海陆变迁、海域沉积相与油气（晚元古代—三叠纪）[M]．北京：科学出版社，1984.

[9] 王鸿祯，等．中国古地理图集 [M]．北京：地图出版社，1985：1-143.

[10] 刘宝珺，许效松．中国南方岩相古地理图集（震旦纪—三叠纪）[M]．北京：科学出版社，1994.

[11] 冯增昭，陈继新，张吉森．鄂尔多斯地区早古生代岩相古地理 [M]．北京：地质出版社，1991.

[12] 冯增昭，鲍志东，吴茂炳，等．塔里木地区寒武纪岩相古地理 [J]．古地理学报，2006，8（4）：427-439.

[13] 贾承造．中国塔里木盆地构造特征与油气 [M]．北京：石油工业出版社，1997：1-438.

[14] 赵文智，张光亚，何海清，等．中国海相石油地质与叠合含油气盆地 [M]．北京：地质出版社，2002.

[15] 马永生，陈洪德，王国力，等．中国南方层序地层与古地理 [M]．北京：科学出版社，2009：1-603.

[16] 郑和荣，胡宗全．中国前中生代构造—岩相古地理图集 [M]．北京：地质出版社，2010.

[17] 郝杰，翟明国．罗迪尼亚超大陆与晋宁运动和震旦系 [J]．地质科学，2004，39（1）：139-152.

[18] 戴金星，刘德良，曹高社，等．华北盆地南缘寒武系烃源岩 [M]．北京：石油工业出版社，2005.

[19] 黄汲清，任纪舜，姜春发，等．中国大地构造及其演化 [M]．北京：科学出版社，1980.

[20] 罗志立．中国西南地区晚古生代以来地裂运动对石油等矿产形成的影响 [J]．四川地质学报，1981，2（1）：1-22.

[21] 罗志立．略论地裂运动与中国油气分布 [J]．中国地质科学院院报，1984（3）：93-101.

[22] 宋金民，刘树根，孙玮，等．兴凯地裂运动对四川盆地灯影组优质储层的控制作用 [J]．成都理工大学学报（自然科学版），2013，40（6）：658-670.

[23] 周进高，赵宗举，邓红婴．合肥盆地构造演化及含油气性分析 [J]．地质学报，1999，73（1）：15-24.

[24] 杨雨，黄先平，张健，等．四川盆地寒武系沉积前震旦系顶界岩溶地貌特征及其地质意义 [J]．天然气工业，2014，34（3）：38-43.

[25] 汪泽成，姜华，王铜山，等．四川盆地桐湾期古地貌特征及成藏意义 [J]．石油勘探与开发，2014，41（3）：305-312.

[26] 刘树根，孙玮，罗志立，等．兴凯地裂运动与四川盆地下组合油气勘探 [J]．成都理工大学学报（自然科学版），2013，40（5）：511-520.

[27] 钟勇，李亚林，张晓斌，等．四川盆地下组合张性构造特征［J］．成都理工大学学报（自然科学版），2013，40（5）：498-510.

[28] 李忠权，刘记，李应，等．四川盆地震旦系威远—安岳拉张侵蚀槽特征及形成演化［J］．石油勘探与开发，2015，42（1）：26-33.

[29] 魏国齐，杨威，杜金虎，等．四川盆地震旦纪—早寒武世克拉通内裂陷地质特征［J］．天然气工业，2015，35（1）：24-35.

[30] 刘殊，甯濛，谢刚平．川西坳陷古坳拉槽的地质意义及礁滩相天然气藏勘探潜力［J］．天然气工业，2015，35（7）：17-26.

[31] 周进高，沈安江，张建勇，等．四川盆地德阳—安岳台内裂陷与震旦系勘探方向［J］．海相油气地质，2018，23（2）：1-9.

[32] 杨雨，王一刚，文应初，等．川东飞仙关组沉积相与鲕滩气藏的分布［J］．天然气勘探与开发，2001，24（3）：18-21.

[33] 王一刚，张静，刘兴刚，等．四川盆地东北部下三叠统飞仙关组碳酸盐蒸发台地沉积相［J］．古地理学报，2005，7（3）：354-372.

[34] 陈友智，付金华，杨高印，等．鄂尔多斯地块中元古代长城纪盆地属性研究［J］．岩石学报，2016，32（3）：856-864.

[35] 管树巍，吴林，任荣，等．中国主要克拉通前寒武纪裂谷分布与油气勘探前景［J］．石油学报，2017，38（1）：9-22.

[36] 王坤，王铜山，汪泽成，等．华北克拉通南缘长城系裂谷特征与油气地质条件［J］．石油学报，2018，39（5）：504-517.

[37] 冯许魁，刘永彬，韩长伟，等．塔里木盆地震旦系裂谷发育特征及其对油气勘探的指导意义［J］．石油地质与工程，2015，29（2）：5-10.

[38] 宋文海．乐山—龙女寺古隆起大中型气田成藏条件研究［J］．天然气工业，1996，16（S1）：13-26.

[39] 许海龙，魏国齐，贾承造，等．乐山—龙女寺古隆起构造演化及对震旦系成藏的控制［J］．石油勘探与开发，2012，39（4）：406-416.

[40] 何登发，杨海军，等．塔里木盆地克拉通内古隆起的成因机制与构造类型［J］．地学前缘，2008，15（2）：207-221.

[41] 付金华，孙六一，冯强汉，等．鄂尔多斯盆地下古生界海相碳酸盐岩油气地质与勘探［M］．北京：石油工业出版社，2019.

[42] 冯增昭，鲍志东，康祺发，等．鄂尔多斯早古生代古构造［J］．古地理学报，1999，1（2）：84-91.

[43] 杨俊杰．鄂尔多斯盆地构造演化与油气分布规律［M］．北京：石油工业出版社，2002.

[44] 汤显明，惠斌耀．鄂尔多斯盆地中央古隆起与天然气聚集［J］．石油与天然气地质，1993，14（1）：64-71.

[45] 周进高，张建勇，邓红婴，等．四川盆地震旦系灯影组岩相古地理与沉积模式［J］．天然气工业，2017，37（1）：24-31.

[46] Zhou Jingao, Deng Hongying, Yu Zhou, et al. The genesis and prediction of dolomite reservoir in reef-shoal of Changxing Formation—Feixianguan Formation in Sichuan Basin［J］. Journal of petroleum science and engineering, 2019, 178：324-335.

[47] 李凌，谭秀成，曾伟，等．四川盆地震旦系灯影组灰泥丘发育特征及储集意义［J］．石油勘探与开发，2013，40（6）：666-673.

[48] 姚根顺，郝毅，周进高，等．四川盆地震旦系灯影组储层储集空间的形成与演化［J］．天然气工业，2014，34（3）：31-37.

[49] 周进高，姚根顺，杨光，等．四川盆地安岳大气田震旦系—寒武系储层的发育机制［J］．天然气工业，2015，35（1）：36-44.

［50］杨威，魏国齐，赵蓉蓉，等．四川盆地震旦系灯影组岩溶储层特征及展布［J］．天然气工业，
2014，34（3）：55-60.

［51］谷志东，殷积峰，姜华，等．四川盆地宣汉—开江古隆起的发现及意义［J］．石油勘探与开发，
2016，43（6）：893-904.

［52］胡明毅，孙春燕，高达．塔里木盆地下寒武统肖尔布拉克组构造—岩相古地理特征［J］．石油与天
然气地质，2019，40（1）：12-23.

［53］姚根顺，周进高，邹伟宏，等．四川盆地下寒武统龙土庙组颗粒滩特征及分布规律［J］．海相油气
地质，2013，18（4）：1-8.

［54］周进高，徐春春，姚根顺，等．四川盆地下寒武统龙王庙组储层形成与演化［J］．石油勘探与开
发，2015，42（2）：158-166.

［55］周进高，房超，李汉成，等．四川盆地下寒武统龙王庙组颗粒滩发育规律［J］．天然气工业，
2014，34（8）：27-36.

［56］李文正，周进高，张建勇，等．四川盆地洗象池组储层的主控因素与有利区分布［J］．天然气工
业，2016，36（1）：52-60.

［57］周进高，姚根顺，杨光，等．四川盆地栖霞组—茅口组岩相古地理与天然气有利勘探区带［J］．天
然气工业，2016，36（4）：8-15.

［58］周进高，郝毅，邓红婴，等．四川盆地中西部栖霞组—茅口组孔洞型白云岩储层成因与分布［EB/
OL］．［2019-04-03］．http：//kns. cnki. net/kcms/ detail/ 33. 1328. P. 20190402. 1443. 002. html.

［59］Adams J E，Rhodes M L. Dolomitization by seepage refluxion［J］. Bulletin of the American Association of
Petroleum Geologists，1960，44（12）：1912-1920.

［60］Illing Lv，Wells A J，Taylor J C M. Penecontemparaneous dolomite in the Persian Gulf［C］//Pray L C，
Murray R C. Dolomitization and limestone diagenesis. Society of Economic Paleontologists and Mineralo-
gists，Special Publication 13，1965：89-111.

［61］金民东，谭秀成，童明胜，等．四川盆地高石梯—磨溪地区灯四段岩溶古地貌恢复及地质意义
［J］．石油勘探与开发，2017，44（1）：58-68.

［62］任军峰，包洪平，孙六一，等．鄂尔多斯盆地奥陶系风化壳岩溶储层孔洞充填特征及机理［J］．海
相油气地质，2012，17（2）：63-69.

［63］周进高，邓红婴，郑兴平．鄂尔多斯盆地马家沟组储层特征及其预测方法［J］．石油勘探与开发，
2003，30（6）：72-74.

［64］吴亚生，何顺利，卢涛，等．长庆中部气田奥陶纪马家沟组储层成岩模式与孔隙系统［J］．岩石学
报，2006，22（8）：2171-2181.

［65］张庆玉，梁彬，淡永，等．塔中北斜坡奥陶系鹰山组岩溶储层特征及古岩溶发育模式［J］．中国岩
溶，2015，35（1）：106-113.

［66］Tucker M E，Wright V P. Carbonate sedimentology［M］. Oxford：Blackwell scientific publication，1990：
482.

［67］Wilson J L. Carbonate facies in geologic history［M］. New York：Springer Verlag，1975：471.

［68］肖莉，邓绍强．四川盆地东北部地区构造演化与油气的关系［J］．内蒙古石油化工，2010（3）：
116-119.

［69］王一刚，文应初，洪海涛，等．四川盆地开江—梁平海槽内发现大隆组［J］．天然气工业，2006，
26（9）：32-36.

［70］杜金虎，张宝民，汪泽成，等．四川盆地下寒武统龙王庙组碳酸盐缓坡双颗粒滩沉积模式及储层成
因［J］．天然气工业，2016，36（6）：1-10.

原文刊于《海相油气地质》，2019，24（4）：27-37.

微生物碳酸盐岩分类、沉积环境与沉积模式

胡安平[1,2]，沈安江[1,2]，郑剑锋[1,2]，王　鑫[1,2]，王小芳[1,2]

1. 中国石油杭州地质研究院；2. 中国石油集团碳酸盐岩储层重点实验室

摘　要　针对现有微生物碳酸盐岩分类不够系统、岩石类型及组合的环境意义不明确、岩相古地理重建缺乏微生物碳酸盐岩沉积模式指导等科学问题，通过塔里木盆地、四川盆地和鄂尔多斯盆地 2 个元古宇剖面和 3 个显生宇剖面详细的岩类学和岩石组合序列研究，取得 3 项成果与认识：（1）建立了构造尺度和形态特征相结合的系统的微生物碳酸盐岩分类方案。（2）明确了微生物碳酸盐岩岩石类型及组合的环境意义。风暴浪基面之下远端以欠补偿黑色泥岩和硅质岩沉积为主，近端的下斜坡以具丘状结构的纹层石碳酸盐岩和灰泥丘建造为主；风暴浪基面和正常浪基面之间的上斜坡以小—中型泡沫状、团块状凝块石碳酸盐岩和小—中型柱状、锥状、穹隆状叠层石碳酸盐岩建造为主；正常浪基面与平均低潮线之间以大—中型波状叠层石碳酸盐岩建造为主；平均低潮线之上的潮坪环境以大—中型层（席）状微生物碳酸盐岩、丘状微生物碳酸盐岩建造为主。（3）建立了缓坡沉积体系和镶边沉积体系微生物碳酸盐岩沉积模式。这些认识对微生物碳酸盐岩岩相古地理重建和储层分布预测具重要的指导意义。

关键词　构造尺度；形态特征；分类；微生物碳酸盐岩；沉积模式；缓坡沉积体系；镶边沉积体系

微生物碳酸盐是由底栖的原核或真核微生物群落通过捕获或粘结碎屑颗粒，或由微生物引发的碳酸盐沉淀而形成的沉积物[1,2]，构成微生物碳酸盐沉积的微生物组分主要包括细菌、藻类、真菌以及参与生物膜和微生物席生长的物质[3]。最早的微生物碳酸盐岩（尤指叠层石）出现在接近 35 亿年前的太古宇中[4-6]，在中—新元古界中达到丰度、形态类型和分布范围的高峰，大量微生物碳酸盐岩发育于中—新元古代和早古生代[7]。微生物碳酸盐岩不仅与许多金属矿床（如 Fe、Mn 等矿床）的形成和富集密切相关[8]，而且是非常重要的油气勘探对象[9]。美国亚拉巴马州、俄罗斯东西伯利亚地区、巴西桑托斯盆地、阿曼盐盆、哈萨克斯坦以及中国的四川盆地和华北地区在微生物碳酸盐岩储层中均有重大油气发现[10-19]，尤其是前寒武系（主要是中—新元古界）微生物白云岩、古生界—三叠系碳酸盐岩—膏盐岩沉积体系的微生物白云岩中的油气发现较多。

尽管微生物碳酸盐岩研究已经在岩石类型、形成微生物岩的微生物种类、微生物的沉积和成矿作用、地质历史时期微生物碳酸盐岩的分布等方面取得了丰硕的研究成果[20-27]，但仍然存在以下 3 个方面的地质问题：（1）微生物碳酸盐岩分类仍存在分歧，叠层石、凝块石、树枝石和均一石的四分方案[1]并非为真正意义上的系统分类，实际的岩石类型要多

第一作者：胡安平，博士，高级工程师，主要从事碳酸盐岩储层研究与地球化学实验技术研发工作。
通信地址：310023 浙江省杭州市西湖区西溪路 920 号；E-mail：huap_hz@ petrochina. com. cn。

得多，而且树枝石和均一石迄今未见可靠的实例报道[27]；（2）微生物碳酸盐岩岩石类型及组合的环境意义不明确，尤其是缺乏微生物碳酸盐岩沉积模式；（3）岩相古地理重建缺乏微生物碳酸盐岩沉积模式的指导。

本文通过 5 个剖面（3 个露头和 2 口单井）微生物碳酸盐岩岩石类型及组合序列研究，建立了构造尺度和形态特征相结合得更为系统的微生物碳酸盐岩分类方案，明确了岩石类型及组合的环境意义，建立了缓坡沉积体系和镶边沉积体系微生物碳酸盐岩沉积模式。这些认识为微生物碳酸盐岩岩相古地理重建和储层预测提供了依据。

1 微生物碳酸盐岩分类

1.1 微生物碳酸盐岩分类综述

Riding[1]将微生物碳酸盐岩划分为叠层石、凝块石、树枝石和均一石等 4 类。Kalkowsky[28]定义的叠层石为内部结构呈纹层状紧密排列的生物沉积灰岩。Riding[29]根据叠层石的内部结构、宏观特征和微生物沉积之间的作用方式等特点，将叠层石细分为骨骼叠层石、粘结叠层石、细粒叠层石、泉华叠层石、陆生叠层石共 5 类。凝块石指宏观上呈凝块状的底栖微生物沉积，这种微生物碳酸盐岩有着不规则的颗粒形态，可细分为钙化微生物凝块石、粗糙粘结凝块石、树枝凝块石、泉华凝块石、沉积后—生物扰动形成的凝块石、增生型凝块石和次生凝块石共 7 类[1]。树形石由微生物钙化而成，不是由颗粒粘结而成，呈厘米级灌木状枝体。均一石是一种相对无结构、隐晶质或泥晶质、凝块或树枝状结构、宏观结构缺少清晰纹层的微生物碳酸盐沉积。

梅冥相[20]将纹理石和核形石补充到微生物碳酸盐岩中，建立了微生物碳酸盐岩的六分方案。纹理石指发育纹理化构造的泥晶灰岩，纹理化构造单个纹理的厚度为 0.5 ~ 1.5mm，是一种未受改造的有机纹理，明显不同于水平状叠层石。核形石指由微生物粘结或引发碳酸盐沉淀而形成的球状、椭球状核形构造碳酸盐岩，大小为毫米至厘米级，常与凝块石共生，发育于前寒武系及显生宇中。杨仁超等[30]将核形石分为椭球状同心纹层核形石、椭圆形不规则纹层核形石、叶状不连续纹层核形石及迷雾状核形石 4 种类型。

Shapiro[31]按照构造尺度将微生物碳酸盐岩划分为大型构造（>1m）、中型构造（0.5~1m）、小型构造（1~50cm）和微型构造（<1cm）。大型构造指微生物碳酸盐岩形成的岩层特征，如微生物层、微生物丘等；中型构造指微生物碳酸盐岩的形态特征，如柱状、穹隆状、锥状、团块状等；小型构造指中型构造内部用裸眼能够观察到的微生物碳酸盐岩结构，如波状、纹层状、泡沫状、叠层状等；微型构造指显微镜下能够观察到的微生物碳酸盐岩显微结构与组分，包括钙化微生物残留体、沉积物和胶结物等。

1.2 构造尺度和形态特征相结合的微生物碳酸盐岩分类

本文解剖了塔里木盆地上震旦统奇格布拉克组、下寒武统肖尔布拉克组，四川盆地上震旦统灯影组、中三叠统雷口坡组，鄂尔多斯盆地下奥陶统马家沟组 5 条剖面（3 个露头和 2 口单井）微生物白云岩的岩类学特征（详见后文地质剖面介绍），提出了构造尺度和形态特征相结合的微生物碳酸盐岩分类方案（表 1）。

表1 构造尺度和形态特征相结合的微生物碳酸盐岩分类方案

形态特征	构造尺度			
	大型构造（>1m）	中型构造（0.5~1m）	小型构造（1~50cm）	微型构造（<1cm）
层状	层（席）状微生物碳酸盐岩	—	—	—
丘状	大型丘状微生物碳酸盐岩	中型丘状微生物碳酸盐岩	小型丘状微生物碳酸盐岩	
	大型灰泥丘	中型灰泥丘	小型灰泥丘	
波状	大型波状叠层石碳酸盐岩	中型波状叠层石碳酸盐岩	小型波状叠层石碳酸盐岩	
柱状	大型柱状叠层石碳酸盐岩	中型柱状叠层石碳酸盐岩	小型柱状叠层石碳酸盐岩	
穹隆状	大型穹隆状叠层石碳酸盐岩	中型穹隆状叠层石碳酸盐岩	小型穹隆状叠层石碳酸盐岩	
锥状	大型锥状叠层石碳酸盐岩	中型锥状叠层石碳酸盐岩	小型锥状叠层石碳酸盐岩	
泡沫状	—	—	—	泡沫状凝块石碳酸盐岩
团块状	大型团块状凝块石碳酸盐岩	中型团块状凝块石碳酸盐岩	小型团块状凝块石碳酸盐岩	
球粒状	—	—	核形石（鲕粒）碳酸盐岩	
树枝状			小型树枝石碳酸盐岩	微型树枝石碳酸盐岩
均一状	均一石碳酸盐岩	—	—	—
层纹状	纹理石碳酸盐岩	—	—	—

层状形态特征属岩层特征，主要对应于大型构造（>1m）。丘状形态特征虽然也属岩层特征，但丘体的大小可以对应大型构造、中型构造（0.5~1m）和小型构造（1~50cm），在露头中1~50cm的微生物丘或灰泥丘也是非常常见的。波状、柱状、穹隆状和锥状主要指叠层石的形态特征，柱状、穹隆状和锥状体的大小（包括波峰或波谷间的距离）主要对应小型构造，但中型构造尺度的波状、柱状、穹隆状和锥状体也常见，甚至偶见大型构造尺度的波状、柱状、穹隆状和锥状体。泡沫状和团块状主要指凝块石的形态特征，泡沫状凝块石主要对应微型构造（<1cm），需要在显微镜下才能观察到其显微结构与组分，而团块状凝块石主要对应中型构造和小型构造，1cm~1m的凝块石团块常见，甚至偶见大型构造尺度的凝块石团块。球粒状主要指核形石和鲕粒的形态特征，除核形石外，越来越多的证据表明很多鲕粒也是微生物成因的[32]。树枝状形态特征主要对应小型构造和微型构造，而且以厘米级的树枝为主。均一石和纹理石也属于岩层特征，主要对应于大型构造。

需要说明的是灰泥丘的归属问题。灰泥丘指具有明显的丘状几何形态，与上下及相邻地层在几何形态、灰泥含量及矿物组分等方面具有明显差异，主要由灰泥、泥级球粒灰泥、微晶方解石和微生物构成，通常被解释为微生物作用下的原地堆积[33]，应该纳入微生物碳酸盐岩分类体系中。另外，微生物粘结（藻）砂屑碳酸盐岩、藻砂屑碳酸盐岩的成因也与微生物作用有关，理论上也应纳入微生物碳酸盐岩分类体系中，但在Dunham[34]碳酸盐岩分类体系中的绑结岩（Boundstone）和泥粒灰岩（Packstone），已经有它们的位置。

下文介绍的3条露头和2口单井剖面的微生物碳酸盐岩均按表1的分类方案命名。与Riding[1,29]、梅冥相[20]、Shapiro[31]的分类方案相比，表1的分类方案是一个更适用于露头和井场的系统分类方案，同时岩石类型及组合的环境意义更加明确，为微生物碳酸盐岩沉积环境恢复和沉积模式的建立奠定了基础。同一形态特征的微生物碳酸盐岩可以出现在不同的沉积环境，不同形态特征的微生物碳酸盐岩可以出现在相同的沉积环境，但综合考虑构造尺度和岩石组合序列，微生物碳酸盐岩岩石类型和沉积环境具有明确的相关性。

2　典型剖面沉积环境分析

本节重点介绍塔里木盆地肖尔布拉克西沟剖面上震旦统奇格布拉克组、四川盆地南江杨坝剖面上震旦统灯影组 2 个元古宇剖面和塔里木盆地阿克苏什艾日克剖面下寒武统肖尔布拉克组、鄂尔多斯盆地靳 2 井下奥陶统马家沟组五段、四川盆地鸭深 1 井中三叠统雷口坡组 3 个显生宇剖面的微生物白云岩类型、特征、组合序列及环境意义。

2.1　元古宇剖面介绍与沉积环境分析

2.1.1　塔里木盆地肖尔布拉克西沟剖面奇格布拉克组

上震旦统奇格布拉克组主体为一套微生物白云岩建造，由下至上划分为奇一段、奇二段、奇三段和奇四段，厚约175m。该组上覆于下震旦统苏盖特布拉克组泥岩之上，呈整合接触；下伏于下寒武统玉尔吐斯组粉砂岩、硅质岩和黑色泥岩之下，呈不整合接触（图1）。

奇一段以大型层（席）状微生物白云岩、大—中型丘状微生物白云岩为主，夹微生物粘结（藻）砂屑白云岩、泥质泥晶白云岩、粉砂岩薄层，反映沉积地貌平坦、水体很浅、可容纳空间受到限制、水体能量偏低的近岸潮坪环境，以潮汐作用为主，并不时地受到陆源碎屑沉积物的干扰，间歇性的季风或风暴作用导致先期沉积物被打碎和薄层藻砂屑沉积的发育。

奇二段以浅灰色中薄层小—中型波状叠层石白云岩为主，夹薄层微生物粘结（藻）砂屑白云岩、藻砂屑（鲕粒/砾屑）白云岩和小型凝块石白云岩，并以泥岩为隔层，构成 2 个旋回。波状叠层石的波峰和波谷幅差<1cm，几乎未见穹隆状、柱状、锥状叠层石，同样反映沉积地貌平坦、水体较浅、可容纳空间受限、水体能量偏低的沉积环境，但基本不受陆源碎屑沉积物的干扰。与奇一段沉积相比，更远离陆源，波浪作用占主导地位，高频海平面旋回导致静水和波浪作用频繁交替，造成微生物粘结（藻）砂屑白云岩的发育。

奇三段以灰黑色中厚层小—中型团块状、泡沫状凝块石白云岩为主，常见凝块石角砾（2~10cm）被微生物再次粘结包覆，夹灰黑色中薄层小—中型穹隆状、柱状、锥状叠层石白云岩，几乎见不到波状叠层石白云岩。这反映水体较奇一段、奇二段沉积时要深，可容纳空间增大。从角砾大小分析，凝块石角砾非潮汐或波浪作用所能形成，应该与风暴作用有关。该时期总体为静水环境，间歇性风暴浪作用导致先期凝块石和叠层石沉积被打碎成角砾后再被微生物粘结包覆。

奇四段以灰黑色中厚层小—中型团块状、泡沫状凝块石白云岩为主，未见穹隆状、柱状、锥状叠层石白云岩，大的凝块石角砾（5~15cm）增多。顶部发育厚约 10.50m 的岩溶角砾白云岩，原岩主要为凝块石白云岩和泥质泥晶白云岩，反映沉积环境与奇三段相似，水体略为偏深，更靠近风暴浪基面。

总之，微生物白云岩类型、特征和组合序列揭示塔里木盆地肖尔布拉克西沟剖面的上震旦统奇格布拉克组沉积期是一个由潮汐→波浪→风暴作用的水体逐渐变深的序列。

2.1.2　四川盆地南江杨坝剖面灯影组

上震旦统灯影组主体为一套微生物白云岩建造，由下至上划分为灯一段、灯二段、灯三段和灯四段，厚约315m。该组上覆于上震旦统观音崖组砂岩之上，呈整合接触；下伏于下寒武统筇竹寺组黑色泥岩之下，呈整合接触（图2）。

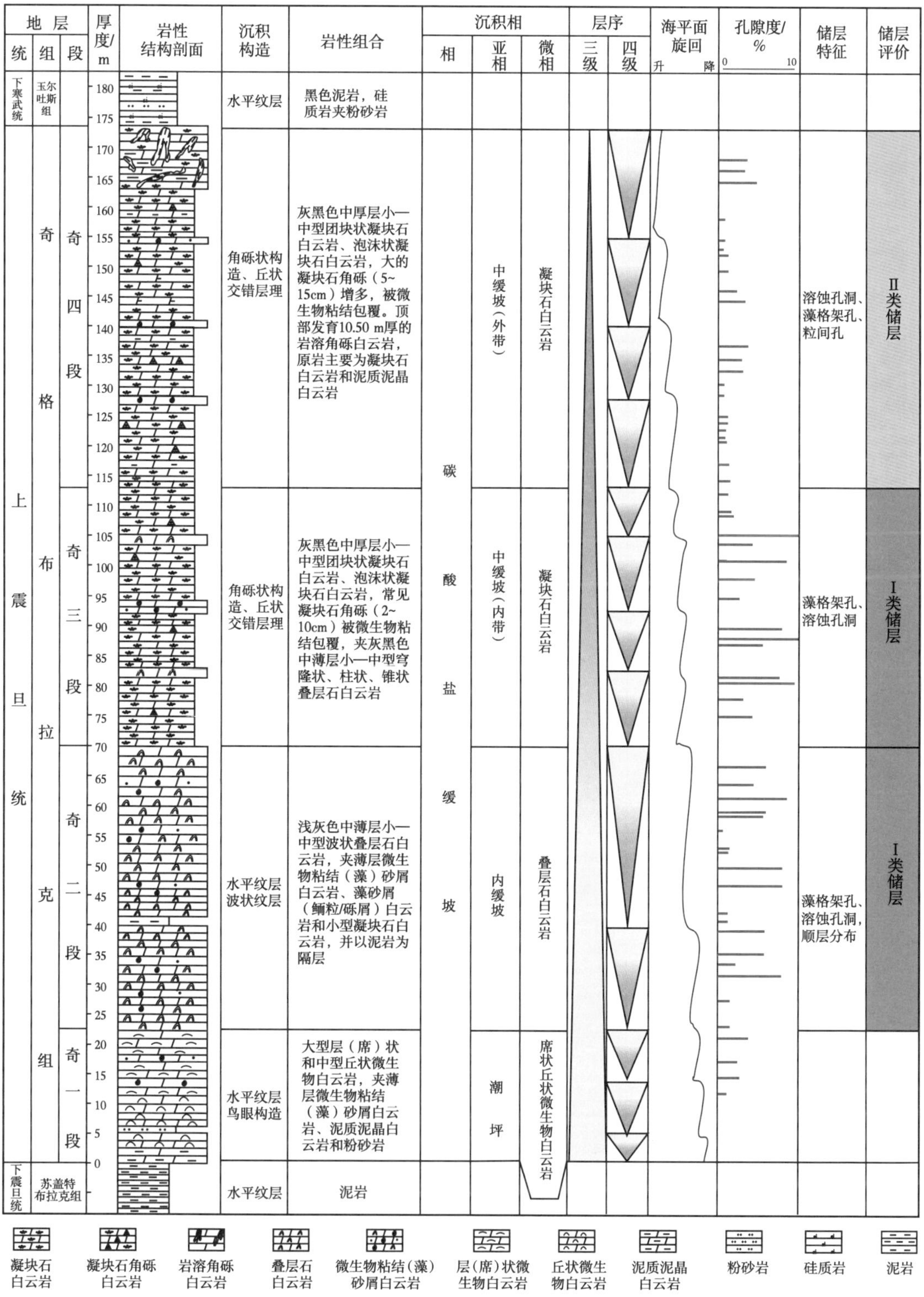

地层结构与沉积储层综合柱状图

地层			厚度/m	岩性结构剖面	沉积构造	岩性组合	沉积相			层序		海平面旋回(升降)	孔隙度/%	储层特征	储层评价
统	组	段					相	亚相	微相	三级	四级		0　　10		
下寒武统	玉尔吐斯组		180–175		水平纹层	黑色泥岩,硅质岩夹粉砂岩									Ⅱ类储层
上震旦统	奇格布拉克组	奇四段	170–115		角砾状构造、丘状交错层理	灰黑色中厚层小—中型团块状凝块石白云岩、泡沫状凝块石白云岩,大的凝块石角砾(5~15cm)增多,被微生物粘结包覆。顶部发育10.50 m厚的岩溶角砾白云岩,原岩主要为凝块石白云岩和泥质泥晶白云岩	碳酸盐缓坡	中缓坡(外带)	凝块石白云岩					溶蚀孔洞、藻格架孔、粒间孔	Ⅱ类储层
		奇三段	110–70		角砾状构造、丘状交错层理	灰黑色中厚层小—中型团块状凝块石白云岩、泡沫状凝块石白云岩,常见凝块石角砾(2~10cm)被微生物粘结包覆,夹灰黑色中薄层小—中型穹隆状、柱状、锥状叠层石白云岩		中缓坡(内带)	凝块石白云岩					藻格架孔、溶蚀孔洞	Ⅰ类储层
		奇二段	70–20		水平纹层波状纹层	浅灰色中薄层小—中型波状叠层石白云岩,夹薄层微生物粘结(藻)砂屑白云岩、藻砂屑(鲕粒/砾屑)白云岩和小型凝块石白云岩,并以泥岩为隔层		内缓坡	叠层石白云岩					藻格架孔、溶蚀孔洞,顺层分布	Ⅰ类储层
		奇一段	20–0		水平纹层鸟眼构造	大型层(席)状和中型丘状微生物白云岩,夹薄层微生物粘结(藻)砂屑白云岩、泥质泥晶白云岩和粉砂岩		潮坪	席状丘状微生物白云岩						
下震旦统	苏盖特布拉克组		0		水平纹层	泥岩									

图例:凝块石白云岩　凝块石角砾白云岩　岩溶角砾白云岩　叠层石白云岩　微生物粘结(藻)砂屑白云岩　层(席)状微生物白云岩　丘状微生物白云岩　泥质泥晶白云岩　粉砂岩　硅质岩　泥岩

图1　塔里木盆地上震旦统肖尔布拉克西沟剖面奇格布拉克组沉积储层综合柱状图

39

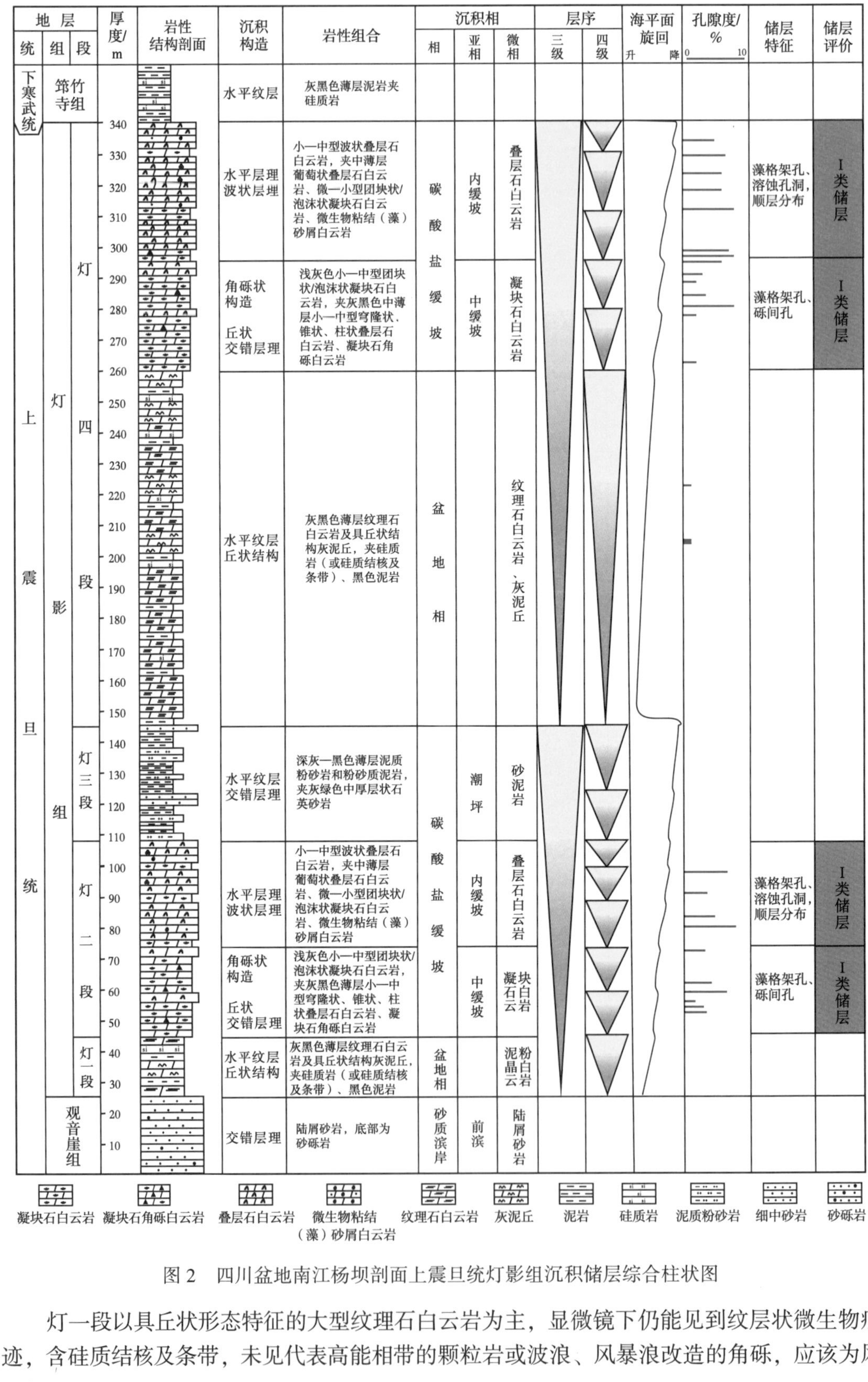

地层 统	地层 组	地层 段	厚度/m	岩性结构剖面	沉积构造	岩性组合	沉积相 相	沉积相 亚相	沉积相 微相	层序 三级	层序 四级	海平面旋回 升降	孔隙度/% 0—10	储层特征	储层评价
下寒武统	筇竹寺组		340		水平纹层	灰黑色薄层泥岩夹硅质岩									
上震旦统	灯影组	灯四段	340–300		水平层理 波状层理	小—中型波状叠层石白云岩，夹中薄层葡萄状叠层石白云岩、微—小型团块状/泡沫状凝块状白云岩、微生物粘结（藻）砂屑白云岩	碳酸盐缓坡	内缓坡	叠层石白云岩					藻格架孔、溶蚀孔洞，顺层分布	I类储层
			290–260		角砾状构造 丘状交错层理	浅灰色小—中型团块状/泡沫状凝块状白云岩，夹灰黑色中薄层小—中型穹隆状、锥状、柱状叠层石白云岩、凝块石角砾白云岩		中缓坡	凝块石白云岩					藻格架孔、砾间孔	I类储层
			260–150		水平纹层 丘状结构	灰黑色薄层纹理石白云岩及具丘状结构灰泥丘，夹硅质岩（或硅质结核及条带）、黑色泥岩	盆地相		纹理石白云岩、灰泥丘						
		灯三段	140–110		水平纹层 交错层理	深灰—黑色薄层泥质粉砂岩和粉砂质泥岩，夹绿色中厚层状石英砂岩	碳酸盐缓坡	潮坪	砂泥岩						
		灯二段	110–70		水平层理 波状层理	小—中型波状叠层石白云岩，夹中薄层葡萄状叠层石白云岩、微—小型团块状/泡沫状凝块状白云岩、微生物粘结（藻）砂屑白云岩		内缓坡	叠层石白云岩					藻格架孔、溶蚀孔洞，顺层分布	I类储层
			70–45		角砾状构造 丘状交错层理	浅灰色小—中型团块状/泡沫状凝块状白云岩，夹灰黑色薄层小—中型穹隆状、锥状、柱状叠层石白云岩、凝块石角砾白云岩		中缓坡	凝块石白云					藻格架孔、砾间孔	I类储层
		灯一段	45–25		水平纹层 丘状结构	灰黑色薄层纹理石白云岩及其丘状结构灰泥丘，夹硅质岩（或硅质结核及条带）、黑色泥岩			泥粉晶白云						
	观音崖组		25–0		交错层理	陆屑砂岩，底部为砂砾岩	砂质滨岸	前滨	陆屑砂岩						

图例：凝块石白云岩　凝块石角砾白云岩　叠层石白云岩　微生物粘结（藻）砂屑白云岩　纹理石白云岩　灰泥丘　泥岩　硅质岩　泥质粉砂岩　细中砂岩　砂砾岩

图2　四川盆地南江杨坝剖面上震旦统灯影组沉积储层综合柱状图

灯一段以具丘状形态特征的大型纹理石白云岩为主，显微镜下仍能见到纹层状微生物痕迹，含硅质结核及条带，未见代表高能相带的颗粒岩或波浪、风暴浪改造的角砾，应该为风暴浪基面之下的较深水灰泥丘建造。

灯二段下部以浅灰色小—中型团块状/泡沫状凝块石白云岩为主，常见凝块石角砾（2～5cm），夹灰黑色薄层 N_1—中型穹隆状、锥状、柱状叠层石白云岩、凝块石角砾白云岩，构成 2 个向上变浅的高频旋回。灯二段上部以 N_1—中型波状叠层石白云岩为主，夹中薄层葡萄状叠层石白云岩、微—小型团块状/泡沫状凝块石白云岩和微生物粘结（藻）砂屑白云岩，构成 3 个向上变浅的旋回。葡萄状叠层石白云岩实际上是波状、穹隆状叠层石白云岩经历后期成岩改造的产物。总体上，灯二段下部的沉积水体深度要大于灯二段上部，前者主要受风暴浪作用影响，后者主要受波浪作用影响，但高频旋回频繁发育，反映沉积地貌平坦、水体较浅，微小的海平面震荡就可导致岩石类型和组合序列的变化。

灯三段以深灰—黑色薄层泥质粉砂岩和粉砂质泥岩为主，夹灰绿色中厚层状石英砂岩，为潮坪相沉积，以潮汐作用为主，并不时地受河流沉积的干扰。

灯四段下部岩性特征和组合序列与灯一段相似；灯四段上部岩性特征和组合序列与灯二段相似，同样由 5 个高频旋回构成，但葡萄状叠层石白云岩不如灯二段发育。

总之，微生物白云岩类型、特征和组合序列揭示四川盆地南江杨坝剖面上震旦统灯影组由风暴→波浪→潮汐→风暴→波浪作用两个水体逐渐变浅的序列构成：灯一段至灯三段为一个完整的向上变浅旋回，结束于极浅水陆源碎屑潮坪沉积；灯四段自身构成一个不完整的旋回，灯四段沉积早期水体快速加深，形成与灯一段相似的沉积，灯四段顶部缺少陆源碎屑潮坪沉积。

2.2 显生宇剖面介绍与沉积环境分析

2.2.1 塔里木盆地阿克苏什艾日克剖面肖尔布拉克组

下寒武统肖尔布拉克组主体为一套微生物白云岩建造，夹藻砂屑白云岩，由下至上划分为肖下段、肖中 1 亚段、肖中 2 亚段、肖中 3 亚段、肖上段共 5 个地层单元，厚约 160m。该组上覆于下寒武统玉尔吐斯组粉砂岩、硅质岩和黑色泥岩之上，呈整合接触；下伏于下寒武统吾松格尔组泥质云岩、膏盐岩之下，呈整合接触（图 3）。

玉尔吐斯组主体为粉砂岩、硅质岩和黑色泥岩建造，水平纹层发育，在塔里木盆地广泛分布，厚度稳定，形成于缺氧的深水环境。实测剖面夹一套厚近 5m 的藻砂屑白云岩，但在侧向上分布局限，应是碳酸盐浊积砂沉积。这套沉积组合不但揭示了风暴浪基面之下的深水缺氧环境，还暗示了较陡斜坡的存在。

肖下段—肖中 1 亚段主体为灰黑色薄层纹理石白云岩建造，发育的水平纹层为微生物痕迹，在 28km×2km 的储层建模区范围内追踪，呈丘状展布，说明沉积水体依然较深，但与玉尔吐斯组相比略为变浅，应为台缘前斜坡（下斜坡）的灰泥丘建造。

肖中 2 亚段以灰黑色中厚层小—中型团块状、泡沫状凝块石白云岩为主，上部夹藻砂屑白云岩，常见凝块石角砾（5～15cm）。凝块石白云岩的发育证明沉积水体较深，有足够的可容纳空间；凝块石角砾的发育可能与风暴浪的作用有关，上部所夹的藻砂屑白云岩应该来自镶边台缘滩相沉积向台缘前斜坡（上斜坡）的搬运。

肖中 3 亚段下部主体为一套浅灰色中厚层藻砂屑白云岩夹微生物粘结（藻）砂屑白云岩，发育交错层理，为典型的浪基面之上受波浪改造的台缘高能相带沉积。肖中 3 亚段上部主体为一套浅灰色中薄层小—中型波状叠层石白云岩，顶部出现一层厚近 3m 的核形石白云岩（核形石直径 3～5cm），未见穹隆状、柱状、锥状叠层石，说明可容纳空间受限，属以

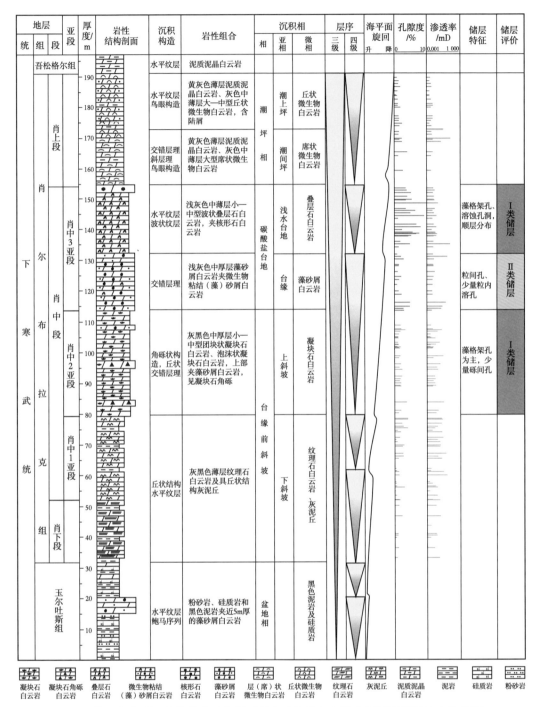

图 3 塔里木盆地阿克苏什艾日克剖面下寒武统肖尔布拉克组沉积储层综合柱状图

波浪作用为主的台内沉积环境。

肖上段以黄灰色薄层泥质白云岩、灰色大—中型层（席）状微生物白云岩为主，见少量泥质和陆源碎屑，与肖中3亚段上部相比，更靠近陆源，为典型的碳酸盐潮坪沉积。

总之，微生物白云岩类型、特征和组合序列揭示塔里木盆地阿克苏什艾日克剖面下寒武统玉尔吐斯组至肖尔布拉克组构成一个由风暴→波浪→潮汐作用水体逐渐变浅的旋回。

2.2.2 鄂尔多斯盆地靳 2 井马家沟组五段

靳 2 井下奥陶统马家沟组五段 10 亚段（马五$_{10}$亚段）—五段 6 亚段（马五$_6$亚段），厚约 135m，主体为一套微生物白云岩—膏盐岩建造，夹藻砂屑白云岩。该套地层上覆于马家沟组四段之上，呈整合接触；下伏于马五$_5$泥晶灰岩之下，呈整合接触（图 4）。

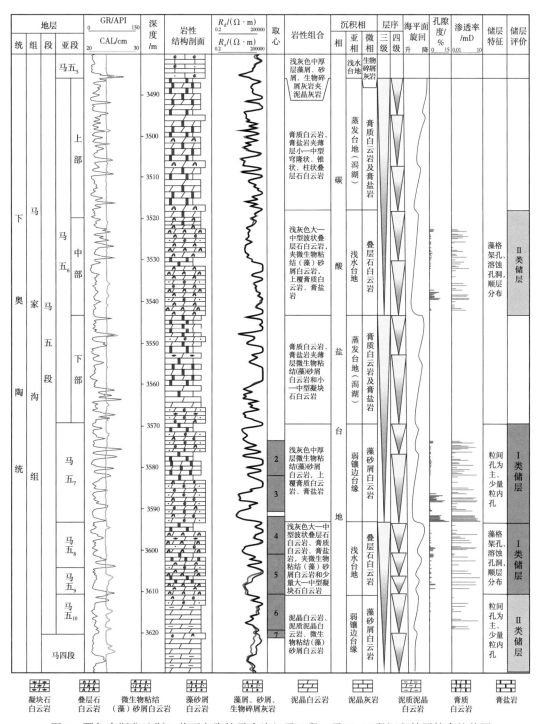

图 4 鄂尔多斯盆地靳 2 井下奥陶统马家沟组马四段—马五$_6$亚段沉积储层综合柱状图

马四段—马五$_{10}$亚段以泥晶白云岩、泥质泥晶白云岩、微生物粘结（藻）砂屑白云岩为主，垂向上构成 2 个旋回，形成于受波浪作用改造的弱镶边台缘带。

马五$_9$亚段—马五$_8$亚段以浅灰色大—中型波状叠层石白云岩、膏质白云岩、膏盐岩为主，夹微生物粘结（藻）砂屑白云岩和少量大—中型凝块石白云岩，构成 3 个向上变浅的旋回。膏盐岩的发育证实了镶边台缘的存在，高频海平面变化导致浅水台地叠层石白云岩、微生物粘结藻砂屑白云岩与蒸发潟湖膏盐岩相互叠置，少量凝块石白云岩可能形成于潟湖环境。

马五$_7$亚段以浅灰色中厚层微生物粘结（藻）砂屑白云岩为主，上覆膏质白云岩、膏盐岩，构成 2 个向上变浅的旋回，总体展示弱镶边台缘的沉积特征。高频海平面变化和膏盐湖面积的扩大，导致膏质白云岩、膏盐岩直接覆盖于台缘微生物粘结（藻）砂屑白云岩之上。

马五$_6$亚段下部主体为蒸发潟湖膏质白云岩、膏盐岩建造，夹薄层微生物粘结（藻）砂屑白云岩和小—中型凝块石白云岩，构成 2 个高频旋回，总体展现蒸发潟湖的沉积特征。

马五$_6$亚段中部以浅灰色大—中型波状叠层石白云岩、膏质白云岩为主，夹微生物粘结（藻）砂屑白云岩和膏盐岩，构成 2 个向上变浅的旋回，总体展现浅水台地沉积特征。高频海平面变化可导致蒸发潟湖膏盐岩、膏质白云岩直接覆盖于叠层石白云岩、微生物粘结（藻）砂屑白云岩之上。

马五$_6$亚段上部主体为蒸发潟湖膏质白云岩、膏盐岩建造，夹薄层小—中型穿隆状、锥状、柱状叠层石白云岩，总体展现蒸发潟湖的沉积特征。

总之，靳 2 井马五$_{10}$亚段—马五$_6$亚段主体为微生物白云岩—膏盐岩建造，高频旋回发育，总体展现干旱气候背景下浅水台地微生物白云岩和蒸发潟湖膏质白云岩、膏盐岩的沉积特征。

2.2.3 四川盆地鸭深 1 井雷口坡组

鸭深 1 井钻揭中三叠统雷口坡组雷五段、雷四$_3$亚段、雷四$_2$亚段，雷四$_2$亚段未见底。雷五段—雷四$_2$亚段主体为一套微生物白云岩、藻砂屑/生物碎屑白云岩、膏盐岩建造，厚约 165m，上覆上三叠统马鞍塘组生物碎屑灰岩、泥岩，呈整合接触（图 5）。

雷四$_2$亚段（厚 25m，未揭穿）为一套膏盐岩，系典型的局限台地或蒸发潟湖沉积环境，同时也揭示了向海方向障壁的存在。

雷四$_3$亚段下部（厚约 10m）为一套浅灰色中薄层微生物粘结（藻）砂屑白云岩，夹膏质白云岩，属典型的紧邻镶边台缘内侧的局限台地沉积环境。雷四$_3$亚段中上部（厚约 45m）为一套浅灰色中厚层藻屑、砂屑、生物碎屑白云岩，交错层理发育，往往重结晶成残留颗粒结构的晶粒白云岩，属典型的镶边台缘沉积环境。

雷五段（厚约 85m）缺资料的井段较多，下部为浅灰色中厚层藻屑、砂屑、生物碎屑白云岩，中部为小—中型叠层石灰岩、灰质白云岩、白云质灰岩，上部为浅灰色中厚层藻屑、砂屑、生物碎屑灰岩。推断应为一套台地相灰质白云岩、白云质灰岩，顶部相变为泥晶灰岩，夹浅灰色中薄层藻屑、砂屑、生物碎屑灰岩，气候由干旱向潮湿转变。

总之，鸭深 1 井雷四段为典型的蒸发潟湖膏盐和镶边台缘颗粒滩沉积，高频海平面上升导致由下至上潟湖相膏盐岩、局限台地（或蒸发潟湖）膏质白云岩和微生物白云岩、台缘颗粒滩的叠置；雷五段主体演化为潮湿气候背景的台地相生物碎屑灰岩沉积。

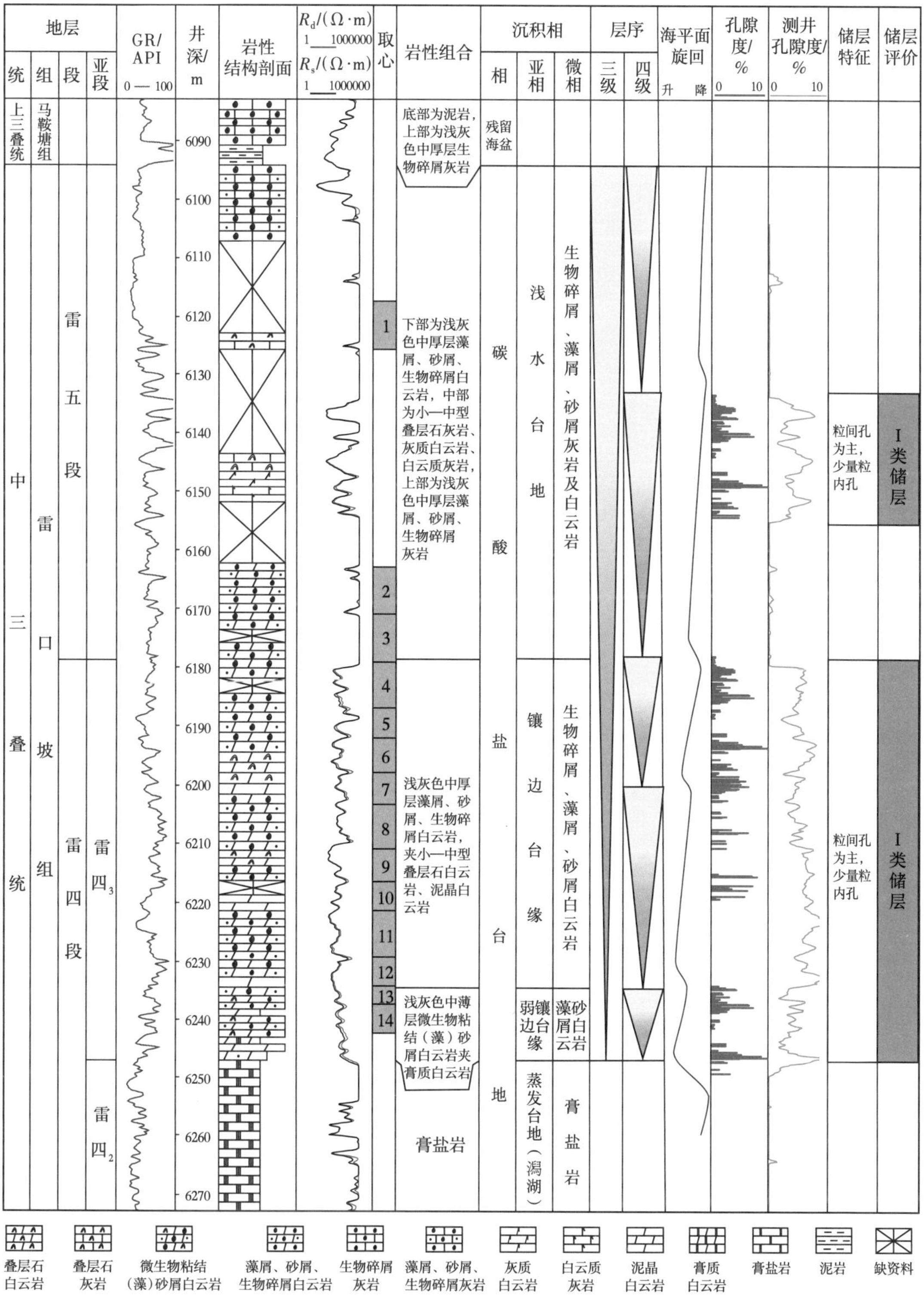

图 5　四川盆地鸭深 1 井中三叠统雷口坡组雷四段 2 亚段—雷五段沉积储层综合柱状图

3 微生物碳酸盐岩沉积模式

从上述 5 条剖面的介绍可知，元古宇和显生宇微生物碳酸盐岩类型和组合序列有很大的差异。元古宇以原地的微生物碳酸盐岩建造为主，反映以低能（潮汐作用为主）开放的潮汐—缓坡沉积体系为主；显生宇除原地的微生物碳酸盐岩建造外，还发育高能相带的藻砂屑/生物碎屑等颗粒碳酸盐岩、异地沉积的颗粒（包括角砾）碳酸盐岩和膏盐岩，反映以高能台缘、斜坡、局限台地和波浪作用为特征的波浪—镶边沉积体系为主。

3.1 缓坡沉积体系微生物碳酸盐岩沉积模式

塔里木盆地肖尔布拉克西沟剖面上震旦统奇格布拉克组、四川盆地南江杨坝剖面上震旦统灯影组两个元古宇剖面代表了宏体生物出现之前，以微生物碳酸盐岩为主导的沉积特征。晚震旦世，以微生物为主导的海洋生态体系[35-37]，在大气和海水缺氧、大气环流作用弱的条件下[38,39]，形成 3 个沉积响应特征：（1）元古宙海洋以潮汐作用为主，波浪作用弱，风暴浪作用偶尔发生，这是导致元古宙高能颗粒滩沉积不如显生宙发育的主要原因；（2）元古宙以碳酸盐缓坡为主，没有明显的镶边台缘，这是因为缺乏宏体造礁生物和碳酸盐生产率低，难以形成坚固的抗浪格架；（3）元古宙气候潮湿，膏盐层不发育。据此，根据沃尔索相律[40]，建立了缓坡沉积体系微生物碳酸盐岩沉积模式（图 6）。

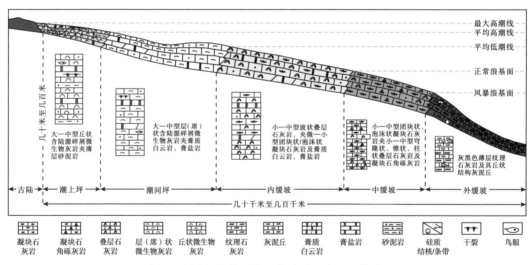

图 6 缓坡沉积体系微生物碳酸盐岩沉积模式

碳酸盐缓坡指从海岸到盆地坡度很小（一般小于 1°～2°）的碳酸盐沉积体系[41]，Wright[42] 根据风暴、波浪和潮汐影响程度将碳酸盐缓坡划分为内缓坡、中缓坡、外缓坡和盆地。外缓坡—盆地位于风暴浪基面之下；中缓坡位于风暴浪基面和正常浪基面之间；内缓坡位于正常浪基面与平均低潮线之间；平均低潮线之上为潮坪环境，以潮汐作用为主（本文将潮坪/萨布哈环境从内缓坡剥离出来）。

外缓坡—盆地主要为大型纹理石碳酸盐岩及灰泥丘建造，含硅质结核及条带，夹灰黑色薄层泥岩，以四川盆地南江杨坝剖面灯一段、灯四段下部（图 2）为代表。

中缓坡主要为小—中型团块状、泡沫状凝块石碳酸盐岩建造，常见凝块石角砾灰岩（2~15cm），夹小—中型穹隆状、柱状、锥状结构叠层石碳酸盐岩，以塔里木盆地肖尔布拉克组西沟剖面奇三段、奇四段（图1）和四川盆地南江杨坝剖面灯二段下部、灯四段上部（图2）为代表。

内缓坡主要为小—中型波状叠层石碳酸盐岩建造，夹薄层微生物粘结藻砂屑/鲕粒/砾屑碳酸盐岩和微—小型凝块石碳酸盐岩，以塔里木盆地肖尔布拉克组西沟剖面奇二段和四川盆地南江杨坝剖面灯二段上部、灯四段上部为代表。

潮坪环境主要为大—中型层（席）状微生物碳酸盐岩建造，夹薄层藻砂屑碳酸盐岩、泥质碳酸盐岩、深灰色—黑色泥质粉砂岩和粉砂质泥岩及灰色中层状石英砂岩，以塔里木盆地肖尔布拉克组西沟剖面奇一段、四川盆地南江杨坝剖面灯三段为代表。

无论是剖面的垂向序列还是平面的展布特征，均展示了沉积环境的能量分带、可容纳空间大小对微生物碳酸盐岩岩石类型和组合序列的控制：高幅度的叠层构造代表可容纳空间充足的较深水沉积环境，微波状叠层构造代表可容纳空间不足的浅水沉积环境，风暴浪、波浪和潮汐作用可以形成规模不等的凝块石角砾或藻砂屑碳酸盐岩夹层。

随着水体变浅，微生物碳酸盐岩呈灰泥丘→凝块石碳酸盐岩→叠层石碳酸盐岩→席状、丘状微生物碳酸盐岩的变化特征。风暴浪基面之下以灰泥丘建造为主，风暴浪基面和正常浪基面之间以小—中型凝块石碳酸盐岩建造为主，正常浪基面与平均低潮线之间以小—中型叠层石碳酸盐岩建造为主，平均低潮线之上的潮坪环境以大—中型席状、丘状微生物碳酸盐岩建造为主。高频海平面变化可导致不同相带岩石组合序列的频繁交替。

大规模的缓坡沉积体系微生物碳酸盐沉积主要见于元古宙，如东西伯利亚地区新元古界发育里菲期—文德期沉积的两套潮汐—缓坡背景的微生物白云岩，碳酸盐缓坡面积达到 $400 \times 10^4 km^2$ [43]。但显生宙在特定的地质条件下，如以潮汐作用为主和缺乏宏体生物及以微生物为主导的环境，同样可以发育缓坡沉积体系微生物碳酸盐沉积。

3.2 镶边沉积体系微生物碳酸盐岩沉积模式

塔里木盆地阿克苏什艾日克剖面下寒武统肖尔布拉克组、鄂尔多斯盆地靳2井下奥陶统马家沟组五段、四川盆地鸭深1井中三叠统雷口坡组3个显生宇剖面代表了显生宙宏体生物出现之后，微生物碳酸盐岩、高能礁滩相沉积和膏盐岩并存的沉积特征。以宏体生物为主导的海洋生态体系[37]，在大气和海水普遍富氧、大气环流作用强的条件下[39]，形成3个沉积响应特征：（1）显生宙海洋波浪作用和潮汐作用并存，障壁海岸以波浪作用为主，风暴浪作用也很常见，潮坪环境以潮汐作用为主，这是显生宙高能礁滩相沉积比元古宙发育的主要原因；（2）显生宙以镶边台地为主，即使是碳酸盐缓坡，也因造礁生物的繁盛和高的碳酸盐生产率，很快会演变为镶边台地；（3）微生物碳酸盐岩的规模发育往往与高盐度海水有关。这导致微生物碳酸盐岩、高能礁滩相沉积、膏盐岩共生（塔里木盆地阿克苏什艾日克剖面肖尔布拉克组虽然未出现膏盐岩，但其上覆地层吾松格尔组发育大套的膏盐岩），暗示了障壁岛的存在。据此，根据沃尔索相律[40]，建立了镶边沉积体系微生物碳酸盐岩沉积模式（图7）。

镶边碳酸盐台地指碳酸盐台地与盆地之间有明显的坡折，斜坡坡度60°以上，边缘发育障壁礁或滩，内侧发育低能潟湖，潟湖向陆方向过渡为陆源碎屑海岸，向海方向逐渐过渡为浅水碳酸盐台地。干旱气候条件下，潟湖中还会有蒸发岩沉积[44]。

盆地相主要为黑色泥岩夹硅质岩条带和泥质粉砂岩，水平纹层发育，厚度薄，分布广，为欠补偿沉积，以塔里木盆地玉尔吐斯组为代表。

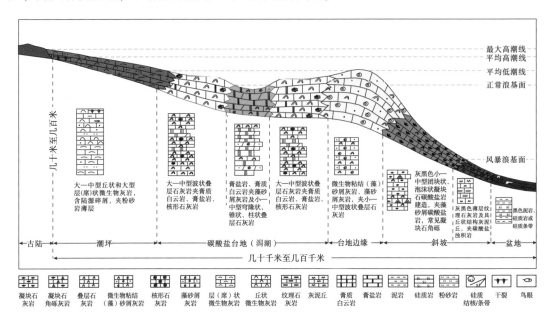

图 7　镶边沉积体系微生物碳酸盐岩沉积模式

台缘前斜坡下部（下斜坡）主要为灰黑色大型纹理石碳酸盐岩及灰泥丘建造，发育的水平纹层为微生物痕迹，以塔里木盆地肖下段—肖中 1 亚段为代表（图 3）。

台缘前斜坡上部（上斜坡）主要为灰黑色小—中型团块状、泡沫状凝块石碳酸盐岩建造，夹藻砂屑碳酸盐岩，常见凝块石角砾（5～15cm），以塔里木盆地肖中 2 亚段为代表。

镶边台缘主要为浅灰色中厚层微生物粘结（藻）砂屑碳酸盐岩、藻砂屑碳酸盐岩建造，发育交错层理，以塔里木盆地肖中 3 亚段下部（图 3）和鄂尔多斯盆地马四段—马五$_{10}$亚段、马五$_9$亚段（图 4）及四川盆地雷口坡组雷四$_3$亚段中上部（图 5）为代表。

碳酸盐台地主要为浅灰色大—中型波状叠层石碳酸盐岩建造，常伴生核形石（鲕粒）碳酸盐岩、微生物粘结（藻）砂屑碳酸盐岩、（泥质）泥晶灰岩或（泥质）泥晶白云岩，潟湖中可见少量小—中型穹隆状、锥状、柱状叠层石碳酸盐岩及微—小型团块状、泡沫状凝块石碳酸盐岩，以塔里木盆地肖中 3 亚段上部和鄂尔多斯盆地马五$_9$亚段—马五$_8$亚段、马五$_6$亚段中部以及四川盆地雷口坡组雷四$_3$亚段下部、雷五段为代表。

蒸发潟湖主要为膏盐岩、膏质白云岩建造，夹（泥质）泥晶碳酸盐岩及少量微生物粘结（藻）砂屑碳酸盐岩，以鄂尔多斯盆地马五$_9$亚段—马五$_8$亚段、马五$_7$亚段、马五$_6$亚段和四川盆地雷口坡组雷四$_2$亚段为代表。

潮坪环境主要为黄灰色薄层泥质碳酸盐岩、浅灰色大—中型层（席）状、丘状微生物碳酸盐岩建造，见少量泥质和陆源碎屑，以塔里木盆地肖上段为代表。

与缓坡沉积体系微生物碳酸盐岩沉积模式相似，无论是剖面的垂向序列还是平面的展布特征，均展示了沉积环境的能量分带、可容纳空间大小对微生物碳酸盐岩岩石类型和组合序列的控制。风暴浪基面之下的盆地相区以黑色泥页岩、硅质岩建造为主，下斜坡以大型纹理石碳酸盐岩建造为主；风暴浪基面和正常浪基面之间的上斜坡以灰黑色小—中型团块状、泡沫状凝块石碳酸盐岩建造为主；正常浪基面之上的镶边台缘以微生物粘结（藻）砂屑碳酸盐岩、藻砂屑碳酸盐岩建造为主；碳酸盐台地以大—中型波状叠层石碳酸盐岩建造为主；蒸发潟湖以膏盐岩和膏质白云岩建造为主；潮坪环境以大—中型层（席）状、丘状微生物碳酸盐岩建造为主。高频海平面变化可导致不同相带岩石组合序列的频繁交替。

大规模的镶边沉积体系微生物碳酸盐沉积主要见于显生宙，但元古宙在特定的地质条件下，同样可以发育镶边沉积体系微生物碳酸盐沉积，如四川盆地川中地区德阳—安岳台内裂陷周缘的灯影组微生物碳酸盐沉积，虽然灯影组沉积期上扬子板块主体为碳酸盐缓坡背景。德阳—安岳灯影组沉积期台内裂陷周缘的镶边既非典型的镶边台缘，更不是沉积型镶边，而是构造型镶边；恰恰通过灯影期微生物碳酸盐的沉积作用，逐渐由灯二段沉积期的构造型镶边向灯四段沉积期的碳酸盐缓坡演化[45]。

4 结论

本文通过塔里木盆地、四川盆地和鄂尔多斯盆地 3 个露头、2 口井共 5 条剖面的岩石类型和组合序列研究，取得 3 项成果和认识：

（1）建立了构造尺度和形态特征相结合的微生物碳酸盐岩分类方案。该分类方案是一个更适用于露头和井场的系统分类方案，同时岩石类型及组合序列的环境意义更加明确，为微生物碳酸盐岩沉积环境恢复和沉积模式的建立奠定了基础。

（2）明确了微生物碳酸盐岩岩石类型及组合序列的环境意义。风暴浪基面之下远端以欠补偿黑色泥岩和硅质岩沉积为主，近端的下斜坡以具丘状结构的纹理石碳酸盐岩和灰泥丘建造为主；风暴浪基面和正常浪基面之间的上斜坡以团块状、泡沫状凝块石碳酸盐岩和穹隆状、锥状、柱状叠层石碳酸盐岩建造为主；正常浪基面与平均低潮线之间以波状叠层石碳酸盐岩建造为主；平均低潮线之上的潮坪环境以层（席）状微生物碳酸盐岩、丘状微生物碳酸盐岩建造为主。

（3）建立了缓坡沉积体系和镶边沉积体系微生物碳酸盐岩沉积模式。关于微生物碳酸盐岩的分类目前依然存在很大分歧，本文提供的分类方案也肯定存在不足之处，但期望该方案能对微生物碳酸盐岩岩类学研究起到促进作用。虽然不同类型的微生物碳酸盐岩可以出现在同一沉积环境，不同沉积环境也可以出现同类型的微生物碳酸盐岩，但基于本文构造尺度和形态特征相结合的分类方案，岩石类型和组合序列的环境意义是基本明确的。不同地质历史时期均可能发育缓坡沉积体系和镶边沉积体系微生物碳酸盐沉积，但元古宙以缓坡沉积体系为主，显生宙则以镶边沉积体系为主。

参 考 文 献

[1] Riding R. Microbial carbonates：the geological record of calcified bacterial-algal mats and biofilms［J］. Sedimentology，2000，47（S1）：179-214.

[2] Burne R V，Moore L S. Microbialites：organosedimentary deposits of benthic microbial communities［J］. Palaios，1987，2（3）：241-254.

[3] Riding R. Classification of microbial carbonates［M］// Riding R. Calcareous algae and stromatolites. Berlin：Springer-Verlag，1991：21-51.

[4] Lowe D R. Stromatolites 3，400 Myr old from the Archean of Western Australia［J］. Nature，1980，284：441-443.

［5］Schidlowski M. A 3, 800-million-year isotopic record of life from carbon in sedimentary rocks ［J］. Nature, 1988, 333: 313-318.

［6］曹瑞骥. 前寒武纪叠层石命名和分类的研究历史及现状 ［J］. 地质调查与研究, 2003, 26 (2): 80-83.

［7］Riding R. Microbial carbonate abundance compared with fluctuations in metazoan diversity over geological time ［J］. Sedimentary geology, 2006, 185: 229-238.

［8］戴永定, 刘铁兵, 沈继英. 生物成矿作用和生物矿化作用 ［J］. 古生物学报, 1994, 33 (5): 575-594.

［9］史晓颖, 张传恒, 蒋干清, 等. 华北地台中元古代碳酸盐岩中的微生物成因构造及其生烃潜力 ［J］. 现代地质, 2008, 22 (5): 669-682.

［10］王兴志, 侯方浩, 刘仲宣, 等. 资阳地区灯影组层状白云岩储层研究 ［J］. 石油勘探与开发, 1997, 24 (2): 37-40.

［11］Mancini E A, Benson D J, Hart B S, et al. Appleton field case study (eastern Gulf coastal plain): field development model for Upper Jurassic microbial reef reservoirs associated with paleotopographic basement structures ［J］. AAPG bulletin, 2000, 84 (11): 1699-1717.

［12］Mancini E A, Llinás J C, Parcell W C, et al. Upper Jurassic thrombolite reservoir play, northeastern Gulf of Mexico ［J］. AAPG bulletin, 2004, 88 (11): 1573-1602.

［13］Mancini E A, Parcell W C, Ahr W M, et al. Upper Jurassic updip stratigraphic trap and associated Smackover microbial and nearshore carbonate facies, Eastern Gulf Coastal Plain ［J］. AAPG bulletin, 2008, 92 (4): 417-442.

［14］Grotzinger J P, Amthor J E. Facies and reservoir architecture of isolated microbial carbonate platforms, Terminal Proterozoic-Early Cambrian Ara Group, South Oman Salt Basin ［C］. Houston: AAPG Annual Meeting, 2002.

［15］费宝生, 汪建红. 中国海相油气田勘探实例之三: 渤海湾盆地任丘古潜山大油田的发现与勘探[J]. 海相油气地质, 2005, 10 (3): 43-50.

［16］刘树根, 马永生, 孙玮, 等. 四川盆地威远气田和资阳含气区震旦系油气成藏差异性研究 ［J］. 地质学报, 2008, 82 (3): 328-337.

［17］Wright P V, Racey A. Pre-salt microbial carbonate reservoirs of the Santos Basin, offshore Brazil ［C］. Denver: AAPG Annual Convention and Exhibition, 2009.

［18］Ahr W M, Mancini E A, Parcell W C. Pore characteristics in microbial carbonate reservoirs ［C］. Houston: AAPG Annual Convention and Exhibition, 2011.

［19］Muniz M C, Bosence D. Carbonate platforms in non-marine rift system in the Early Cretaceous (Pre-salt) of the Campos Basin, Brazil ［C］. Long Beach: AAPG Annual Convention and Exhibition, 2012.

［20］梅冥相. 微生物碳酸盐岩分类体系的修订: 对灰岩成因结构分类体系的补充 ［J］. 地学前缘, 2007, 14 (5): 221-234.

［21］韩作振, 陈吉涛, 迟乃杰, 等. 微生物碳酸盐岩研究: 回顾与展望 ［J］. 海洋地质与第四纪地质, 2009, 29 (4): 30-39.

［22］王月, 沈建伟, 杨红强, 等. 微生物碳酸盐沉积及其研究意义 ［J］. 地球科学进展, 2011, 26 (10): 1038-1049.

［23］由雪莲, 孙枢, 朱井泉, 等. 微生物白云岩模式研究进展 ［J］. 地学前缘, 2011, 18 (4): 53-65.

［24］杨华, 王宝清. 微生物白云石模式评述 ［J］. 海相油气地质, 2012, 17 (2): 1-7.

［25］王红梅, 吴晓萍, 邱轩, 等. 微生物成因的碳酸盐矿物研究进展 ［J］. 微生物学通报, 2013, 40 (1): 180-189.

［26］郝雁, 张哨楠, 张德民. 微生物碳酸盐岩研究现状及进展 ［J］. 成都理工大学学报 (自然科学版),

2018, 45 (4)：415-427.

［27］吴亚生，姜红霞，李莹，等．微生物碳酸盐岩的显微结构基本特征［J］．古地理学报，2021, 23 (2)：1-15.

［28］Kalkowsky E. Oolith und stromatolith im norddeutschen Buntsandstein［J］. Zeitschrift der deutschen geologischen gesellschaft, 1908, 60：68-125.

［29］Riding R. The nature of stromatolites：3, 500 million years of history and a century of research［M］// Reitner J, et al. Advances in stromatolite geobiology. Heidelberg：Springer-Verlag Berlin, 2011：29-74.

［30］杨仁超，樊爱萍，韩作振，等．核形石研究现状与展望［J］．地球科学进展，2011, 26 (5)：465-474.

［31］Shapiro R S. A comment on the systematic confusion of thrombolites［J］. Palaios, 2000, 15 (2)：166-169.

［32］梅冥相．鲕粒成因研究的新进展［J］．沉积学报，2012, 30 (1)：20-32.

［33］Kaufmann B. Middle Devonian reef and mud mounds on a carbonate ramp：Mader Basin (eastern Anti-Atlas, Morocco)［M］// Geological Society London Special Publications 149, 1998：417-435.

［34］Dunham R J. Classification of carbonate rocks according to their depositional texture［M］// AAPG memoir, 1962：108-121.

［35］Blumenberg M, Thiel V, Riegel W, et al. Biomarkers 14 of black shales formed by microbial mats, Late Mesoproterozoic (1.1 Ga) Taoudeni Basin, Mauritania［J］. Precambrian research, 2012, 196/197：113-127；

［36］Lenton T M, Boyle R A, Poulton S W, et al. Co-evolution of eukaryotes and ocean oxygenation in the Neoproterozoicera［J］. Nature geoscience, 2014, 7 (4)：257-265.

［37］赵文智，王晓梅，胡素云，等．中国元古宇烃源岩成烃特征及勘探前景［J］．中国科学：D辑 地球科学，2019, 46 (6)：939-964.

［38］Planavsky N J, Reinhard C T, WANG X, et al. Low Mid-Proterozoic atmospheric oxygen levels and the delayed rise of animals［J］. Science, 2014, 346：635-638.

［39］Lyons T W, Reinhard C T, Planavsky N J. The rise of oxygen in Earth's early ocean and atmosphere［J］. Nature, 2014, 506：307-315.

［40］Walther J. Einleitung in die Geologie als historische Wissenschaft［J］. The journal of geology, 1894, 2 (8)：856-860.

［41］Tucker M E. Shallow marine carbonate facies and facies models［M］// Geological Society of London Special Publications. Oxford：Blackwell Scientific Publications, 1985.

［42］Wright V P. A revised classification of limestones［J］. Sedimentary geology, 1992, 76：177-185.

［43］Howard J P, Bogolepova O K, Gubanov A P, et al. The petroleum potential of the Riphean-Vendian succession of southern East Siberia［M］// Geological Society of London Special Publications 366, 2012：177-198.

［44］Tucker M E, Wright V P. Carbonate sedimentology［M］. Oxford：Blackwell Scientific Publications, 1990.

［45］沈安江，陈娅娜，张建勇，等．中国古老小克拉通台内裂陷特征及石油地质意义［J］．石油与天然气地质，2020, 41 (1)：15-25.

原文刊于《海相油气地质》，2021, 26 (1)：1-15.

海相碳酸盐岩储层建模和表征技术进展及应用

乔占峰[1,2]，郑剑锋[1,2]，张　杰[1,2]，陈　薇[1,2]，

李　昌[1,2]，常少英[1,2]，沈安江[1,2]

1. 中国石油杭州地质研究院；2. 中国石油集团碳酸盐岩储层重点实验室

摘　要　针对海相碳酸盐岩油气勘探开发中面临的储层非均质性表征和评价的难题，开展了多尺度储层地质建模和表征技术研发。分别以川东—鄂西三叠系飞仙关组、塔里木盆地奥陶系一间房组、四川盆地寒武系龙王庙组为例，阐述了宏观尺度、油藏尺度和微观尺度的储层地质建模、非均质性表征和评价技术的内涵和研究进展。宏观尺度储层地质建模和表征技术，解决储层地质体与非储层地质体的分布规律问题，揭示层序格架中储层的分布规律，并为地震储层预测提供储层地质模型的约束，其新进展是攻克了平躺露头数字采集的难题，该技术主要应用于勘探早期的储层预测和区带评价。油藏尺度储层地质建模和表征技术，解决单个储层地质体非均质性及主控因素问题，揭示流动单元和隔挡层的分布样式，其新进展是通过数字露头建模技术的引入，使储层地质模型由二维向三维延伸，该技术应用于有效储层预测、油气分布特征分析、探井和开发井部署。微观尺度储层孔喉结构表征技术，解决储层孔喉结构表征与评价问题，揭示孔喉结构的差异和对储层流动单元渗流机制的控制，其新进展是建立了渗透层和隔挡层的测井—地震识别图版，该技术主要应用于产能预测和评价。

关键词　储层建模；储层表征；储层评价；储层非均质性；孔喉结构；露头数字化；碳酸盐岩

储层非均质性表征和评价已成为海相碳酸盐岩油气勘探开发中亟需解决的关键科学问题之一。前人在碳酸盐岩储层地质建模和表征方面做过大量的研究，取得了很多成果：刻画孔喉分布、可动流体分布的核磁共振法[1-3]，利用孔隙介质中有机质发光特性识别、计算孔隙或有机质分布状态的激光共聚焦法[4-6]，量化表征孔隙和喉道在三维空间展布特征的 CT 扫描法[7-10]，研究纳米级孔喉系统的场发射扫描电镜法和氮气吸附法[11-14]等，均侧重于微观孔喉结构表征和评价研究；基于露头激光扫描仪（Lidar）等仪器的数字化露头技术侧重于宏观储层建模和表征[15-20]。但是，这些成果只是从单一尺度开展工作。

笔者从勘探开发不同阶段的具体需求出发，开展了多尺度碳酸盐岩储层建模和表征工作，并在宏观尺度、油藏尺度和微观尺度的储层地质建模和表征技术方面取得进展。宏观尺度储层地质建模和表征技术，解决储层地质体与非储层地质体的分布规律问题，揭示层序格架中储层的分布规律，并为地震储层预测提供储层地质模型的约束，该技术主要在勘探早期的储层预测和区带评价上发挥作用。油藏尺度储层地质建模和表征技术，解决单个储层地质体非均质性及主控因素问题，揭示流动单元和隔挡层的分布样式，该技术在有效

第一作者：乔占峰，硕士，高级工程师，主要从事碳酸盐岩沉积储层研究。通信地址：310023 浙江省杭州市西湖区西溪路 920 号中国石油杭州地质研究院；E-mail：qiaozf_hz@ petrochina. com. cn。

储层预测、油气分布特征分析、探井和开发井部署上发挥作用。微观尺度储层孔喉结构表征技术，解决储层孔喉结构表征与评价问题，揭示孔喉结构的差异和对储层流动单元渗流机制的控制，孔喉结构不仅影响流体的渗流特征，还控制了油气产能和采收率，该技术主要在产能预测和评价上发挥作用。

1 宏观尺度储层地质建模和表征技术

这项技术主要适用于沉积型碳酸盐岩储层，其岩相的类型、规模、接触关系和分布在空间上具有较强的规律性，可把露头地质信息作为控制数据，通过地质研究与地质统计学相结合，开展储层地质建模工作，从而较好地刻画储层的宏观非均质性，进而指导地下地震储层预测。

1.1 技术概述

宏观尺度储层地质建模和表征技术包括以下 5 个方面的技术内涵[18]。

（1）建模露头剖面筛选是整个建模过程的第一步。有以下 3 个要点：①所选露头储层地质体，要与地下储层地质体有可类比性，以保证模型的井下适用性；②露头出露条件决定模型质量，理想的露头建模剖面，应垂直相带方向，涵盖不同相带，剖面长度以 1~2km 效果最好，最好有多条剖面纵横交错，这样形成的三维模型更接近真实；③做好露头数字化方案。

（2）露头剖面地质研究。储层建模以露头地质认识为基础，研究内容包括：①露头剖面实测与采样，岩性和物性垂向变化的详细观察；②对关键层面和地质体进行横向追踪，如高频层序界面、典型岩相界面、关键地质体尖灭点等；③对采集的样品进行物性测定和薄片观察，建立岩性与物性以及声波速度之间的关系。基于若干条二维剖面的研究，形成沉积相模式、储层成因和分布规律的地质认识，作为建立岩性、孔隙度、渗透率模型的控制参数。

（3）建立数字露头模型。利用先进的仪器和技术手段将露头剖面数字化，与地质信息和研究成果相结合，进而在三维空间中分析地质信息。常用的露头数字化仪有 Lidar、RTK-GPS、GPR、Gigapan 和 UAV 等[18]。露头数字化获取的数据只是空间上的一系列点，不具任何地质意义，需将其与地质信息结合，才能实现数字露头的地质解译。建立数字露头模型的流程如下：首先，通过高分辨率照片比对，将实测剖面和取样点在 Lidar 数据体上标定；其次，利用软件（Polywork）将它们进行连线并加密内插，生成虚拟井；然后，根据取样点的岩相和厚度，将地质信息（包括岩相、孔隙度、渗透率等）加载到井轨迹上；最后，以虚拟井关键层面点为限定，在数字露头面上进行岩相和层面的追踪解释。与地质信息相结合的露头数字化体，称之为数字露头模型（DOM），构成了三维储层地质建模的输入数据。

（4）建立露头储层地质模型。在 GoCad 或 Petrel 等软件上开展露头储层地质建模工作，包括 3 个步骤：①建立三维地层格架。以 DOM 中的层界线为出发点，选取合适的算法进行外推，得到三维空间上的层面，然后在三维层面间建立恰当的网格，形成三维地元体。②建立岩相模型。在所建立的三维地层格架内，以虚拟井携带的岩相信息作为输入数据，以每个小层内各岩相类型的分布概率作为控制信息，选择合适的变差函数和算法，在全部网格中进行岩相模拟。③建立物性模型。以实测孔隙度和渗透率数据作为输入数据，以岩相模型为控制参数，选取合适的算法，对孔隙度和渗透率在全部网格中进行模拟。

（5）井下类比研究。基于数字露头的储层地质模型，可以对地下储层研究提供重要信息：①可作为刻画地下地质体岩相类型和展布的概念模型，使地下井资料和地震资料的解释更逼近地质实际；②用于地震正演模型的建立，为地震储层预测提供参数选择依据，提高地震储层预测的精度。

1.2 技术进展

针对国内外露头条件的差异，笔者对露头数字化技术进行了以下 3 个方面的改进（图 1），解决了露头数据采集的难题，使宏观尺度储层地质建模和表征技术更符合中国露头剖面分布的特点：

（1）北美地台基本是直立露头，地层出露好且连续平直，用激光扫描仪（Lidar）即可完成露头剖面的数字化。而国内大多为平躺露头，且构造复杂，连续性差，单用 Lidar 无法对露头剖面进行数字化。通过引入动态 GPS（RTK-GPS），对平躺露头的关键地质信息进行数字化，实现了对全地形露头的地质信息采集。

（2）北美地台交叉出露的露头剖面多，地层出露和连续性好，若干条交叉的露头剖面可较好地构成三维地质信息，故只需采集露头剖面的地质信息即可。而国内很难找到能体现三维立体形态的交叉出露的剖面，尤其在高覆盖区，地层出露和连续性差。通过引入探地雷达（GPR）采集地表浅层的地质信息，尽可能与露头剖面一起构成三维地质信息。

（3）加强露头储层综合地质研究，包括层序追踪和地层格架的建立、层序格架中沉积相和分布规律的分析、层序格架中储层成因和分布规律的分析，为三维储层地质模型的构建提供更符合地质实际的标定依据。

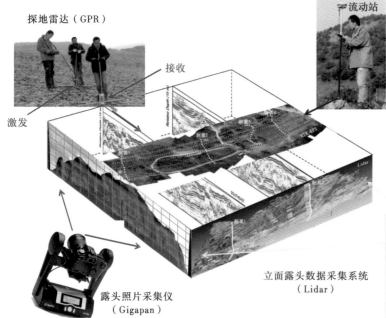

图 1 数字露头采集系统示意图[18]

1.3　技术应用

以川东—鄂西齐岳山三叠系飞仙关组鲕粒白云岩储层为例,阐述宏观尺度储层地质建模和表征技术在有利储层预测研究中的应用实效。

(1)建模露头剖面筛选:工区露头地形平坦,飞仙关组地层倾角约45°,于核桃园附近2000m×200m的范围内出露良好,可作为建模区,顶面以下70m(飞仙关组三段—四段)作为建模主体。在建模区设计实测剖面8条,剖面间隔50~200m。同时确定对比标志层,开展剖面间的横向追踪,搞清岩相的展布特征、接触关系、发育尺度。以岩性变化为单元,取柱塞样420件,取样间隔10~100cm,用于孔隙度、渗透率和储层特征分析。

(2)露头剖面地质研究:在区域地质背景分析和建模区实测剖面精细地质研究的基础上,明确飞仙关组三段—四段为缓坡颗粒滩沉积体系[20]。通过剖面实测及薄片观察,识别出13种岩相类型,及具有3种不同岩相(潮下砂屑滩、潮下—潮间鲕粒滩、潮坪相)叠置特征的高频旋回;识别出4类储层,即(白云质)砂屑粘结灰岩储层、晶粒白云岩储层、(含膏)白云质鲕粒灰岩储层和泥晶白云岩储层。潮下(白云质)砂屑粘结灰岩储层位于斜坡部位,白云石化程度越高,孔渗越好。晶粒白云岩储层、(含膏)白云质鲕粒灰岩储层和泥晶白云岩储层,发育于高频旋回上部的潮坪相带。潮上泥晶白云岩储层和潮间上部的(含膏)白云质鲕粒灰岩储层,发育在台缘鲕滩后侧,而晶粒白云岩和潮下(白云质)砂屑粘结灰岩储层则发育在台缘鲕滩下方,由此构成上下2个储层组合,并随台缘迁移呈前积叠置发育。据此,建立了飞仙关组三段—四段露头二维储层地质模型(图2)。

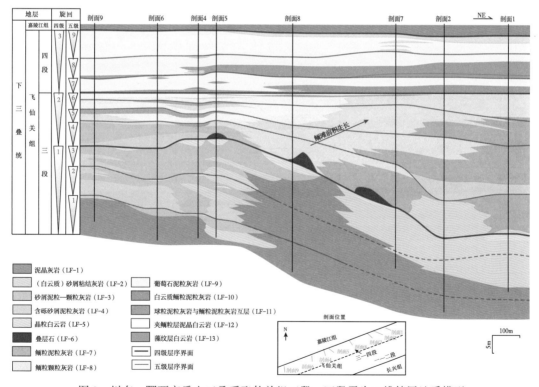

图2　川东—鄂西齐岳山三叠系飞仙关组三段—四段露头二维储层地质模型

（3）建立数字露头模型：由于露头平坦且地层倾角大，采用动态 GPS（RTK-GPS）进行露头数字化，对露头实测剖面、采样点、岩相界面、尖灭点等地质信息进行空间定位（数字化），共采集 2040 个数据点。

（4）建立露头储层地质模型：理论上，应该对 3～5 个类似建模区开展工作，才能具有更多的约束剖面，建立的三维储层地质模型才能代表更大的范围并更符合地质实际。由于这种平行建模区很难找，故本文只基于川东—鄂西齐岳山建模区开展飞仙关组储层地质建模。

应用 Petrel 软件，把 RTK-GPS 获取的含有空间信息的采样点和岩相界面点构成虚拟井，把 RTK-GPS 解释得到的层序界面和岩相界面作为不同级别的层面。根据不同级别层面开展确定性与随机模拟相结合的地质建模，把剖面追踪得到的岩相尺度、接触关系、发育频率等作为控制参数，开展储层模拟。

基于前述对岩相和储层特征的认识，利用地表起伏揭示的空间信息，通过确定性与随机模拟结合，在建立岩相模型的基础上，结合白云石含量模型的约束，建立孔隙度和渗透率模型，构成三维储层地质模型，更清晰地展现各岩相及储层的发育分布、尺度规模、接触关系及演化规律（图3），这为解释地下颗粒滩相关沉积体系和储层特征提供了重要的类比依据。

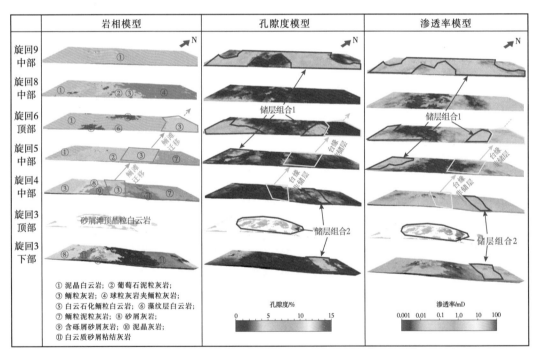

图 3　川东—鄂西齐岳山建模区飞仙关组三段—四段三维储层地质模型时间切片

上述地质模型反映储层发育具有 3 个方面的规律：①储层发育具有明显的相控性，礁滩相仅 4 种岩相可构成储层，且分别发育于台缘滩侧后方和前下方；②层序界面控制储层的形成和发育，储层主要发育于四级层序界面之下，在潮坪相环境，五级层序的控制作用明显；③虽然白云石化作用对储层形成不起决定性作用，但是目前的表现是储层发育与白云石化作用关系密切。因此，储层模拟应在层序格架下，在岩相和白云石化程度控制的基础上开展；相应地，储层预测应在层序地层格架下，按滩体→白云石化范围的思路展开。

（5）井下类比研究：基于露头建模的认识，以露头储层地质模型为基础开展地震正演模拟，揭示出前积滩体在低频条件下表现为空白反射，在高频条件才显示出前积形态。目前地下地震资料主频均偏低（低于 60Hz），以空白反射为主，无法表现出前积形态。对川东地区的地震资料进行重新分析发现，飞仙关组对应空白反射，类比露头模型，认为其代表前积滩体，进而在区域上预测了颗粒滩的分布，并指出该区的储层预测应围绕颗粒滩带寻找相关的白云石化储层。

2 油藏尺度储层地质建模和表征技术

宏观尺度储层地质模型较客观地展示了层序格架中储集体与非储集体的分布规律，为油藏尺度储层地质建模剖面的筛选奠定了基础。

2.1 技术概述

油藏尺度储层地质建模和表征技术也主要适用于沉积型碳酸盐岩储层。其地质统计学基础是：不同沉积背景下不同岩相类型的接触关系、发育尺度、形态特征、分布范围和垂向上的相序存在规律性变化，符合威尔逊相律；相带与岩相发育特征、储层特征、储层成因和分布密切相关。基于露头储集体的精细解剖（包括储集体的类型、特征、成因和分布、岩性和物性的相关性等）开展油藏尺度储层非均质性研究，为地下渗透层和隔挡层分布提供露头类比模型。油藏尺度三维露头碳酸盐岩储层地质模型的建立包括以下技术：

（1）区域地质调查技术。筛选露头建模剖面，研究层序格架中储集体的展布规律。

（2）露头剖面实测技术。开展以岩相为单元的分层和地层真厚度测量。

（3）宏观与微观相结合的岩相识别技术。明确岩相和沉积微相类型以及垂向上的变化规律，建立岩相组合类型、相序及与海平面升降的关系。

（4）露头岩相横向追踪技术。明确实测剖面间岩相对比关系、相变和空间展布。

（5）以岩相为单元的储层评价技术。开展储层物性评价、储层孔喉结构评价，建立岩相、沉积微相与储层物性的关系，明确储层发育的主控因素。

（6）露头剖面三维储层地质建模技术。通过建立二维储层地质模型，表征储层在二维剖面上的非均质性，研究储层非均质性的主控因素和变化规律；在此基础上，利用露头数字化技术，建立三维储层地质模型。

2.2 技术进展

笔者将露头数字化技术引入到油藏尺度储层地质建模和表征技术中，使露头储层地质模型由二维向三维延伸，更好地为地下油藏内渗透层和隔挡层的三维空间分布提供露头标定。同时，建立了油藏尺度三维露头碳酸盐岩储层地质建模技术流程和规范。

（1）露头数字化技术的引入。应用 Lidar、RTK-GPS、GPR、Gigapan 等数字化仪采集露头剖面数据，为覆盖区通过内插法判识岩相和储集体三维构建提供数据体；基于内插法原理和 Petrel 软件，在二维露头剖面标定的基础上，对数据体开展地质意义的解译，构建储集体三维岩相、孔隙度、渗透率模型。

（2）工业化图件类型与要求。明确了油藏尺度三维露头碳酸盐岩储层地质建模的成果图件，主要包括：基于区域地质调查的储集体露头分布图、地层实测剖面图（建议建模剖面垂直于相带，展布宽度>2km，视岩相侧向变化频率实测10条以上剖面，精度达到岩相或微相单元）、与地层实测剖面相对应的储层评价图（包括以岩相为单元的相序及组合类型、沉积微相和沉积相类型、海平面变化曲线、孔隙度和渗透率曲线等内容）、露头剖面二维储层地质模型（揭示储层、隔挡层在二维剖面上的分布规律）、三维地层结构模型图、三维沉积微相模型图、三维孔隙度模型图、三维渗透率模型图。

（3）建模和表征技术流程。整合了建模所涉及的露头建模剖面筛选、储集体精细解剖、储集体三维地质模型构建以及建模技术系列图件种类和规范要求等内容，建立了油藏尺度三维露头碳酸盐岩储层地质建模技术与流程（图4），为理解地下类似储集体非均质性表征和优质储层、隔挡层三维空间分布提供了技术支撑。

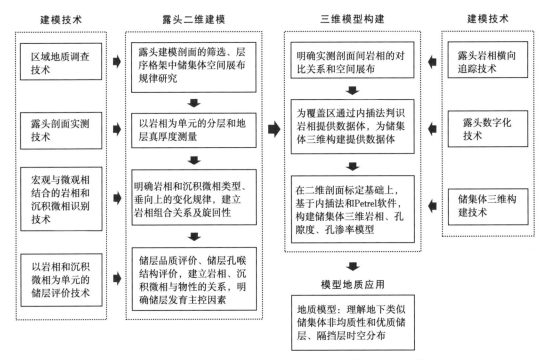

图4 油藏尺度三维露头碳酸盐岩储层地质建模技术与流程图

2.3 技术应用

以塔里木盆地奥陶系一间房组礁滩储层为例，阐述油藏尺度储层地质建模和表征技术在渗透层、隔挡层分布研究和探井部署中的应用实效。

2.3.1 露头二维储层地质模型的建立

（1）露头建模剖面筛选。巴楚地区一间房剖面，一间房组自下而上可划分下、中、上3段。礁滩体主要分布于中段，由3期礁滩旋回构成，平均厚度为29m，主要由亮晶棘屑灰岩夹托盘—海绵类生物与灰质、泥质组成，代表障积礁与棘屑滩的间互沉积。平面上，一间房组中段礁滩体可分为3个带：台缘带为礁滩体规模发育区，礁滩体具有数量多、规模大（大于10m×5m）、延伸远和侧向连续性好的特征，礁间相距300~500m；紧邻台缘的台地外侧礁滩体发育较差，具有数量少、规模小、零星分布、延伸短和侧向连续性较差的特征，礁间相距2~3km；远离台缘的台地内侧礁滩体基本不发育。在露头踏勘基础上，优选出露完整的位于台缘带的8号、22号、27号礁滩体和位于台内的25号、28号礁滩体为建模对象，剖面连线垂直于相带方向，长度大于6km。

（2）露头剖面礁滩体精细解剖。对每个礁滩体沿垂直相带方向实测8~10条剖面，以岩相为单元密集取样，在实测剖面上开展精细的岩相、沉积微相、高频旋回和孔渗分析，建立岩相与物性的关系；在剖面连线上追踪岩相和物性的变化，建立渗透层和隔挡层的分布样式，并分析主控因素。

（3）露头二维储层地质模型的建立。在礁滩体区域地质特征分析的基础上，通过精细解剖礁滩体，按台缘礁与礁间、台内礁与礁间2种背景，建立露头二维储层地质模型（图5）。台地边缘背景下（图5a），由于礁滩体规模大，台缘滩及礁基发育，延伸远，加上礁与礁之间相距不远，各礁滩体的台缘滩和礁基侧向相连（小礁大滩），有效储层发育。台内背景下（图5b），由于礁滩体规模小，台内滩及礁基不发育，延伸短，加上礁与礁之间相距远，各礁滩体的台内滩和礁基侧向上不相连，呈零星状分布（小礁小滩），有效储层不发育。

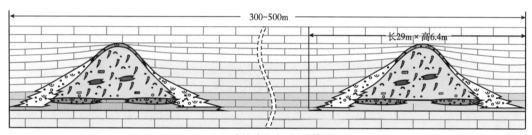

（a）台缘礁及礁间地质模型

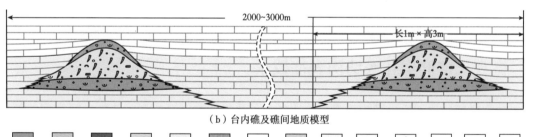

（b）台内礁及礁间地质模型

| 礁基Ⅰ期
（Ⅰ类储层） | 礁基Ⅱ期
（Ⅰ类储层） | 礁内滩
（Ⅰ类储层） | 礁间
（Ⅱ类储层） | 台缘滩
（Ⅰ类储层） | 礁坪
（Ⅱ类储层） | 礁翼
（Ⅱ类储层） | 礁核
（非储层） | 礁间
（非储层） | 礁盖
（非储层） | 瓶筐石/
海绵类生物 | 藻屑
颗粒 | 海百合
碎屑 | 生物碎屑/
砂屑颗粒 |

图5 塔里木盆地巴楚地区一间房组二维礁滩体储层地质模型

2.3.2 露头数字化及向三维储层地质模型的延伸

在二维地质建模的基础上，应用数字露头储层地质建模技术，建立三维储层地质模型，从而得到礁滩在三维空间的分布规律。将每一个精细解剖的礁滩体数字化，相当于建立了一条数字化露头剖面，若干条不同相带和不同方向的数字化露头剖面就构成了三维数据体（DOM）。与宏观尺度储层地质建模和表征技术一样，在GoCad或Petrel等软件上对三维数据体开展三维露头储层地质建模工作，包括三维地层格架的建立、三维岩相模型的建立和三维物性模型的建立。在此基础上，可对巴楚地区一间房组的3期礁滩体在任意选定的区域和时间切片上展示岩相、渗透层和隔挡层的分布。

图 6 为选定的 8 号礁滩体分布区及周缘第 1 期、第 2 期礁滩体的时间切片，展示了该区岩相、孔隙度和渗透率的平面分布，为理解井下类似储集体的非均质性、优质储层和隔挡层的分布提供了类比依据，为基于有限井和地震资料条件而构建更加符合地质实际的井下油藏尺度三维储层地质模型提供了露头标定依据。

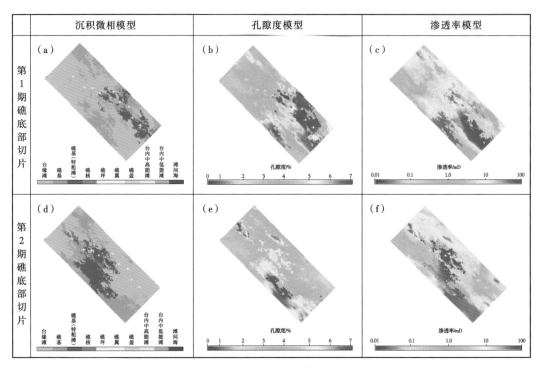

图 6　塔里木盆地一间房剖面一间房组 8 号礁滩体分布区及周缘三维地质模型切片

3　微观尺度储层孔喉结构表征技术

油藏尺度储层地质模型较客观细致地刻画了储集体的岩石类型、储集空间类型、储层非均质性和渗透层、隔挡层的分布样式，为微观尺度储层孔喉结构表征代表性样品的筛选奠定了基础。

3.1　技术概述

微观孔喉结构表征主要指孔喉类型、特征、丰度及组合的表征，分析孔喉结构及组合的控制因素，常用的方法有岩心观察、铸体薄片鉴定、压汞数据分析，以及激光共聚焦薄片、扫描电镜、工业 CT 检测数据分析和井震资料分析等。尤其是基于工业 CT 技术的储层孔喉结构表征，可以对岩石进行三维可视化刻画，并定量计算微观孔喉结构参数。

（1）储层孔喉结构类型及组合：碳酸盐岩发育 4 类储集空间，按孔径大小依次为微孔隙（孔径<0.01mm）、孔隙（孔径为 0.01~2mm）、孔洞（孔径为 2~50mm）、洞穴（孔径≥50mm），其中孔隙可根据其在岩心和成像测井上的表现进一步划分为小孔隙（孔径<1mm，针孔状）和大孔隙（孔径为 1~2mm，斑点状）；发育 4 类连通通道，包括喉道、微裂缝、裂缝和断裂。碳酸盐岩的微裂缝、裂缝和断裂系统非常发育，如大型的岩溶洞穴往往由断

裂系统连通，孔隙和孔洞往往由裂缝连通，微孔隙往往由微裂缝连通。

碳酸盐岩储层可以由单孔喉介质组成，也可以由多重孔喉介质组合而成，主要构成微孔型、孔隙型、孔隙—孔洞型、孔洞型、洞穴型、孔洞—洞穴型共6类储集空间组合。

（2）储层孔喉结构类型主控因素：岩相、表生溶蚀作用、埋藏溶蚀作用控制储集空间类型及组合。岩相控制原生孔隙的类型，以建造孔隙型储层为主；表生溶蚀作用以建造溶蚀孔洞和洞穴为主；埋藏溶蚀作用以建造溶蚀孔洞为主。特定岩相经历不同的成岩改造可以形成不同的储集空间类型和组合。一般而言，岩溶储层以孔洞—洞穴型、洞穴型为主，少量为孔洞型；白云岩储层和礁滩储层以孔隙型、孔洞型和孔隙—孔洞型为主。

3.2 技术进展

碳酸盐岩储层具有强烈的非均质性，表现在不同岩相甚至同一岩相的不同部位，由于经历的改造不同，都会形成不同的储集空间类型及组合。微观储层表征从以下2个层面进行了改进：

（1）储层非均质性表征。可以是露头尺度或岩心尺度的非均质性表征，目的是识别和划分相对均一的储层单元，为微观储层表征建立框架单元。如图7所示，即使是岩心尺度，受岩相和后期成岩改造的控制，也可能存在致密层、孔隙型、孔洞型和孔隙—孔洞型储集空间类型和组合的差异。地质家的主要任务是要通过露头和岩心的详细观察，将非均质储层单元划分成若干个相对均一的储层单元，建立露头或岩心级别的储层非均质性表征定量模型，分析非均质性的主控因素。

（2）相对均一储层单元的孔喉结构表征。不同尺度的储集空间类型及组合有不同的表征技术和手段（图8）。对于大的岩溶洞穴及断裂，利用井筒和地震资料就可以进行识别和表征；地震剖面上的串珠状反射、钻具放空和泥浆漏失、常规测井或成像测井揭示的大段泥质

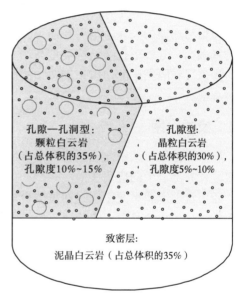

图7　岩心尺度的储层非均质性表征定量模型

或碎屑充填物等都指示了岩溶洞穴及断裂的发育；这类储层具有极强的非均质性，围岩致密，不能代表岩溶储层的真实物性，缝洞率是表征储层物性的最佳参数。岩心级别的孔洞及裂缝，通过肉眼就可以进行识别和表征，利用成像测井也可以对孔洞及裂缝进行识别和表征。在显微镜下观察岩石薄片是识别和表征孔隙最有效的方法，同时辅以扫描电镜和工业CT等手段，可以精细表征孔隙的大小、形态、充填物特征及相关的孔喉结构参数。微孔隙则可以通过扫描电镜、工业CT、激光共聚焦等手段进行识别和表征，但存在仪器检测精度的限制。压汞分析是获得孔隙型、孔隙—孔洞型储层的各类孔喉结构参数非常重要的手段；至于工业CT扫描，虽然也能计算孔喉结构参数，但其精度远不如压汞分析，其优点是孔喉结构的三维可视化。

储层孔喉结构表征的目的是建立单井储层非均质性表征定量模型，建立储层孔喉结构

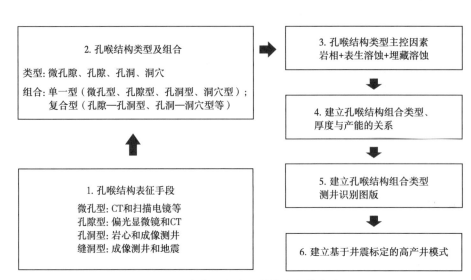

图 8 以 CT 为核心的孔喉结构表征技术流程

组合类型与产能的关系。笔者在储层孔喉结构类型及组合、储层孔喉结构类型主控因素研究的基础上，开展了孔喉结构类型与产能关系分析、孔喉结构类型的测井识别、基于井约束的渗透层和隔挡层的地震识别及预测研究，建立了测井和地震识别图版。具体见下文的案例解剖。

3.3 技术应用

以四川盆地寒武系龙王庙组白云岩储层为例，阐述微观尺度储层孔喉结构表征技术在高效开发井部署中的应用实效。

四川盆地寒武系龙王庙组在缓坡台地的背景上发育了一套颗粒滩相白云岩储层，局部发生重结晶形成细晶白云岩储层，储集空间以粒间孔、晶间（溶）孔及溶蚀孔洞为主。储集空间类型、孔喉结构及组合对产能有很大的影响，是建立高产井模式和高效开发井部署的关键。

在全岩心观察和 CT 扫描基础上，精选柱塞样品（直径 2.5cm）和 3mm 样品，确保样品的代表性，并对样品进行不同尺度与精度的 CT 扫描及数据处理，得到龙王庙组白云岩储层的微观孔喉结构类型及组合（表 1）。

表 1 四川盆地寒武系龙王庙组白云岩储层微观孔喉结构组合类型

类型	岩心特征	薄片特征	物性特征		产能/（10^4 m³/d）	储层评价
			孔隙度/%	渗透率/mD		
微孔隙+小孔隙型	少量针孔状小孔隙	晶间微孔和少量粒间孔	<2	<0.01	低产（0.1~1）	Ⅲ-2
小孔隙型	针孔状小孔隙发育	晶间微孔和粒间孔为主，白云石晶体未被溶蚀	2~4	0.01~0.5	中低产（1~10）	Ⅲ-1
大孔隙型	斑点状大孔隙发育	晶间溶孔为主，白云石晶体被溶蚀	4~6	0.5~2	中产（10~50）	Ⅱ

类型	岩心特征	薄片特征	物性特征		产能/ （$10^4 m^3/d$）	储层 评价
			孔隙度/ %	渗透率/ mD		
小孔隙+孔洞型	针孔状小孔隙 与孔洞共生	晶间孔+粒间孔+溶蚀孔 洞，白云石晶体被溶蚀	6~8	2~5	中高产（50~100）	I-2
大孔隙+孔洞型	斑点状大孔隙 与孔洞共生	晶间溶孔+溶蚀孔洞，白 云石晶体被溶蚀	8~12	≥5	高产（≥100）	I-1

油气产能的控制因素包括 2 个方面：一是储层的孔隙度、渗透率和孔喉结构组合类型，尤其是孔洞的发育情况；二是储层厚度。综合分析安岳气田开发井储层孔喉结构组合类型、储层厚度和产能数据（图 9），指出大孔隙型、小孔隙+孔洞型、大孔隙+孔洞型储层，只要厚度在 20~30m 以上，就可达到中高产；而微孔隙+小孔隙型、小孔隙型储层，即使储层厚度再大，也达不到工业产能的要求（表 1）。

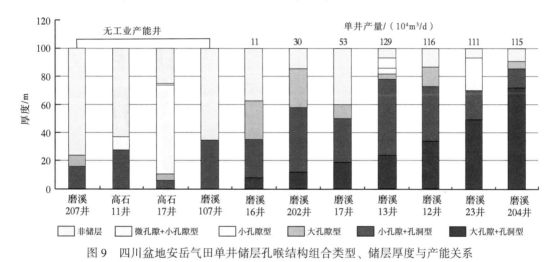

图 9　四川盆地安岳气田单井储层孔喉结构组合类型、储层厚度与产能关系

通过已知井储层孔喉结构组合类型的地质标定，建立了储层孔喉结构组合类型测井识别图版（表 2）。这为基于井约束的优质高产储层地震预测提供了地质标定依据，使得预测结果与地质的实际情况更为吻合，从而为高效开发井的部署提供了更好的支撑。

表 2　储层孔喉结构组合类型测井识别图版

储层 类型	常规测井特征		成像测井特征		斯通利波 能量衰减 幅度/%	代表 井
	定性特征	定量特征	图像特征	动态图像实例		
微孔隙+ 小孔 隙型	自然伽马中低—较高，低声波，中低中子，为低孔隙特征；电阻率为高阻背景下低电阻率特征，深、浅电阻率具有幅度差	GR：20~80API，AC<46μs/ft，200Ω·m<LLD<7000Ω·m	静态图像和动态图像颜色近似，为黄色，动态图像显示少量溶孔和孤立孔洞发育，少量裂缝		<5	高石17井

储层类型	常规测井特征		成像测井特征		斯通利波能量衰减幅度/%	代表井
	定性特征	定量特征	图像特征	动态图像实例		
小孔隙型	低自然伽马，中等声波，中低密度，中等中子，为中等孔隙特征；电阻率为高阻背景下低电阻率特征，深、浅电阻率具有幅度差	GR<20API，AC>46μs/ft，100Ω·m<LLD<7000Ω·m	静态图像和动态图像颜色近似，为暗黄色，动态图像显示有较多点状溶孔发育，少量孔洞发育裂缝不发育		5~15	磨溪21井
大孔隙型	低自然伽马，中高声波，中低密度，高中子，为中高孔隙特征；电阻率为高阻背景下低阻特征，深、浅电阻率具有幅度差	GR<20API，AC>46μs/ft，100Ω·m<LLD<7000Ω·m	静态图像为褐色，动态图像显示溶孔、溶洞发育，少量裂缝发育		15~30	磨溪18井
小孔隙+孔洞型	低自然伽马，高声波，低密度，高中子，为高孔隙特征，电阻率为高阻背景下低电阻率特征，深、浅电阻率具有幅度差	GR<20API，AC>48μs/ft，100Ω·m<LLD<7000Ω·m	静态图像为褐色，动态图像显示溶孔很发育，孔洞较发育		≥30	磨溪23井
大孔隙+孔洞型	低自然伽马，高声波，低密度，高中子，为高孔隙特征；孔洞越发育，密度降低幅度越大；电阻率为高阻背景下低电阻率特征，深浅电阻率具有较大幅度差	GR<20API，AC>50μs/ft，100Ω·m<LLD<7000Ω·m	静态图像为暗褐色，动态图像显示溶蚀孔洞非常发育，偶有少量裂缝		≥30	磨溪204井

4 结论

针对海相碳酸盐岩储层非均质性表征和评价的难题，中国石油集团碳酸盐岩储层重点实验室项目团队开展了多尺度的储层地质建模和表征技术研发，以满足油气勘探开发不同阶段对储层预测和评价的需求，并取得了重要进展：

（1）针对宏观尺度储层地质建模和表征技术，在引进和学习的基础上，进一步完善和发展了适用于平躺露头和高覆盖区的露头数字化技术，为层序格架中储层分布规律的认识和有利储层发育区的预测提供了技术手段。

（2）针对油藏尺度储层地质建模和表征技术，应用改进的露头数字化技术，使露头储层地质模型由二维向三维延伸，可以展示任意选定区域和时间点的岩相、孔隙度和渗透率三维地质模型切片，为理解地下渗透层和隔挡层的时空分布提供了更好的类比依据。

（3）针对微观尺度储层孔喉结构表征技术，建立了以从地球物理到 CT 扫描为手段的储集空间识别技术和流程，明确了岩相和溶蚀作用对孔喉结构组合类型的控制，建立了孔喉结构组合类型与产能的关系以及孔喉结构组合类型的测井识别图版，为基于井约束的高产储层地震预测提供了标定依据，为高效开发井部署提供了支撑。

参 考 文 献

［1］肖立志. 核磁共振成像测井与岩石核磁共振及其应用［M］. 北京：科学出版社，1998.

［2］李爱芬，任晓霞，王桂娟，等. 核磁共振研究致密砂岩孔隙结构的方法及应用［J］. 中国石油大学学报（自然科学版），2015，39（6）：92-98.

［3］Al-yaseri A Z, Lebedev M, Vogt S J, et al. Pore-scale analysis of formation damage in Bentheimer sandstone with in-situ NMR and micro-computed tomography experiments［J］. Journal of petroleum science and engineering，2015，129：48-57.

［4］应凤祥，杨式升，张敏，等. 激光扫描共聚焦显微镜研究储层结构［J］. 沉积学报，2002，20（1）：75-79.

［5］孙先达，李宜强，戴琦雯. 激光扫描共聚焦显微镜在微孔隙研究中的应用［J］. 电子显微学报，2014，34（2）：123-128.

［6］孙先达，索丽敏，张民志，等. 激光共聚焦扫描显微检测技术在大庆探区储层分析研究中的新进展［J］. 岩石学报，2005，21（5）：1479-1488.

［7］Jouini M S, Vega S, Mokhtar E A. Multiscale characterization of pore spaces using multifractals analysis of scanning electronic microscopy images of carbonates［J］. Nonlinear processes in geophysics，2011，18（6）：941-953.

［8］白斌，朱如凯，吴松涛，等. 利用多尺度 CT 成像表征致密砂岩微观孔喉结构［J］. 石油勘探与开发，2013，40（3）：329-333.

［9］张天付，谢淑云，王鑫，等. 孔隙型储层的孔隙系统三维量化表征：以四川、塔里木盆地白云岩为例［J］. 海相油气地质，2016，21（4）：1-10.

［10］盛军，杨晓菁，李纲，等. 基于多尺度 X-CT 成像的数字岩心技术在碳酸盐岩储层微观孔隙结构研究中的应用［J］. 现代地质，2019，33（3）：653-661.

［11］邹才能，朱如凯，白斌，等. 中国油气储层中纳米孔首次发现及其科学价值［J］. 岩石学报，2011，27（6）：1857-1864.

［12］杨峰，宁正福，孔德涛，等. 高压压汞法和氮气吸附法分析页岩孔隙结构［J］. 天然气地球科学，2013，24（3）：450-455.

［13］白斌，朱如凯，吴松涛，等. 非常规油气致密储层微观孔喉结构表征新技术及意义［J］. 中国石油勘探，2014，19（3）：78-86.

［14］孙寅森，郭少斌. 基于图像分析技术的页岩微观孔隙特征定性及定量表征［J］. 地球科学进展，2016，31（7）：751-763.

［15］Bellian J A, Kerans C, Jennette D C. Digital outcrop models：applications of terrestrial scanning lidar technology in stratigraphic modeling［J］. Journal of sedimentary research，2005，75（2）：166-176.

［16］Janson X, Kerans C, Bellian J A, et al. Three-dimensional geological and synthetic seismic model of Early Permian redeposited basinal carbonate deposits, Victorio Canyon, west Texas［J］. AAPG bulletin，2007，91：1405-1436.

［17］ 朱如凯, 白斌, 袁选俊, 等. 利用数字露头模型技术对曲流河三角洲沉积储层特征的研究［J］. 沉积学报, 2013, 31（5）: 867-877.

［18］ 乔占峰, 沈安江, 郑剑锋, 等. 基于数字露头模型的碳酸盐岩储层三维地质建模［J］. 石油勘探与开发, 2015, 42（3）: 328-337.

［19］ Qiao Zhanfeng, Janson X, Shen Anjiang, et al. Lithofacies, architecture, and reservoir heterogeneity of tidal-dominated platform marginal oolitic shoal: an analogue of oolitic reservoirs of Lower Triassic Feixianguan Formation, Sichuan Basin, SW China［J］. Marine and petroleum geology, 2016, 76: 290-309.

［20］ Qiao Zhanfeng, Shen Anjiang, Zheng Jianfeng, et al. Digitized outcrop geomodeling of ramp shoals and its reservoirs: as an example of Lower Triassic Feixianguan Formation of Eastern Sichuan Basin［J］. Acta geologica sinica（English edition）, 2017, 91（4）: 1393-1412.

原文刊于《海相油气地质》, 2019, 24（4）: 15-26.

海相碳酸盐岩储层实验分析技术进展及应用

胡安平[1,2]，沈安江[1,2]，王永生[1,2]，潘立银[1,2]，

梁　峰[1,2]，罗宪婴[1,2]　佘　敏[1,2]，陈　薇[1,2]，

秦玉娟[1,2]，王　慧[1,2]，韦东晓[1,2]

1. 中国石油杭州地质研究院；2. 中国石油集团碳酸盐岩储层重点实验室

摘　要　中国石油集团碳酸盐岩储层重点实验室经过近 10 年的建设和发展，初步形成了岩石组分与结构分析、储层地球化学实验分析、孔隙形成与分布模拟实验、储层地质建模和基于储层地质模型的地震储层预测 5 项技术系列，为碳酸盐岩沉积储层研究提供了一站式解决方案。本文重点阐述了岩石组分与结构分析和储层地球化学实验分析 2 项技术系列的技术内涵、技术进展及应用。岩石组分与结构分析主要从不同角度开展岩石结构和矿物成分分析，是碳酸盐岩沉积储层研究最基础的工作，为深化沉积储层认识提供了手段。储层地球化学实验分析主要包括同位素和元素地球化学检测，在碳酸盐岩储层成因与分布规律研究中得到广泛的应用，其中碳酸盐矿物激光原位 U—Pb 同位素定年、团簇同位素、激光原位碳氧稳定同位素在线取样测定和微量—稀土元素激光面扫描成像等技术是近几年开发的核心技术，也体现了储层地球化学实验分析技术从全岩溶液法到激光原位法再到激光面扫描成像的技术发展趋势。

关键词　岩石组构；储层地球化学；铀—铅同位素定年；团簇同位素；实验技术；碳酸盐岩

碳酸盐岩在油气勘探与开发中占有重要地位，全球近 50% 的油气资源分布在碳酸盐岩中，近 60% 的油气产量来自碳酸盐岩。沉积储层研究对碳酸盐岩油气勘探与开发至关重要，其主要包括古地理与沉积相、储层成因与分布、储层地质建模和基于储层地质模型的地震储层预测等 4 个研究领域。随着勘探程度的提高和勘探难度的加大，油气勘探对碳酸盐岩沉积储层研究提出了更高的要求，碳酸盐岩沉积储层研究也进入了全新的阶段：沉积相研究由传统的宏观露头和岩心观察，进入微观岩石结构组分和化学组分分析阶段；储层成因和分布研究由相控论进入沉积相和成岩相复合控储阶段，成岩作用和序列、埋藏环境孔隙成因和分布成为现阶段研究的热点；储层地质建模由地质表征进入数字化建模阶段，露头尺度、油藏尺度和微观孔喉尺度数字化地质模型在区带优选、探井和高效开发井部署中发挥了重要的作用；基于储层地质模型约束的地震储层预测大大提高了储层预测的精度，地震储层预测进入了地质—测井—地震联合标定和反演的新阶段。

中国石油集团碳酸盐岩储层重点实验室（以下简称重点实验室）经过近 10 年的建设和发展，已初步形成了岩石组分与结构分析、储层地球化学实验分析、孔隙形成与分布模

第一作者：胡安平，博士，高级工程师，主要从事碳酸盐岩储层研究与地球化学实验技术研发工作。
通信地址：310023 浙江省杭州市西湖区西溪路 920 号中国石油杭州地质研究院；E-mail：huap_hz@ petrochina.com.cn。

拟实验、储层地质建模和基于储层地质模型的地震储层预测等 5 项技术系列，为碳酸盐岩沉积储层研究进展提供了保障。岩石组分与结构分析技术为沉积相深化研究提供了手段；储层地球化学实验分析技术在碳酸盐岩储层成因与分布规律研究中得到广泛的应用；溶蚀模拟实验再现了埋藏环境碳酸盐岩孔隙的成因和分布；储层地质建模和基于储层地质模型的地震储层预测为非均质碳酸盐岩储层表征、评价和预测提供了利器。

本文重点阐述了岩石组分与结构分析技术和储层地球化学实验分析技术的构成、技术内涵及应用，旨在为科研工作者更好地应用这些技术，解决碳酸盐岩沉积储层研究中的科学问题提供参考。

1 岩石组分与结构分析技术

岩石组分与结构分析是碳酸盐岩沉积储层研究最为基础的工作。重点实验室拥有偏光显微镜、激光共聚焦显微镜、扫描电镜、阴极发光显微镜、电子探针仪、X 射线荧光光谱仪、X 射线衍射仪等仪器设备，为岩石组分与结构实验分析提供了保障。与该技术有关的仪器设备、测试项目和样品要求见表 1。

表 1 岩石组分与结构实验分析技术设备、测试项目及地质应用

序号	设备名称	测试项目	样品要求	地质应用
1	偏光显微镜	岩石结构组分、矿物组分、孔隙类型鉴定，岩石定名、晶粒白云岩原岩恢复	普通薄片或铸体薄片	岩石特征、沉积相和储层地质特征、成岩作用研究
2	荧光显微镜	晶体内包裹体、孔隙内烃类物质、烃类包裹体和水溶液包裹体识别，晶体分带现象重现	普通薄片或铸体薄片	原岩结构恢复，成岩作用和成岩环境、成藏期次研究
3	激光共聚焦显微镜（TSC SP5）	微观组构高分辨率成像，孔喉结构成像	铸体薄片	储层孔喉结构表征，包裹体和微体化石等的三维重建
4	高分辨场发射扫描电镜（Apreo S）+EDS 能谱仪	样品微区形貌和微观结构分析，储层中纳米孔隙特征、胶结物特征观测；样品微区元素分析	大于 1cm 块状体或 3mm×4mm×8mm 大小长方体，需经氩离子抛光	岩石结构、矿物相、成分和孔喉结构表征，沉积相和储层研究
5	扫描电镜（Inspect S50）+电子背散射衍射仪（EBSD）+EDS 能谱仪	微观组构成像和矿物相、微区成分、元素或氧化物半定量分析，生成元素和孔喉结构平面图像	直径 >1cm 的实体样，镀金处理	
6	阴极发光仪（CL8200MK5）+EDS 能谱仪（X2072）	结构组分的阴极发光特征观测；矿物化学成分和元素半定量测定	抛光岩片、抛光薄片、未抛光也未盖片的薄片	矿物发光机理研究，矿物形成的沉积成岩环境解释

続表

序号	设备名称	测试项目	样品要求	地质应用
7	电子探针仪（EPMA-1720）+电子背散射衍射仪（EBSD）+EDS能谱仪	点—线—面的矿物鉴定,点—线—面的矿物化学成分和元素测定	薄片、实体、粉末（粒径>1μm），表面抛光	矿物鉴定，元素平面成像，解决矿物生长过程中成岩环境和介质变化
8	X射线荧光光谱仪（PANalytica AXIOX）	Be-U的常量元素和微量元素含量分析	粉末，常量元素分析0.5g，微量元素分析4g	沉积和成岩环境、流体属性判识
9	X射线衍射仪（X'Pert PRO）	白云石有序度测定，碳酸盐矿物相鉴定，黏土矿物鉴定和定量分析	粉末，有序度测定5g，黏土矿物分析100g	白云石成因，沉积环境判识，成岩作用研究

　　上述分析测试均从不同角度对碳酸盐岩开展岩石结构、矿物成分和元素分析，这些非常基础的分析测试工作为沉积相深化研究提供了手段，也为储层地球化学实验分析中成岩组构判识和微区取样奠定工作基础。针对这些基础的分析测试项目，重点实验室通过技术组合和优化，在测试技术开发方面取得了一些进展。

　　在电子探针分析技术方面，通过电子探针面扫描技术获得样品中元素面分布特征，又借助能谱（EDX）快速点分析与波谱（WDX）定量点分析校正矿物，实现全岩平面内所有矿物的识别。建立了一种基于电子探针技术的全岩矿物识别和平面成像的方法，通过这一方法最终形成的全岩矿物平面分布图，能够精确识别样品中的矿物组成，同时又直观展示矿物的平面分布。

　　在阴极发光分析技术方面，通过阴极发光图像分析与微量—稀土元素激光面扫描成像技术联用，建立发光强度与微量—稀土元素种类、丰度的关系，探索矿物阴极发光机理，取得了一些新的认识。除Mn、Fe之外，还有其他微量元素和稀土元素在一定条件下对碳酸盐矿物的阴极发光强度具重要的控制作用：Mn含量大于$600\mu g/g$时，Sm、Eu、Tb和Dy等微量元素和稀土元素对碳酸盐矿物发光强度的影响不明显；Mn含量在$100\sim600\mu g/g$时，Sm、Eu、Tb和Dy等微量元素和稀土元素对碳酸盐矿物发光强度有明显的影响，随Sm、Eu、Tb和Dy等元素含量的增加，发光强度逐渐增大。

　　在原岩结构恢复技术方面，揭片、荧光和不同照明强度锥光[1]的方法可以恢复原岩结构（图1a至d）。在此基础上，重点实验室发明了不同照明强度漫射偏振光的方法恢复白云岩的原岩结构（图1e，f），取得非常好的效果，证实了绝大多数晶粒白云岩（尤其是细晶、中晶白云岩）的原岩是颗粒滩相灰岩，晶间孔和晶间溶孔并非白云石化作用的产物，而是对原岩孔隙的继承和调整的观点。这一认识揭示了白云岩储层的相控性、规模性和可预测性。

69

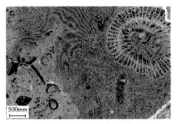
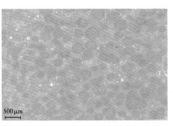

（a）珊瑚—层孔虫灰岩的醋酸酯揭片，逼真地再现了灰岩的组构，有利于细致地观察颗粒和基质。泥盆系灰岩，新西兰西部Reefton地区

（b）砂屑白云岩，粒间被亮晶白云石胶结，通过荧光进行原岩结构恢复。单偏光下为细晶白云岩，未见颗粒结构。下奥陶统蓬莱坝组，塔里木盆地巴楚地区

（c）白云石化颗粒灰岩，边缘可能是富含有机质的鲕粒，而中心区域较小、较模糊的可能是骨骼碎片。中侏罗统Cajarc组，法国西南部Aquitaine盆地。普通薄片，单偏光

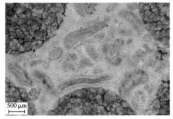
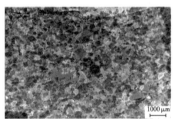
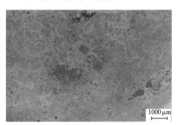

（d）视域同（c）图。在不同照明强度锥光照射下，可见鲕粒中交代成因的白云石晶体间隙沉淀了赤铁矿，图中心区可见许多骨骼颗粒和较小的圆形似球粒，相比（c）图，更清晰地显示了残余组构

（e）细晶白云岩，可见晶间孔和晶间溶孔。矿2井2423.55m，二叠系栖霞组。川西北地区铸体薄片，单偏光

（f）视域同（e）图，在不同照明强度漫射偏振光照射下，可见原岩为砂屑生物碎屑灰岩，（e）图中的晶间孔和晶间溶孔实际为体腔孔和溶孔

图1　原岩结构恢复技术恢复晶粒白云岩原岩结构

2　储层地球化学实验分析技术

2.1　技术概述

重点实验室拥有激光和微钻取样系统，实现了手选、微钻和激光3个层次的取样；一个200多平方米的开放超净实验室具备全天候恒温正压系统，温度维持在（20±1）℃，湿度维持在（50±10）%，整体净化程度为千级，工作台净化程度为百级，这为微量—稀土元素、Ca/Mg/Sr等同位素的分离提供了保障，实验室可同时开展激光法和溶液法2种储层地球化学分析工作。与该技术有关的仪器设备、测试项目和取样要求见表2。

表2　储层地球化学实验分析技术设备、测试项目及地质应用

序号	设备名称	功能	测试项目	样品要求	地质应用
1	激光剥蚀电感耦合等离子体质谱仪（LA-ICP-MS）	微量—稀土元素高精度定量分析	全岩溶液法微量—稀土元素测定	粉末，50mg	①成岩环境识别；②微量—稀土元素的平面变化分析，矿物生长过程和期次重建，成岩流体的变化研究；③矿物阴极发光机理研究
2			激光原位法微量—稀土元素测定	①靶点；②薄片，厚度100μm	
3			微量—稀土元素激光面扫描成像		
4		同位素定年	碳酸盐矿物激光原位U-Pb同位素定年		为古老碳酸盐岩成岩—孔隙演化史重建、沉积—成岩环境序列重建提供年龄坐标

序号	设备名称	功能	测试项目	样品要求	地质应用
5	多接收电感耦合等离子体质谱仪（MC-ICP-MS）	测定Sr、Nd、Li、B、Cl、Sr、Nd、Re、Os、Pb、U等10多种同位素值测定	镁同位素测定	粉末，150mg	①成岩环境识别和成岩流体示踪；②白云石化流体来源判识
6			微区锶同位素测定	粉末，1mg	①成岩环境识别和成岩流体示踪；②未蚀变灰岩的地质年代和蚀变灰岩成岩蚀变发生时间的确定
7	热电离同位素比质谱仪（TIMS）		高精度锶同位素测定	粉末，100mg	
8	稳定同位素比质谱仪（MAT 253）	全岩或微区碳氧同位素值测定，二元同位素测定	全岩碳氧稳定同位素测定	粉末，2mg	①海平面旋回分析；②成岩环境识别和成岩流体示踪
9			激光原位碳氧稳定同位素在线取样测定	薄片，厚度60μm	成岩环境识别和成岩流体示踪
10			二元同位素（Clumped Isotope）测温	粉末，10mg	成岩矿物形成温度和成岩流体性质判识
11	拉曼谱仪（LabRAMHR800）+显微冷热台（Linkam600）	流体包裹体盐度、均一温度及成分测定	流体包裹体盐度测定	薄片，厚度100μm	①成岩矿物形成温度和成岩流体性质判识；②将包裹体均一温度与地层热史—埋藏史结合，可以分析成岩矿物的形成深度，期次，重建成岩—成藏史
12			流体包裹体成份测定		
13			流体包裹体均一温度测定		

上述测试项目中，碳酸盐矿物激光原位 U—Pb 同位素定年、团簇同位素（Clumped Isotope）、激光原位碳氧稳定同位素在线取样测定和微量—稀土元素激光面扫描成像等技术是近几年重点实验室开发的核心技术，并在碳酸盐岩沉积储层研究中取得良好的效果，下文将作重点介绍。

2.2 碳酸盐矿物激光原位 U—Pb 同位素定年技术

2.2.1 技术内涵

关于溶液法 U—Pb 同位素定年技术在中—新生代年轻的孔洞和洞穴充填物定年研究中应用的实例已有不少报道[2-6]，其应用效果得到了学术界的广泛认可。碳酸盐岩溶液法 U—Pb 同位素定年要求待测样品具有足够高的 U、Pb 含量，能够从一块手标本上获得足够量的一组小样（一般需要 6~8 个同源、同期的碳酸盐岩样品，每个样品 200mg），并且这组小样的 U/Pb 值具有足够的变化范围。但是古老海相碳酸盐岩 U、Pb 含量普遍较低，并且成岩组构直径小，选择同源、同期、封闭体系，并且 U/Pb 值具有一定变化范围，能拟合出等时线的理想定年样品非常困难，所以溶液法 U—Pb 同位素定年技术在古老海相碳酸盐岩中无法广泛应用。

过去 20 年来，随着激光剥蚀技术的日益兴盛，激光原位 U—Pb 同位素定年技术逐渐应用于测定锆石、独居石、磷钇矿、榍石、金红石、磷灰石、石榴石等高 U 矿物的高精度年龄，现在已经成为地质年代学研究领域中最常用的测年方法。近几年来，一些低 U 矿物尤其是碳酸盐矿物的 U—Pb 同位素定年受到越来越多的关注[7-11]。但是，对于古老海相碳酸盐岩来说，使用激光法 U—Pb 同位素定年仍有很大难度，主要难点是 U 含量低造成难以精确测定同位素值，缺少与基体匹配的标样。

笔者通过对年龄为（209.8±1.2）Ma 的实验室工作标样的开发，解决了已有标样年龄偏轻（ASH15E 标样年龄为 3.001Ma[12-14]）或不均一导致数据不稳定（WC-1 标样年龄为 250.27~254.40Ma[7-10]）的问题，利用激光剥蚀（LA）与高分辨单接收电感耦合等离子体质谱仪（ICP-MS）联用实现了 U-Pb 同位素高分辨率、高精度和高准确度的测定，使 U 含量检测极限达到 0.01μg/g，从而解决了溶液法难以实现的古老海相碳酸盐岩 U-Pb 同位素定年难题，建立了适用于古老海相碳酸盐岩的激光原位 U-Pb 同位素定年技术。该技术已开始应用于古老海相碳酸盐岩油气运移前的有效储层评价和成藏研究中，下文以四川盆地震旦系灯影组为例阐述其应用效果。

2.2.2 技术应用

勘探实践证实，优质储层发育段并不总是含油气层段，也有可能是水层或干层。造成这种情况的原因有时候是缺乏烃源，有时候还与孔隙发育时间和油气运移时间不匹配有关。这就需要开展储层成岩—孔隙演化研究，评价油气运移前的有效孔隙，而碳酸盐岩成岩矿物绝对年龄的确定是储层成岩—孔隙演化史恢复的关键。四川盆地震旦系灯影组白云岩的储集空间主要发育于藻纹层、藻叠层和藻砂屑白云岩中，类型主要有孔洞（2~100mm）、孔隙（0.01~2mm）和裂缝，孔隙和孔洞被认为主要形成于沉积和表生环境，裂缝与埋藏期的构造活动有关。

白云石绝对年龄的测定结果表明（图2）[15]：孔洞的充填作用发生在早加里东期、晚

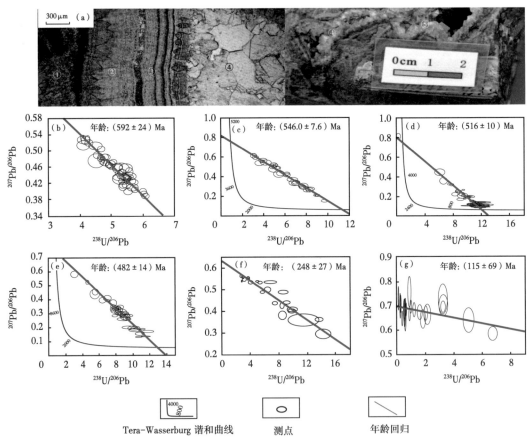

图 2　四川盆地先锋剖面震旦系灯影组二段白云岩定年检测样品特征和测年结果（据文献［15］）

图中蓝色曲线为 Tera-Wasserburg 谐和曲线；红色直线示年龄回归；黑色圆(椭圆)为测点，圆越大代表误差范围越小。

（a）充填溶蚀孔洞的各期胶结物，从早到晚依次为：①同心环边状白云石胶结物；②放射状白云石胶结物；③纹层状浅灰色和暗色白云石胶结物；④晚期中—粗晶白云石胶结物；⑤最晚期粗晶白云石胶结物。

（b）至（g）围岩和各期胶结物的 U-Pb 同位系年龄图

海西期、喜马拉雅期 3 个阶段，孔隙充填作用主要发生于早加里东期，而裂缝中胶结物与孔洞胶结物年龄有很高的吻合度。测年结果揭示了充填孔洞、孔隙和裂缝的各期白云石胶结物的成因对应关系，据此重建灯影组白云岩储层的成岩—孔隙演化史（图 3）[15]，综合灯影组的构造—埋藏史[16]、盆地热史[17]和寒武系筇竹寺组烃源岩的生烃史[18]，就可对油气运移时间、油气运移前的孔隙和成藏期次作出评价。

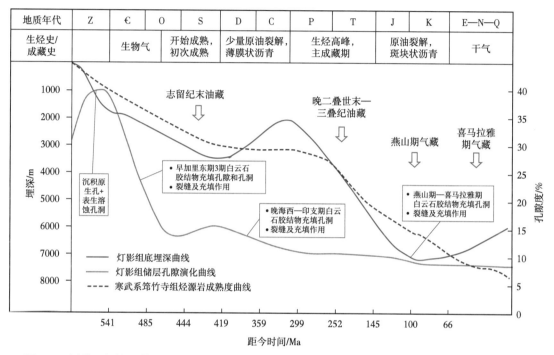

图 3　四川盆地灯影组构造—埋藏史、生烃史、成岩—孔隙演化史和油气成藏史（据文献 [15]）

　　四川盆地高石梯—磨溪构造灯影组气藏的烃源主要来自寒武系筇竹寺组[18]。随着加里东期的持续埋藏，志留纪晚期筇竹寺组烃源岩开始生烃并发生初次运移和成藏，此时的有效孔隙度可以达到 15%，以残留孔洞为主。志留纪末—泥盆纪早期，油藏中的少量液态烃发生裂解，随着泥盆纪—石炭纪的构造抬升，原油裂解气逸散或聚集成藏，残留薄膜状沥青主要分布于孔洞中，此时的孔隙度可以达到 12%～15%。随着石炭纪末的持续深埋，筇竹寺组烃源岩进入生烃高峰期，在海西末期—印支期（晚二叠世末—三叠纪）聚集成藏，这一时期是主成藏期，此时的孔隙度可以达到 12%。随着埋深的持续加大，原油大量裂解，形成斑块状沥青充填于孔洞中，原油裂解气逸散或聚集形成燕山期气藏，安岳气田就属于燕山期定型的气藏，此时的孔隙度可以达到 8%～10%。喜马拉雅期为气藏的调整期，燕山期气藏经喜马拉雅构造运动改造而发生调整，部分被调整到喜马拉雅期构造圈闭中聚集成藏，威远气田就属于喜马拉雅期定型的气藏，此时的孔隙度可以达到 8%。

　　前人[19,20]主要通过油气包裹体均一温度结合热史恢复来确定成藏期次，碳酸盐矿物的激光原位 U-Pb 同位素定年技术的开发不仅解决了碳酸盐矿物的绝对年龄问题，而且为开展油气运移前的有效孔隙度评价和成藏有效性评价开辟了更为直接的途径。

2.3 碳酸盐矿物团簇同位素测温技术

2.3.1 技术内涵

碳酸盐矿物团簇同位素研究是加州理工大学 John Eiler 研究组倡导发展起来的开创性工作，标志着团簇同位素定量重建古温度时代的开始[21-26]。碳酸盐矿物团簇同位素温度计基于碳酸盐矿物中 $^{13}C—^{18}O$ 化学键的浓度只取决于温度，而与流体的 $\delta^{13}C$ 和 $\delta^{18}O$ 浓度无关，因此可根据 $^{13}C—^{18}O$ 化学键的浓度（CO_2 质量数为 47 的同位素的浓度）求解出温度[27,28]。与传统的氧同位素温度计相比，碳氧二元同位素温度计的创新性和优越性主要体现在：（1）指标意义明确，为温度指示参数；（2）不需要同时测定母体的同位素信号（母体的同位素信号往往很难获得）；（3）只受碳酸盐矿物生长温度的影响，不受成岩流体影响，因此能更有效地确定成岩温度。

团簇同位素测温技术也为碳酸盐岩成岩环境研究提供了新手段（图 4），即通过 $\Delta 47$ 温度以及测定得到的碳酸盐矿物 $\delta^{18}O$ 值进行成岩流体属性的判识（表 3），成岩流体属性是氧同位素（$\delta^{18}O$）和 $\Delta 47$ 温度（T）的函数。

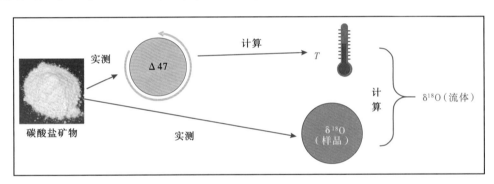

图 4　碳酸盐矿物 $\delta^{18}O$ 值、成岩温度与成岩流体属性的关系及求解思路

表 3　氧稳定同位素（$\delta^{18}O$）、$\Delta 47$ 温度（T）与成岩流体属性关系

$\Delta 47$ 温度（T）	氧同位素（$\delta^{18}O$）		
	亏损	正常	富集
低温	大气淡水成岩环境	同生或准同生海水成岩环境	蒸发环境
高温	埋藏成岩环境（受大气淡水稀释）	含调整海水的埋藏成岩环境	含地层卤水的埋藏成岩环境

2.3.2 技术应用

以四川盆地二叠系栖霞组斑马状白云岩成因研究为例阐述该技术的应用效果。川西南栖霞组发育一套斑马状白云岩，围岩为深灰色致密粉—细晶白云岩，裂缝及沿裂缝分布的孔洞发育，其中充填乳白色鞍状白云石胶结物。围岩被认为是早期白云石化作用的产物，鞍状白云石被认为与中二叠世峨眉山玄武岩喷发的热液活动有关[29]。事实上，鞍状白云石有 2 种成因[30]：一是热液成因，二是地热成因，热液成因白云石的形成温度明显高于地层背景温度，地热成因的白云石形成温度与地层背景温度相当，因此不能简单地将高温白云石等同为热液白云石。

笔者对斑马状白云岩中的围岩和鞍状白云石这 2 种组构开展锶同位素和碳氧同位素研

究（图 5）。2 种组构的氧同位素值都明显亏损，锶同位素值均明显高于同期海水值，说明受到高温的影响，但无法指示这 2 种组构的成因区别。

（a）手标本照片

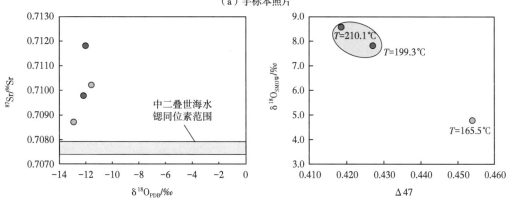

（b）围岩和鞍状白云石的氧和锶同位素特征　　　　　　　　（c）二元同位素测温特征

图 5　川西南栖霞组斑马状白云岩地球化学特征

通过 2 种组构二元同位素 Δ47 温度分析，可以看出围岩 Δ47 温度明显低于鞍状白云石。围岩的 Δ47 温度为 165.5℃，流体氧同位素 $\delta^{18}O_{SMOW}$ 为 4.8‰，接近地层卤水特征。鞍状白云石的 Δ47 温度为 199.3~210.1℃，流体氧同位素 $\delta^{18}O_{SMOW}$ 为 7.8‰~8.6‰，为典型的热液卤水环境下形成的。据表 3 推测围岩为埋藏成岩环境高温地层背景下白云石化作用的产物，鞍状白云石为热液活动的产物。

鞍状白云石激光原位 U-Pb 同位素定年结果为（210.1±6.1）Ma，说明四川盆地西南部栖霞组的热液改造显然与中二叠世峨眉山玄武岩喷发的热液活动无关，而与晚三叠世以来的龙门山冲断活动有关。

2.4　碳酸盐矿物激光原位碳氧稳定同位素在线取样测定技术

由于碳酸盐岩结构组分复杂，且大多为多期次微米级成岩矿物叠置生长形成，因此，以结构组分为单元的原位取样是基于同位素地球化学分析开展碳酸盐岩储层成因研究的关键。现有的原位微区取样有 2 种手段：一是借助牙钻、微钻进行机械取样，然后将样品进行化学处理后送至质谱仪进行检测，该方法的优点是装置简单易操作，缺点是要求结构组分粒径在毫米级以上，否则取样过程中易于混样；二是借助激光装置进行取样，该方法比牙钻、微钻取样复杂，但只要结构组分粒径大于 30μm 即可。Jones 等[31] 提出了利用激光将碳酸盐矿物转化为 CO_2 气体并将其收集起来送至质谱仪进行碳氧稳定同位素分析的设想，强子同等[32]研制出了碳酸盐矿物微区结构组分激光取样装置，目前国内的实验室基本上都采用该装置。由于该装置未与质谱仪连接，需要人工收集 CO_2 气体再送至质谱仪进行检测，因此称为离线取样。离线取样由于采用抽真空的纯化设备，抽真空所需时间较长，单个样采集时间在 2h 以上，且操作繁琐，效率低。同时，需要用收集瓶对 CO_2 气体进行转移，转移过程会导致气体损耗，因此造成测试精度和测试效率不高。

针对离线取样测试存在的弊端，重点实验室对激光取样装置的前置系统、CO_2 净化系统以及 CO_2 收集传输系统进行了改造（图6），形成在线取样技术。其基本原理是：在密闭系统中，用氦氖激光器在显微镜下找到样品盒中待检测的目标，启动钇铝石榴石激光，使碳酸盐矿物在高温作用下发生分解产生 CO_2 气体，用载气（氦气）将 CO_2 依次通过冷阱、水阱、石英毛细管进行提纯后，最终输送至质谱仪进行测试，整个过程实现实时在线。

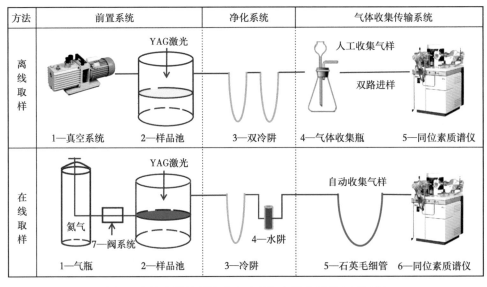

图 6 在线取样的硬件改造及其与离线取样的主要区别

在线取样测定技术的创新点在于将激光取样装置与质谱仪连在一起，无需人工收集 CO_2 气体。与离线取样测试相比，在线取样测试技术主要有以下改进和优势：（1）在线取样装置和同位素比质谱仪是连接在一起的，CO_2 气体的产生、传输、分离和同位素测定均为实时在线。（2）离线取样需要抽真空，从常压至 10^{-5} Pa 级的真空需 1.5h 左右，极其耗时；而在线取样无需抽真空，大大节省了时间（效率提高 10 倍以上）。（3）离线取样产生的 CO_2 气体通过双冷阱实现纯化，纯化后需用收集瓶进行收集，两个步骤均需手工操作；而在线取样 CO_2 气体的纯化通过含高氯酸镁试剂的装置实现，杂气的分离通过石英毛细管来完成，两个步骤均自动完成，无需人工干预。（4）离线取样由于采用收集瓶收集和双路进样方式，CO_2 气体被进一步稀释，致使信号强度很低；而在线取样采用连续流进样，CO_2 气体无需收集，CO_2 气体的产生、传输、纯化和测定均为实时在线，信号强度未被稀释。总之，在线法比离线法取样面积减少 67%，测试效率提高 10 倍，分析精度提高 1 倍。

76

碳氧稳定同位素地球化学信息可用于识别成岩事件中成岩流体的类型，从而将成岩事件同成岩环境联系在一起。氧稳定同位素变化与温度及分馏作用相关，温度的升高导致沉淀物中 $\delta^{16}O$ 相对于 $\delta^{18}O$ 的含量升高，同时，也形成该成岩产物的介质 $\delta^{18}O/\delta^{16}O$ 比值的函数。碳稳定同位素变化与温度关系不大，主要取决于生物分馏作用、水体中碳稳定同位素成分、有机质的分解作用和从植物或土壤中获取 CO_2 的可能性[33]。

2.5　碳酸盐矿物微量—稀土元素激光面扫描成像技术

利用微量元素确定成岩作用所发生的成岩环境已经得到了广泛的认同[34]。由于各主要成岩环境成岩介质的微量元素成分存在很大的差异，因此沉淀的胶结物可以从各自的微量元素特征上轻易地加以识别，尤其是 Sr、Mg、B、Ba、Na、Fe 和 Mn 元素特征。现代浅海碳酸盐矿物以文石（富 Sr）和镁方解石（富 Mg）占优势，它们在向方解石和白云石转化（稳定化）过程中，涉及 Sr、Mg 元素在新形成的碳酸盐成岩矿物和成岩流体之间的重新分配。Na^+ 在海水和卤水中是一种相对主要的阳离子，而在稀释水和地下淡水中却是次要元素。Fe 和 Mn 都是多价态的，在海水中的浓度很低，而在地下水和油田卤水中的浓度却很高。渗流带氧化环境有利于 Fe^{3+} 和 Mn^{4+} 的存在，而不利于 Fe^{2+} 和 Mn^{2+} 的存在；潜流带还原环境下，方解石晶格中可以结合 Fe^{3+} 和 Mn^{4+}，也可以结合 Fe^{2+} 和 Mn^{2+}。

稀土元素可用于分析沉积、成岩产物形成的氧化还原环境[35-37]：在氧化的海水中，Ce^{3+} 很容易被氧化成难溶的 Ce^{4+}，从而与其他 REE 分离，使海水中出现 Ce 的负异常；在埋藏成岩过程中，随着温度升高，Ce^{3+} 易被还原为难溶解的 Ce^{2+}、Eu^{3+} 易被氧化为难溶解的 Eu^{4+}，使 Ce 和 Eu 富集出现正异常。

重点实验室拥有超净实验室和激光剥蚀电感耦合等离子体质谱仪（LA-ICP-MS），可以同时开展溶液法和激光法微量及稀土元素测定，检测下限为 $10^{-9}mg/g$ 级。溶液法微量—稀土元素测定需要选取至少 50mg 的粉末样，主要适用于全岩而非微区结构组分的检测，测得的数据可能代表几种微区结构组分的平均值。激光法微量—稀土元素测定虽然解决了原位微区检测的问题，但与溶液法一样，检测结果仅代表点上的一组数据，不能反映碳酸盐矿物生长过程中微量—稀土元素的变化和成岩环境、成岩介质属性的变化。

针对上述局限性，重点实验室开发了碳酸盐矿物微量—稀土元素激光面扫描成像技术，通过激光法点—线—面扫描，生成微量和稀土元素平面分布图像，直观反映了碳酸盐矿物生长过程中微量—稀土元素、成岩环境和成岩介质属性的变化。该技术与测年技术结合，可以对成岩产物的成因作出更符合地质实际的解释。

2.6　其他地球化学技术简述

除上述 4 项核心技术外，重点实验室基于多接收电感耦合等离子体质谱仪，在超净实验室里通过化学前处理的优化和新流程开发，形成了微区 Sr 同位素和 Mg 同位素测试技术。Sr 同位素检测样品量由原先的 100mg 降为 1mg，实现了锶同位素微区高精度检测，解决了微小直径成岩组构锶同位素的检测问题，为成岩环境示踪提供了实验手段。Mg 同位素测试技术的开发为白云岩成因研究提供了一种新的技术手段，有巨大的应用潜力，它不仅能够对白云岩的 Mg^{2+} 来源以及白云石化过程等关键问题提供唯一约束，而且结合地球化学模型，还可以对白云石化过程进行半定量—定量研究。

重点实验室拥有激光拉曼谱仪（LabRAMHR800）+显微冷热台（Linkam600），可以测定流体包裹体的均一温度、成分和盐度。碳酸盐岩中的流体包裹体记录了成岩矿物形成时的温度和成分等信息，包裹体均一温度与盆地构造—热史结合，可以分析成岩矿物形成的深度、期次、成岩环境。通过不同期次包裹体的研究可以恢复盆地热史、流体场演化和成岩—成藏史。

总之，储层地球化学实验分析技术在储层成因和演化研究中发挥了越来越大的作用，为多参数储层地球化学分析测试和综合解释提供了保障。

3 结论

实验分析技术在碳酸盐岩沉积储层研究中发挥着越来越重要的作用。岩石组分与结构分析主要包括岩石的矿物组成、化学成分和元素分析，岩石结构组分分析和孔喉的表征等，是碳酸盐岩沉积储层研究的基础。储层地球化学分析主要包括碳酸盐矿物激光 U-Pb 同位素定年，团簇同位素、微区（原位）碳氧锶同位素和微量—稀土元素测定等，主要解决碳酸盐矿物的成因问题。

储层地球化学分析技术总的发展趋势是由全岩溶液法向微区激光原位检测发展，而且激光面扫描技术的引入，使检测成果由提供单点数据向二维、三维成像方向发展，从而更为直观地展现了碳酸盐岩岩石组分与结构、地球化学和孔喉结构特征的平面及立体展布。

参 考 文 献

［1］Folk R L. The distinction between grain size and mineral composition in sedimentary rock nomenclature ［J］. Journal of geology, 1954, 62（4）: 344-359.

［2］Woodhead J, Hellstrom J, Maas R, et al. "U -Pb" geochronology of speleothems by MC-ICP-MS ［J］. Quaternary geochronology, 2009, 1（3）: 208-221.

［3］Rasbury E T, Cole J M. Directly dating geologic events: UPb dating of carbonates ［J］. Reviews of geophysics, 2009, 47（3）: 4288-4309.

［4］Pickering R, Kramers J D. A re-appraisal of the stratigraphy and new U-Pb dates at the Sterkfontein homininsite, South Africa ［J］. Journal of human evolution, 2010, 59（1）: 70-86.

［5］Woodhead J, Pockering R. Beyond 500 ka: progress and prospects in the U-Pb chronology of speleothems, and their application to studies in palaeoclimate, human evolution, biodiversity and tectonics ［J］. Chemical geology, 2012, 322/323: 290-299.

［6］Hill C A, Polyak V J, Asmerom Y, et al. Constraints on a Late Cretaceous uplift, denudation, and incision of the Grand Canyon region, southwestern Colorado Plateau, USA, from U-Pb dating of lacustrine limestone ［J］. Tectonics, 2016, 35（4）: 896-906.

［7］Li Qiong, Parrish R R, Horstwood M S A, et al. U-Pb dating of cements in Mesozoic ammonites ［J］. Chemical geology, 2014, 376: 76-83.

［8］Coogan L A, Parrish R R, Roberts N M W. Early hydrothermal carbon uptake by the upper oceanic crust: insight from in situ U-Pb dating ［J］. Geology, 2016, 44（2）: 147-150.

［9］Roberts N M W, Rasbury T E, Parrish R R, et al. A calcite reference material for LA-ICP-MS U-Pb geochronology ［J］. Geochemistry, geophysics, geosystems, 2017, 18（7）: 2807-2814.

［10］Godeau N, Deschamps P, Guihou A, et al. U-Pb dating of calcite cement and diagenetic history in microporous carbonate reservoirs: case of the Urgonian Limestone, France ［J］. Geology, 2018, 46（3）: 247-250.

[11] Roberts N M W, Richard W J. U-Pb geochronology of calcite-mineralized faults: absolute timing of rift-related fault events on the northeast Atlantic margin [J]. Geology, 2016, 44 (7): 531-534.

[12] Vaks A, Woodhead J, Bar-Matthews M, et al. Pliocene-Pleistocene climate of the northern margin of Saharan-Arabian Desert recorded in speleothems from the Negev Desert, Israel [J]. Earth and planetary science letters, 2013, 368: 88-100.

[13] Mason A J, Henderson G M, Vaks A. An acetic acidbased extraction protocol for the recovery of U, Th and Pb from calcium carbonates for U-(Th)-Pb geochronology [J]. Geostandards and geoanalytical research, 2013, 37 (3): 261-275.

[14] Nuriel P, Weinberger R, Kylander-Clark A R C, et al. The onset of the Dead Sea transform based on calcite age-strain analyses [J]. Geology, 2017, 45 (7): 587-590.

[15] 沈安江, 胡安平, 程婷, 等. 激光原位 U-Pb 同位素定年技术及其在碳酸盐岩成岩-孔隙演化中的应用 [J]. 石油勘探与开发, 2019, 46 (6): 1062-1074.

[16] 李伟, 易海永, 胡望水, 等. 四川盆地加里东古隆起构造演化与油气聚集的关系 [J]. 天然气工业, 2014, 34 (3): 8-15.

[17] 袁海锋, 刘勇, 徐昉昊, 等. 川中安平店—高石梯构造震旦系灯影组流体充注特征及油气成藏过程 [J]. 岩石学报, 2014, 30 (3): 727-736.

[18] 魏国齐, 杨威, 杜金虎, 等. 四川盆地震旦纪—早寒武世克拉通内裂陷地质特征 [J]. 天然气工业, 2015, 35 (1): 24-35.

[19] 李宏卫, 曹建劲, 李红中, 等. 油气包裹体在确定油气成藏年代及期次中的应用 [J]. 中山大学研究生学刊 (自然科学、医学版), 2008, 29 (4): 29-35.

[20] 刘文汇, 王杰, 陶成, 等. 中国海相层系油气成藏年代学 [J]. 天然气地球科学, 2013, 24 (2): 199-209.

[21] Eiler J M, Schauble E. $^{18}O-^{13}C-^{16}O$ in Earth's atmosphere [J]. Geochimica et cosmochimica acta, 2004, 68 (23): 4767-4777.

[22] Eiler J M. 'Clumped' isotope geochemistry [J]. Geochimica et cosmochimica acta, 2006, 70 (18): A156.

[23] Eiler J M. A practical guide to clumped isotope geochemistry [J]. Geochimica et cosmochimica acta, 2006, 70 (18): A157.

[24] Eiler J M. 'Clumped-isotope' geochemistry: the study of naturally-occurring, multiply-substituted isotopologues [J]. Earth and planetary science letters, 2007, 262 (3/4): 309-327.

[25] Schauble E A, Ghosh P, Eiler J M. Preferential formation of $^{13}C-^{18}O$ bonds in carbonate minerals, estimated using first-principle lattice dynamics [J]. Geochimica et cosmochimica acta, 2006, 70 (10): 2510-2529.

[26] Came R E, Eiler J M, Veizer J, et al. Coupling of surface temperatures and atmospheric CO_2 concentrations during the Palaeozoic era [J]. Nature, 2007, 449 (13): 198-202.

[27] Ghosh P, Adkins J, Affek H, et al. $^{13}C-^{18}O$ bonds in carbonate minerals: a new kind of paleothermometer [J]. Geochimca et cosmochimica acta, 2006, 70 (6): 1439-1456.

[28] Ghosh P, Eiler J M, Campana S E, et al. Calibration of the carbonate 'clumped isotope' paleothermometer for otoliths [J]. Geochimica et cosmochimica acta, 2007, 71 (11): 2736-2744.

[29] 张若祥, 王兴志, 蓝大樵, 等. 川西南地区峨眉山玄武岩储层评价 [J]. 天然气勘探与开发, 2006, (1): 17-20.

[30] Qing Hairuo, Mountjoy E W. Formation of coarsely crystalline hydrothermal dolomite reservoirs in the Presquile barrier, Western Canada Sedimentary Basin [J]. AAPG bulletin, 1994, 78: 55-77.

[31] Jones L M, Taylor A R, Winter D L, et al. The use of the laser microprobe for sample preparation in stable

isotope mass spectrometry [J]. Terra cognita, 1986, 6: 263.

[32] 强子同, 马德岩, 顾大铺, 等. 激光显微取样稳定同位素分析 [J]. 天然气工业, 1996, 16 (6): 86-89.

[33] Moore C H. Carbonate reservoirs: porosity evolution and diagenesis in a sequence stratigraphic framework [M]. Amsterdam: Elsevier, 2001: 444.

[34] Kinsman D J J. Interpretation of Sr^{2+} concentration in carbonate minerals and rocks [J]. Journal of sedimentary petrology, 1969, 39: 486-508.

[35] Dickson J A D. Carbonate mineralogy and chemistry [M]//Tucker M E, Wright V P. Carbonate sedimentology. Oxford: Blackwell Scientific Publications, 1990: 284-313.

[36] Banner J L. Application of the trace element and isotope geochemistry of strontium to studies of carbonate diagenesis [J]. Sedimentology, 1995, 42: 805-824.

[37] Given R K, Wilkinson B H. Kinetic control of morphology, composition, and mineralogy of abiotic sedimentary carbonates [J]. Journal of sedimentary petrology, 1985, 55: 109-119.

原文刊于《海相油气地质》, 2020, 25 (1): 1-11.

碳酸盐岩溶蚀模拟实验技术进展及应用

佘　敏[1,2]，蒋义敏[1,2]，胡安平[1,2]，吕玉珍[1,2]，
陈　薇[1,2]，王永生[1,2]，王　莹[1,2]

1. 中国石油杭州地质研究院；2. 中国石油集团碳酸盐岩储层重点实验室

摘　要　碳酸盐岩溶蚀作用指流动的侵蚀性流体与碳酸盐岩之间相互作用的过程及由此产生的结果，从地表到深埋藏地层中均可发生。碳酸盐岩溶蚀模拟实验是指通过模拟地层环境来再现碳酸盐岩溶蚀作用的过程和结果，是研究碳酸盐岩储层规模溶蚀有利条件和分布规律的重要方法。中国石油集团碳酸盐岩储层重点实验室自主研发高温高压溶解动力学模拟装置，最终建成由岩石内部溶蚀、岩石表面溶蚀和高温高压原位可视化检测组成的碳酸盐岩溶蚀模拟实验技术。利用高温高压溶解动力学模拟实验装置，开展了碳酸盐岩埋藏溶蚀温度窗口和孔隙演化样式的实验研究，取得2个方面的认识：（1）高盐度流体背景模拟实验表明，随着温度增加，碳酸盐岩的溶蚀量具有缓慢下降—缓慢上升—快速下降的特征，由于地层水两种相反离子效应的作用，在80~110℃范围内存在一个有利于碳酸盐岩溶蚀的温度窗口；（2）通过粒间孔隙型、晶间孔隙型、溶蚀孔洞型、鲕模孔隙型和格架孔隙型5种碳酸盐岩溶蚀模拟的对比实验，认识到连通孔隙是埋藏溶蚀发生的先决条件和有利区域，碳酸盐岩内部组构差异会进一步加剧储集空间在孔、洞和缝组合上的复杂性。

关键词　碳酸盐岩；溶蚀模拟；内部溶蚀；温度窗口；溶孔演化；溶蚀效应

碳酸盐岩是油气勘探非常重要的领域。近年来，在中国深层、超深层取得的重大勘探成效，如四川盆地安岳气田、元坝气田、普光气田和塔里木盆地哈拉哈塘油田、顺北油田的发现，增强了对中国深层海相油气勘探的信心。由于碳酸盐矿物的高化学活动性，古老海相碳酸盐岩往往经历了复杂的成岩改造，因此溶蚀作用形成的次生孔隙对储集空间有重要的贡献，中国海相碳酸盐岩油气勘探的实践也证明了这一认识[1-5]。碳酸盐岩溶蚀作用是指流动的侵蚀性流体与碳酸盐岩之间相互作用的过程及由此产生的结果，从地表到深埋藏地层中均可发生[6-11]。但是在成岩演化过程中，由于流体活动和构造运动的多旋回性，以及溶蚀作用地质背景的多变性，各期次溶蚀作用发生相互叠加改造，使得不同期次的溶蚀作用难以区分，很难依靠地质观察和推理方式来确认。碳酸盐岩溶蚀模拟实验是研究碳酸盐岩溶蚀有利条件和分布规律的重要方法，可以通过正演模拟逼近地质背景的温度和压力条件，再现碳酸盐岩和地层水之间相互作用的过程和结果，从而解决碳酸盐岩规模溶蚀发生的有利条件、主控因素和孔隙溶蚀演化规律问题。自20世纪30年代以来，国内外学者陆续开展了不同温度、压力、流体等条件下的碳酸盐岩溶蚀实验研究。

第一作者：佘敏，硕士，高级工程师，主要从事碳酸盐岩储层研究与地球化学实验技术研发工作。
通信地址：310023 浙江省杭州市西湖区西溪路 920 号；E-mail：shem_hz@petrochina.com.cn。

早期的碳酸盐岩溶蚀实验主要模拟地表环境[12,13]，实验温度<100℃，实验方法包括旋转盘法[14]、自由漂移法[15]和静态pH法[16]等。国外学者利用上述方法相继建立了方解石和白云石的溶解动力学方程[17-19]。20世纪80年代，随着大量深层碳酸盐岩油气储层的发现，对于深埋环境下碳酸盐岩溶蚀的控制因素和有利条件的研究成为模拟实验的主要内容。模拟实验方法包括高温高压旋转盘法[20,21]、金刚石压腔装置法[22]、流动液相反应釜法[23,24]和静态高压釜法[25]等，这些方法采用流体与岩石颗粒或块体之间的表面反应方式，本文统称之为碳酸盐岩表面溶蚀实验。韩宝平[26]利用高压釜静态实验法模拟了任丘油田中—新元古界碳酸盐岩的溶蚀机理，提出在埋藏条件下（岩石今埋深为3200m）白云岩溶蚀速率大于石灰岩的认识。Taylor等[27]采用高温高压旋转盘法研究了酸反应速率和白云岩储集岩反应系数，指出碳酸盐岩反应速率受控于矿物和微量成分（如黏土），观察到高温下白云岩溶蚀后发育晶内溶孔。

近年来，随着流体—岩石溶蚀模拟实验技术和CT岩心扫描技术的进步，碳酸盐岩溶蚀模拟实验技术有2个方面的发展：一是逐渐利用耐高温高压岩心夹持器作为反应釜，采用岩石柱塞样，进行流体在碳酸盐岩内部孔隙中运移与反应的溶蚀模拟，本文称之为碳酸盐岩内部溶蚀实验；二是增加实验装置原位在线检测的功能，主要包括液体渗透率值和高温高压流体原位分析等。Luquot等[28]较早进行基于碳酸盐岩内部溶蚀的模拟实验，他们基于CT扫描的三维孔隙结构表征技术，对比了溶蚀前后鲕粒灰岩内部孔隙的变化，并初步建立石灰岩溶蚀过程中孔隙度和渗透率演化的数值模型。在国内，佘敏等[29,30]较早开展岩石内部溶蚀实验，采用含孔和（或）缝的岩石柱塞样（岩样直径为25mm），进行高温高压下碳酸盐岩的溶蚀模拟实验，获得了在（60℃、10MPa）~（180℃、50MPa）温压条件下，当以0.2%乙酸作为溶解介质时，白云岩和石灰岩溶蚀量随着温度与压力的升高而逐渐减少的实验结果。

纵观国内外的研究，碳酸盐岩溶蚀模拟实验主要有表面溶蚀和内部溶蚀2种方式，模拟环境有连续流—开放和静态—封闭2种。表面溶蚀实验的优点是容易求水—岩作用面积，方便建立动力学方程和计算溶蚀速率，其弱点是样品多采用岩石颗粒或块体，水动力条件与自然环境相距较大。以往实验多集中于温度和压力等因素与碳酸盐岩溶蚀量的关系，实验流体多采用去离子水加酸配制而成，忽略了地层水高盐度和复杂离子效应的属性，也较少关注碳酸盐岩溶蚀过程中岩石组构的控制作用和溶蚀差异，以及溶蚀后岩石内部孔隙结构和岩石物性的变化，而这些恰恰是碳酸盐岩孔隙成因和分布规律研究更为关心的内容。本文重点阐述中国石油集团碳酸盐岩储层重点实验室（以下简称重点实验室）拥有的碳酸盐岩溶蚀模拟实验技术的设备构成、技术内涵及应用案例，以期为科研工作者更好地应用该项技术解决碳酸盐岩储层成因与分布的科学问题提供参考。

1 溶蚀模拟实验装置与方法

1.1 溶蚀模拟实验装置

重点实验室自主设计的高温高压溶解动力学模拟装置，具体由岩石内部溶蚀系统、岩石表面溶蚀系统和高温高压原位可视化检测系统组成。岩石内部溶蚀系统反应釜采用高温高压岩心夹持器，岩心夹持器两端分别连接压差传感器和压力传感器，实现了水—岩反应过程中岩石柱塞样品液体渗透率值实时在线连续测定，量程为 0.1~10000mD。岩石内部溶蚀系统装有 2 个柱塞管式反应釜，通过管线和阀门的选择，可开展一个温度条件对应单一成岩阶段的模拟，也可以同时模拟 2 个不同温度条件的连续成岩过程（例如构造抬升）。

关于柱塞管式反应釜的岩石表面溶蚀系统前人有较多介绍，本文只重点介绍基于高温高压岩心夹持器的岩石内部溶蚀系统（包含渗透率实时在线测定功能）。岩石内部溶蚀系统主要由高温高压岩心夹持器、双柱塞泵、围压泵、回压控制器、回压泵和压力容器组成，通过计算机、恒温控制仪、压力控制仪和压差传感器控制温度、压力等实验条件，如图 1 所示。高温高压岩心夹持器是模拟流体与岩石相互作用的高温高压反应釜，岩心夹持器外部金属腔的材料为 316L 合金，具备水浴加热功能，从而实现模拟高温环境。岩心夹持器内部包裹岩心胶套为耐高温高压橡胶套，通过围压泵自动跟踪岩心夹持器入口流体压力，实现围压比入口压力恒定大于 2.5MPa，确保流体在岩石样品内部孔隙中的运移与反应。双柱塞泵采用高精度高压柱塞泵，用于驱动系统内溶液流动，实现高温高压下流体恒速流动。模拟实验温度由连接岩心夹持器的恒温控制仪设定与控制，模拟实验压力通过回压控制器和回压泵控制。

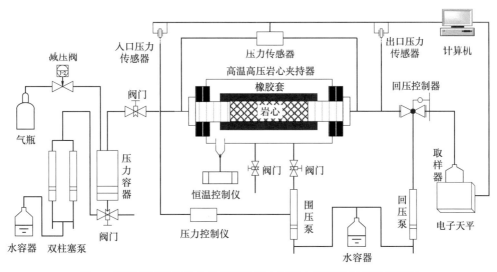

图 1　高温高压溶解动力学模拟装置中岩石内部溶蚀系统的示意图

高温高压可视化原位检测系统反应釜采用熔融毛细硅管，冷热台加温，连接激光拉曼光谱仪，实现高温高压下水—岩反应过程中流体原位分析。对于每个反应釜来说，两端通过阀门开关，即可选择开放—连续流或封闭—静态的模拟环境。

高温高压溶解动力学模拟实验装置的具体技术指标如下：岩心夹持器温度范围为常温至 250℃，压力范围为常压至 68MPa；柱塞管式反应釜温度范围为常温至 400℃，压力范围为常压至 100MPa；流体流速为 0.1~10mL/L；岩心柱塞样的直径约 2.54cm，长度不小于直径的 1.5 倍；流体类型包括有机酸、碱性水、地层卤水、饱和 CO_2 溶液等。高温高压溶解动力学模拟实验装置具体功能和地质应用详见表 1。

表 1　高温高压溶解动力学模拟实验装置功能与应用

功能	实验内容	样品要求	地质应用
岩石内部溶蚀	表生岩溶模拟	柱塞样品：直径约 2.54cm，长度约为直径的 1.5 倍	①岩石溶蚀控制因素分析 ②岩石溶蚀效应评价 ③岩石溶孔演化特征分析
	埋藏溶蚀模拟		
	热液溶蚀模拟		
岩石表面溶蚀	岩石溶蚀速率	块体样品：直径<3cm； 颗粒样品：粒径>0.85mm，重量<120g	①岩石溶蚀能力评价 ②岩石微观溶蚀形貌演化分析 ③岩石中矿物、组构溶蚀序列分析
	岩石饱和溶蚀量		
	岩石微观形貌演化		
高温高压原位可视化检测	水—岩反应组分原位检测	颗粒样品：粒径<0.3mm	①岩石水—岩反应模拟 ②合成无机—有机流体包裹体
	人工包裹体合成		

1.2　溶蚀模拟实验方法

碳酸盐岩溶蚀模拟实验的技术思路是：在设定的温度、压力和流速下，将流体注入装有碳酸盐岩样品的反应釜中，与碳酸盐岩样品进行水—岩反应，测定生成溶液中的离子浓度、溶蚀后岩样的连通孔隙体积、气体孔隙度、气体渗透率和质量，计算溶蚀前后气体孔隙度、气体渗透率和质量的变化，实现定量评价碳酸盐岩在经历不同成岩环境下的溶蚀量与溶蚀效应。实验的主要方法步骤如下：

（1）实验用岩石样品的挑选。根据实验目的，挑选目的层段的不同岩性、物性和孔隙类型的样品，主要依据薄片鉴定来确定样品。

（2）模拟实验前岩石样品的表征。包括用孔—渗测定仪测定反应前的气体孔隙度和渗透率参数，再用 CT 和扫描电镜确定反应前样品内部的孔隙特征。

（3）模拟样品采集地的"三史"分析。分析埋藏史、温压场和流体场，关键是设定温压场和流体场。模拟实验的目的是解决特定地区和层位的碳酸盐岩地层在整个埋藏过程中的流体—岩石相互作用和溶蚀效应，模拟实验的温度、压力和流体的选择要尽可能与该套地层所经历的埋藏史、温压场和流体场相符。

（4）模拟方案的确定及模拟实验的实施。根据实验方案依次进行模拟实验，确保反应体系达到动态平衡，并采集反应釜出口溶液用于 Ca^{2+}、Mg^{2+} 等离子浓度测定，需采集 2 份样品，体积各约为 6mL。

（5）模拟实验后岩石样品的表征。包括用孔—渗测定仪测定反应后的气体孔隙度和渗透率参数，再用 CT 和扫描电镜确定反应后样品内部的孔隙特征。

（6）模拟数据的解释。结合地质背景解决碳酸盐岩储层孔隙成因、规模、发育样式和分布规律问题。

针对碳酸盐岩埋藏溶蚀控制因素和分布规律的共性问题，利用高温高压溶解动力学模拟实验装置新技术和实验新方法，开展了 2 方面实验工作：一是通过模拟高温、高压和高盐度流体，实现逼近地质条件下碳酸盐岩地层在持续深埋过程中溶蚀作用的定量模拟，分析有利于碳酸盐岩埋藏溶蚀发生的成孔高峰期；二是通过岩石内部溶蚀实验，模拟不同孔隙类型碳酸盐岩的埋藏溶蚀，利用测试样品溶蚀前后的孔隙度值、渗透率值和岩石内部孔隙结构的演化，以及溶蚀过程中液体渗透率的实时演化，分析碳酸盐岩埋藏溶蚀孔隙演化路径和溶蚀效应定量评价。

2 碳酸盐岩埋藏溶蚀成孔高峰期实验

与地表的长期暴露和开放环境不同，在埋藏成岩阶段，由于长期持续性的水—岩相互作用，成岩流体对碳酸盐矿物呈过饱和状态。但是，在碳酸盐岩孔隙—裂缝系统中，有机酸和酸性岩浆等酸性流体在压力、重力、热力等作用的驱动下运移，会对碳酸盐矿物发生溶蚀作用从而形成埋藏溶孔。地下碳酸盐岩广泛分布，而酸性流体的量是有限的，因此产生最大溶蚀量的温度成为埋藏溶蚀成孔高峰期研究的焦点。以往碳酸盐岩埋藏溶蚀实验多以纯水加酸配制而成，获得了碳酸盐岩溶蚀量随温度增高而降低的结果[31]。然而，实际地层中卤水盐度高，富含 Na^+、K^+、Ca^{2+}、Mg^{2+} 和 SO_4^{2-} 等离子，这些离子对碳酸盐矿物溶解度的影响比较复杂，既有促进也有抑制，在两种相反离子效应作用下，可能会存在碳酸盐矿物相对有利溶蚀的温度带。本次碳酸盐岩埋藏溶蚀成孔高峰期实验，开展了高盐度酸性流体在不同温度、压力下的碳酸盐岩溶蚀量定量模拟，以获得埋藏环境下碳酸盐岩有利溶蚀温度带，并针对四川盆地龙王庙组开展埋藏溶蚀实例分析。

2.1 实验样品与条件

不同时期、不同地区的地层水属性存在差异，而现今地层水为埋藏成岩改造的产物。考虑到地层水的高盐度属性，本次实验流体统一采用当前标准海水代表研究区地层水。另外，考虑到如果直接按海水盐度配制实验流体，过高盐度的反应生成液需要先稀释、再测试，会导致 Ca^{2+}、Mg^{2+} 等离子的分析误差大，因此本次模拟流体采用去离子水加盐（硫酸钠 4.012g/L，氯化钙 1.143g/L，氯化镁 5.133g/L）配制而成，酸性流体介质采用油田水中最常见的有机酸类型（乙酸），浓度分别选定为 2g/L、4g/L、5g/L、6g/L 和 8g/L。岩石样品为四川盆地下寒武统龙王庙组的灰质白云岩（方解石含量为 49.7%，白云石含量为 49.2%）。为确保每个实验数据为该温度、压力、流体和岩石条件下的饱和溶蚀量，即模拟埋藏环境下碳酸盐岩与流体反应至平衡，岩样采用粒间孔隙均匀分布的人造圆柱体，具体是将岩石粉碎并筛选出粒径为 16~20 目的颗粒，然后将颗粒充满整个圆柱体反应釜（样品量统一为120g），制成直径 3cm、长度 25cm 的人造圆柱体。为了明确埋藏环境下碳酸盐岩是否存在有利溶蚀带，只开展温度因素控制碳酸盐岩埋藏溶蚀的实验，避免压力因素影响。本次模拟实验温度选定 50℃、60℃、80℃、100℃、120℃、140℃ 和 160℃，而压力统一为 10MPa，模拟浅埋藏—中埋藏—深埋藏的溶蚀作用序列。

2.2 实验结果与讨论

从实验结果来看，在 50~160℃ 范围内，当流体和压力等条件相同时，随温度升高，碳酸盐岩在含有机酸地层水中的饱和溶蚀量总体呈下降趋势（图 2），这一点与前期开展的模拟实验结果[22,29-31]（实验溶液由纯水加酸配制而成）基本一致。不同的是：高盐度地层水中碳酸盐岩的溶蚀量与温度的关系具有缓慢下降—缓慢上升—快速下降的特征，碳酸盐岩溶蚀量在 80~110℃ 范围内出现明显增加，而前期实验结果是持续稳定下降。地下碳酸盐岩溶蚀遵从化学热力学原理：作为一个放热过程，随着温度的升高，其热力学平衡常数降低，碳酸盐岩溶解度相应降低，碳酸盐岩在含有机酸地层水中的饱和溶蚀量总体呈下降趋势。另外，依据当前地球化学理论，在碳酸盐岩溶蚀作用中，溶液中的 Na^+ 产生离子

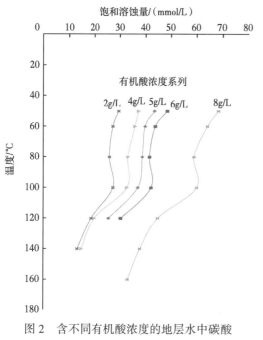

图 2　含不同有机酸浓度的地层水中碳酸
盐岩饱和溶蚀量与温度的关系

强度效应，SO_4^{2-} 产生离子对效应，这两种效应会降低对碳酸盐矿物的离子活度积，从而提高碳酸盐岩的溶解度；溶液中的 Ca^{2+}、Mg^{2+} 产生同离子效应，会增加对碳酸盐矿物的离子活度积，从而降低碳酸盐矿物的溶解度。初步推断，由于这两种相反作用的叠加效应，导致了碳酸盐岩溶蚀量在随温度增加而总体下降的过程中出现缓慢上升再快速下降的特征，但是造成这种现象的最终原因还需要开展单个离子影响碳酸盐岩溶蚀量的实验来验证。这一实验结果表明：在埋藏成岩流体背景下，随着埋藏深度增加，温度的升高会导致碳酸盐岩埋藏溶蚀量的降低，但在 80～110℃ 范围内会形成一个保持溶蚀能力的温度窗口，这或许是碳酸盐岩埋藏溶蚀规模发生的有利温度带。

2.3　应用案例

近年来，在四川盆地下寒武统龙王庙组发现了迄今为止中国最大的单体整装气田，探明储量达 $4403×10^8 m^3$。龙王庙组沉积为蒸发台地相，颗粒滩为有利储层发育的微相，其顶界为三级层序界面。在上覆中寒武统高台组沉积的早期，龙王庙组古地貌较高部位的颗粒滩灰岩经受间歇暴露，在大气淡水淋滤下，形成部分溶孔（粒间孔）。早成岩岩溶和表生岩溶对储层形成的重要性已经被普遍接受，并已获得模拟实验的证实。近期，通过大量岩石薄片分析，认识到埋藏溶蚀对龙王庙组储集物性的改善可能也有贡献。镜下观察发现：有的白云石被溶成港湾状（图 3），有的整个白云石被溶蚀形成白云石铸模孔（图 3b，c），溶蚀孔在局部层段对储集空间的贡献率达到 50% 以上，平均贡献率可达到 20%～30%。然而，上述认识缺乏基于正演思维的模拟实验证据，这在一定程度上影响了对该套优质白云岩储层成因机制的全面理解和准确理解，进而影响对该套储层分布的有效预测。

（a）细—粉晶颗粒白云岩，沥青（3.5%）充填粒间与粒内，见粒内晶体溶孔。磨溪 17 井，4630.72m

（b）粉—细晶残余颗粒白云岩，大量沥青（15%）充填粒间与粒内溶孔，见晶体溶孔和晶模孔。磨溪 16 井，4785.67m

（c）泥—粉晶残余颗粒白云岩，粒间充满沥青（5%），见晶体溶孔、晶模孔和晶间孔—粒间残余孔。磨溪 13 井，4575.19m

图 3　四川盆地寒武系龙王庙组白云岩储层埋藏溶蚀特征（普通薄片，单偏光）

在埋藏成岩流体背景下，一方面，地层温度的增加会导致碳酸盐岩溶蚀量的下降，但在 80~110℃ 范围内具有一个保持碳酸盐岩溶蚀量的温度窗口；另一方面，地层温度对地层水中的有机酸浓度有着重要的控制作用：80~120℃ 为有机酸的有利保存区，其最高浓度可达 10g/L，低于 80℃ 时细菌的分解作用、高于 120℃ 时有机酸脱羧作用均会使有机酸的浓度降低。为获取更加符合地质条件下的埋藏溶蚀窗口条件，需要建立碳酸盐岩溶蚀量随有机酸浓度和地层温度变化的关系曲线。目前还缺少龙王庙组地层水中有机酸浓度与地层温度关系的统计。考虑到有机酸的产生主要受控于温度，因此可以借鉴全球地层水中有机酸浓度与地层温度关系的统计结果[32]，来设定龙王庙组不同地层温度所对应的有机酸浓度。由于压力对有机酸溶蚀碳酸盐岩的影响几乎可以忽略不计，故将压力统一设定为 10MPa。

实验结果（图4）表明：在 40~140℃ 范围内，设定的地层水有机酸浓度由 1g/L 上升至 8g/L，再降到 2g/L，对应的碳酸盐岩溶蚀量由 15.35mmol/L 上升至 58.57mmol/L，再降到 13.07mmol/L。龙王庙组碳酸盐岩溶蚀量随地层温度的增加具有先增后降的特征，在 60~120℃（相当于地层埋深 1370~3590m）时形成一个溶蚀有利窗口。该曲线表明：在一定深度范围内，含有机酸的地层水对碳酸盐岩的溶蚀能力保持在较高的水平。因为在该深度范围内，地层水具有高有机酸浓度，而且正好处于碳酸盐岩溶蚀能力保持的温度窗口。

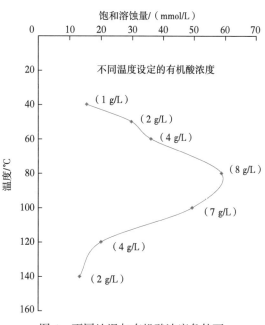

图 4　不同地温与有机酸浓度条件下的碳酸盐岩溶蚀量

对于龙王庙组来说，在浅埋藏阶段，由于地层水中有机酸浓度低，碳酸盐岩并不能发生大规模溶蚀，只有埋藏至 1370m（相当于 60℃）左右时，才开始形成大量溶蚀孔隙。当碳酸盐岩处于 1370~3590m（相当于 60~120℃）埋深时，由于地层水具备高有机酸浓度的条件，以及处于碳酸盐岩溶蚀能力有利保持的温度窗口，因而就有可能通过大规模的埋藏溶蚀而形成优质储层。随着埋深进一步加大，温度升高和有机酸浓度快速降低会导致碳酸盐矿物溶解度快速下降，碳酸盐岩埋藏溶蚀能力也快速下降。需要强调的是，对于不同地区和地层时代的碳酸盐岩，地温梯度和地层流体成分等因素的差异，会导致埋藏溶蚀成孔高峰期所对应的地层埋藏深度有所不同，因此碳酸盐岩埋藏溶孔分布规律因地而异。

3　碳酸盐岩埋藏溶孔演化样式实验

在碳酸盐岩成岩过程中，原生沉积孔隙受到多期成岩作用叠加改造，次生溶蚀孔洞成为主要储集空间类型。碳酸盐岩孔隙演化和恢复一直是地质勘探建模的核心内容，但是原生孔隙类型复杂多样，溶蚀叠加改造进一步加剧了孔隙成因分析的难度，地质家一直希望通过正演模拟实验来研究碳酸盐岩溶孔的发育和分布规律。对于实际成岩作用中的溶蚀作用来说，酸性侵蚀流体在碳酸盐岩内部孔隙中运移并发生反应，而且岩石内部孔隙具有固体比面积大和孔隙比较狭窄的特点，这些都是传统岩石表面反应所不能模拟的。此外，以往的实验侧重于讨论碳酸盐岩溶蚀量与温度和压力的关系，忽略了溶蚀导致岩石孔隙和物性发生的演化，即溶蚀增加的主要孔隙是基质型还是裂缝型，是孔隙度改善显著还是更有利于渗透率的提高，而这些恰恰是碳酸盐岩储层研究更为关心的，故有必要开展不同孔隙类型碳酸盐岩在埋藏溶蚀中的孔隙演化和溶蚀效应评价实验。

3.1 实验样品与条件

为了分析孔隙类型对碳酸盐岩溶蚀的控制效应，笔者挑选了粒间孔隙型、晶间孔隙型、溶蚀孔洞型、鲕模孔隙型和格架孔隙型共5种孔隙类型的碳酸盐岩，镜下鉴定对应的岩性分别为鲕粒白云岩、细—粉晶白云岩、砂屑白云岩、鲕粒白云岩和珊瑚灰岩（图5），其中，鲕粒白云岩和细—粉晶白云岩的孔隙类型为孔隙型，发育粒间孔或晶间孔，孔隙呈网状分布，并由喉道沟通，细—粉晶白云岩具颗粒残余幻影结构特征；砂屑白云岩发育溶孔溶洞，有少量晶间孔，微裂缝沟通孔隙，孔隙类型为裂缝—孔洞型；鲕粒白云岩以发育鲕模孔为主，见少量粒间孔和粒间溶孔；珊瑚灰岩样品发育格架孔。实验所用碳酸盐岩样品的矿物组成见表2。

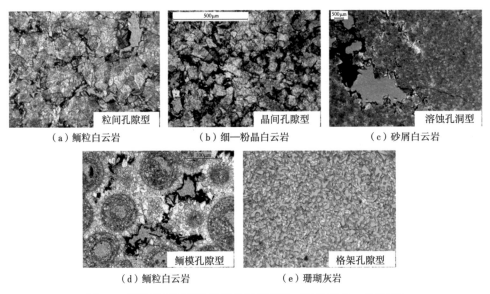

图5　5种孔隙类型碳酸盐岩的显微特征（铸体薄片，单偏光）

实验样品为柱塞样，每个样品溶蚀时间设计为8h；实验温度设定为100℃，压力设定为10MPa，且保持不变，实验模拟连续流—开放体系环境，流速1mL/min，反应液由去离子水加分析纯乙酸配制而成，乙酸浓度为2g/L。实验前和实验后对每个样品进行CT扫描和孔隙度、渗透率测定；实验过程中利用渗透率在线测定技术，实时检测液体渗透率值并建立时间演化曲线，数据采集时间间隔为10s。

表2　5种孔隙类型碳酸盐岩样品的X衍射全岩分析

样品编号	孔隙类型	岩性	取样地点	矿物含量/%		
				石英	方解石	白云石
1	粒间孔	鲕粒白云岩	四川盆地	0.87	1.87	96.78
2	晶间孔	细—粉晶白云岩	四川盆地	0	1.09	98.91
3	溶蚀孔洞	砂屑白云岩	四川盆地	0.65	0	99.35
4	鲕模孔	鲕粒白云岩	四川盆地	1.06	4.99	93.95
5	格架孔	珊瑚灰岩	南海	0	93.39	6.61

3.2　实验结果与讨论

　　5种孔隙类型碳酸盐岩埋藏溶蚀前后孔隙度和气体渗透率实测结果如表3所示。粒间孔隙型鲕粒白云岩和晶间孔隙型细—粉晶白云岩的孔隙度增加量超过1.5%，气体渗透率保持原数量级，增加量小于30mD，溶蚀作用主要增加孔隙而连通属性改善有限，而且晶间孔隙型细—粉晶白云岩增孔更显著；溶蚀孔洞型砂屑白云岩的孔隙度增加量为0.75%，气体渗透率增加量超过50mD，提高了一个数量级，溶蚀作用对孔隙空间和连通属性改善均相对有限；鲕模孔隙型鲕粒白云岩的孔隙度增加量是1.17%，气体渗透率增加量超过4000mD，提高了3个数量级，溶蚀作用主要提高了连通属性而孔隙空间改善有限；格架孔隙型珊瑚灰岩溶蚀后孔隙度只增加了0.38%，而气体渗透率提高了4个数量级，溶蚀作用显著改善连通属性。从数据对比看，碳酸盐岩孔隙类型不同，受埋藏溶蚀改造的效果存在差异。

表3　5种孔隙类型的碳酸盐岩样品溶蚀前后孔隙度和渗透率演化统计

样品编号	孔隙类型	岩性	孔隙度/%			气体渗透率/mD		
			反应前	反应后	变化量	反应前	反应后	变化量
1	粒间孔	鲕粒白云岩	19.86	21.41	1.55	867	893	26
2	晶间孔	细—粉晶白云岩	15.44	17.33	1.89	20.6	34.9	14.3
3	溶蚀孔洞	砂屑白云岩	8.84	9.59	0.75	7.0	60.9	53.9
4	鲕模孔	鲕粒白云岩	20.95	22.12	1.17	0.3	4159.0	4158.7
5	格架孔	珊瑚灰岩	40.54	40.92	0.38	8	10430	10422

　　在实验过程中，当模拟实验温度达到100℃后开始注入流体增加压力，5种孔隙类型碳酸盐岩埋藏溶蚀过程中渗透率实时演化特征如图6所示：（1）粒间孔隙型鲕粒白云岩和晶间孔隙型残余颗粒结构细—粉晶白云岩样品的液体渗透率演化特征基本一致，始终保持缓慢增加；（2）溶蚀孔洞型砂屑白云岩的液体渗透率持续稳定增加，且可以分为初始相对缓慢增加和后期相对快速增加2个阶段，最终液体渗透率增加约1个数量级；（3）鲕模孔隙型鲕粒白云岩渗透率演化也可分为2个阶段，初始阶段渗透率相对缓慢地增加，大约5000s后进入快速增加阶段，最终液体渗透率增加约4个数量级；（4）与前4个样品不同的是，当压力为1.5MPa时，格架孔隙型珊瑚灰岩样品的渗透率值极其快速地增加，大约2min后液体渗透率值突破检测上限，为防止样品破碎，保持压力为1.5MPa，随着反应进行，液态渗透率上下波动比较大，这可能是珊瑚灰岩溶蚀速率快导致颗粒脱落所致。在埋

藏溶蚀过程中，5 种孔隙类型碳酸盐岩的液体渗透率演化特征明显不同，这说明先存的孔隙类型控制了流体与岩石的接触，进而控制了碳酸盐岩连通属性和孔隙结构的演化。

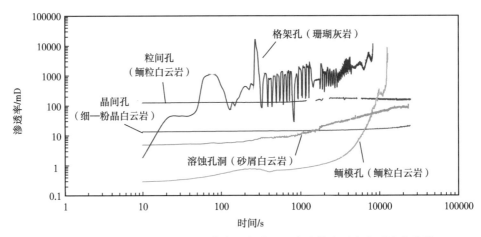

图 6　5 种孔隙类型碳酸盐岩埋藏溶蚀实验过程中液体渗透率实时演化曲线

5 种孔隙类型碳酸盐岩埋藏溶蚀前后岩石内部的孔隙特征如图 7 所示：（1）粒间孔隙型鲕粒白云岩和晶间孔隙型细—粉晶白云岩样品具有基本相同的孔渗变化量和液体渗透率演化规律，但是反应前后 CT 扫描孔隙演化特征明显不同（图 7a，b）。这两类样品岩石内部孔隙均呈网状分布，反应过程中流体介质呈弥散状进入网状孔隙体系中，导致网状孔隙整体溶蚀加大，但是粒间孔隙型鲕粒白云岩的粒间孔隙均匀增大，且未见溶洞产生，而晶间孔隙型细—粉晶白云岩局部溶蚀显著并形成溶洞，这可能与样品组构有关。粒间孔隙型鲕粒白云岩中鲕粒结构稳定，但是晶间孔隙型细—粉晶白云岩具颗粒残余结构，颗粒成因类型多样且晶体大小也不同，残余颗粒结构中部分粉晶溶蚀速率更快，并可能伴随晶粒脱落或颗粒垮塌，导致局部形成溶蚀洞，这或许也是晶间孔隙型细—粉晶白云岩孔隙度增加量更大的原因。（2）溶蚀孔洞型砂屑白云岩局部溶蚀孔洞溶蚀加大（图 7c），尽管微裂缝发育，但是溶蚀后 CT 图中未见类似鲕模孔隙型鲕粒白云岩中的溶缝，渗透率值增加量也表明连通属性改善有限。（3）对于鲕模孔隙型鲕粒白云岩，尽管鲕模孔是主要孔隙类型，但由于相互孤立的原因，绝大多数鲕模孔并未发生溶蚀作用，而是局部相互连通的粒间孔隙溶蚀加大，甚至形成溶洞。结合渗透率演化曲线来看，流体在岩石内部主要沿局部粒间孔运移与反应，初始以增加孔隙为主，局部优势溶蚀的粒间孔隙逐渐连通并形成弯曲的溶蚀缝（图 7d），导致后期渗透率急剧增加。（4）与鲕模孔隙型鲕粒白云岩和晶间孔隙型细—粉晶白云岩不同，尽管格架孔隙型珊瑚灰岩的孔隙更发育，孔隙度超过 40%，但是溶蚀过程并不是整体溶蚀加大，而是局部溶蚀形成溶蚀缝，原因是珊瑚灰岩孔隙间连通性相对较差，流体主要沿着少数连通的孔隙运移和反应，很快形成贯通样品两端的溶缝（图 7e）。从上述孔隙演化对比来看，连通孔隙是埋藏溶蚀发生的先决条件和有利区域，岩石内部组构差异会进一步加剧储集空间在孔、洞和缝组合上的复杂性。

综上所述，酸性流体在岩石内部孔隙中运移与反应时，孔壁边缘的矿物被溶蚀，导致孔隙空间发生相应变化，变化后的孔隙又反过来改变流体在岩石内部的运移过程，进一步加剧溶蚀孔隙的演化。基于粒间孔隙型、晶间孔隙型、溶蚀孔洞型、鲕模孔隙型和格架孔隙型共 5 种碳酸盐岩样品的溶蚀实验，溶蚀效应可分为 3 类：粒间孔隙型鲕粒白云岩和晶

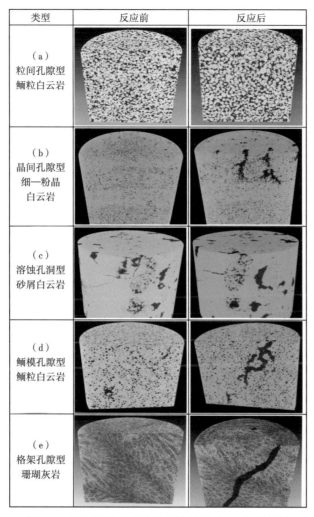

类型	反应前	反应后
（a）粒间孔隙型鲕粒白云岩		
（b）晶间孔隙型细—粉晶白云岩		
（c）溶蚀孔洞型砂屑白云岩		
（d）鲕模孔隙型鲕粒白云岩		
（e）格架孔隙型珊瑚灰岩		

图 7　5 种孔隙类型碳酸盐岩溶蚀前后 CT 扫描特征
（红色指示孔隙/裂缝）

间孔隙型残余颗粒结构细—粉晶白云岩为显著增孔—相对增渗型，鲕模孔隙型鲕粒白云岩和格架孔隙型珊瑚灰岩为相对增孔—显著增渗型，而溶蚀孔洞型砂屑白云岩为相对增孔—相对增渗型。孔隙类型演化有 4 种演化路径：粒间孔隙型鲕粒白云岩保持为孔隙型，晶间孔隙型残余颗粒结构细—粉晶白云岩由孔隙型演化为孔—洞型，鲕模孔隙型鲕粒白云岩和格架孔隙型珊瑚灰岩由孔隙型演化为孔—缝型，溶蚀孔洞型砂屑白云岩保持为溶蚀孔洞型。

4　结论

　　碳酸盐岩溶蚀模拟技术总的发展趋势是由低温低压向高温高压条件发展，溶蚀实验方式也逐步实现岩石内部溶蚀，这使得碳酸盐岩溶蚀模拟实验条件更逼近地质实际，而且 CT、场发射扫描电镜、激光拉曼和渗透率原位检测技术的引入，使溶蚀模拟实验能涉及岩石内部孔隙和矿物晶体尺度的溶蚀特征，并能在反应过程中原位（实验温度和压力）分析流体成分和岩石样品的液体渗透率值，从而有助于更加直观和清晰地认识碳酸盐岩溶蚀作用过程和特征，以及实现定量评价碳酸盐岩溶蚀效应。尽管实验技术取得长足进步，但目前的实验仍然较多关注不同温度下的碳酸盐岩溶蚀量，较少研究高温高压下流体属性的影响，例如离子效应和二氧化碳分压等，特别是缺少基于成岩事件地质背景下的模拟实验研究。因此，接近地层水实际属性的高温高压水—岩反应及原位分析实验研究有待加强。

利用高温高压溶解动力学模拟实验装置，开展了碳酸盐岩埋藏溶蚀温度窗口和孔隙演化样式的实验研究，取得 2 个方面的认识：（1）高盐度流体背景模拟实验表明，随着温度增加，碳酸盐岩的溶蚀量具有缓慢下降—缓慢上升—快速下降的特征，由于地层水 2 种相反离子效应的作用，在 $80\sim110℃$ 范围内存在一个有利于碳酸盐岩溶蚀的温度窗口；（2）通过粒间孔隙型、晶间孔隙型、溶蚀孔洞型、鲕模孔隙型和格架孔隙型等 5 种碳酸盐岩的对比实验，认识到连通孔隙是埋藏溶蚀发生的有利区域，并控制着孔隙结构演化样式和溶蚀效应，碳酸盐岩内部组构差异会进一步加剧储集空间在孔、洞和缝组合上的复杂性。

参 考 文 献

[1] 马永生，何登发，蔡勋育，等．中国海相碳酸盐岩的分布及油气地质基础问题 [J]．岩石学报，2017，33（4）：1007-1020．

[2] 沈安江，赵文智，胡安平，等．海相碳酸盐岩储层发育主控因素 [J]．石油勘探与开发，2015，42（5）：545-554．

[3] 何治亮，张军涛，丁茜，等．深层—超深层优质碳酸盐岩储层形成控制因素 [J]．石油与天然气地质，2017，38（4）：633-644．

[4] 赵文智，沈安江，胡素云，等．中国碳酸盐岩储层大型化发育的地质条件与分布特征 [J]．石油勘探与开发，2012，39（1）：1-12．

[5] 严威，郑剑锋，陈永权，等．塔里木盆地下寒武统肖尔布拉克组白云岩储层特征及成因 [J]．海相油气地质，2017，22（4）：35-43．

[6] Sanders D. Syndepositional dissolution of calcium carbonate in neritic carbonate environments: geological recognition, processes, potential significance [J]. Journal of African earth science, 2003, 36: 99-134.

[7] Scholle P A, Ulmer-Scholle D S. A color guide to the petrography of carbonate rocks: grains, textures, porosity, diagenesis [M]. AAPG memoir 77, 2003: 474.

[8] 谭秀成，肖笛，陈景山，等．早成岩期喀斯特化研究新进展及意义 [J]．古地理学报，2015，17（4）：441-456．

[9] Hao Fang, Zhang Xuefeng, Wang Cunwu, et al. The fate of CO₂ derived from thermochemical sulfate reduction (TSR) and effect of TSR on carbonate porosity and permeability, Sichuan Basin, China [J]. Earth science reviews, 2015, 141: 154-177.

[10] 蔡春芳，赵龙．热化学硫酸盐还原作用及其对油气与储层的改造作用：进展与问题 [J]．矿物岩石地球化学通报，2016，35（5）：851-859．

[11] 金振奎，余宽宏．白云岩储层埋藏溶蚀作用特征及意义：以塔里木盆地东部下古生界为例 [J]．石油勘探与开发，2011，38（4）：428-434．

[12] Weyl P K. The change in solubility of calcium carbonate with temperature and carbon dioxide content [J]. Geochimica et cosmochimica acta, 1959, 17 (3/4): 214-225.

[13] Schott J, Brantley S, Crerar D, et al. The solution kinetics of strained calcite [J]. Geochimica et cosmochimica acta, 1989, 53 (2): 373-382.

[14] Hitosi T, Hiroshi A, Taro I, et al. Viscosity effect on the rate of solution of calcium carbonate in hydrochlo-

ric acid [J]. Bulletin of the Chemical Society of Japan, 1939, 14 (9): 348-352.

[15] Sjöberg E L. Kinetics and mechanism of calcite dissolution in aqueous solutions at low temperatures [J]. Acta Universitatis Stockholmiensis (Stockholm contributions in geology), 1978, 32: 1-32.

[16] Morse J W. Dissolution kinetics of calcium carbonate in seawater Ⅱ: a new method for the study of carbonate reaction kinetics [J]. American journal of science, 1974, 274: 97-107.

[17] Plummer L N, Wigley T M L, Parkhurst D L. The kinetics of calcite dissolution in CO_2-water systems at 5 to 60℃ and 0. 0 to 1. 0 atm CO_2 [J]. American journal of science, 1978, 278: 179-216.

[18] Morse J W, Arvidson R S. The dissolution kinetics of major sedimentary carbonate minerals [J]. Earth science reviews, 2002, 58 (1/2): 51-84.

[19] Beavington-Penney S J, Nadin P, Wright V P, et al. Reservoir quality variation in an Eocene carbonate ramp, E1 Garia Formation, offshore Tunisia: structural control of burial corrosion and dolomitisation [J]. Sedimentary geology, 2008, 209 (1): 42-57.

[20] Pokrovsky O S, Golubev S V, Schott J, et al. Calcite, dolomite and magnesite dissolution kinetics in aqueous solutions at acid to circumneutral pH, 25 to 150℃ and 1 to 55 atm pCO_2: new constraints on CO_2 sequestration in sedimentary basins [J]. Chemical geology, 2009, 265 (1/2): 20-32.

[21] 王炜, 黄康俊, 鲍征宇, 等. 不同类型鲕粒灰岩储层溶解动力学特征 [J]. 石油勘探与开发, 2011, 38 (4): 495-502.

[22] 杨云坤, 刘波, 秦善, 等. 基于模拟实验的原位观察对碳酸盐岩深部溶蚀的再认识 [J]. 北京大学学报 (自然科学版), 2014, 50 (2): 316-322.

[23] Gong Qingjie, Deng Jun, Wang Qingfei, et al. Experimental determination of calcite dissolution rates and equilibrium concentrations in deionized water approaching calcite equilibrium [J]. Journal of earth science, 2010, 21 (2): 402-411.

[24] 范明, 蒋小琼, 刘伟新, 等. 不同温度条件下 CO_2 水溶液对碳酸盐岩的溶蚀作用 [J]. 沉积学报, 2007, 25 (6): 825-830.

[25] 杨俊杰, 张文正, 黄思静, 等. 埋藏成岩作用的温压条件下白云岩溶解过程的实验模拟研究 [J]. 沉积学报, 1995, 13 (3): 83-88.

[26] 韩宝平. 任丘油田热水喀斯特的实验模拟 [J]. 石油实验地质, 1991, 13 (3): 272-280.

[27] Taylor K C, Nasr-E1-Din H A, Mehta S. Anomalous acid reaction rates in carbonate reservoir rock [J]. SPE, 2006, 11 (4): 488-496.

[28] Luquot L, Gouze P. Experimental determination of porosity and permeability changes induced by injection of CO_2 into carbonate rocks [J]. Chemical geology, 2009, 265 (1/2): 148-159.

[29] 佘敏, 寿建峰, 贺训云, 等. 碳酸盐岩溶蚀机制的实验探讨: 表面溶蚀与内部溶蚀对比 [J]. 海相油气地质, 2013, 18 (3): 55-61.

[30] 佘敏, 寿建峰, 沈安江, 等. 埋藏有机酸性流体对白云岩储层溶蚀作用的模拟实验 [J]. 中国石油大学学报 (自然科学版), 2014, 38 (3): 10-17.

[31] She Min, Shou Jianfeng, Shen Anjiang, et al. Experimental simulation of dissolution law and porosity evolution of carbonate rock [J]. Petroleum Exploration and Development, 2016, 43 (4): 616-625.

[32] 远光辉, 操应长, 杨田, 等. 论碎屑岩储层成岩过程中有机酸的溶蚀增孔能力 [J]. 地学前缘, 2013, 20 (5): 207-219.

原文刊于《海相油气地质》, 2020, 25 (1): 12-21.

基于常规测井识别微生物碳酸盐岩岩相新方法及应用

李　昌[1,2]，贾　俊[3]，沈安江[1,2]，王　亮[4]，梁正中[5]，李振林[6]

1. 中国石油杭州地质研究院；2. 中国石油天然气集团公司碳酸盐岩储层重点实验室；3. 绵阳师范学院；4. 成都理工大学；5. 榆林学院；6. 中国石油集团测井有限公司测井应用研究院

摘　要　岩相是沉积储层研究的重要基础，由于取心成本高，而录井资料不能精细描述岩石结构组分，利用测井资料识别岩相成为主要手段。然而由于碳酸盐岩强非均质性，导致测井识别基于岩石结构组分分类的岩相难度较大，特别微生物发育使得情况更加复杂，电成像测井虽然可以识别微生物构造，然而电成像资料一般较少，目前利用常规测井仍是主要手段，传统交会图版法和机器学习方法都是基于测井数值的绝对差异划分不同岩相，而对较小的相对差异并不敏感，另外机器学习方法依赖于学习样本的数量和质量，取心资料少的情况，难以发挥其优越性。为此，本文提出了一种基于常规测井曲线色彩图版的岩相识别新方法，其优势是分析测井曲线的相对差异，将经验认识融入岩相识别中，能够有效解决岩心资料少影响识别效果的难题。根据岩—电关系分析，获取经验认识，优选敏感测井曲线，将优选测井曲线之间相对关系转化为不同颜色的组合，与岩心标定，根据经验认识调整颜色，最终建立不同岩相的典型色彩识别图版，从而实现微生物碳酸盐岩岩相测井识别。以四川盆地 MX 地区震旦系灯影组微生物碳酸盐岩地层为例，实际应用并取心资料验证表明：灯影组分为 4 类岩相，其识别符合率能够达到 75%以上，该方法的应用对 MX 地区沉积微相精细研究工作起到了推动作用，同时也丰富了现有碳酸盐岩岩相测井识别方法。

关键词　碳酸盐岩结构组分；常规测井；色彩模式；岩相识别

岩相是沉积储层研究的重要基础，由于取心成本高，而录井资料不能精细描述岩石结构组分，利用测井资料识别岩相成为主要手段。特别当微生物发育使得情况更复杂，电成像测井可以识别微生物构造，例如纹层和叠层[1-4]，然而电成像测井资料一般较少，利用常规测井资料仍是主要手段[5-7]。目前岩相（岩性）测井识别方法主要有 3 大类：（1）交会图版识别[8-11]，根据不同测井曲线在二维交会图上区分不同岩相，或电成像图版法[12-16]，建立不同岩相的典型电成像测井识别图版；（2）机器学习方法包括神经网络[17-20]、聚类分析法[21,5,22]、支持向量机[23,24]、判别分析[25]及模糊理论[26,27]等，机器学习方法效率高，精度高成为主要识别手段，岩心学习样本数据的数量和质量决定了机器学习方法识别的准确度；（3）基于公式计算识别方法[28-30]，构建公式基于岩心实验数据或者经验认识，是一种快速定量描述岩石组构的方法，主要用于生产。将多种机器学习方法

第一作者：李昌，男，1978 年生，博士，高级工程师，主要从事碳酸盐岩测井解释及测井地质学研究。E-mail：lic_hz@ petrochina. com. cn。

结合来识别岩相，能够进一步提高精度[31,32]。

机器学习是岩相识别的主流技术，但机器学习方法依赖于学习样本的数量和质量，当岩心资料少的情况下，难以发挥其优越性，另外对于微生物碳酸盐岩地层，当薄夹层、微生物碳酸盐岩混层等复杂情况，机器学习法识别效果也并不理想[5]。为此，本文提出了一种基于常规测井曲线的色彩图版岩相识别新方法，其优势是能将经验认识融入岩相识别，利用测井曲线之间相对差异区分不同岩相，在电成像资料和岩心资料相对不足的情况下，能够有效解决复杂微生物岩岩相测井识别难题。

通过分析岩—电关系，获取经验认识，并选择敏感测井曲线，以四川盆地 MX 地区灯影组为例，岩—电分析表明，因密度曲线受井眼扩径影响很大，不利于全区开展对比，因此自然伽马、声波和电阻率作为优选敏感曲线。然后将测井曲线之间相对关系转化为不同颜色的组合，与取心井岩心标定，根据经验认识调整颜色，最后建立不同岩相的典型色彩图版，从而识别微生物碳酸盐岩岩相。在四川盆地 MX 地区震旦系灯影组微生物碳酸盐岩地层开展实际应用，取心资料验证表明：灯影组分为 4 类岩相，其识别符合率能够达到 75% 以上，该方法的应用对 MX 地区沉积微相精细研究工作起到了推动作用，同时也丰富了现有碳酸盐岩岩相测井识别方法。

1 方法基本原理

每种岩相具有多种岩石物理属性，例如放射性、导电性和孔隙性等，在多种物理属性中，存在相对优势关系，某一种或两种占优。例如藻云岩往往具有较好的孔隙性，则高孔隙性是优势物理属性，测井特征表现为低密度、高声波时差、高中子、低自然伽马和较低电阻率，而泥质泥晶云岩的泥质含量高，高放射性性为优势物理属性，测井特征是高自然伽马、中高声波时差和中低电阻率，对于致密颗粒（砂屑）云岩相纯净，致密不导电，导电差和低放射性是其主要物理属性，测井特征表现为极高电阻率、低声波时差和极低自然伽马。

每种岩相都有其优势测井特征，将反映放射性、孔隙性和导电性的测井曲线在统一刻度下对比，并以颜色组合显示的方式表征该岩相的岩石物理属性特点，不同岩相具有不同的颜色组合差异。基于岩心标定，就可以建立不同岩相的色彩识别图版（表1）。色彩图版的建立包含以下 2 个步骤：岩—电关系分析和建立色彩识别图版。

1.1 岩—电分析

以四川盆地 MX 地区灯影组地层为例，地层包括 4 类岩相（表2）。在测井交会图（图1）上可以看出藻云岩相和颗粒云岩相与泥晶云岩相和泥质泥晶云岩相能够较好区分，但部分颗粒云岩相和藻云岩相因测井特征重叠过多而难以区分。

考虑到密度测井受井眼环境影响大，为了便于全区推广，优选自然伽马、声波时差和深侧向电阻率曲线作为敏感测井曲线。

利用箱形图进一步分析每种岩相的测井特征，如图2所示将敏感曲线归一化，然后用箱形显示。从图2中可以看出每种岩相不同测井特征之间相对值的高低变化特征具有差异性。结合不同岩相测井交会图特征，总结不同岩相测井特征如下。

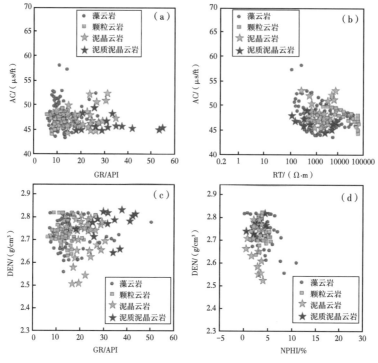

图 1 不同岩相测井特征交会图

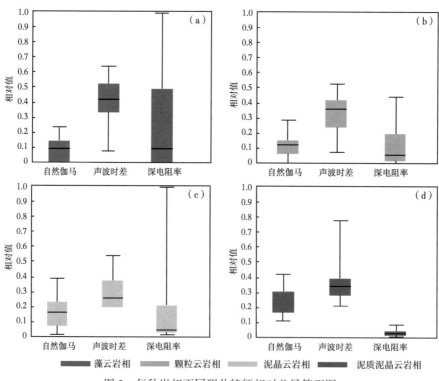

图 2 每种岩相不同测井特征相对差异箱型图

（1）藻云岩相：以凝块和叠层物性最好，测井特征为低自然伽马、中高声波时差、低密度降、中高中子孔隙度和电阻率相对降低，而层纹藻云岩物性略差，声波时差增大幅度较小，自然伽马略高。与其他岩相比，其测井特征特点为高声波时差、低自然伽马为显著特征。

（2）颗粒云岩相：存在两种情况，一种是致密不发育孔隙，表现为极高电阻率、极低自然伽马和低声波时差，与藻云岩相能较好区分。另一种是物性好、声波时差增大、密度降低、中子增大，与藻凝块岩和藻叠层岩测井特征相似而难于区分，是测井识别误差产生的主要原因，但总体上孔隙发育的纯颗粒云岩较少。

（3）泥晶云岩相：物性很差，孔隙不发育，低时差、低中子、中高密度、高电阻率和自然伽马为低—中等，不同测井特征之间相对值差异不大。

（4）泥质泥晶云岩相：测井特征与泥晶云岩不同，黏土含量高，其放射性强，具有很高自然伽马值，因此高自然伽马、高声波时差和低电阻率特征显著。

1.2 建立色彩图版

首先对自然伽马、声波时差和深侧向电阻率曲线统一刻度，对测井数据进行归一化，公式为

$$B1 = \frac{GR - GR_{\min}}{GR_{\max} - GR_{\min}} \tag{1}$$

$$B2 = \frac{DT - DT_{\min}}{DT_{\max} - DT_{\min}} \tag{2}$$

$$B3 = \frac{RD - RD_{\min}}{RD_{\max} - RD_{\min}} \tag{3}$$

式中，$GR_{\max}$ 为自然伽马的最大值；$GR_{\min}$ 为自然伽马的最小值；$DT_{\max}$ 为声波时差的最大值；$DT_{\min}$ 为声波时差的最小值；$RD_{\max}$ 为深电阻率的最大值；$RD_{\min}$ 为深电阻率的最小值。

然后将归一化的测井数据 $B1$、$B2$、$B3$，组成 $N \times 3$ 二维数组

$$B = \begin{bmatrix} B1 & B2 & B3 \end{bmatrix} \tag{4}$$

对二维数组 B 内的数值定义颜色，将 0~1 均分为 4 份，并用 4 种不同颜色表示，数值与颜色对应关系为：0~0.25 为蓝色，0.25~0.50 为黄色，0.50~0.75 为红色，0.75~1.0 为绿色。定义颜色后，数组 B 变成色彩图像，即颜色组合图。

不同岩相在横向上具有不同的颜色组合。例如藻云岩相的颜色组合为蓝色+绿色+蓝色，代表低自然伽马、高声波时差和低电阻率，而泥质泥晶云岩相的颜色组合为红色+绿色+蓝色，代表高自然伽马、中声波时差和低电阻率。

颜色组合的数量与测井曲线条数和颜色个数有关，对于 3 条测井曲线和 4 种颜色，颜色组合理论上有 4×4×4＝64 种，而实际岩心标定中，有些颜色组合并不出现，所以实际颜色组合个数往往少于理论个数。以四川 MX 地区灯影组为例，4 类岩相对应 53 种颜色组合（表 1）。

表1　不同岩相的颜色组合图版

岩相类型	色彩组合			自然伽马	声波时差	深侧向	岩相类型	色彩组合			自然伽马	声波时差	深侧向
藻云岩	蓝	黄	蓝				颗粒云岩	黄	蓝	红			
藻云岩	蓝	红	蓝				颗粒云岩	黄	蓝	绿			
藻云岩	蓝	绿	蓝				颗粒云岩	蓝	蓝	黄			
藻云岩	蓝	绿	黄				颗粒云岩	蓝	蓝	红			
藻云岩	蓝	黄	黄				颗粒云岩	蓝	蓝	绿			
藻云岩	黄	黄	黄				颗粒云岩	蓝	红	红			
藻云岩	黄	红	黄				颗粒云岩	蓝	绿	红			
藻云岩	黄	绿	黄				颗粒云岩	蓝	绿	绿			
藻云岩	黄	红	绿				颗粒云岩	蓝	黄	红			
藻云岩	黄	红	红				泥晶云岩	黄	黄	绿			
藻云岩	黄	红	蓝				泥晶云岩	红	黄	黄			
藻云岩	红	绿	蓝				泥晶云岩	黄	黄	蓝			
藻云岩	红	绿	蓝				泥晶云岩	红	黄	蓝			
藻云岩	黄	绿	蓝				泥晶云岩	蓝	蓝	蓝			
藻云岩	黄	绿	黄				泥晶云岩	红	蓝	绿			
藻云岩	蓝	黄	绿				泥晶云岩	红	蓝	红			
藻云岩	绿	黄	蓝				泥晶云岩	黄	蓝	蓝			
泥质泥晶云岩	绿	黄	蓝				泥晶云岩	黄	蓝	黄			
泥质泥晶云岩	绿	绿	蓝				泥晶云岩	红	蓝	黄			
泥质泥晶云岩	绿	红	蓝				泥晶云岩	红	蓝	蓝			
泥质泥晶云岩	绿	黄	黄				泥晶云岩	绿	蓝	蓝			
泥质泥晶云岩	红	红	蓝				泥晶云岩	红	黄	红			
泥质泥晶云岩	绿	绿	黄				泥晶云岩	黄	黄	红			
泥质泥晶云岩	绿	红	黄				泥晶云岩	绿	黄	绿			
泥质泥晶云岩	红	黄	绿				泥晶云岩	红	黄	红			
颗粒云岩	蓝	黄	黄				泥晶云岩	绿	黄	红			
颗粒云岩	蓝	黄	绿										

2 技术应用及效果

2.1 地层概况

研究区位于四川盆地川中古隆平缓构造区的威远至龙女寺构造群，东至广安构造，西邻威远构造，南与川东南中隆高陡构造区相接，属川中古隆平缓构造区向川东南高陡构造区的过渡地带。地面构造总的趋势为北东东走向，由西南向北东倾伏的褶皱单斜，在此单斜背景下，由西向东主要分布有岳源乡高点、龙女寺、合川等构造（图 3）。

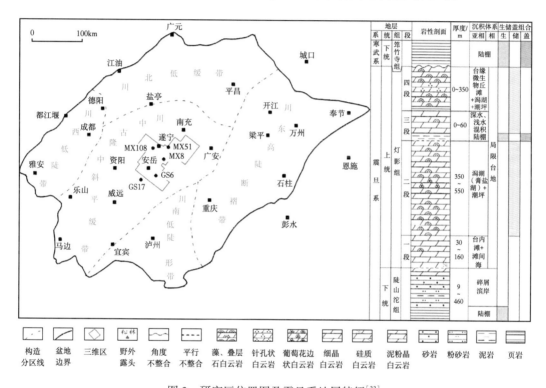

图 3 研究区位置图及震旦系地层特征[33]

受德阳—安岳裂陷发育影响，灯影组沉积期沉积分异明显，裂陷区内发育深水陆棚沉积，充填厚度较薄的泥质岩，裂陷侧翼的台缘带有利于丘滩复合体沉积，是灯影组储层发育最有利地区。灯影组分为四段：灯四段为一套藻白云岩及砂屑白云岩，少含菌藻类及叠层石，见硅质条带，偶含胶磷矿；灯三段为一套砂泥岩，夹凝灰岩、白云岩；灯二段上部为微晶白云岩，含少量菌藻类，下部为葡萄花边构造藻格架白云岩发育，富含菌藻类；灯一段含少量菌藻类白云岩、含泥质泥—粉晶白云岩，局部含膏盐岩[34]。微生物蓝藻菌最为发育的层位是灯二段、灯四段，也是灯影组主力天然气产层。

基于岩心观察，灯影组主要有泥质白云岩、粉—细晶白云岩、泥微晶白云岩、颗粒白云岩及与藻类微生物相关的白云岩等，岩石类型达到 8 种以上，储集岩性主要以藻类（蓝细菌）参与的白云岩为主[35]。据岩心物性分析，藻凝块云岩和颗粒（砂屑）云岩物性最好，叠层状云岩和纹层云岩次之，泥粉晶及泥质云岩物性较差[36]。储集岩主要以丘滩复

99

合体的藻凝块云岩、藻纹层云岩、颗粒（砂屑）云岩、藻叠层云岩为主（图4），储层物性总体具有低孔、低渗特征，局部发育高孔渗段。根据取心井资料及参考邓哈姆分类方案，灯影组岩相划分为4大类：藻云岩相、颗粒云岩相、泥晶云岩相和泥质泥晶云岩相（表2）。

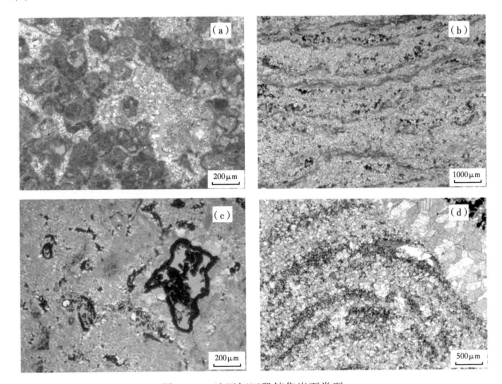

图4 MX地区灯四段储集岩石类型
（a）藻凝块云岩；（b）藻纹层云岩；（c）颗粒（砂屑）云岩；（d）藻叠层云岩

表2 四川灯影组岩相分类表

岩相	岩性
藻云岩	藻叠层云岩，藻凝块云岩，藻团块云岩，层纹云岩，藻砂屑云岩，（藻）细—粉晶云岩等
颗粒云岩	颗粒云岩，砂屑云岩，角砾云岩，细晶云岩，细—粉晶云岩等
泥晶云岩	泥晶云岩，（藻）泥—粉晶云岩等
泥质泥晶云岩	泥质泥晶云岩等

藻云岩相常形成于水深适中，水动力较弱，沉积环境稳定且开放的沉积环境，其沉积能量介于颗粒云岩和泥晶云岩之间。该沉积环境，岩石类型十分丰富，主要发育凝块云岩、纹层状云岩、叠层状云岩等。藻云岩在自然伽马曲线上总体呈低平状，局部有起伏，起伏值通常为9~13API。

颗粒云岩相代表沉积环境水体浅，水动力条件相对较强，主要岩石类型为藻砂屑云岩、核形石云岩等。可细分为砂屑滩和核形石滩微相，也是对储层最有利的沉积相带。颗粒云岩在自然伽马曲线上呈低值齿状，数值为6~10API。

泥晶云岩相代表低能沉积环境，包含物性较差的泥—粉晶云岩和泥晶云岩，自然伽马中低值，数值在 10~30API。

泥质泥晶云岩相代表低能沉积环境，泥质含量高，自然伽马较高，数值在 30~60API。

2.2 识别效果

研究区取心井为 MX105 井、MX108 井和 MX51 井，取心段累计 108m，总体上取心资料偏少。以 MX108 井和 MX51 井为岩心标定井，建立岩相色彩识别图版，自识别并自验证识别效果，根据识别厚度统计，自验证符合率在 75% 以上（图5，图6），其中 MX108 井岩心描述厚度为 48.8m，识别岩相符合厚度为 36.65m，识别符合率为 75.1%，MX51 井岩心描述厚度为 77.2m，识别岩相符合厚度为 58.7m，识别符合率为 76%。

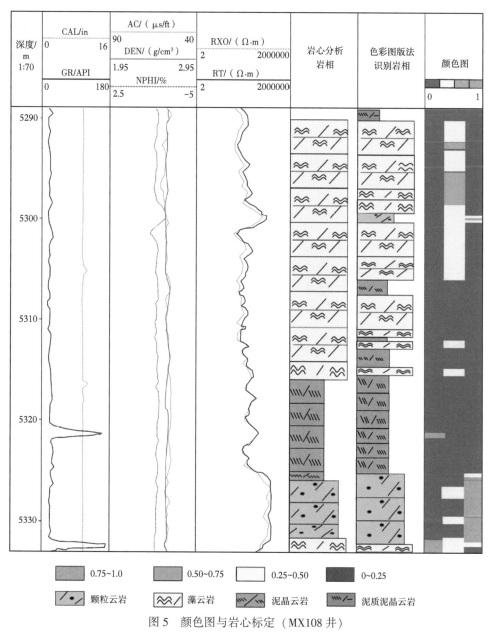

图 5　颜色图与岩心标定（MX108 井）

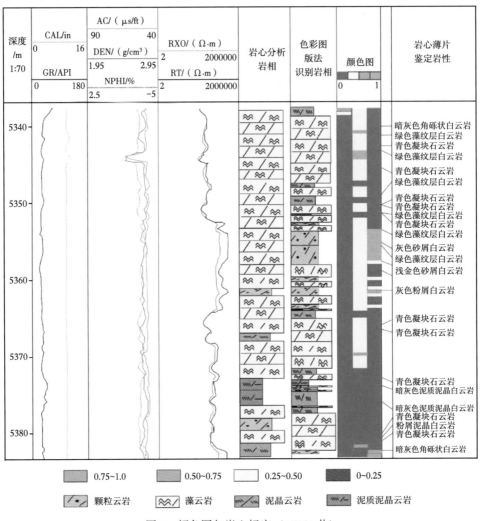

图 6　颜色图与岩心标定（MX51 井）

以 MX105 井作为识别效果验证井（图 7），如图 7 所示 MX105 井岩心描述厚度为 45m，测井识别岩相符合厚度为 40m，符合率为 88.9%，综合分析该方法的平均识别符合率 75% 以上。另外与电成像测井岩相解释对比具有较好一致性，色彩图版法识别结果与电成像解释基本吻合（图 8）。

2.3　与机器学习方法对比

机器学习对岩心样本要求比较高，要求岩相数量多且典型，不同岩相之间测井特征较小差异也会被均匀化而降低区分度，因此岩心样本数量少的情况下，容易造成机器学习识别结果误差增大，识别效果不理想，以 MX108 井和 MX51 井作为样本井，采用 KNN 分类算法识别 MX105 井（图 7），从图 7 中可以看出在层段 5010~5012m 和 5017~5019m，色彩图法识别效果好于 KNN 分类方法。因此在岩心资料少的情况下，颜色图版法比机器学习方法具有更好的优越性。

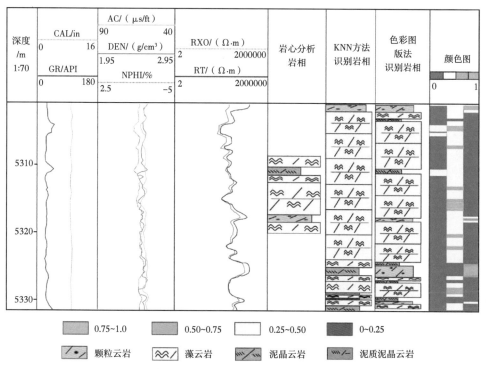

图 7 MX105 井岩相测井识别成果图

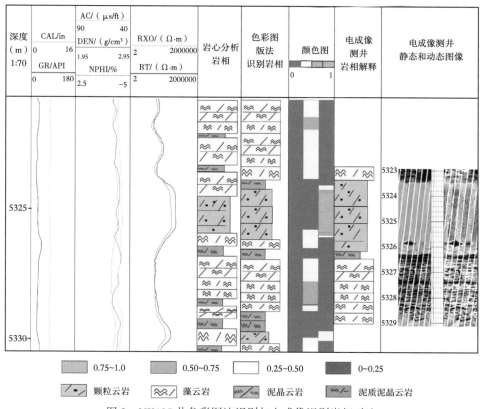

图 8 MX105 井色彩图法识别与电成像识别岩相对比

2.4　地质应用

依据单井岩相识别成果，开展从台缘带到台内的连井对比，选择 MX22 井、MX108 井、MX12 井、MX17 井、MX18 井和 MX39 井，精细刻画了微生物丘、丘滩复合体及颗粒滩的分布（图9）。颗粒云岩相代表高能环境，泥晶云岩相代表低能环境生物欠发育，位于两个亚相之间的沉积环境正是微生物较为发育的藻丘相，这三类岩相所代表的沉积环境是相邻的，并受控于海平面的升降而发生横向上的迁移。从图9中可以看出，受海平面升降的影响，颗粒滩频繁迁移并侵蚀前期沉积的藻丘，致使藻丘的丘盖欠发育，在纵向上形成了颗粒滩与丘核不等厚互层，即"丘滩复合体"。从台内 MX39 井、MX17 井和 MX18 井到台缘 MX12 井、MX108 井和 MX22 井，藻丘、颗粒滩及丘—滩复合体整体规模变大，层多且厚度变大，反映从台内到台缘带水动力强度变大，与实际地质情况基本相符。

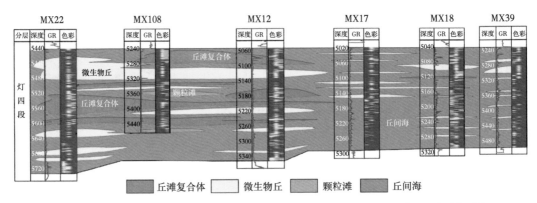

图9　MX22 井—MX108 井—MX12 井—MX17 井—MX18 井—MX39 井沉积相剖面图

3　结论

（1）提出一种新的测井定性岩相识别方法，考虑到不同测井曲线间的相对值差异与岩相密切相关，并用颜色组合方式显示这种关系，通过岩心标定，建立不同岩相的色彩图版，即颜色组合图版，从而实现测井识别岩相。

（2）通过对 4 口取心井的识别效果验证，证实该方法的有效性，测井识别平均符合率在 75% 以上，在取心资料少的情况，显示出较好的适用性和优越性。

（3）实际应用证实该方法的可行性，连井岩相分布特征符合已有地质认识，识别岩相指导了该区的沉积微相精细研究，有力支撑了该区的勘探开发工作。同时丰富了现有碳酸盐岩岩相测井识别方法。

参 考 文 献

［1］李潮流，王树寅. 利用 FMI 成像测井识别柴西第三系藻灰岩储层［J］. 测井技术，2006，30（6）：523-526.

［2］谢丽，李军，马建海. 成像测井技术在柴达木盆地藻灰岩储层评价中的应用［J］. 中国石油勘探，2006，11（6）：71-76.

［3］党海龙，徐国祯，杨西娟，等. 裂缝性藻灰岩储层识别技术研究［J］. 测井技术，2007，31（6）：588-591，doi：10.16489/j. issn. 1004-1338. 2007. 06. 019.

［4］ 李昌，寿建峰，陈子炜，等．南翼山地区藻灰岩测井识别方法及应用［J］．油气地球物理，2013，11（1）：35-38．

［5］ 张振城，孙建孟，马建海，等．利用测井资料自动识别藻灰岩［J］．吉林大学学报（地球科学版），2005，35（3）：382-388，doi：10.13278/j.cnki.jjuese.2005.03.020．

［6］ 李延丽，苟迎春，曹正林，等．柴达木盆地跃西地区藻灰岩储层的测井识别［J］．西南石油大学学报（自然科学版），2009，31（5）：56-60．

［7］ 徐小蓉，苟迎春，曹正林，等．柴达木盆地藻灰岩储层识别与预测［J］．兰州大学学报（自然科学版），2010，46（z1）：68-72，doi：10.13885/j.issn.0455-2059.2010.s1.027．

［8］ Stowe L, Hock M. Facies analysis and diagenesis from well logs in the Zechstein carbonates of northern Germany［C］. SPWLA 29rd Annual Logging Symposium, 1988, 1-25.

［9］ Dorfman M H, Newy J, Coates G R. New techniques in lithofacies determination and permeability prediction in carbonates using well logs［J］. Geological Applications of Wireline Logs Geological Society Special Publication, 1990, 48: 113-120.

［10］ 王宏波，姚军，李双文，等．利用对应分析法校正火成岩岩性识别图版—以黄骅凹陷为例［J］．天然气地球科学，2013，24（4）：719-724．

［11］ 张君龙，汪爱云，何香香．古城地区碳酸盐岩岩性及微相测井识别方法［J］．石油钻探技术，2016，44（3）：121-126，doi：10.11911/syztjs.201603022．

［12］ Tanwi B, Robert D, Debnath B, et al. Automated facies estimation from integration of core, petrophysical logs and borehole images［C］. AAPG Annual Meeting, 2002: 1-7.

［13］ Wang D L, Hans D K, Gordon C. Facies Identification and prediction based on rock texture from microesistivity images in highly hereogenerogeneous carbonates: A case study from Oman［C］. SPWLA 49rd Annual Logging Symposium, 2008: 1-24.

［14］ Hou H J, Yun H Y, Xie Y, et al. An Integrated Approach on carbonate reservoir evaluation by combining borehole image and NMR Logs-A case study in Ordovician carbonate east China［C］. SPE international Oil & Gas conference and exhibition, 2010: 1-11, SPE131571.

［15］ 吴煜宇，张为民，田昌炳，等．成像测井资料在礁滩型碳酸盐岩储层岩性和沉积相识别中的应用—以伊拉克鲁迈拉油田为例［J］．地球物理学进展，2013，28（3）：1497-1506，doi：10.6038/pg20130345．

［16］ An X X, Pierre K, Stephen M, et al. Facies Modeling of complex carbonate platform architecture identified from borehole image log and other logging technologies［C］. SPWLA 58th Annual Logging Symposium, 2017: 1-9.

［17］ Coudert L, Frappa M, Arias R. A statistical method for lithofacies identification［J］. Jotlrllal of Applied Geophysics, 1994, 32（2-3）: 257-267.

［18］ 姜效典，李巍然．应用瓦尔什变换和人工神经网络划分岩层和岩性识别［J］．石油学报，1994，15（4）：17-22．

［19］ Alpana B, Hans B H. Determination of facies from well logs using modular neural networks［J］. Petroleum Geoscience, 2002, 8（3）: 217-228.

［20］ 刘明军，李恒堂，姜在炳．GA-BP 神经网络模型在彬长矿区测井岩性识别中的应用［J］．煤田地质与勘探，2011，39（4）：8-12．

［21］ Ye S J, Rabliller P. A new tool for electro-facies analysis: multiresolution graph-based clustering［C］. SPWLA 41th Annual Logging Symposium, 2000.

［22］ Aghchelou M, Nabi-Bidhendi N, Shahvar M B. Lithofacies estimation by multi-Resolution graph-based clustering of petrophysical well logs case study of South Pars gas field of Iran［C］. SPE Nigerian Annual international conference and Exhibition, 2012.

[23] Tao Z, Vikram J, Kurt J. Marfurt Lithofacies classification in Barnett Shale using proximal support vector machines [C]. SEG Denver 2014 Annual Meeting, 2014: 1491-1495.

[24] 牟丹, 王祝文, 黄玉龙. 最小二乘支持向量机测井识别火山岩类型: 以辽河盆地中基性火山岩为例 [J]. 吉林大学学报 (地球科学版), 2015, 45 (2): 639-648, doi: 10.13278/j.cnki.jjuese.201502305.

[25] 田艳, 孙建孟, 王鑫, 等. 利用逐步法和 Fisher 判别法识别储层岩性 [J]. 勘探地球物理进展, 2010, 33 (2): 126-129, 134.

[26] Cuddy S J. Litho-facies and permeability prediction from electrical logs using fuzzy logic [J]. SPE Reservoir Evaluation & Engineering, 2000, 3 (4): 319-324.

[27] Ali K I, Mohammadreza R, Seyed A M. A fuzzy logic approach for estimation of permeability and rock type from conventional well log data: an example from the Kangan reservoir in the Iran offshore gas Field [J]. J Geophys. Eng, 2006, 3 (4): 356-369.

[28] Lucia F J. Carbonate reservoir characterization 2nd Edition [M]. Springer-Verlag, 2005.

[29] 常少英, 沈安江, 李昌, 等. 岩石结构组分测井识别技术在白云岩地震岩相识别中的应用 [J]. 中国石油勘探, 2016, 21 (5): 90-95, doi: 10.3969/j.issn.1672-7703.2016.05.0012.

[30] 李昌, 乔占峰, 邓兴梁, 等. 视岩石结构数技术在测井识别碳酸盐岩岩相中的应用 [J]. 油气地球物理, 2017, 15 (1): 29-35.

[31] 金明玉, 文政, 赵志伟. 应用粗集神经网络系统识别火山岩岩性 [J]. 大庆石油地质与开发, 2011, 30 (3): 159-163, doi: 10.3969/j.issn.1000-3574.2011.03.034.

[32] Kiatichai T, Chuleerat J. Possibilistic exponential fuzzy clustering [J]. Journal of computer, Science and Technology, 2013, 28 (2): 311-32, doi: 10.1007/s11390-013-1331-7.

[33] 陈娅娜, 沈安江, 潘立银, 等. 微生物白云岩储层特征、成因和分布—以四川盆地震旦系灯影组四段为例 [J]. 石油勘探与开发, 2017, 44 (5): 704-715, doi: 10.11698/PED.2017.05.05.

[34] 王文之, 杨跃明, 文龙, 等. 微生物碳酸盐岩沉积特征研究—以四川盆地高磨地区灯影组为例 [J]. 中国地质, 2016, 43 (1): 306-318, doi: 10.3969/j.issn/2095-41207.2016.02.001.

[35] 斯春松, 郝毅, 周进高, 等. 四川盆地灯影组储层特征及主控因素 [J]. 成都理工大学学报 (自然科学版), 2014, 41 (3): 266-273, doi: 10.3969/j.issn.1671-9727.2014.03.02.

[36] 王文之, 杨跃明, 张玺华, 等. 四川盆地震旦系灯影组储层特征及成因 [J]. 东北石油大学学报, 2016, 40 (2): 1-10.

原文刊于《地球物理学进展》, 2020, 35 (5): 1792-1802.

视岩石结构数技术在测井识别
碳酸盐岩岩相中的应用

李　昌[1,2]，乔占峰[1,2]，邓兴梁[3]，于红枫[3]，
戴传瑞[1]，黄　羚[1]，刘　燃[4]

1. 中国石油杭州地质研究院；2. 中国石油天然气集团公司碳酸盐岩储层重点实验室；
3. 中国石油塔里木油田研究院；4. 中国石油大学（北京）地球科学学院

摘　要　基于岩石结构组分分类的岩性是碳酸盐岩沉积微相研究的重要参考依据，测井识别岩相对于碳酸盐岩沉积微相研究具有重要实用意义。碳酸盐岩非均质性较强，使得测井准确识别岩相成为一种挑战。基于岩心和测井构建公式，计算一条有效参数曲线，即视岩石结构数曲线，结合有监督自组织映射神经网络和最小邻近分类算法，实现测井岩相识别符合率70%以上。塔中地区良里塔格组地层实际应用证明了该技术的有效性，有助于该区碳酸盐岩沉积微相的研究。

关键词　碳酸盐岩沉积微相；视岩石结构数技术；有监督自组织映射神经网络；最小邻近分类算法；测井识别；塔中地区

　　基于岩石结构组分分类的岩性是碳酸盐岩沉积微相研究的重要参考依据。由于钻井岩心资料缺乏，且碳酸盐岩地层溶孔、裂缝发育，非均质性强，利用测井准确识别碳酸盐岩岩相一直是众多学者的攻关内容。目前，碳酸盐岩岩相测井识别方法主要为交会图版法[1]、神经网络法[2-6]、主成分分析方法[7]、支持向量机方法[8]、模糊理论法[9,10]、多种统计方法组合的数据挖掘技术[11]以及利用电成像测井识别法[12-14]。有效测井参数法是提高测井识别准确率的主要手段之一[11,15]。Lucia等针对孔隙型碳酸盐岩地层，提出基于岩心资料的建立视岩石结构数测井参数计算方法[15]，Hong Tang将视岩石结构数技术和概率神经网络方法相结合[6]，识别基于邓哈姆分类[16]岩相，符合率达70%以上。但对于低孔隙度、裂缝欠发育的碳酸盐岩地层，视岩石结构数技术存在应用局限。本文基于岩心和测井曲线，根据测井特征划分不同地层模型，依据不同模型构建全新的视岩石结构数计算公式，将视岩石结构数曲线作为输入，采用有监督自组织神经网络（SSOM）训练优化岩心样本，利用最小邻近分类算法（KNN）进行岩相测井识别。在塔中地区良里塔格组地层应用效果较好，识别符合率为70%以上。

1　视岩石结构数计算

　　岩石结构组分用数字表示即为岩石结构数（RFN-Rock Fabric Number）。当岩心样品

第一作者：李昌，男，高级工程师，地球探测与信息技术专业，现主要从事碳酸盐岩沉积和储层测井评价研究方面的工作。

满足2个条件：（1）岩样主要以粒间、晶间孔或溶孔为主，裂缝不发育；（2）岩样无水淹，在气、油—水界面之上，则岩心孔隙度和含水饱和度与岩石结构组分具有一定的分布规律（图1）。在图1中画出4条直线，并分别将其赋予数值，即RFN。据此将不同的岩性进行区分[15]：（1）当RFN>4时，为颗粒泥晶灰岩；（2）当2.5<RFN<4时，为泥晶灰岩、泥晶云岩；（3）当1.5<RFN<2.5时，为泥晶颗粒灰岩、粉晶云岩；（4）当0.5<RFN<1.5时，为颗粒灰岩、中细晶云岩。

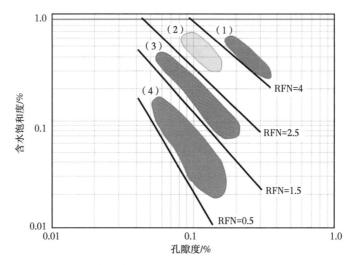

图1 岩心岩性与孔隙度、含水饱和度相关图（据文献［15］）

根据RFN值、岩心孔隙度和岩心含水饱和度，构建岩石结构数计算公式

$$RFN = 10^{\frac{3.11+1.88\lg(\phi_{core})+\lg(Sw_{core})}{3.06+1.4\lg(\phi_{core})}} \tag{1}$$

式中，ϕ_{core}为岩心孔隙度；Sw_{core}为岩心含水饱和度。

视岩石结构数（ARFN）是利用测井孔隙度和含水饱和度替换岩心孔隙度和含水饱和度，计算公式为

$$ARFN = 10^{\frac{3.11+1.88\lg(\phi_{log})+\lg(Sw_{log})}{3.06+1.4\lg(\phi_{log})}} \tag{2}$$

式中，ϕ_{log}为测井计算孔隙度；Sw_{log}为测井计算含水饱和度。

视岩石结构数可以近似代表真实岩心的岩石结构数，利用测井可以实现视岩石结构数计算，并将之用以识别岩相[15]。由于视岩石结构数计算公式的建立条件为较高孔隙型碳酸盐岩地层（孔隙度为4%~30%），对于低孔隙度、裂缝欠发育的地层，由于含水饱和度难于计算准确，该公式的应用存在一定局限性。为此，以塔中良里塔格组为例，基于岩心和测井分析，提出一种全新的视岩石结构数计算公式（式11），公式构建过程如下。

首先考虑裂缝的影响因素，利用以下公式[19]计算裂缝孔隙度。

当RT>RXO时

$$\phi_{frc} = \left(\frac{8.52253}{RXO} - \frac{8.242778}{RT} + 0.00071236\right) \times R_{mf} \tag{3}$$

当RT<RXO时

$$\phi_{\mathrm{frc}} = \left(\frac{1.99247}{RT} - \frac{0.992719}{RXO} + 0.00031829 \right) \times R_{\mathrm{mf}} \qquad (4)$$

式中，RT 为深电阻率，$\Omega \cdot \mathrm{m}$；RXO 为冲洗带电阻率，$\Omega \cdot \mathrm{m}$；R_{mf} 为泥浆滤液电阻率，$\Omega \cdot \mathrm{m}$；ϕ_{frc} 为裂缝孔隙度，%。

　　裂缝发育不同程度地造成声波时差的增大和电阻率的降低（图2）。当裂缝孔隙度>0.08%时，泥晶灰岩和颗粒泥晶灰岩随裂缝孔隙度增大，声波时差也随之增大，电阻率也会显著降低；反之，裂缝发育对声波和电阻率影响则较小。

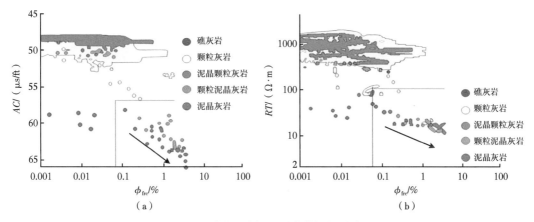

图2　裂缝对岩性—测井特征的影响

　　基于上述测井特征认识，利用自然伽马、声波时差、裂缝孔隙度和深电阻率测井曲线，将地层划分为4种地层模型（图3）。定义视岩石结构数和岩相：（1）当0<ARFN≤1时，为泥晶灰岩相，包括泥晶灰岩、泥质泥晶灰岩；（2）当1<ARFN≤2时，为颗粒泥晶灰岩相，主要为颗粒泥晶灰岩；（3）当2<ARFN≤3时，为泥晶颗粒灰岩相，主要为泥晶颗粒灰岩；（4）当3<ARFN≤4时，为颗粒灰岩相，包括颗粒灰岩、溶孔礁灰岩；（5）当4<ARFN<4.5时，为礁灰岩相，包括致密生物礁灰岩、致密颗粒灰岩。

　　针对每种地层模型，分别建立视岩石结构为数计算公式。

　　（1）低泥质含量、低孔隙度地层模型：其 ARFN 为 0~4.5。测井特征表现为高声波时差、低自然伽马和低电阻率（图3a）。该模型划分条件为：声波时差>51μs/ft，自然伽马≤50API 裂缝发育对声波时差和电阻率影响较小（图3），不需做校正。

　　视岩石结构数公式为

$$ARFN_3 = -\mathrm{e}^{\frac{3.2 + \lg(AC) + 2 \times \lg\left(\frac{RT}{AC}\right)}{3.1 + \lg(AC)}} + 9.5 \qquad (5)$$

　　（2）低泥质含量、致密地层模型：其 ARFN 为 0~4.5。测井特征为低声波时差、低自然伽马和高电阻率（图3b）。该模型划分条件为：声波时差≤51μs/ft，自然伽马≤50API 裂缝发育对声波时差和电阻率影响较小（图3），不需做校正。

　　视岩石结构数公式为

$$ARFN_2 = -\mathrm{e}^{\frac{2.9 + \lg(AC) + 3.2 \times \lg\left(RT \times \mathrm{e}^{\frac{RT-200}{1800}}\right)}{6.9 + \lg(AC)}} - 3 \qquad (6)$$

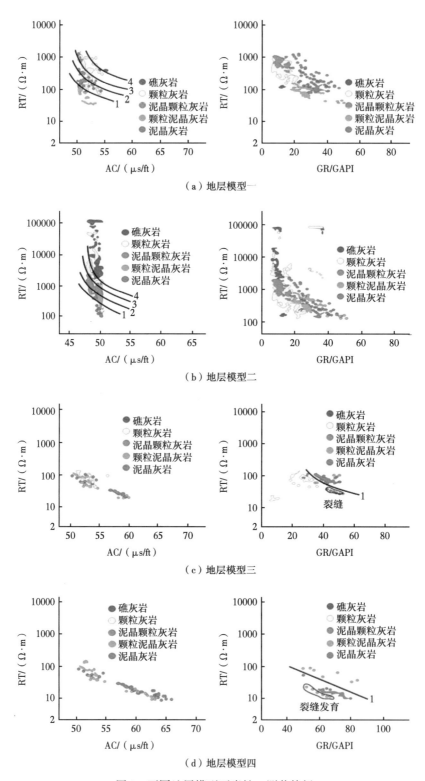

（a）地层模型一

（b）地层模型二

（c）地层模型三

（d）地层模型四

图3 不同地层模型下岩性—测井特征

（3）低阻地层模型：其 ARFN 为 0～4。测井特征表现为低电阻率、中高声波时差（图 3c）。该模型划分条件为：声波时差>51μs/ft；自然伽马≤50API；电阻率<200Ω·m。

当裂缝孔隙度<0.08%时，视岩石结构数公式为

$$ARFN_4=7.2-e^{\frac{3.2+1.1\times\lg(AC)+\lg\left(\frac{RT\times RT}{GR\times GR}\right)}{3.1+\lg(GR)}} \tag{7}$$

当自然伽马>40API 时，裂缝孔隙度>0.08%，视岩石结构数公式为

$$ARFN_4=7.2-e^{\frac{3.2+1.1\times\lg(AC)+\lg\left(\frac{RT\times RT}{GR\times GR}\right)}{3.1+\lg(GR)}}+0.5 \tag{8}$$

（4）高泥质含量地层模型：其 ARFN 为 0～2。测井特征为高自然伽马、高声波时差、低电阻率（图 3d）。该模型划分条件为：自然伽马>50API。

当裂缝孔隙度<0.08%时，视岩石结构数公式为

$$ARFN_1=\frac{RT}{100}+0.0225\times GR-1.125 \tag{9}$$

当裂缝孔隙度>0.08%时，视岩石结构数公式为

$$ARFN_1=\frac{RT}{100}+0.0225\times GR-0.625 \tag{10}$$

将 4 种地层模型综合，该地区视岩石结构数公式为

$$ARFN=ARFN_1+ARFN_2+ARFN_3+ARFN_4 \tag{11}$$

对岩石结构数 ARFN 做修正，当 ARFN<4 时，ARFN＝ARFN；当 ARFN>4，RT>9000 Ω·m 时，ARFN＝4.5；当 ARFN>4，RT<9000Ω·m 时，ARFN＝4；当 ARFN<0 时，ARFN＝1。

最后获得新的视岩石结构数 ARFN，该参数能够定性描述不同岩性的测井特征，视岩石结构数曲线与岩心数字化后的结构数值基本吻合，得到较好的效果，是一种有效的测井参数合成曲线。

2 有监督自组织神经网络（SSOM）和最小邻近分类算法（KNN）基本原理

SSOM 是在 SOM（图 4a）基础之上建立的[17]，图 4b 为其神经网络结构图。其中，第 1 层为输入层，输入层节点数即为输入样本的维数；第 2 层为竞争层，竞争层节点排列结构是二维阵列；第 3 层为输出层，输出层的个数与岩心样本分类类别一致。

学习训练过程中，根据每个输入样本的预测类别和岩心类别是否相等来调整权值，最终获取 5 个分类的训练模型。根据样本分类，采用最小邻近分类法 KNN，分析识别点与周围邻近岩心样本距离，判断所属岩石结构组分分类（图 4c）。

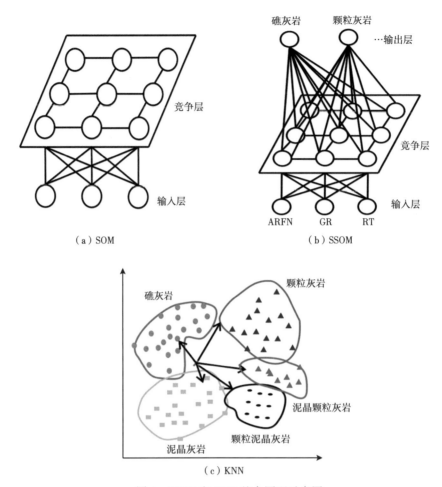

（a）SOM

（b）SSOM

（c）KNN

图 4　SSOM 和 KNN 基本原理示意图

3　实际应用

3.1　地质概况

塔中地区良里塔格组沿塔中 I 号断裂带发育大型的台缘礁滩复合体，且发育生物礁丘、灰泥丘、粒屑滩、滩间海等沉积类型。塔中地区经历了多期构造和成岩改造，发育 2 种类型裂缝：构造缝和溶缝。构造缝多见于高角度或近垂直缝。基于详细的岩心和薄片观察，根据邓哈姆分类方案，按照岩石结构组分划分为 5 种岩石类型：（泥质）泥晶灰岩、粒泥灰岩、泥粒灰岩、颗粒灰岩和礁灰岩。

3.2　视岩石结构数曲线计算

岩心岩石结构数是对岩心结构组分的数字化。采用新视岩石结构数公式计算的视岩石结构数曲线与实际岩心岩石结构数较为符合。图 5 为其效果显示。

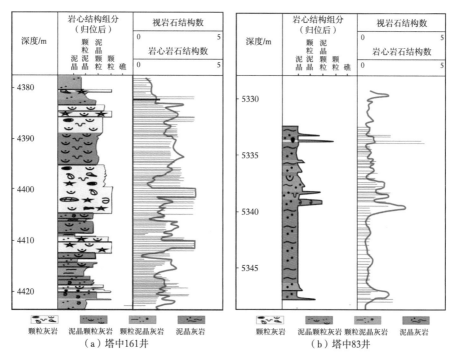

图5 视岩石结构数与岩心岩石结构数对比

（a）塔中161井 （b）塔中83井

3.3 岩心样本训练优化

将视岩石结构数曲线、电阻率、自然伽马作为输入参数，利用SSOM学习训练，通过分析输入样本的预测类别和岩心样本类别匹配程度，调整权值，最终获取5种岩相的优化样本集。优化训练后的岩相样本集与原始的符合率在95%以上（图6）。

3.4 识别与岩心对比验证

视岩石结构数、深电阻率及自然伽马作为输入，基于SSOM训练的样本，利用KNN分类算法进行识别，选择取心井（塔中83井和塔中721井）作为识别效果验证井。从图7中可以看出，符合率大于70%，其中，塔中83井符合率为：厚度18.72m/总厚度24m＝78%，塔中721井符合率为：厚度19.8m/总厚度28m＝70.7%。

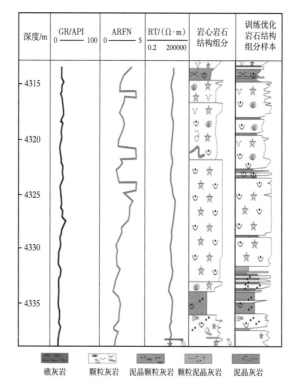

图6 岩心训练优化样本与岩心样本效果对比

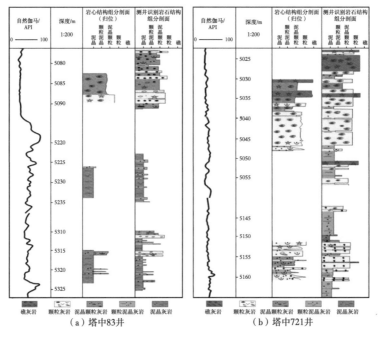

（a）塔中83井　　　　　　　　　　　　（b）塔中721井

图 7　测井识别岩性与岩心对比

3.5　电成像测井解释相互验证

可以利用电成像测井建立典型图版来解释不同沉积微相。高能生物礁和颗粒滩为块状或中厚互层状，低能颗粒滩为中薄互层状，低能滩间海泥晶灰岩为薄层互层[18]。利用电成像测井识别结果与常规测井对比，从图 8 中可以看出，基于视岩石结构数技术测井识别与电成像测井解释基本相符。

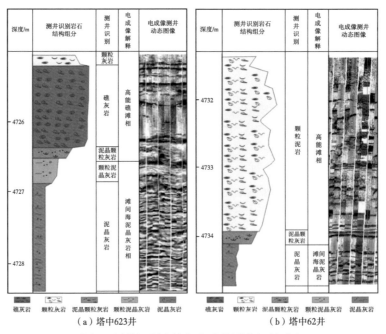

（a）塔中623井　　　　　　　　　　　　（b）塔中62井

图 8　测井识别岩性与电成像测井解释对比

114

3.6 应用效果

视岩石结构数技术的应用使得利用测井划分沉积微相更加精细（图9）。

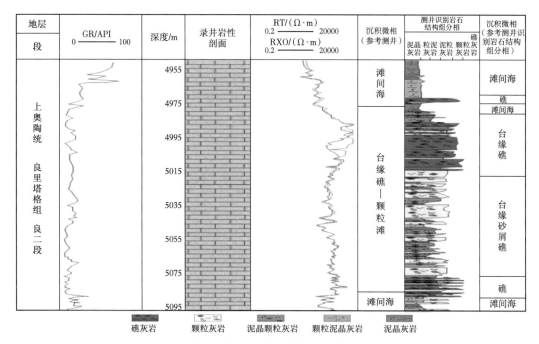

图9 塔中83井沉积微相柱状图

4 结论

（1）视岩石结构数计算技术是基于岩石结构组分与测井之间规律，构建公式计算参数的方法，视岩石结构数曲线能够定性地描述碳酸盐岩岩相。

（2）视岩石结构数计算技术结合 SSOM 神经网络训练和 KNN 分类算法，可以实现较高符合率的岩相测井识别，塔中良里塔格组地层实际应用符合率达70%以上，证明其有效性。

参 考 文 献

[1] Stowe L, Hock M. Facies analysis and diagenesis from well logs in the Zechstein carbonates of northern Germany [C]. SPWLA 29rd Annual Logging Symposium, 1988, 1−25.

[2] 王硕儒，范德江，汪丙柱. 岩相识别的神经网络计算 [J]. 沉积学报，1996, 14 (4)：154.160.

[3] Tanwi B, Kuwait, Robert D, et a1. Automated facies estimation from integration of core, petrophysical logs and borehole images [C]. AAPG Annual Meeting, 2002, 1−7.

[4] 张治国，杨毅恒，夏立显. 自组织特征映射神经网络在测井岩性识别中的应用 [J]. 地球物理学进展，2005, 20 (2)：332−336.

[5] Michael S, Christian O. Self−organizing maps for lithofacies identification and permeability prediction (SPE 90720) [C]. SPE Annual Technical conference and exhibition, 2004；1−8.

[6] Hong T, Niall T W SM. Successful carbonate well log facies prediction using an artificial neural network

method：Wafra Maastrichtian reservoir, partitioned neutral zone （PNZ）, Saudi Arabia and Kuwait （SPE 123988）［C］. SPE Annual Technical conference and exhibition, 2009：1-11.

［7］刘爱疆，左烈，李景景，等．主成分分析法在碳酸盐岩岩性识别中的应用——以 YH 地区寒武系碳酸盐岩储层为例［J］. 石油与天然气地质，2013，34（2）：192-196.

［8］张翔，王智，罗菊花，等．基于逐步判别与支持向量机方法的沉积微相定量识别［J］. 测井技术，2010，34（4）：365-369.

［9］Cuddy S J. Litho-facies and permeability prediction from electrical logs using fuzzy logic［J］. SPE Reservoir Evaluation & Engineering, 2000：319-324.

［10］范翔宇，夏宏泉，郑雷清，等．基于模糊理论的复杂岩相测井识别研究［J］. 钻采工艺，2007，30（2）：53-55.

［11］王瑞，朱筱敏，王礼常．用数据挖掘方法识别碳酸盐岩岩性［J］. 测井技术，2012，36（2）：197-201.

［12］Roestenburg J W. Carbonate characterization and classification from in-situ wellbore images proceedings［C］. Indonesian Petroleum Association 23rd Annual Convention, 1994：181-188.

［13］Christian P, Mohamad R W. Mahrmood A, et al. Integration of borehole image log enhances conventional electrofacies analyusis in dual porosity carbonate reservoirs （IPTC 11622）［C］. IPTC international petroleum technology conference, 2007：1-10.

［14］Da-Li W, Hans D K, Gordon C. Facies ldentification and prediction based on rock texture from microesistivity images in highly hereogenerogeneous carbonates：a case study from Oman［C］. SPWLA 49rd Annual Logging Symposium, 2008：1-24.

［15］Lucia F J. Carbonate reservoir characterization, 2nd Edition［M］. New York：Springer-Verlag, 2005.

［16］Dunham G R. Classification of carbonate rocks according to depositional textures［J］. Mem Am Assoc Pet Geol, 1962, 1：108-121.

［17］赵建华，李伟华．有监督 SOM 神经网络在入侵检测中的应用［J］. 计算机工程，2012，38（12）：110-114.

［18］李宁，肖承文，伍丽红，等．复杂碳酸盐岩储层测井评价：中国的创新与发展［J］. 测井技术，2014，38（1）：1-10.

［19］李善军，汪明涵，肖承文，等．裂缝的双侧向测井响应的数学模型及裂缝孔隙度的定量解释［J］. 地球物理学报，1996，39（6）：845-852.

原文刊于《油气地球物理》，2017，15（1）：29-35.

海相碳酸盐岩储层地震预测
技术进展及应用实效

常少英[1,2]，李　昌[1,2]，陈娅娜[1,2]，熊　冉[1,2]，谷明峰[1,2]，
邵冠铭[1,2]，朱　茂[1,2]，丁振纯[1,2]，张　豪[1,2]，王小芳[1,2]

1. 中国石油杭州地质研究院；2. 中国石油集团碳酸盐岩储层重点实验室

摘　要　针对碳酸盐岩储层非均质性强、平面分布复杂的特点，基于碳酸盐岩储层分布主要受大型不整合面、层间岩溶面、断裂系统、礁滩相带和膏质白云岩相带等地质要素控制的认识，通过储层测井识别和评价图版的标定，开展了地质—测井—地震一体化的碳酸盐岩储层地震预测技术攻关，形成了以储层地质模型为约束、测井储层识别和评价图版标定为基础，以台地类型/岩相、层序界面、岩溶储层、断裂系统、礁滩体、白云岩体识别为核心的 6 项储层地震预测技术。这些技术在塔北轮古西奥陶系潜山岩溶储层、哈拉哈塘油田奥陶系潜山内幕断溶体储层，四川盆地震旦系—寒武系礁滩储层、中二叠统栖霞组晶粒白云岩储层，鄂尔多斯盆地奥陶系马家沟组上组合白云岩风化壳储层的预测中取得了良好的应用实效，储层预测吻合率提高了 20% 以上。

关键词　碳酸盐岩；储层地质模型；储层测井识别；地震预测技术

碳酸盐岩在全球油气勘探与开发中占有重要地位，近 50% 的油气资源分布在碳酸盐岩中，近 60% 的油气产量来自碳酸盐岩。然而，受不整合面（或层序界面）、断裂、岩相和后期成岩改造等因素的影响，造成了碳酸盐岩储层非均质性强、平面分布复杂，因此，碳酸盐岩储层地震预测一直是油气勘探面临的关键科学问题之一。虽然经历了多年的攻关，但目前地震储层预测主要关注数学—地球物理算法的改进，大多缺乏地质模型的约束，人们还没有建立基于碳酸盐岩储层成因和分布地质认识的地震储层预测技术。随着海相碳酸盐岩地质研究的深化，迫切需要基于储层地质模型约束的地质—测井—地震相结合的储层预测技术，以解决复杂碳酸盐岩储层预测难题。

碳酸盐岩地震储层预测是一个"找规律、提信息、做解释"的过程。"找规律"是储层预测的基础，即需要建立基于储层成因认识的地质模型，明确储层发育主控因素和分布规律，为地震储层预测提供约束条件；"提信息"是关键，就是在储层地质模型指导下，通过储层测井识别和评价图版的标定，把储层与非储层的差异信息从地球物理信号中提取出来；"做解释"是目的，即依据差异信息解释储层的空间展布形态和分布[1]。

通过塔里木盆地、四川盆地和鄂尔多斯盆地储层地质模型研究，构建碳酸盐岩地震储层预测技术知识库，形成针对不同类型碳酸盐岩储集体的预测技术。主要技术内涵包括地

第一作者：常少英，高级工程师，主要从事地质—地球物理储层预测工作。通信地址：310023 浙江省杭州市西溪路 920 号中国石油杭州地质研究院；E-mail：changsy_hz@ petrochina. com. cn。

震层序识别、地震岩石物理分析、全方位纵波地震资料分析和不同类型碳酸盐台地纵横向地震沉积结构描述，提取受不整合面（或层序界面）、断裂、礁滩相和膏质白云岩相带等因素控制的储层相关地震信息，刻画礁滩体外形及内部结构发育特征，提取能刻画多孔隙介质特征的地震信息，预测和评价断溶体储层。该技术在塔北奥陶系岩溶储层和内幕断溶体储层、四川盆地震旦系—寒武系礁滩储层、鄂尔多斯盆地奥陶系马家沟组上组合白云岩风化壳储层的预测中取得了良好的应用实效，储层预测吻合率提高 20% 以上。

1 地震储层预测的地质基础

碳酸盐岩储层成因和分布规律认识以及储层地质模型是地震储层预测的基础，是地球物理信息和储层地质信息之间衔接的关键，而储层测井识别和评价图版则是实现这种衔接的桥梁。碳酸盐岩储层地震预测应建立在储层地质模型约束、储层测井识别和评价图版标定的基础上。

1.1 碳酸盐岩储层分布规律及其控制因素

碳酸盐岩储层可划分为岩溶储层、礁滩储层和白云岩储层共 3 种类型[2,3]，储层的分布受大型不整合面、层间岩溶面、断裂系统、台地类型、礁滩和白云岩体分布等地质要素的控制，储集空间可划分为大型岩溶缝洞（直径 > 1m）、小型岩溶缝洞（直径为 50~1000mm）、溶蚀孔洞（直径为 2~50mm）、孔隙（直径为 0.01~2mm）和微孔隙（直径为 < 0.01mm）。

1.1.1 岩溶储层

本文主要研究 3 类岩溶储层：（1）石灰岩潜山岩溶储层。储集空间以大型的岩溶缝洞为主，分布于碳酸盐岩潜山区，储层往往与大型不整合面密切相关[3]，主要在不整合面之下 50~100m 的深度范围内发育，其围岩为致密的石灰岩。（2）层间岩溶储层。储集空间以小型的岩溶缝洞及溶蚀孔洞为主，与内幕层间岩溶面密切相关[3]，位于内幕层间岩溶面之下 0~50m 的范围，岩溶作用强度不如潜山区，围岩也为致密的石灰岩。（3）断溶体储层。储集空间以岩溶缝洞和溶蚀孔洞为主，与不整合面没有必然的联系，而是与纵横交错的复杂断裂系统有关[3]，围岩为石灰岩。岩溶缝洞、溶蚀孔洞、断裂及伴生的裂缝构成了断溶体储层复杂的缝洞系统，储层发育跨度达 200~300m。

1.1.2 礁滩储层

礁滩储层的岩性可以是石灰岩，也可以是保留或残留原岩结构的白云岩，但经历白云石化的礁滩储层，物性要远好于石灰岩礁滩储层。中国古老深层海相碳酸盐岩以沉积原生孔隙为主，如经历表生和埋藏溶蚀作用，则可伴生溶蚀孔洞，构成多重孔喉结构的储集体。优质储层主要位于向上变浅旋回上部的礁滩体中[3,4]，这类储层一般在镶边台缘及台内裂陷周缘以礁滩体呈条带状分布，厚度较大，而在碳酸盐缓坡以颗粒滩呈准层状大面积分布[3]。

1.1.3 白云岩储层

白云岩储层包括 2 类，储集空间均以孔隙和溶蚀孔洞为主：（1）埋藏—热液改造型白云岩储层，为连续地层序列中的晶粒白云岩储层。据沈安江等[3]研究认为细—中晶白云岩的原岩绝大多数为礁滩相沉积，其特征和分布规律与礁滩储层相似，白云石化往往与发育的断裂系统有关。（2）白云岩风化壳储层，为不整合面（或层间岩溶面）之下的白云岩储层，包括膏质白云岩储层、礁滩白云岩储层和晶粒白云岩储层。其中，膏质白云岩储层沿膏盐湖周缘呈环带状分布，孔隙以膏模孔为主，位于不整合面之下 0~50m 的深度范围；不整合面之下的礁滩白云岩储层和晶粒白云岩储层的分布范围和深度不受不整合面控制，是先存白云岩储层被抬升到不整合面之下，但表生溶蚀作用可以进一步改善储层物性[3]。

1.2 储层测井识别特征

以塔北轮南奥陶系潜山岩溶储层、四川盆地二叠系茅口组顶部层间岩溶储层、塔北哈拉哈塘奥陶系断溶体储层、四川盆地震旦系—寒武系礁滩储层、四川盆地中二叠统栖霞组晶粒白云岩储层、鄂尔多斯盆地奥陶系马家沟组膏质白云岩储层为例，建立 5 种类型碳酸盐岩储层的测井识别方法（表 1），为地震储层预测提供依据。

表 1　碳酸盐岩不同类型储层测井响应特征

储层类型	岩性	储集空间特征	常规测井响应特征		成像测井/斯通利波测井响应特征	典型实例
岩溶储层	石灰岩为主	大型或小型岩溶缝洞		GR 低值，AC 增高，R_t 降低，未充填溶洞 R_t 明显降低，并且 CAL 扩径严重，砂泥质充填溶洞时 GR 较高	裂缝呈现较暗的正弦曲线特征；溶洞显示为较大的不规则棕色—黑色团块呈星点分布	塔北地区轮南油田 LN15 井
礁滩储层	白云岩	以基质孔隙为主，少量小型溶蚀孔洞		低 GR、低 DEN、低 R_t、高 AC、高 CNL	表现为团块状高电导异常，且异常边缘呈浸染状，裂缝发育时则呈不规则正弦曲线状高电导异常	四川盆地龙岗地区长兴组—飞仙关组 LG1 井
晶粒白云岩储层	白云岩	以晶间孔和晶间溶孔为主，少量溶蚀孔洞		测井曲线形状为圆滑的"W"形，测井值为"两高三低"特征：AC 和 CNL 高，GR 和 DEN 低，R_t 相对围岩降低	静态图显示为暗黄色—深褐色，反映 R_t 低；动态图可见不规则的黑色暗斑发育，反映溶蚀孔洞发育，孔隙度高、连通性强	川东栖霞组—茅口组 WT1 井
膏质白云岩储层	膏质白云岩	以溶蚀孔洞、孔隙、微孔隙为主		GR 低值，CNL 增大，DEN 降低，AC 增大，R_t 相对降低	斯通利波具有一定幅度衰减，且衰减系数与反射强度具有一致性	鄂尔多斯盆地东南部马家沟组榆 9 井塔里木盆地方 1 井
断溶体储层	石灰岩	大型岩溶缝洞、小型岩溶缝洞，溶蚀孔洞发育		GR 值较低，R_s 与 R_d 降低	具有明显的、较大面积的暗色斑块	塔北地区哈拉哈塘油田 H601 井

岩溶储层和断溶体储层主要以岩溶缝洞为储集空间，测井响应特征与岩溶缝洞的充填程度与发育程度有关；未充填溶洞电阻率明显降低（高阻背景下的低电阻特征），并且井径扩径严重，当砂泥质充填溶洞时，则自然伽马值较高[5]；溶蚀孔洞越发育，密度降低幅度越大，电成像上不规则、较大面积的暗色斑状或团块状显示越明显[6,7]。礁滩储层主要以基质孔为储集空间，发育少量溶蚀孔洞，常规测井响应特征表现为低自然伽马、低密度、低电阻率和高声波时差、高中子，成像测井动态图上分布不规则的黑色暗斑，反映溶蚀孔洞发育，孔隙度高、连通性强[8,9]。晶粒白云岩储层主要以晶间孔和晶间溶孔为储集空间，发育少量溶蚀孔洞，常规测井曲线一般表现为圆滑的"W"形[10]（"两高三低"）（表1），当溶蚀孔洞发育时，电成像测井表现为"豹斑"状离散不规则分布的黑色星点。膏质白云岩储层主要以膏模孔为储集空间，一般深侧向电阻率小于 $1000\Omega \cdot m$，浅侧向电阻率小于 $500\Omega \cdot m$[11]。基于对这些储层的常规测井响应特征、成像测井特征和斯通利波响应特征（表1）的综合分析，通过井—震标定，为储层地震预测提供依据。

2 地震储层预测技术进展

由于储层的分布受大型不整合面、层间岩溶面、断裂系统、台地类型、礁滩体和白云岩体分布等地质要素的控制，因此准确的地质模型是碳酸盐岩储层预测的关键。结合中国石油集团碳酸盐岩储层重点实验室关于中国海相碳酸盐岩储层成因[3]、多尺度的储层地质建模[12]及构造—岩相古地理特征的研究成果[13]，笔者开展了基于储层地质模型约束、测井储层识别和评价图版标定的 6 项地震储层预测技术攻关（表2），取得了重要进展，为碳酸盐岩储层预测提供了技术支撑。

表 2 基于储层地质模型的碳酸盐岩储层地震预测技术

序号	技术类别	地质目标	技术难点	关键技术内涵	实例
1	台地类型及岩相特征地震识别技术	台地类型控制的礁滩（白云岩）储层	台地类型判识标准存在争议；台地层序地层的地震同相轴响应特征的等时性识别；碳酸盐岩岩相受多因素控制	①量化地震识别标准，构建地震沉积结构类型及识别参数知识库；②基于露头资料约束的碳酸盐台地地震分频层序地层划分技术；③碳酸盐缓坡低幅度古地貌恢复技术；④基于岩石结构数计算的碳酸盐岩多参数岩相识别技术	塔中地区良里塔格组储层预测 四川盆地龙岗地区飞仙关组储层预测 川中磨溪—高石梯地区龙王庙组储层预测
2	层序界面地震识别技术	层序界面（不整合面、岩溶界面）控制的岩溶储层	层间岩溶界面缺乏地质模型指导，地震反射能量衰减、分辨率低；弱振幅储层地震信息难以提取；薄储层存在地震波调谐效应	①高级别层序界面"三步法"识别方案；②层序界面控制下储层弱振幅提取技术；③去除薄层地震反射调谐效应的分频融合技术	川东地区茅口组储层预测 川中高石梯地区灯影组储层预测

序号	技术类别	地质目标	技术难点	关键技术内涵	实例
3	岩溶储层地震识别技术	岩溶储层	非均质性强，空间连通性识别；杂乱状弱振幅反射特征的储层识别；小型洞穴和孔洞的地震响应特征不明显	①"三步骤"分层解释评价技术；②地震趋势异常储层预测技术；③相干加权能量变化属性和多子波分解与重构技术；④基于地震属性组合的岩溶缝洞储层预测新方法	塔里木盆地轮古西奥陶系岩溶储层预测
4	断溶体储层地震识别技术	不同尺度断裂及断溶体储层边界	易受地震波调谐效应影响的小断距逆冲断层识别；弱地震响应的微裂缝系统识别；受断裂及岩性双重影响的复杂断溶体储层边界识别	①主成分分析属性融合技术、最大似然法断裂系统预测技术、OVT域数据五维地震裂缝预测技术；②自适应AVO叠前各向异性检测技术；③各向异性高斯滤波器的梯度结构张量分析技术	塔北哈拉哈塘奥陶系断溶体储层预测
5	礁滩体地震识别技术	礁滩储层	礁滩体预测的多解性及地震表征精细化	①台地边缘礁滩体沉积构型地震描述技术；②台内泛滩储层地震弹性参数贝叶斯分类预测技术；③台内相带分异地震多属性分析技术	四川盆地龙女寺地区寒武系龙王庙组礁滩储层预测
6	白云岩体地震识别技术	白云岩储层	非均质性强，地层结构复杂；晶粒白云岩与泥灰岩薄互层界面之间地震反射波彼此干涉；缺乏井—震数据的有效结合	①地震岩石物理敏感参数分析技术；②白云石化滩的贝叶斯—蒙特卡洛随机模拟相控建模和人数据分析技术；③内幕白云岩波阻抗—Q吸收因子双属性优化融合参数岩溶储层预测技术	川东栖霞组晶粒白云岩储层预测 鄂尔多斯盆地马家沟组上组合白云岩储层预测

2.1 台地类型及岩相特征地震识别技术

2.1.1 技术现状

台地类型判识对相控型礁滩（白云岩）储层的分布预测十分重要。长期以来，碳酸盐台地类型识别主要利用"相面法"（利用台地的地震反射特征，包括反射结构、反射振幅、反射频率、反射同相轴的连续性等地震参数），分析地质体的古地貌形态、坡度、封闭性、镶边性及断控特征，依据镶边、缓坡、陡坡、开放、封闭等要素将碳酸盐台地划分为9种类型[14]。同样利用"相面法"，对台缘、台内洼地、台内滩等相带进行划分，总结不同类型碳酸盐台地地震沉积学特征，建立沉积模式和地震反射响应特征模版[15]。

2.1.2 技术进展

本文在碳酸盐台地识别标准、沉积结构特征、古地貌恢复、台内沉积微相划分等方面取得4项进展：

（1）量化地震识别标准，构建镶边台地台缘带、台内裂陷、碳酸盐缓坡地震沉积结构类型及识别参数知识库。

（2）建立了基于露头资料约束的碳酸盐台地地震分频层序地层划分技术[12,16]，以表征地震层序的级别、数目、样式及层序演化与控制因素，通过对露头—岩心—测井等资料

121

的综合分析，得到更加符合碳酸盐岩沉积结构发育规律的结论。

（3）建立了碳酸盐缓坡低幅度古地貌恢复技术。如图1所示：首先根据现今构造图数据确定现今构造趋势面图数据，进而确定各井间网格点的拟构造幅度，该拟构造幅度为现今构造图上的点相对于现今构造趋势面的竖直方向幅度（图1a）；接着根据现今构造图的剥蚀线数据确定待推算地区沉积期的构造趋势面图数据（图1b）；然后根据沉积期构造趋势面数据和拟构造幅度确定沉积期构造的相对高低数据（图1c）；最后根据沉积期构造的相对高低数据生成沉积期微幅度古地貌。这为碳酸盐台地沉积微相划分提供了依据。

（4）形成了基于岩石结构数计算的碳酸盐岩沉积多参数岩相识别技术。通过改进的Lucia岩石结构组分测井识别技术，采用基于岩石结构数计算的多参数岩相识别技术，实现对碳酸盐岩岩相横向展布特征的识别。该技术发挥了地质认识与井—震资料结合的优势，克服了常规单一地震属性分析遇到的多解性难题[17]。

图1　缓坡型微幅度古地貌恢复示意图

2.2　层序界面地震识别技术

2.2.1　技术现状

层序界面（不整合面，岩溶界面）在碳酸盐岩岩溶储层形成过程中起着关键的控制作用。利用常规测井资料识别不整合面[18]，一是存在多解性，二是灵敏度不够。不整合面（风化壳）是一种地层结构，在地震剖面上具强反射响应特征，根据地震反射同相轴的终止形式可以判别不整合面类型，即依据不整合面上下地层接触关系，可识别出上超/削蚀型、整一/削蚀型、上超/整一型、整一/整一型4种类型。相对于前3种大型不整合面，第4种整一/整一型主要为层间岩溶界面（如塔北地区鹰山组三段和四段之间的地层接触界面[19]），由于发育在深层碳酸盐岩内幕，往往缺乏地质模型，而且受地震反射能量衰减、分辨率低等条件限制，这类界面的地震识别难度较大。

2.2.2　技术进展

通过碳酸盐岩储层主控因素和发育模式研究，发现普遍存在层序界面控制储层发育的规律，因此，进一步挖掘三维地震数据的地质信息，在层序界面的地震识别以及与层序界面有关的储层预测技术方面，取得以下几个方面的进展。

（1）层序界面识别技术。地震同相轴对于一、二级层序响应具有较好的一致性，而对于三级层序或者更高级层序而言，地震反射同相轴不一定与倾斜的地质时间界面相一致，而是地震频率成分控制了地震反射同相轴的倾角和结构，如前积碳酸盐岩台地边缘沉积和陆坡沉积中的地震反射[20]。本文在利用地震信息识别更高级别的层序界面方面建立了"三步法"解决方案：第1步，利用与研究区相对应的露头或连井对比剖面建立地质模型，并采用不同频率子波进行地震正演模拟；第2步，选择能够表征地质模型沉积结构的正演子波频率，并对原始地震体进行分频处理，提取能够表征沉积结构的频率体；第3步，在取得的频率体上识别反射结构特征，进行地震层序划分，完成约束储层单元的地震层序框架解释。

（2）层序界面控制下的储层弱振幅提取技术。该项技术所针对的是受不整合面控制的储层弱振幅信息如何提取的问题。岩溶不整合界面的上下岩性阻抗差值较大，形成较强振幅的地震反射，屏蔽了不整合面附近弱振幅储层的地震响应，制约了该类储层的有效预测。在实际研究过程中，利用主成分分析法去除不整合面的强屏蔽，即提取地震数据中代表背景的信息，去除其屏蔽效应，剩余的有效信息则反映弱振幅储层信息，这个过程就是把强反射背景隐藏下的、不整合面以下能反映储层特征的有效反射信号释放出来，使储层地震响应特征更清晰，从而达到有效预测储层的目的（图2）。

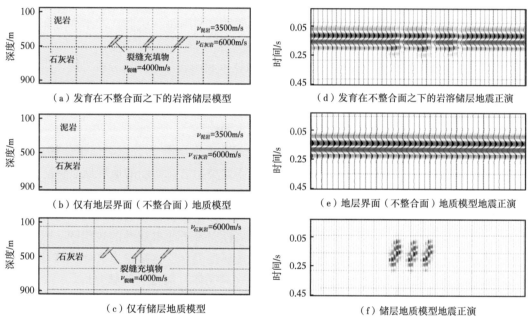

图2　受不整合面控制的弱地震振幅储层提取正演

注：建模速度源自塔里木盆地碳酸盐岩已知钻井泥岩、石灰岩、裂缝充填物的速度平均值

（3）去除薄层地震反射调谐效应的分频融合技术。该项技术针对的地质问题是：在层间岩溶地层中，往往发育薄层碳酸盐岩储层，地震信号通过这类储层的上下2个界面时，容易产生地震波的调谐效应（因地层厚度变化带来振幅变大或变小，与储层本身的性质没有关系），制约了有效储层的预测。技术对策的内涵是利用分频融合，进行调谐反演具有去子波恢复地层厚度的功能，去除调谐效应，用于薄层的储层识别，可以提高薄储层预测准确率。

2.3　岩溶储层地震识别技术

2.3.1　技术现状

岩溶储层具有强地震振幅特征，振幅类和频率类地震属性在缝洞处有异常表现。目前已经形成了一系列岩溶储层地震预测技术[21-23]，如储层井—震精细标定技术、岩溶古地貌分析技术、地震多属性储层预测技术、叠后地震波阻抗反演和叠前地震弹性参数反演技术、地震相波形分类分析技术、基于波动方程的地震正演技术、基于地震各向异性分析的裂缝预测技术、储层空间三维可视化雕刻技术、多信息融合储层综合评价技术等。这些技术主要用于易识别的大型岩溶洞穴的预测。然而，岩溶洞穴型储层非均质性强，横向连通性识别较难，小型洞穴和孔洞的地震响应特征并不十分明显，仅依赖地球物理手段无法准确定义识别储层的阈值。

2.3.2 技术进展

针对岩溶储层预测向精细化发展的生产需求，在以下 4 个方面取得进展。

（1）岩溶储层分层解释技术[24-27]。采用"三步骤"进行岩溶储层分层解释评价：首先，依据储层受海平面升降、构造运动控制的成岩机理以及结合现代岩溶水文知识，在古地貌恢复的基础上，按古地貌由高到低的顺序选取代表井，确定岩溶排泄基准面，划分单井洞穴层；然后，选取等时沉积界面，拉平地震数据体，将单井洞穴层标定在地震剖面上；最后，精细解释出洞穴层，提取振幅均方根属性，预测每一层洞穴的平面分布，在单层洞穴分布认识的基础上，分析洞穴的连通性。

（2）杂乱弱振幅反射特征储层预测技术。该技术利用岩溶趋势面分析方法，近似求取地层界面反射波，根据波的叠加原理，有效分解出缝洞型储层的地震响应，从而达到对缝洞型储层有效预测的目的。地震波趋势异常预测技术不但能识别串珠状地震反射所代表的储层，还可有效识别杂乱状弱振幅地震反射所代表的储层。

（3）利用相干加权能量变化属性和多子波分解与重构技术[28]，以类似于"储层编码"的形式表达不同储层类型及发育程度，精细标定不同类型岩溶储层的地震反射特征。

（4）形成基于地震属性组合的岩溶储层预测新方法：①断裂—裂缝系统识别组合方法，包括多窗口扫描、构造导向滤波、相干类属性、方差类属性、边缘检测、边缘保护平滑滤波、纹理类属性、能量梯度属性、体曲率类属性、基于曲率属性的玫瑰图、振幅差异属性、蚂蚁体、形态指数等；②孔洞储层识别地震属性组合，包括自定义属性体计算、数据比例融合、基于沉积模式的地层切片、单频类（高亮体）属性、时频分析。

2.4 断溶体储层地震识别技术

2.4.1 技术现状

对于断裂控制的岩溶储层预测，断裂的识别是关键步骤。不同尺度的断裂系统往往会采用不同的识别技术。大尺度断裂系统（一般指几百米至千米级的断裂系统）的识别主要应用相干类技术，通过计算纵向和横向局部波形的极性、振幅、相位的相似性而得到的相干值来判断，地层边界、特殊岩性体的不连续性产生低相干值。中等尺度断裂系统（一般指数十米至百米级的断裂系统）的识别主要采用频率域三维断裂检测技术，通过高分辨率频谱分解，生成一系列单频体，得到其相应的振幅体和相位体，再对不同频率的振幅体和相位体进行边缘增强，从而识别波形、振幅和相位等的不连续属性，采用自适应的主成分分析法得到反映不同尺度断裂的检测属性体和数据体。小尺度断裂系统（数米至数十米级的断裂系统）的识别主要利用地震属性敏感信息，重新计算地震属性和排列组合，分析地层倾角，进行构造导向滤波处理，然后提取多频段地震数据，采用相干增强技术精细刻画小断层。

2.4.2 技术进展

针对受不同性质、不同尺度断裂控制的储层预测，在以下 3 个方面取得进展。

（1）逆冲走滑断裂形成的断溶体识别。由于断距小，易受地震波调谐效应影响，识别难度较大。技术对策主要有：①提取地震属性敏感信息，并制定敏感地震属性组合，具体过程为首先分析地层倾角，进行构造导向滤波处理，然后提取多频段地震数据，最后采用多尺度体曲率、相干、方差、边缘检测、倾角、蚂蚁体、断层形态指数等计算方法和主成分分析属性融合技术，取得更好的裂缝识别效果（图 3）；②应用较新的最大似然法断裂系统预测计算方法[29]，通过对地震数据体扫描，计算数据样点之间的相似性，获得断裂发育的最可能位置及概率；③利用 OVT 域数据五维地震裂缝预测等技术的优势[30]，为解决该类断裂预测的难题提供了新的手段。

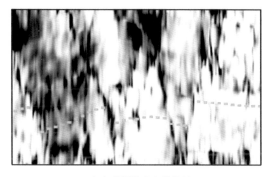 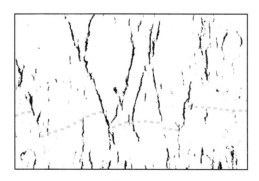

（a）常规技术方法效果　　　　　　　　　　　　　　（b）新属性融合技术方法效果

图 3　应用常规技术与新属性融合技术识别断裂—裂缝的效果对比

（2）断溶体微裂缝系统（特别是溶蚀缝）的识别。这类裂缝系统受构造影响较小，地震响应弱，识别难度大，因此需要依据溶蚀缝受暴露面、沉积相带控制的规律，在各向异性介质方位 AVO 分析的基础上，利用自适应 AVO 叠前各向异性检测技术，消除各项同性后进行叠前裂缝检测，从而克服了常规叠加处理的缺陷，使地震资料的分辨率得到大幅度提高，从而使裂缝检测结果更加可靠。

（3）断溶体储层边界识别技术。由于断溶体受断裂及岩性的双重影响，因此确立基底断裂精细描述、有利岩相分析、精细地震属性分析的技术路线，采用各向异性高斯滤波器的梯度结构张量分析（振幅梯度对三维地震数据体图像进行纹理分析）方法，得到较准确的倾角、反映沉积结构的混沌和横向梯度等，再用倾角和相干数据体结合得到高精度的相干和曲率来精细刻画断裂系统及岩相，从而实现断溶体储层边界识别[31-34]。

2.5 礁滩体地震识别技术

2.5.1 技术现状

礁滩储集体预测主要依据地震剖面上直接和间接的识别标志（地震反射特征）[35]。直接标志包括外部和内部特征：外部特征表现为丘状和透镜状地震反射，礁滩体外部边缘常出现上超及绕射等特有的地震反射现象；内部特征表现为振幅、频率和相位的连续性及结构与围岩有较大的差别，礁滩内部反射较为杂乱或无反射。间接标志是由于速度差异，在礁滩体部位常出现上拉或下拉及在礁滩体上方有披覆现象，波形聚类是地震相分析的常规

125

手段，也是岩相和沉积相分析的基础，可以表征块状介质厚层的构形特征。

2.5.2 技术进展

依据地震反射特征预测礁滩体存在多解性，随着礁滩储层勘探开发的深入，需要进行更为精细的地震表征技术。在礁滩地质模型解剖认识的基础上，随着地震处理手段和礁滩体成像精度的提高，礁滩储层的地震预测技术取得了重要进展，主要体现在 3 个方面。

（1）台地边缘礁滩体沉积构型地震描述技术。通过对储层类型、物性、厚度、测试结果及频谱特征、空间位置、几何形态等主要储层特征参数进行统计，明确礁滩复合体外部多为不对称的正向楔状体，内幕主要存在串珠状强振幅、非串珠弱振幅等多种优质储层地震响应特征[36-38]。

（2）台内泛滩储层地震预测技术。引进"埋藏深性约束的相控"概念，"相"就是一个由单井解释的岩性、物性、含油性定义的岩层类别，不同的岩层类别代表了不同的弹性参数组合（岩石物理参数组合），在深度趋势约束下，用地震弹性参数将其区分，结合贝叶斯分类算法参与地震反演，达到泛滩储层分布预测的目的。

（3）台内相带分异地震多属性分析技术。碳酸盐台内沉积体系存在面状和块状 2 种沉积特征。因此，需要寻求能表征这 2 种沉积特征的地震属性，经分析分别确定为地震结构类信息与沉积属性类信息，通过融合这 2 种属性来表征碳酸盐台内沉积结构[39]。同时，采用波阻抗反演和基于调谐与分频分析的高分辨率储层预测技术，提高礁滩体的分辨能力与刻画精度，从而刻画台地内部岩相分异特征。

2.6 白云岩体地震识别技术

2.6.1 技术现状

常规晶粒白云岩地震储层预测技术主要是通过井—震储层标定、波阻抗反演或提取多种与储层有关的地震属性，继而建立不同地震属性与某些地质参数之间的关联性，包括明确地震属性中的振幅、阻抗、频率及能量衰减共 4 种基本类型参数的特征意义[40]，从而实现晶粒白云岩储层地震预测。然而，白云岩岩相识别存在 2 个难点：一是岩相非均质性强，单靠测井数据，无法掌握岩相横向变化快的特点；二是地层结构复杂，晶粒白云岩与泥灰岩呈薄互层出现，各反射界面之间的反射波彼此干涉，地质特征解译尚不够清晰，在缺乏井—震数据有效结合的情况下，单靠地震剖面很难识别出白云岩岩相的边界。

2.6.2 技术进展

针对白云岩储层预测的难点，本文研究通过技术攻关在以下 3 个方面取得进展。

（1）白云岩储层岩石物理敏感参数分析技术。白云石含量高低对储层储集性能有较大影响[41]，这为应用地震属性识别层序格架内白云岩储层分布提供了理论依据。在开展钻井取心段测井岩性识别的基础上，通过岩石物理分析明确杨氏模量与纵横波的速度比能够识别白云石含量，而通过杨氏模量与白云石含量的统计回归可以确定白云石含量与杨氏模量的关系。据此，在叠前弹性参数反演的基础上，利用重构单井白云石含量曲线进行白云石含量反演，确定高白云石含量的储层平面及纵向分布特征。最后综合应用叠后地震反演获得的波阻抗值和叠前地震反演获得的纵横波速度比，实现对白云岩储层的预测[42-45]。

（2）白云石化滩相控建模技术。采用贝叶斯—蒙特卡洛随机模拟相控建模和大数据分析技术，自动建立地震相与测井"白云石化滩相"之间的对应关系，这样不仅可以模拟波阻抗，而且可以模拟任何对白云石化滩相储层敏感的曲线，模拟结果在纵向上与测井资料的分辨率保持一致，横向上与地震分辨率一致，从而精细预测白云岩储层、流体、物性的空间分布。

（3）内幕白云岩岩溶储层预测技术。首先通过地震纯波数据的相对波阻抗计算，获得纯波相对波阻抗体；再对地震纯波数据体进行地层 Q 吸收因子计算，获得地层 Q 吸收数据体；然后构建相对波阻抗与 Q 吸收数据体的融合公式，以及统计已钻井储层阻抗及吸收因子信息优化双属性融合参数；最后利用新型融合参数的数据体来预测储层分布。

3 应用实效分析

碳酸盐岩储层地震预测技术进展为储层分布预测提供了技术支撑。由于储层的成因和分布受多种因素控制，所以各个地区的储层预测需要针对相应的地质要素进行地震识别技术的组合应用，达到综合预测储层分布的目的。

3.1 岩溶储层地震预测应用实效

这类储层的地震识别，需要应用不整合面识别和岩溶储层地震识别 2 项关键技术，综合预测岩溶缝洞的分布。本文以塔里木盆地轮古西奥陶系潜山岩溶储层预测为例[24,27]，展示这两项关键技术的应用实效。

轮古西地区位于塔北隆起轮南低凸起，奥陶系鹰山组油藏的埋深超过 5600m，储层发育受不整合面和表生岩溶作用控制，储集空间以大型岩溶缝洞为主。首先通过对研究区 46 口钻井岩溶洞穴的测井识别和统计，发现不整合面之下发育 4 层岩溶缝洞体（图 4）：第 1 层厚度为 80~100m，第 2 层厚度为 110~160m，第 3 层厚度为 120~175m，第 4 层厚度为 120~180m，储集空间均为缝洞—孔洞储层。据此，在古地貌恢复的基础上，应用不整合面识别和岩溶缝洞分层地震解释技术，对这 4 层岩溶缝洞体进行平面分布预测（图 5）。

从图 5 可以看出，岩溶残丘及岩溶沟谷是主要的古地貌形态（图 5 中黄色代表岩溶台地，蓝色代表岩溶洼地，深蓝色线条为岩溶沟谷），自东向西可划分为岩溶台地、岩溶斜坡和岩溶洼地三级岩溶地貌，在地表相连的岩溶沟谷形成古明河，而在潜山面以下相连的洞穴则形成暗河。奥陶系鹰山组岩溶储层主要为泥晶灰岩、亮晶砂屑灰岩，其中裂缝和溶蚀孔洞相互沟通，形成了以缝洞系统为主要储集空间的碳酸盐岩储集体。

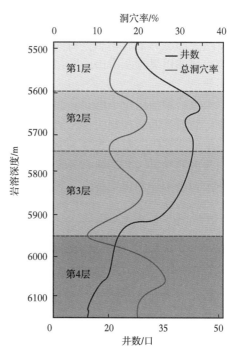

图 4　塔北轮古西奥陶系潜山岩溶洞穴纵向发育统计图

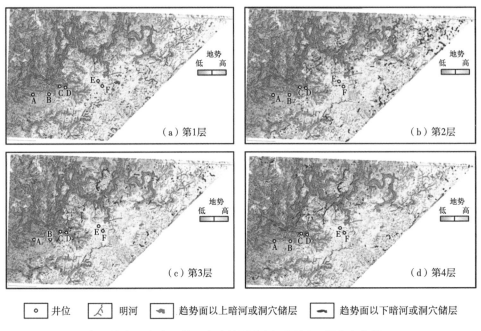

（a）第1层 （b）第2层

（c）第3层 （d）第4层

○ 井位 明河 ⤏ 趋势面以上暗河或洞穴储层 ⤏ 趋势面以下暗河或洞穴储层

图5 塔北轮古西奥陶系潜山岩溶储层分层预测图（据参考文献［24］）

3.2 断溶体储层地震预测应用实效

这类储层的地震识别，需要应用断裂系统和岩溶缝洞识别2项关键技术。本文以塔北哈拉哈塘油田奥陶系潜山区断溶体储层预测为例[32]，展示这2项地震储层预测技术的应用实效。

哈拉哈塘油田位于塔北隆起轮南低凸起的西部斜坡带，被满加尔、草湖等生排烃凹陷环绕，储层受断裂控制明显，岩溶洞穴沿断裂分布，是典型的断溶体油气藏。目的层奥陶系各组地层平缓，整体表现为向东南方向倾斜的单斜构造，现今构造面貌是多期构造运动叠加改造的结果，断裂展布及发育受控于多期次的构造运动。采用断溶体油藏断裂系统解释技术和岩溶缝洞识别技术（图6），首先进行断层分层系解释，为断裂分段评价提供基

HA-1-F井

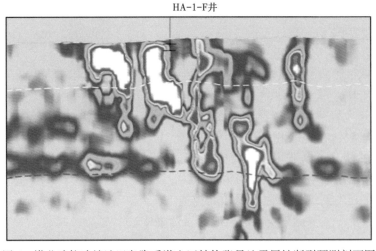

图6 塔北哈拉哈塘油田奥陶系潜山区结构张量地震属性断裂预测剖面图

础资料，并解释不同断裂带之间、同一断裂不同发育段之间含油气规模的差异；然后，在断裂系统识别的基础上进行断溶体划分和评价（如图7，等值线为储层厚度，红线为断溶体油藏单元边界）。断溶体划分和评价为断溶体油藏勘探和高效开发井部署实现由点状溶洞向溶蚀断裂面的转变发挥了重要的作用，钻井成功率由65%提高到82%。

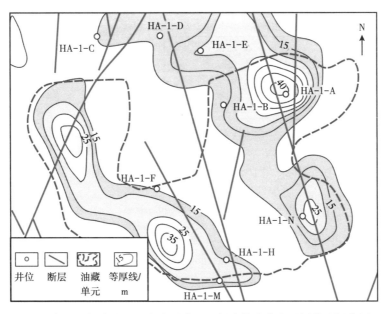

图7　塔北哈拉哈塘油田奥陶系潜山区断溶体油藏边界划分及评价图

3.3　礁滩储层地震预测应用实效

以四川盆地龙女寺地区寒武系龙王庙组为例展示礁滩储层预测技术的应用实效。四川盆地龙王庙组沉积期发育典型的碳酸盐缓坡，在缓坡背景下，随海平面升降发生的高能带侧向迁移，造成台内规模发育的泛滩呈准层状大面积分布，并发生白云石化。龙王庙组颗粒滩白云岩储层无论是侧向上还是垂向上均具有强烈的非均质性，颗粒滩（主要为砂屑白云岩）是孔隙的载体，滩间的泥晶白云岩较为致密，导致侧向上储层与致密层相互交替。颗粒滩主要发育于向上变浅旋回的上部，并受层序界面控制，垂向上多套发育，相互叠置。所以缓坡台地背景下的白云石化滩体识别是龙王庙组储层预测的关键。

在井—震标定的基础上，应用台地类型、礁滩体和白云岩体地震识别这3项技术进行储层预测：首先基于地震层序地层体，在关键层序界面切片上进行岩相划分，引入岩相信息，建立统计岩石物理岩相模型；然后构建基于岩相约束的目标反演函数，利用统计岩石物理岩相模型产生包含岩相信息的弹性参数与储层物性参数训练样本集；最后利用训练样本集，对基于岩相约束的目标反演函数进行求解，获得川中龙王庙组白云岩储层分布预测图（图8）。龙王庙组颗粒滩储层主要发育于龙王庙组上段，受海岸线控制，海岸线的迁移导致颗粒滩大面积分布。通过地震识别技术的应用使礁滩体预测验证吻合率由原来的76%提高到93%。

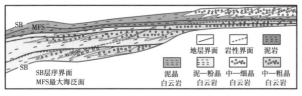

（a）缓坡型颗粒滩发育模式剖面图

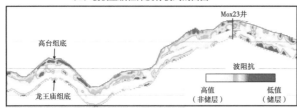

（b）颗粒滩白云岩相控波阻抗反演剖面图

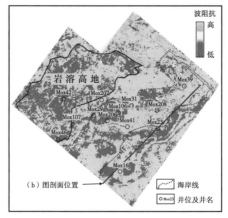

（c）四川盆地川中龙女寺地区寒武系龙王庙组储层预测图

图8 川中龙王庙组颗粒滩白云岩储层预测

3.4 晶粒白云岩储层地震预测技术应用实效

这类储层的地震识别，需要应用不整合面、断裂系统、白云岩体地震识别3项关键技术。本文以川东地区栖霞组晶粒白云岩储层预测为例，展示这3项技术的应用实效。

川东地区栖霞组储层的主要岩性是晶粒白云岩（残余颗粒白云岩和中—细晶白云岩），溶蚀孔洞、残余粒间孔、生物体腔孔和裂缝是主要储集空间，颗粒滩亚相、准同生溶蚀作用是储层形成的主控因素，其中颗粒滩是储层发育的物质基础和原生孔隙的载体，准同生溶蚀作用将原生孔隙扩溶成孔洞，是改善储集空间的关键。因此不整合面识别和相控反演是预测该类储层分布的关键技术手段。

利用不整合面识别技术系列中的层序界面分离法去除低频旋回层序界面的地震波形，剩余地震波形的变化反映了次级旋回沉积环境和岩性组合的空间变化，同时使地震剖面上的断裂系统更加清晰（图9），更能表征储层受层序界面及断裂控制的发育特征。然后针

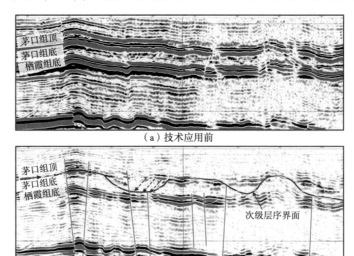

图9 川东檀木场地区去除不整合面技术应用前后地震剖面

对剩余地震波形数据体，采用贝叶斯—蒙特卡洛随机模拟相控建模和大数据分析技术，自动建立地震相与测井"白云石化滩相"之间的对应关系，结合波阻抗模拟，较好地达到晶粒白云岩储层地震预测的效果。通过该技术的运用，刻画了川东地区栖霞组晶粒白云岩储层的分布，白云岩储层为低阻抗响应特征（图10红色部分）。

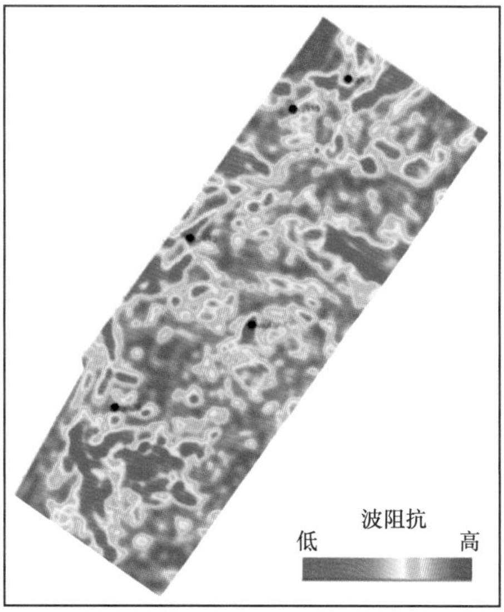

3.5 膏质白云岩储层地震预测技术应用实效

这类储层的地震识别，需要应用不整合面、相控反演地震识别2项关键技术。本文以鄂尔多斯盆地马家沟组上组合白云岩储层预测为例，展示这2项技术的应用实效。

鄂尔多斯盆地东南部地区马家沟组上组合

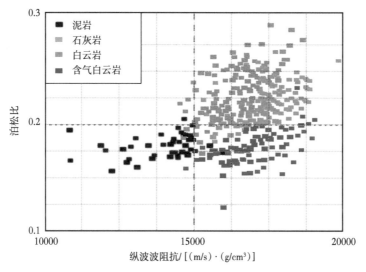

图10　川东檀木场地区栖霞组晶粒白云岩储层预测分布图（波阻抗反演）

（马五$_1$亚段—马五$_4$亚段）受海进—海退旋回性变化的影响，沉积环境为碳酸盐台地背景下的蒸发潮坪，沉积微相主要发育泥质白云岩坪、灰质白云岩坪、膏质白云岩坪和含膏白云岩坪，岩石类型主要有含膏细—粉晶白云岩、砂屑白云岩、粉晶白云岩和含灰白云岩，这一时期蒸发和暴露作用较强，主要发育膏质白云岩风化壳储层。依据地质认识，首先识别不整合面，构建能够反映地质特征的低频初始模型，同时通过构建地震岩石物理模型，建立了地球物理参数和储层岩性间的对应关系（图11），这为上组合白云岩储层和含气性预测奠定了理论基础。研究表明：横波波阻抗基本能够区分白云岩，泊松比或拉梅系数能识别有效含气储层（中—粗晶白云岩）（图12）。

图11　鄂尔多斯盆地东南部地区马家沟组上组合岩石物理分析图版

131

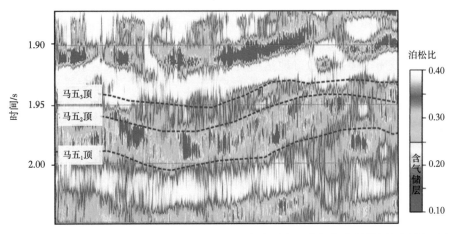

图 12　鄂尔多斯盆地东南部地区马家沟组上组合膏质白云岩相控有效储层预测剖面图

4　结论

本文开展了地质—测井—地震一体化的碳酸盐岩储层地震预测技术攻关，形成了基于碳酸盐岩储层成因和分布规律地质认识、储层地质模型约束的地震储层预测技术，并取得良好的应用实效。

（1）形成了台地类型及岩相特征地震识别、层序界面（不整合面、岩溶界面）地震识别、岩溶储层地震识别、断溶体储层地震识别、礁滩体地震识别和白云岩体地震识别共6项技术，为岩溶储层、礁滩储层和白云岩储层预测提供了技术手段。

（2）针对不同成因类型碳酸盐岩储层，在明确其分布主控因素的基础上，优选地震储层预测技术组合，在塔里木盆地、四川盆地和鄂尔多斯盆地的岩溶储层、礁滩储层和白云岩储层预测中取得了良好的应用实效，储层预测验证吻合率提高了20%以上。

参 考 文 献

［1］甘利灯，张昕，王峣钧，等．从勘探领域变化看地震储层预测技术现状和发展趋势［J］．石油地球物理勘探，2018，53（1）：214-225.

［2］沈安江，赵文智，胡安平，等．海相碳酸盐岩储层发育主控因素［J］．石油勘探与开发，2015，42（5）：545-554.

［3］沈安江，陈娅娜，蒙绍兴，等．中国海相碳酸盐岩储层研究进 展及油气勘探意义［J］．海相油气地质，2019，24（4）：1-14.

［4］周进高，郝毅，邓红婴，等．四川盆地中西部栖霞组—茅口组 孔洞型白云岩储层成因与分布［J］．海相油气地质，2019，24（4）：67-78.

［5］陈广坡．碳酸盐岩岩溶型储层地质模型及储层预测：以轮古 西风化壳岩溶型储层为例［D］．成都：成都理工大学，2009：36-40.

［6］赵艾琳，谢冰，何绪全，等．川中地区下二叠统白云岩储层测井评价［J］．天然气勘探与开发，2017，40（2）：1-6.

［7］田瀚，李明．哈拉哈塘油田热普区块奥陶系储层测井解释［J］．石油天然气学报（长江大学学报），2014，36（8）：71-78.

［8］赵路子，谢冰，齐宝权，等．四川盆地乐山—龙女寺古隆起深层海相碳酸盐岩测井评价技术［J］．天然气工业，2014，34（3）：86-92.

［9］吴煜宇，谢冰，赖强．四川盆地磨溪—龙女寺区块下寒武统龙王庙组测井相划分及分布规律研究［J］．天然气勘探与开发，2015，38（4）：28-36.

［10］王亮，胡恒波，张鹏飞，等．川西地区栖霞组储层测井识别与流体性质判断［J］．特种油气藏，2012，19（4）：18-20，103.

［11］牛庙宁．富县地区马家沟组碳酸盐岩测井储层评价研究［D］．西安：西安石油大学，2013：37-38.

［12］乔占峰，郑剑锋，张杰，等．海相碳酸盐岩储层建模和表征技术进展及应用［J］．海相油气地质，2019，24（4）：15-26.

［13］周进高，刘新社，沈安江，等．中国海相含油气盆地构造—岩相古地理特征［J］．海相油气地质，2019，24（4）：27-37.

［14］顾家裕，马锋，季丽丹．碳酸盐岩台地类型、特征及主控因素［J］．古地理学报，2009，11（1）：21-27.

［15］高志前，樊太亮，杨伟红，等．塔里木盆地下古生界碳酸盐岩台缘结构特征及其演化［J］．吉林大学学报（地球科学版），2012，42（3）：657-665.

［16］乔占峰，沈安江，郑剑锋，等．基于数字露头模型的碳酸盐岩储层三维地质建模［J］．石油勘探与开发，2015，42（3）：328-337.

［17］常少英，沈安江，李昌，等．岩石结构组分测井识别技术在白云岩地震岩相识别中的应用［J］．中国石油勘探，2016，21（5）：90-95.

［18］李浩，王骏，殷进垠．测井资料识别不整合面的方法［J］．石油物探，2007，46（4）：421-424.

［19］卫端，高志前，杨孝群，等．塔里木盆地塔河地区中下奥陶统鹰山组碳酸盐岩层系内幕不整合识别特征［J］．古地理学报，2017，19（3）：457-468.

［20］杨培杰，刘书会，隋风贵．地震反射同相轴等时与穿时问题探讨［J］．地球物理学进展，2013，28（6）：2969-2976.

［21］杨涛，乐友喜，吴勇．波形指示反演在储层预测中的应用［J］．地球物理学进展，2018，33（2）：769-776.

［22］陆基孟，王永刚．地震勘探原理［M］．北京：中国石油大学出版社，2011.

［23］胡光辉，王立歆，方伍宝，等．全波形反演方法及应用［M］．北京：石油工业出版社，2014.

［24］常少英，邓兴梁，戴传瑞，等．岩溶洞穴型油藏描述中的几种方法：以塔北轮古西油田为例［J］．海相油气地质，2016，21（3）：65-71.

［25］孟伟．碳酸盐岩岩溶缝洞型油气藏勘探开发关键技术：以塔河油田为例［J］．海相油气地质，2006，11（4）：48-53.

［26］张君龙．碳酸盐岩层序沉积演化及海平面的控制作用：以塔里木盆地古城地区奥陶系为例［J］．天然气工业，2017，37（1）：46-53.

［27］常少英，邓兴梁，常中英，等．岩溶洞穴型储层发育期次识别技术及应用［J］．中国石油勘探，2018，23（3）：109-114.

［28］徐天吉，沈忠民，文雪康．多子波分解与重构技术应用研究［J］．成都理工大学学报（自然科学版），2010，37（6）：660-665.

［29］马德波，赵一民，张银涛，等．最大似然属性在断裂识别中的应用：以塔里木盆地哈拉哈塘地区热瓦普区块奥陶系走滑断裂的识别为例［J］．天然气地球科学，2018，29（6）：817-825.

［30］印兴耀，张洪学，宗兆云．OVT 数据域五维地震资料解释技术研究现状与进展［J］．石油物探，2018，57（2）：155-178.

［31］刘建新，孙勤华，王锦喜，等．裂缝型储层预测技术优选：以塔北地区奥陶系为例［J］．海相油气地质，2010，15（3）：65-69.

［32］常少英，庄锡进，邓兴梁，等．断溶体油藏高效井预测方法与应用效果：以 HLHT 油田奥陶系潜山区为例［J］．石油地球物理勘探，2017，52（增刊1）：199-206.

［33］何君，韩剑发，潘文庆．轮南古隆起奥陶系潜山油气成藏机理［J］．石油学报，2007，28（2）：44-48.

［34］张学丰，李明，陈志勇，等．塔北哈拉哈塘奥陶系碳酸盐岩岩溶储层发育特征及主要岩溶期次［J］．岩石学报，2012，28（3）：815-826.

［35］李国会，袁敬一，罗浩渝，等．塔里木盆地哈拉哈塘地区碳酸盐岩缝洞型储层量化雕刻技术［J］．中国石油勘探，2015，20（4）：24-29.

［36］刘延莉，樊太亮，薛艳梅，等．塔里木盆地塔中地区中、上奥陶统生物礁滩特征及储集体预测［J］．石油勘探与开发，2006，33（5）：562-565.

［37］邱隆伟，刘镠，师政，等．基于残余岩溶指数的表生岩溶储层综合评价及有利区带预测：以南堡凹陷下古生界碳酸盐岩潜山为例［J］．油气地质与采收率，2016，23（6）：22-27.

［38］陈利新，潘文庆，梁彬，等．轮南奥陶系潜山表层岩溶储层的分布特征［J］．中国岩溶，2011，30（3）：327-333.

［39］王宏斌，张虎权，孙东，等．风化壳岩溶储层地质—地震综合预测技术与应用：以塔中北部斜坡带下奥陶统为例［J］．天然气地球科学，2009，20（1）：131-137.

［40］杨占龙，刘化清，沙雪梅，等．融合地震结构信息与属性信息表征陆相湖盆沉积体系［J］．石油地球物理勘探，2017，52（1）：138-145.

［41］靳玲，丁艳红，苏桂芝，等．地震参数在泌阳凹陷白云岩预测中的应用［J］．新疆石油地质，2004，25（2）：153-155.

［42］严玉霞，王兰生，李子荣，等．成岩作用对四川盆地广安构造须家河组储层物性的影响［J］．天然气勘探与开发，2009，32（1）：1-4.

［43］刘欣欣，印兴耀，张峰．一种碳酸盐岩储层横波速度估算方法［J］．中国石油大学学报（自然科学版），2013，37（1）：42-49.

［44］李宏兵，张佳佳，姚逢昌．岩石的等效孔隙纵横比反演及其应用［J］．地球物理学报，2013，56（2）：608-615.

［45］Berryman J G. Mixture theories for rock properties［M］//AHRENS T J. Mineral physics & crystallography：a handbook of physical constants. Washington D. C. ：American Geophysical Union，1995：205-228.

原文刊于《海相油气地质》，2020，25（1）：22-34.

微生物白云岩储层特征、成因和分布

——以四川盆地震旦系灯影组四段为例

陈娅娜[1]，沈安江[1,2]，潘立银[1,2]，张　杰[1,2]，王小芳[1]

1. 中国石油杭州地质研究院；2. 中国石油集团碳酸盐岩储层重点实验室

摘　要　基于岩心和薄片观察、单井资料及地球化学分析结果，剖析四川盆地震旦系灯影组四段（简称灯四段）储层特征、成因和分布。微生物白云岩为灯四段主力储层，球形白云石的发现揭示白云石化与微生物作用有关，属早期低温沉淀的原白云石；原生基质孔和准同生溶蚀孔洞构成储集空间的主体，而不是前人所认为的与桐湾运动相关的层间岩溶作用及埋藏—热液溶蚀作用成因。微生物丘滩复合体和准同生溶蚀作用是灯四段储层规模发育和分布的主控因素。台内裂陷周缘的微生物白云岩储层厚度大、连续性好、品质优，是重要的勘探对象。

关键词　四川盆地；震旦系；灯影组；微生物白云岩；丘滩复合体；球形白云石；准同生溶蚀作用；台内裂陷

　　震旦系灯影组白云岩是四川盆地天然气勘探的重要领域，也是近年古老地层微生物碳酸盐岩储层研究的热点[1]。1964 年在乐山—龙女寺古隆起上发现了以灯影组为产层的威远气田，探明地质储量 $400×10^8m^3$。20 世纪 70 至 90 年代，围绕乐山—龙女寺古隆起核部及斜坡区，以灯影组为目的层进行了一系列勘探，在龙女寺、安平店、资阳等 11 个构造上钻探了 16 口井。1971 年，女基井在灯影组 5206~5248m 井段测试获日产 $1.85×10^4m^3$ 的工业气流，1993—1997 年在资阳构造上钻探的资 1 井、资 3 井、资 7 井在灯影组获日产 $(5.33~11.54)×10^4m^3$ 的工业气流。2010 年以来，在威远构造东北侧高石梯—磨溪构造的灯影组勘探取得重大突破，揭开了万亿立方米储量规模大气田勘探的序幕。

　　前人虽然针对四川盆地灯影组白云岩储层的成因做过不少研究工作，但分歧很大，归纳起来有 4 种不同的观点：（1）以向芳等[2-5]为代表的岩溶储层观点，认为震旦系顶部与桐湾运动相关的表生岩溶作用是储层发育的主控因素，视剥蚀强度的不同，不整合面之下出露灯四段、灯三段和灯二段；（2）以王兴志等[6-8]为代表的颗粒滩储层观点，认为滩相沉积的白云石化作用是储层发育的主控因素，储层为具有或不具有残留颗粒结构的晶粒白云岩；（3）以冯明友等[9,10]为代表的热液白云岩储层观点，认为埋藏—热液作用是灯影组白云岩储层发育的主控因素；（4）微生物白云岩储层观点，认为这是一套微生物白云岩储层[11-13]，但没有深入探讨微生物对早期原白云石沉淀和储集空间发育的影响。

　　高石梯—磨溪构造灯影组工业气流井主要见于灯影组四段（简称灯四段），单井日产

第一作者：陈娅娜（1975—），女，重庆人，硕士，中国石油杭州地质研究院高级工程师，主要从事油气勘探地质综合研究工作。地址：浙江省杭州市西溪路 920 号，中国石油杭州地质研究院，邮政编码：310023。E-mail：chenyn_hz@petrochina.com.cn。

量可达百万立方米以上，前人针对灯四段的研究较为薄弱，故本文重点讨论灯四段储层的特征、成因和分布。

1 储层发育地质背景

四川盆地震旦系灯影组自下而上划分为4段[14]。灯一段岩性主要为浅灰—深灰色层状泥粉晶白云岩，夹砂屑和藻屑白云岩，局部夹硅质条带和燧石团块，厚度30~160m。灯二段岩性主要为浅灰—灰白色藻泥晶白云岩，少量凝块石、藻纹层白云岩、砂屑和藻屑白云岩，夹膏盐岩及膏质泥晶白云岩，重结晶后呈粉—细晶白云岩，厚度350~550m，中部发育十余米厚的葡萄花边状白云岩，见残留溶蚀孔洞。灯三段岩性主要为深灰—灰色泥粉晶白云岩，夹少量砂屑和藻屑白云岩、细晶白云岩，川中地区底部为灰黑色泥岩，向西南方向泥岩逐渐减薄消失，厚度0~60m。灯四段岩性主要为浅灰—深灰色藻纹层或藻叠层白云岩，少量凝块石、藻泥晶、砂屑和藻屑白云岩，藻纹层和藻叠层构造发育，雪花状及葡萄花边状构造少见，基质孔和溶蚀孔洞发育，残留厚度0~350m（图1）。

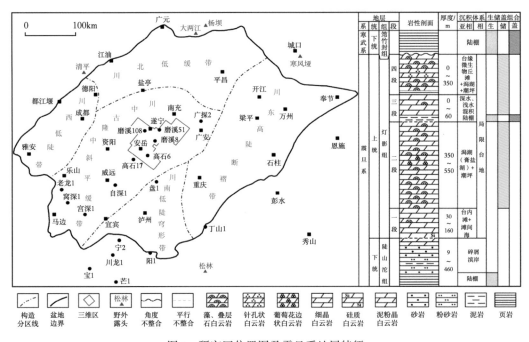

图1 研究区位置图及震旦系地层特征

四川盆地震旦系灯影组以台地相沉积为主[15]。灯一段是晚震旦世早期海侵的产物，与下震旦统陡山沱组呈整合或假整合接触，与灯二段为连续沉积。灯二段沉积末期气候转为干旱，海水盐度增加，有利于微生物的繁殖，桐湾运动I幕[13]使川中地区灯二段抬升遭受风化剥蚀，与灯三段呈假整合接触。灯三段早期发育海侵相的泥岩，晚期发育台缘和台内颗粒滩，与灯四段为连续沉积。灯四段沉积期是台缘和台内微生物丘滩复合体的主要发育期，受灯四段沉积末期桐湾运动II幕的影响，灯四段遭受不同程度的淋滤和剥蚀，地层厚度差异较大，威远、资阳等局部地区灯三段也被部分或完全剥蚀，灯二段直接为下寒武统筇竹寺组覆盖呈不整合接触。灯影组沉积特征和构造运动史对储层的类型、特征、成

136

因和分布具重要的控制作用。

四川盆地德阳—安岳地区晚震旦世—早寒武世发育一近南北向展布的负向构造，以汪泽成等[16]和李忠权等[17]为代表认为其是侵蚀谷或拉张侵蚀槽，以钟勇等[18]、魏国齐等[19]、刘树根等[20]和杜金虎等[21]为代表认为其是拉张槽或克拉通内裂陷。侵蚀谷或拉张侵蚀槽的观点认为灯影组沉积末期的桐湾运动Ⅱ幕导致侵蚀谷的形成和灯三段—灯四段地层被剥蚀，其重要的证据是高石17井下寒武统麦地坪组（相当于梅树村期沉积）与灯二段直接接触，麦地坪组烃源岩主要分布在侵蚀谷内，筇竹寺组沉积期台地被淹没，烃源岩广泛分布，侵蚀谷内烃源岩厚度大于台地上烃源岩厚度，沧浪铺组和龙王庙组沉积期是填平补齐的过程。拉张槽或克拉通内裂陷的观点认为台内裂陷发育于晚震旦世—早寒武世，受北西向为主的张性断裂控制，经历了裂陷形成期（灯影组沉积期）、裂陷发展期（麦地坪组—筇竹寺组沉积期）和裂陷消亡期（沧浪铺组沉积期）3个阶段，其重要的证据是认为裂陷内发育50~100m厚的灯三段—灯四段和100~300m厚的灯一段—灯二段，地层厚度小于裂陷两侧灯影组的厚度（650~920m），而裂陷内麦地坪组和筇竹寺组地层厚度大于裂陷两侧。综合上述两种观点，笔者认为德阳—安岳地区晚震旦世—早寒武世是一个由侵蚀谷向台内裂陷演化的过程。高石17井岩屑薄片见大量具葡萄花边结构的白云岩，是灯二段典型的沉积特征，其上还见有大量碳质泥岩、硅质泥岩、含化石泥质泥晶白云岩、夹瘤状泥晶白云岩和中细砂岩，代表斜坡和盆地相深水沉积，但由于缺乏定年化石，汪泽成等[16]和杜金虎等[21]将其归入麦地坪组和筇竹寺组欠妥，此套地层应包括灯四段深水沉积。总体而言，深水沉积直接覆盖在葡萄花边状白云岩之上揭示了二者间存在侵蚀作用；斜坡和盆地相深水沉积尤其两侧微生物丘滩复合体的发育确立了台内裂陷的存在（图2）。德阳—安岳地区晚震旦世—早寒武世由侵蚀谷向台内裂陷的演化控制了储层的发育和分布。

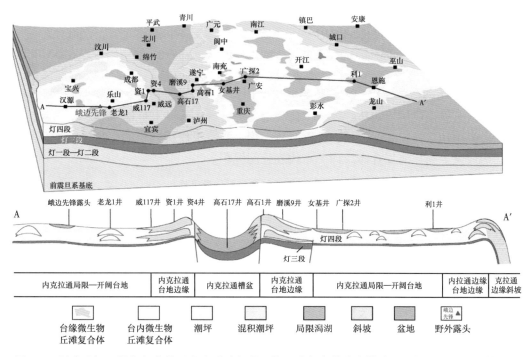

图2 四川盆地灯四段海相克拉通台内裂陷与微生物丘滩复合体分布模式图（据文献［22］修编）

2 储层发育主控因素

2.1 微生物丘滩复合体是储层发育的物质基础

微生物泛指一切微观生物，包括细菌、真菌和微生物藻类，其中细菌（尤为蓝细菌）常为微生物碳酸盐岩的主要研究对象，重点强调其对碳酸盐沉积物的形成与固定能力[23]。蓝细菌是一种似藻类细菌并具有营光合和固氮作用[24,25]，在镜下呈球状、丝状及螺旋状。在微生物碳酸盐岩这一术语出现之前，蓝细菌常被当作一种藻类，曾被称为蓝绿藻或蓝藻，并将微生物碳酸盐岩称为隐藻碳酸盐岩[26]，以区别于主要由钙藻骨骼大量堆积而成的钙藻碳酸盐岩，但因其为原核生物，完全区别于真核藻类，故将其归为细菌类[27]。

微生物碳酸盐岩指由底栖微生物群落（主要为蓝细菌）通过捕获与粘结碎屑沉积物，或经与微生物活动相关的无机或有机诱导矿化作用在原地形成的沉积岩[28,29]，微生物活动主要导致早期低温白云石化作用，其理论基础是地质微生物与地质温度压力具等效性[30]。Aitken[26]最早将藻碳酸盐岩划分为由骨骼钙藻组成的碳酸盐岩和隐藻碳酸盐岩，又将隐藻碳酸盐岩进一步划分为隐藻生物碳酸盐岩和隐藻颗粒碳酸盐岩。前者包括核形石、叠层石、凝块石和藻纹层石，后者包括藻屑和砂屑碳酸盐岩，二者构成微生物碳酸盐岩。该分类中的隐藻即为现在的蓝细菌。

四川盆地震旦系灯影组普遍发育微生物碳酸盐岩，以德阳—安岳台内裂陷周缘灯四段最为发育，主要岩石类型有藻纹层/藻叠层/藻格架白云岩（图3a至c），少量凝块石（图3d）、树枝石、均一石、与微生物相关的颗粒白云岩（藻砂屑白云岩）（图3e，f），保留原岩结构，为与微生物作用相关的早期低温沉淀白云石，尤其是球状白云石的发现（图3g，h），进一步证实了微生物对灯影组早期低温白云石形成的贡献[31]。化学组分揭示灯影组球状白云石为有序度低的原白云石（表1）。据Vasconcelos等[32]，在咸化环境，通过中度嗜盐好氧细菌Halomonasmeridiana、Virgibacillusmarismortui的作用可以在30~45℃的温度条件下沉淀球形原白云石。叠加埋藏白云石化成岩改造后，可形成粉细晶白云岩（图3i），但大多残留藻纹层和藻颗粒等原岩结构。藻纹层/藻叠层/藻格架白云岩、凝块石和藻泥晶白云岩构成微生物丘的丘核，代表潮坪或缓坡边缘潮下低能沉积环境，藻砂屑白云岩构成微生物丘的丘基、丘盖、丘翼及滩，代表受波浪作用影响的中高能沉积环境，二者共同构成微生物丘滩复合体。均一石代表丘间沉积。

表1　灯影组球状白云石化学组分

样品分析号	C 含量/%	O 含量/%	Mg 含量/%	Ca 含量/%	总含量/%
1	29.70	47.90	9.36	13.04	100.00
2	26.03	54.47	10.27	9.23	100.00
3	14.58	61.40	9.79	14.23	100.00
4	37.42	39.46	9.12	14.00	100.00
平均	26.93	50.81	9.64	12.62	100.00

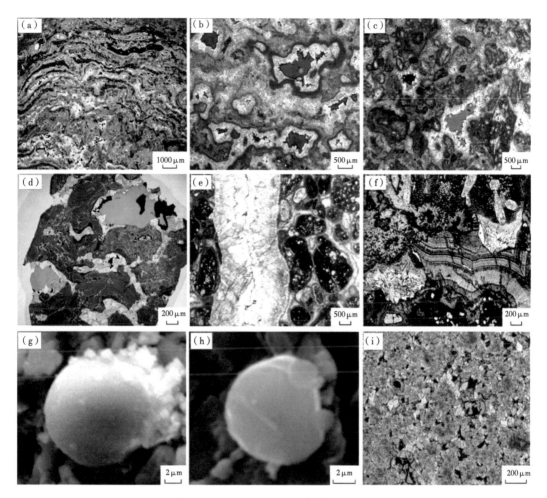

图 3　四川盆地灯四段微生物丘滩复合体岩性和储集空间特征

（a）磨溪 17 井，5067.35m，藻纹层或藻叠层白云岩，藻架孔发育，亮晶白云石胶结物，铸体薄片，单偏光；
（b）磨溪 51 井，5335.72m，藻纹层或藻叠层白云岩，藻架孔发育，亮晶白云石胶结物，铸体薄片，单偏光；
（c）磨溪 108 井，5302.20m，藻纹层白云岩，溶孔发育，残留隐藻结构，铸体薄片，单偏光；（d）磨溪 21 井，
5082.75m，凝块石，溶孔发育，亮晶白云石胶结物，铸体薄片，单偏光；（e）高科 1 井，5147.40m，藻砂屑
（团块）白云岩，裂缝充填白云石及石英，普通薄片，单偏光；（f）磨溪 21 井，5041.53m，藻屑、藻砂屑白云
岩，普通薄片，单偏光；（g）重庆寒风垭剖面，藻纹层及藻叠层白云岩中的球形白云石，扫描电镜；（h）磨溪
8 井，5108.07m，藻纹层及藻叠层白云岩中的球形白云石，扫描电镜；（i）高石 2 井，5015.70m，粉细晶白云
岩，溶孔发育，残留隐藻结构，铸体薄片，单偏光

　　微生物丘滩复合体具"大丘小滩"的特点，而不像高能格架礁的礁滩复合体，具
"小礁大滩"的特征[33]，这可能与其长期的低能生长环境有关，即使是滩相的藻屑和砂屑
白云岩，也往往具有藻包覆结构，藻屑和砂屑来自微生物丘自身受波浪作用的破碎。孔隙
主要见于丘核相的藻纹层或藻叠层白云岩、凝块石、藻泥晶白云岩，也见于经过叠加埋藏
及白云石化改造的粉细晶白云岩中，孔隙类型包括藻架孔和溶蚀孔洞。藻屑和砂屑白云岩
孔隙不发育。由此决定了微生物丘滩复合体主体具有较好储集性能并存在较强的非均质
性。本文选取磨溪 108 井和磨溪 51 井进行解剖分析。
　　磨溪 108 井灯四段沉积期位于台内裂陷周缘，取心段厚 47m，岩心观察可划分为 2 个

短期丘滩复合体旋回和 9 个高频旋回（图 4a），1 个完整沉积旋回的岩性由下至上依次为：致密无孔的泥晶白云岩/藻泥晶白云岩、致密无孔的树枝石和均一石、无孔或少量基质孔的凝块石（角砾化白云岩）/与微生物相关的颗粒白云岩、面孔率 5%～8% 的孔隙型藻纹层/藻叠层/藻格架白云岩、面孔率 8%～12% 的孔隙—孔洞型藻纹层/藻叠层/藻格架白云岩。孔隙主要见于旋回顶部的藻纹层/藻叠层/藻格架白云岩中，但受海平面变化的影响，并不是所有沉积旋回均完整发育上述 5 套岩性组合，灯四段厚的地区（厚度一般大于 250m），沉积旋回往往比较完整，与较高的沉积速率和持续暴露有关，灯四段薄的地区（厚度 150～250m），沉积旋回发育不完整，往往缺顶部的孔隙—孔洞型储层段，与沉积速率相对缓慢和暴露时间短有关。

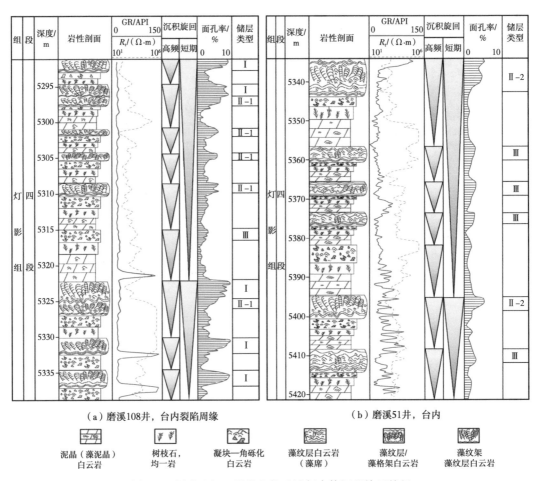

（a）磨溪108井，台内裂陷周缘　　　　（b）磨溪51井，台内

泥晶（藻泥晶）白云岩　　树枝石，均一岩　　凝块—角砾化白云岩　　藻纹层白云岩（藻席）　　藻纹层/藻格架白云岩　　藻纹架藻纹层白云岩

图 4　四川盆地灯四段微生物丘滩复合体沉积旋回特征
GR—自然伽马；R_t—电阻率

磨溪 51 井灯四段沉积期位于台内，取心段厚 82m，岩心观察可划分为 2 个短期丘滩复合体旋回和 7 个高频旋回（图 4b），1 个完整沉积旋回的岩性由下至上依次为：致密无孔的泥晶白云岩/藻泥晶白云岩、致密无孔的树枝石和均一石、无孔或少量基质孔的凝块石（角砾化白云岩）/与微生物相关的颗粒白云岩、无孔或少量基质孔及晚表生溶蚀孔洞的孔洞型藻泥晶白云岩/泥晶白云岩、面孔率 2.5%～5.0% 的孔隙—孔洞型藻纹层

白云岩/藻格架白云岩。受海平面变化的影响，并不是所有沉积旋回均完整发育上述5套岩性组合，孔隙主要发育于2个短期丘滩复合体旋回顶部的藻纹层/藻叠层/藻格架白云岩中。显然，台内微生物丘滩复合体无论是地层厚度、储层层数、有效储层厚度及物性远不如台内裂陷周缘微生物丘滩复合体，而且储集空间以孔隙为主、孔洞少见，这可能与台内地貌较低，微生物丘滩复合体不易于频繁暴露接受准同生期大气淡水溶蚀有关。

2.2 孔隙主要形成于沉积期和准同生期

德阳—安岳台内裂陷周缘微生物丘滩复合体储层主要发育于灯四段，少量见于灯二段。灯四段孔隙主要形成于2个阶段：（1）沉积期，形成原生基质孔隙，如藻格架孔（图3a，b），同时海水胶结作用可充填部分原生基质孔隙（图3e）；（2）准同生期，溶蚀作用使原生基质孔隙被进一步溶蚀形成孔洞（图3i，图5a至d，图5g，图5i），此时的溶蚀孔洞是在原生孔隙基础上的进一步溶蚀扩大，以组构选择性溶蚀形成的溶蚀孔洞为主，被溶蚀的对象是未完全固结和白云石化的沉积物，或有序度低的白云石，解释了磨溪108井和磨溪51井岩心所见到的溶蚀孔洞主要发育于向上变浅旋回的上部、与同沉积暴露面相关、由暴露面向下溶蚀孔洞逐渐减少的现象（图4a，b）。反映同沉积暴露的另一证据是干裂缝和窗格构造等暴露蒸发作用标志的出现（图5e，f）。原生基质孔和准同生期溶蚀孔洞构成储集空间的主体。

溶蚀孔洞可以形成于3种地质背景[34]：早期同沉积暴露和溶蚀、晚期表生溶蚀、埋藏溶蚀。有3个方面的证据显示德阳—安岳地区灯四段发育的溶蚀孔洞是早期同沉积暴露和溶蚀的产物：（1）孔洞的分布样式。大多数溶蚀孔洞具成层性和顺层分布的特征，位于向上变浅旋回的顶部，多套叠置，具明显的组构选择性，大型的岩溶缝洞少见，与灯四段沉积末期桐湾运动Ⅱ幕的抬升剥蚀和断裂没有明显的关系，显然不是晚期表生岩溶作用的产物。（2）孔洞的发育潜力。微生物碳酸盐岩在同沉积期由与微生物作用相关的早期低温白云石、残留未白云石化的灰质、文石和高镁方解石等易溶矿物构成，即使是早期低温白云石也因有序度低而易于溶蚀[35]，有很好的组构选择性溶孔发育的物质基础。而晚期被抬升到地表的白云岩地层，其矿物成分都已发生高度的稳定化，白云石即使受弱酸性流体的作用也不易被溶蚀。如塔里木盆地牙哈—英买力地区上寒武统—下奥陶统蓬莱坝组潜山白云岩储层以晶间孔和晶间溶孔为主，岩溶缝洞不发育，储集空间也不受潜山面及断裂系统控制，表明储层形成于抬升剥蚀之前，并非晚期表生岩溶作用的产物[36]。（3）孔洞的充填特征。根据岩石薄片观察，溶蚀孔洞中充填有不同期次的成岩产物，由洞壁向中央（由早到晚）依次为叶片状白云石、鞍状白云石、石英、萤石、沥青、方解石（图5g，i）。

叶片状白云石为最早一期胶结物，广泛充填于格架孔、水成岩墙、粒间孔、溶蚀孔洞中，碳—氧稳定同位素和围岩相似（图6a），均为低正值和低负值，与蒸发海水有关；锶—氧同位素跟围岩类似（图6b），并与灯影组沉积期海水锶同位素参考值[37]一致，代表早期海水成岩环境的产物；与Monica等[31]和Vasconcelos等[32]提出的现代微生物白云岩地球化学特征具有相似性；阴极发光昏暗—不发光（图6g）。表明这期胶结物形成于同沉积期，随后的热液矿物鞍状白云石、石英、萤石等进一步充填孔洞（图6a至f），孔洞的形成时间早于叶片状白云石，不可能是热液作用的产物。

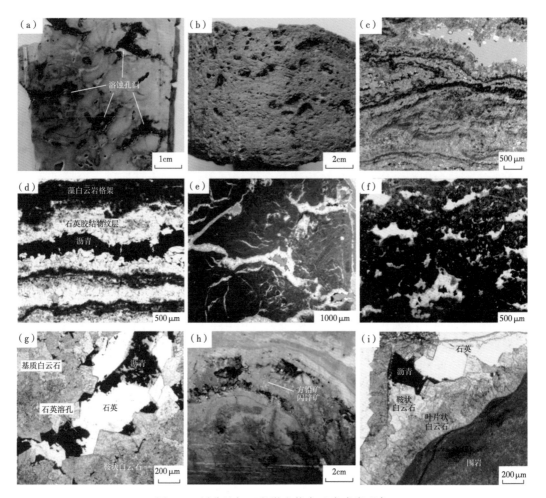

图 5　四川盆地灯四段微生物白云岩成岩现象

（a）磨溪 108 井，5306.54m，藻纹层/藻叠层/藻格架白云岩，溶蚀孔洞，岩心；（b）磨溪 51 井，5335.72m，藻纹层/藻叠层/藻格架白云岩，溶蚀孔洞，岩心；（c）磨溪 108 井，5302.20m，藻纹层/藻叠层/藻格架白云岩，藻架孔及溶蚀孔洞，铸体薄片，单偏光；（d）磨溪 5 井，5351.99m，藻纹层/藻叠层/藻格架白云岩，藻架孔及溶蚀孔洞为石英胶结物和沥青充填，普通薄片，单偏光；（e）磨溪 108 井，5306.50m，凝块石，溶孔发育，亮晶白云石胶结物，铸体薄片，单偏光；（f）磨溪 108 井，5320.49m，凝块石，溶孔发育，亮晶白云石胶结物，铸体薄片，单偏光；（g）磨溪 108 井，5302.26m，粉细晶白云岩，残留隐藻结构，溶蚀孔洞发育，并为叶片状白云石、鞍状白云石、石英、萤石、沥青、方解石依次充填，铸体薄片，单偏光；（h）高石 102 井，5039.31m，藻纹层/藻叠层/藻格架白云岩，溶蚀孔洞及裂缝为方铅矿、闪锌矿、石英、萤石、长石、方解石压力双晶等充填，岩心；（i）磨溪 22 井，5408.69m，藻泥晶白云岩，溶蚀孔洞依次为叶片状白云石、鞍状白云石、石英、沥青充填，铸体薄片，单偏光

　　桐湾运动 II 幕的抬升剥蚀对灯四段岩溶缝洞的发育有一定的影响，在平面上具有明显的差异性，德阳—安岳台内裂陷周缘的灯四段与寒武系麦地坪组—筇竹寺组几乎呈整合接触，灯四段厚 150~300m，晚表生岩溶作用弱，这也是导致该地区灯四段储集空间主要形成于沉积期和准同生期的原因。台内抬升剥蚀强烈，残留地层厚度小于 100m，晚期表生岩溶作用强烈，形成的岩溶缝洞对灯四段储集空间有重要贡献。

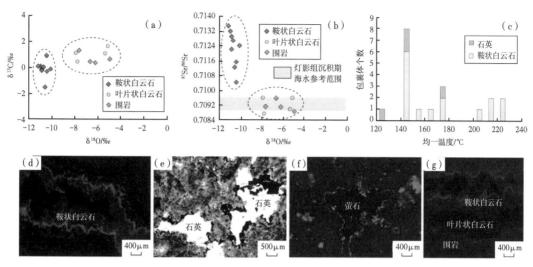

图 6　灯四段不同期次成岩产物的地球化学特征图版

（a）磨溪 108 井，叶片状白云石、鞍状白云石和围岩的碳氧同位素；（b）磨溪 108 井，叶片状白云石、鞍状白云石和围岩的锶同位素；（c）磨溪 108 井，石英和鞍状白云石的流体包裹体均一温度；（d）磨溪 108 井，5306.54m，孔洞中充填的鞍状白云石发亮橙色光；（e）磨溪 51 井，5335.72m，孔洞中充填的石英；（f）磨溪108 井，5291.56m，孔洞中充填的萤石；（g）磨溪 108 井，5306.54m，孔洞中充填的鞍状白云石发亮橙色光，叶片状白云石不发光

2.3　有机酸和热液活动具孔隙建造和破坏双重作用

埋藏环境通过有机酸、TSR（硫酸盐还原反应）的溶蚀作用可以形成孔隙[38-40]，但笔者认为埋藏环境主要是孔隙保存和调整的场所，通过有机酸、TSR 的溶蚀作用形成孔隙，但溶解的产物必然要在邻近的地质体中沉淀封堵孔隙，导致孔隙的富集和减少[34]。埋藏溶蚀与表生溶蚀不一样，表生溶蚀的产物可以通过河流搬运至大海，质量是亏损的，可以新增大量的孔隙；埋藏溶蚀的质量是守恒的，孔隙净增量近于零。

大多数学者认为热液作用对孔隙有重要贡献[41,42]，形成各种各样与热液相关的储层。但笔者认为虽然热液与储层共生，但并不是因为热液作用导致储层的发育，而是因为先有储层和断裂系统的存在，才为热液活动提供了通道，并沉淀各种各样的热液矿物，也正是这些热液矿物证实了热液活动的存在。热液活动从深部携带大量的矿物质，并在浅部随温度的降低而发生沉淀封堵孔隙。所以，热液活动在建造孔隙的同时，也会因沉淀作用而破坏孔隙，但热液活动的产物指示了先存储层和断裂系统的存在。

灯四段微生物丘滩复合体储层发现了很多埋藏溶蚀和热液活动现象，被认为是一套与埋藏—热液活动相关的白云岩储层[43]。这套储层具有明显的相控性和成层性，格架孔及组构选择性溶蚀孔洞形成于沉积作用和准同生期的溶蚀作用，有机酸、TSR 的溶蚀作用可以形成少量溶孔，如石英胶结物被溶蚀成港湾状（图 5g），并被沥青充填，但更多的是通过黄铁矿、方铅矿、闪锌矿（图 5h）、萤石、黄铁矿、鞍状白云石等热液矿物的充填而封堵孔隙（图 5g 至 i）。所以，埋藏—热液作用对灯四段孔隙的贡献不是主要的，更多的是通过热液矿物的沉淀破坏孔隙。

综上所述，灯四段白云岩储层的发育受控于两个因素：（1）微生物丘滩复合体是储层发育的物质基础；（2）频繁和持续的准同生溶蚀作用形成毫米—厘米级的溶蚀孔洞，埋藏—热液活动对储层的改造主要是通过热液矿物的充填封堵孔隙。这一认识带来了储层预测理念的改变，由原来的沿不整合面及断裂找岩溶储层或与热液活动相关储层，转变为寻找与海平面下降相关的暴露面及暴露面之下的微生物丘滩复合体储层。

3 储层评价与分布预测

根据微生物丘滩复合体相带分布、储层孔隙成因及储层特征，四川盆地灯四段发育 2 类 4 亚类储层（表 2）。传统的台缘带微生物丘滩复合体储层由于埋藏深度大，非现实勘探领域，本文不再赘述。

储层成因研究揭示，灯四段主要发育微生物丘滩复合体储层，并受沉积相和层序界面共同控制，灯四段沉积相展布亦可反映出储层的分布，据此，开展了高石梯—磨溪三维区井—震结合储层预测（图 7）。台内裂陷周缘可划分为靠裂陷一侧和靠台地一侧 2 个亚带，台内可划分为洼地（或潟湖）及古地貌高 2 个亚带。

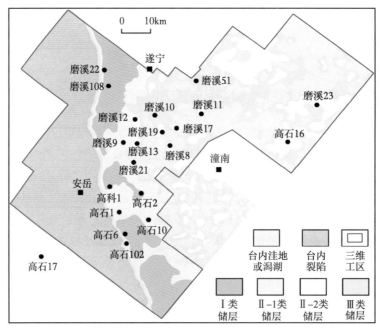

图 7 高石梯—磨溪三维区灯四段储层分布与评价图

台内裂陷周缘灯四段厚度大于 250m 的地区，岩性主要为藻纹层/藻叠层/藻格架白云岩，位于向上变浅旋回的上部，发育大量沉积成因的原生孔、海平面下降暴露和淋溶形成的早表生溶扩孔，位于旋回顶部的微生物白云岩因持续暴露，还可发育大量的溶蚀孔洞，构成Ⅰ类和Ⅱ-1 类储层垂向叠置发育（图 4a）。储层分布于台内裂陷周缘靠裂陷一侧，面积 720km² （图 7），累计储层厚度 50~100m，孔隙度 5%~12%，渗透率 1~10mD。台内裂陷周缘类似沉积相带在四川盆地还有 3250km² （图 8），是潜在的有利储层发育区。

表 2 四川盆地灯四段微生物丘滩复合体储层类型与评价

储层类型		储层岩性	分布相带	地层（残留）厚度/m	储集空间类型	储集空间成因	储层累计厚度/m	储层垂向分布	单井产量/10⁴m³/d	孔隙度/%	渗透率/mD	储层评价	实例井
台内裂陷周缘微生物丘滩复合体储集层	孔隙—孔洞型	向上变浅旋回顶部的藻纹层/藻叠层/藻格架白云岩	台内裂陷周缘靠裂陷一侧	>250	基质孔（格架孔，溶扩孔）+溶蚀孔洞	持续暴露	50~100	多次旋回叠加	>80.0	8.0~12.0	1.00~10.00	I 类	高石 6、磨溪 22
	孔隙型	向上变浅旋回上部的藻纹层/藻叠层/藻格架白云岩	台内裂陷周缘靠台地/缘靠章一侧	150~250	基质孔（格架孔，溶扩孔）	短暂暴露	50	多次旋回叠加	15.0~80.0	5.0~8.0	0.10~1.00	II-1 类	高石 1、高石 10
台内洼地或溻湖周缘微生物丘滩复合体储集层	孔隙—孔洞型	有规模但呈零星分布的藻格架白云岩	台内洼地或溻湖周缘古地貌高	100~150	基质孔（格架孔，溶扩孔）+溶蚀孔洞	短暂暴露	5~50	多次旋回叠加	2.0~15.0	2.5~5.0	0.01~0.10	II-2 类	磨溪 8、磨溪 11、磨溪 12、磨溪 13、磨溪 17、磨溪 19
	孔洞型	藻泥晶白云岩、泥晶白云岩	台内洼地或溻湖周缘古地貌高	<100	相对孤立的溶蚀孔洞	早期难以暴露，原生孔欠发育	5~35	位于剥蚀面之下	0.1~2.0	<2.5	<0.01	III 类	磨溪 10

145

台内裂陷周缘灯四段厚度150~250m的地区主要发育Ⅱ-1类储层，由于沉积速率相对较慢，地层厚度相对较薄，地貌相对较低，以短暂暴露为主，溶蚀孔洞不发育，以沉积原生孔和溶扩孔为主，缺旋回顶部的Ⅰ类储层。储层分布于台内裂陷周缘靠台地一侧，面积760km²（图7），累计储层厚度约50m，孔隙度为5%~8%，渗透率为0.1~1.0mD。台内裂陷周缘类似沉积相带在四川盆地还有11000km²（图8），是潜在的有利储层发育区。

台内灯四段厚度小于150m的地区发育Ⅱ-2类和Ⅲ类储层。受桐湾运动Ⅱ幕的影响，台内灯四段遭受强烈剥蚀，形成少量的溶蚀孔洞（与白云岩地层在表生大气淡水环境难以溶蚀有关），这些溶蚀孔洞如果叠加在台内有一定数量原生沉积孔的藻纹层/藻格架白云岩中（地层厚度100~150m），则形成Ⅱ-2类储层，主要分布于台内洼地或潟湖周缘的古地貌高部位，面积740km²（图7），累计储层厚度5~50m，孔隙度为2.5%~5.0%，渗透率为0.01~0.10mD。台内类似沉积相带在四川盆地还有24850km²（图8）。如果叠加在致密的藻泥晶白云岩、泥晶白云岩中（地层厚度一般小于100m），则形成Ⅲ类储层，储层分布于台内洼地或潟湖周缘的古地貌高部位，面积960km²（图7），储层累计厚度5~35m，孔隙度小于2.5%，渗透率小于0.01mD。台内类似沉积相带在四川盆地还有67800km²（图8）。

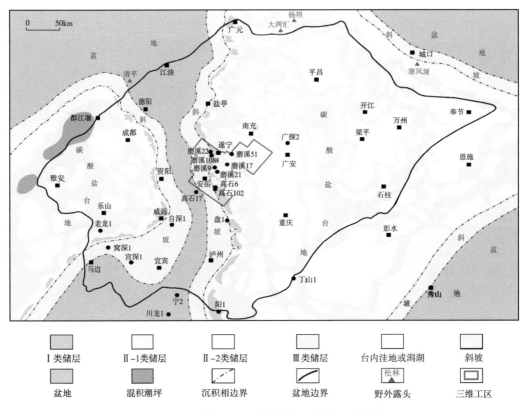

图8　四川盆地灯四段储层分布预测与评价图

4　结论

四川盆地灯四段微生物丘滩复合体储层主要分布于台内裂陷周缘、台内洼地或潟湖周缘，垂向上多套叠置，发育2类4亚类储层，分别为台内裂陷周缘微生物丘滩复合体孔隙——

孔洞型和孔隙型储层、台内洼地或潟湖周缘微生物丘滩复合体孔隙—孔洞型和孔洞型储层。台内裂陷周缘微生物丘滩复合体储层累计厚度大、物性好、连续性好、呈规模分布，属于Ⅰ类和Ⅱ-1类储层；台内洼地或潟湖周缘微生物丘滩复合体储层累计厚度小、物性差、呈零星分布，属于Ⅱ-2类和Ⅲ类储层。

微生物丘滩复合体是储层发育的物质基础，也是原生基质孔隙的载体，白云石化与微生物作用有关，属早期低温沉淀的原白云石，溶蚀孔洞形成于准同生期的暴露溶蚀，有机酸和热液活动具孔隙建造和破坏双重作用，热液作用充填封堵孔隙。微生物丘滩复合体和与层序界面相关的准同生溶蚀作用共同控制储层的发育。台内裂陷周缘古地貌高部位是灯四段台内裂陷周缘微生物丘滩复合体储层的有利发育区。

参 考 文 献

[1] 罗平，王石，李朋威，等．微生物碳酸盐岩油气储层研究现状与展望 [J]．沉积学报，2013，31 (5)：807-823.

[2] 向芳，陈洪德，张锦泉，等．资阳地区震旦系古岩溶储层特征及预测 [J]．天然气勘探与开发，1998，21 (4)：23-28.

[3] 陈宗清．四川盆地震旦系灯影组天然气勘探 [J]．中国石油勘探，2010，15 (4)：1-14.

[4] 施泽进，梁平，王勇，等．川东南地区灯影组葡萄石地球化学特征及成因分析 [J]．岩石学报，2011，27 (8)：2263-2271.

[5] 王东，王国芝．南江地区灯影组储层次生孔洞充填矿物 [J]．成都理工大学学报 (自然科学版)，2012，39 (5)：480-485.

[6] 王兴志，侯方浩，黄继祥，等．四川资阳地区灯影组储层的形成与演化 [J]．矿物岩石，1997，17 (2)：56-61.

[7] 侯方浩，方少仙，王兴志，等．四川震旦系灯影组天然气藏储渗体的再认识 [J]．石油学报，1999，20 (6)：16-21.

[8] 王士峰，向芳．资阳地区震旦系灯影组白云岩成因研究 [J]．岩相古地理，1999，19 (3)：21-29.

[9] 冯明友，强子同，沈平，等．四川盆地高石梯—磨溪地区震旦系灯影组热液白云岩证据 [J]．石油学报，2016，37 (5)：587-598.

[10] 宋金民，刘树根，孙玮，等．兴凯地裂运动对四川盆地灯影组优质储层的控制作用 [J]．成都理工大学学报 (自然科学版)，2013，40 (6)：658-670.

[11] 方少仙，侯方浩，董兆雄．上震旦统灯影组中非叠层石生态系兰细菌白云岩 [J]．沉积学报，2003，21 (1)：96-105.

[12] 刘树根，宋金民，罗平，等．四川盆地深层微生物碳酸盐岩储层特征及其油气勘探前景 [J]．成都理工大学学报 (自然科学版)，2016，43 (2)：129-152.

[13] 王文之，杨跃明，文龙，等．微生物碳酸盐岩沉积特征研究：以四川盆地高磨地区灯影组为例 [J]．中国地质，2016，43 (1)：306-318.

[14] 邓胜徽，樊茹，李鑫，等．四川盆地及周缘地区震旦 (埃迪卡拉) 系划分与对比 [J]．地层学杂志，2015，39 (3)：239-254.

[15] 李英强，何登发，文竹．四川盆地及邻区晚震旦世古地理与构造—沉积环境演化 [J]．古地理学报，2013，15 (2)：231-245.

[16] 汪泽成，姜华，王铜山，等．四川盆地桐湾期古地貌特征及成藏意义 [J]．石油勘探与开发，2014，41 (3)：305-312.

[17] 李忠权，刘记，李应，等．四川盆地震旦威远—安岳拉张侵蚀槽特征及形成演化 [J]．石油勘探与开发，2015，42 (1)：26-33.

[18] 钟勇,李亚林,张晓斌,等.川中古隆起构造演化特征及其与早寒武世绵阳—长宁拉张槽的关系 [J].成都理工大学学报(自然科学版),2014,41(6):703-712.

[19] 魏国齐,杨威,杜金虎,等.四川盆地震旦纪—早寒武世克拉通内裂陷地质特征 [J].天然气工业, 2015,35(1):24-35.

[20] 刘树根,王一刚,孙玮,等.拉张槽对四川盆地海相油气分布的控制作用 [J].成都理工大学学报 (自然科学版),2016,43(1):1-23.

[21] 杜金虎,汪泽成,邹才能,等.上扬子克拉通内裂陷的发现及对安岳特大型气田形成的控制作用 [J].石油学报,2016,37(1):1-16.

[22] 杜金虎,汪泽成,邹才能,等.古老碳酸盐岩大气田地质理论与勘探实践 [M].北京:石油工业出 版社,2015.

[23] Riding R. Microbial carbonates:The geological record of calcified bacterial-algal mats and biofilms [J]. Sedimentology,2000,47(S1):179-214.

[24] Braga J C,Martin J M,Riding R. Controls on microbial dome fabric development along a carbonate-silici-clastic shelf-basin transect,Miocene,SE Spain [J]. Palaios,1995,10(4):347-361.

[25] Herrero A,Flores E. The cyanobacteria:Molecular biology,genomics and evolution [M]. Norfolk,UK: Caister Academic Press,2008:484.

[26] Aitken J D. Classification and environmental significance of cryptalgal limestones and dolomites,with illus-trations from the Cambrian and Ordovician of southwest Alberta [J]. Journal of Sedimentary Research, 1967,37(4):1163-1178.

[27] 戴永定,刘铁兵,沈继英.生物成矿作用和生物矿化作用 [J].古生物学报,1994,33(5):575-594.

[28] Burne R V,Moore L S. Microbialites:Organosedimentary deposits of benthic microbial communities [J]. Palaios,1987,2(3):241-254.

[29] Riding R. Classification of microbial carbonates [M]. Berlin:Springer,1991:21-51.

[30] 谢树成,刘邓,邱轩,等.微生物与地质温压的一些等效地质作用 [J].中国科学:地球科学,2016, 46(8):1087-1094.

[31] Monica S R,Vasconcelos C,Schmid T,et al. Aerobic microbial dolomite at the nanometer scale:Implica-tions for the geologic record [J]. Geology,2008,36(11):879-882.

[32] Vasconcelos C,Mckenzie J A,Bernasconi S,et al. Microbial mediation as a possible mechanism for natural dolomite formation at low temperatures [J]. Nature,1995,377(6546):220-222.

[33] 赵文智,沈安江,周进高,等.礁滩储层类型、特征、成因及勘探意义:以塔里木和四川盆地为例 [J].石油勘探与开发,2014,41(3):257-267.

[34] 沈安江,赵文智,胡安平,等.海相碳酸盐岩储层发育主控因素 [J].石油勘探与开发,2015,42 (5):545-554.

[35] Jones B,Luth R W. Dolostones from Grand Cayman,British West Indies [J]. Journal of Sedimentary Re-search,2002,72(4):559-569.

[36] 沈安江,王招明,郑兴平,等.塔里木盆地牙哈—英买力地区寒武系—奥陶系碳酸盐岩储层成因类 型、特征及油气勘探潜力 [J].海相油气地质,2007,12(2):23-32.

[37] Halverson G P,Dudas F,Maloof A C,et al. Evolution of the Sr-87/Sr-86 composition of Neoproterozoic seawater [J]. Palaeongeography,Palaeoclimatology,Palaeoecology,2007,256(4):103-129.

[38] 蔡春芳,李宏涛.沉积盆地热化学硫酸盐还原作用评述 [J].地球科学进展,2005,20(10):1100-1105.

[39] 刘文汇,张殿伟,王晓锋.加氢和 TSR 反应对天然气同位素组成的影响 [J].岩石学报,2006,22 (8):2237-2242.

［40］张水昌，朱光有，何坤．硫酸盐热化学还原作用对原油裂解成气和碳酸盐岩储层改造的影响及作用机制［J］．岩石学报，2011，27（3）：809-826.

［41］Davies G R，Smith L B. Structurally controlled hydrothermal dolomite reservoir facies：An overview［J］. AAPG Bulletin，2006，90（11）：1641-1690.

［42］金之钧，朱东亚，胡文宣，等．塔里木盆地热液活动地质地球化学特征及其对储层影响［J］．地质学报，2006，80（2）：245-253.

［43］朱东亚，金之钧，孙冬胜，等．南方震旦系灯影组热液白云岩化及其对储层形成的影响研究：以黔中隆起为例［J］．地质科学，2014，49（1）：161-175.

原文刊于《石油勘探与开发》，2017，44（5）：704-715.

四川盆地寒武系龙王庙组岩相古地理特征及储层成因与分布

陈娅娜[1,2,3]，张建勇[1,2,3]，李文正[1,2,3]，潘立银[1,3]，佘　敏[1,3]

1. 中国石油杭州地质研究院；2. 中国石油勘探开发研究院四川盆地研究中心；
3. 中国石油集团碳酸盐岩储层重点实验室

摘　要　基于露头地质调查、岩心和薄片观察、储层地球化学分析及溶蚀模拟实验的结果，剖析了四川盆地寒武系龙王庙组岩相古地理及白云岩储层特征、成因和分布规律。指出四川盆地龙王庙组为远端变陡的碳酸盐缓坡沉积，纵向上可划分为上、下两段，从下而上记录了气候从潮湿到干旱的变化序列；颗粒滩主要分布于龙王庙组上段的浅水内缓坡，是龙王庙组白云岩储层发育的基础；准同生溶蚀作用受暴露面控制，是龙王庙组颗粒滩储层孔隙发育的关键；埋藏期溶蚀孔洞主要沿准同生期形成的孔隙带继承性发育，对龙王庙组储集空间具有重要贡献；盐亭—安岳—威远一带滩体多期叠置，处于古地貌高部位且埋藏溶蚀发育，是勘探有利区，全盆地广泛分布的颗粒滩均为潜在的勘探对象。

关键词　碳酸盐缓坡；颗粒滩；白云岩；储层成因；储层分布；龙王庙组；四川盆地

寒武系龙王庙组白云岩是四川盆地天然气勘探的重要领域。2005 年，在威远构造钻探威寒 1 井首次发现了龙王庙组孔隙型白云岩气藏，测试产气 $11×10^4 m^3/d$。2012 年，在高石梯—磨溪构造钻探磨溪 8 井获气 $190.68×10^4 m^3/d$，发现了中国迄今为止单体规模最大的海相碳酸盐岩气田——安岳气田，揭开了寒武系深层大气田勘探的序幕[1-4]。

龙王庙组已发现的天然气主要富集于川中地区颗粒滩中，因此岩相古地理恢复和颗粒滩分布预测是提高该领域勘探成功率的关键。关于龙王庙组的岩相古地理特征和储层成因，前人开展了大量的研究工作，取得了一些重要的成果和认识[3,5-21]。但对龙王庙组古地理格局的认识和观点仍存在分歧，前人提出的沉积模式主要有如下 5 种：（1）传统碳酸盐镶边台地模式[5-7]；（2）传统碳酸盐缓坡模式[3,8,9]；（3）碳酸盐缓坡"双滩"沉积模式[10-12]；（4）碳酸盐镶边台地"三滩"沉积模式[1]；（5）碳酸盐缓坡向镶边台地演化模式[13]。已钻探井揭示龙王庙组颗粒滩储层非均质性较强，滩相储层的发育与演化主要受沉积、成岩和构造作用的联合控制。不同学者均强调了白云石化作用、岩溶作用等对优势颗粒滩相带的叠加改造，但是在成岩改造的先后序列、岩溶作用类型及主控因素等方面仍存在争议[14-21]。

本文基于露头地质调查、岩心和薄片观察、储层地球化学特征分析及模拟实验的结

第一作者：陈娅娜，博士，高级工程师，主要从事碳酸盐岩储层成因研究与地震预测工作。通信地址：310023 浙江省杭州市西湖区西溪路 920 号中国石油杭州地质研究院；E-mail：chenyn_hz@ petrochina. com. cn。

果，结合钻井及地震资料，对四川盆地龙王庙组岩相古地理特征和储层成因与分布进行深化研究，以期对龙王庙组有利储层预测及接替勘探领域和区带的优选提供依据。

1 沉积相特征和古地理重建

1.1 地层概况

龙王庙组是四川盆地及周缘寒武系第一套稳定分布、以碳酸盐岩为主的地层，盆地内与龙王庙组代表同一套地层的有南江—旺苍小区的孔明洞组、川东—渝南小区的清虚洞组、恩施—咸丰小区和城口—巫溪小区的石龙洞组[13]。早寒武世早期，随着海平面下降，四川盆地历经筇竹寺组和沧浪铺组陆棚碎屑的填平补齐后，盆地内古地貌趋于平缓，地势总体呈西高东低，开始了清水碳酸盐沉积。

四川盆地龙王庙组以大套白云岩为主，下部石灰岩较多，中部常夹膏盐岩，上部夹少许砂泥岩，厚0~727m。区域上在川西广元—资阳—乐山一带地层缺失，川东、黔东地层增厚，向两侧厚度减薄，具有2种特征不同的岩性组合：（1）单一的碳酸盐岩组合。主要分布在川中及其邻区，多为白云岩与石灰岩沉积。（2）含膏碳酸盐岩组合。分布在川南南部及川东地区，多为碳酸盐岩与膏岩、盐岩或膏质白云岩互层。龙王庙组纵向上可进一步细分为上、下两段，代表2次海平面升降旋回：下旋回以通江—开江—重庆—赤水为界，东侧石灰岩发育，西侧白云岩发育，膏盐岩仅见于宁2井一带；上旋回在全盆地均发育较厚，以白云岩为主，颗粒滩发育，局部可见膏盐岩层。

川中磨溪地区发育颗粒滩和滩间泥晶白云岩岩相组合。颗粒滩普遍白云石化，孔隙发育；旋回中部多为深灰色—黑色泥质泥晶白云岩、深灰色泥岩夹层，反映水体为较深的缺氧环境。川东北地区下旋回以泥晶灰岩为主，上旋回主要为泥—粉晶白云岩夹颗粒白云岩，颗粒白云岩位于旋回的上部，孔隙发育。川东南地区下旋回以泥晶灰岩、泥质泥晶灰岩为主，含有陆源物质，向上逐渐减少；上旋回以膏盐岩发育为特征，潟湖周缘发育膏云坪白云岩，夹少量颗粒白云岩，孔隙发育。

1.2 龙王庙组双滩沉积相模式

在露头地质调查、分区单井相分析和特征对比的基础上，建立了龙王庙组远端变陡的缓坡沉积模式，自西向东（自陆向海）依次为古陆—近岸潮坪—浅水内缓坡—开阔内缓坡/局限内缓坡—中缓坡—外缓坡及盆地沉积，各相带沉积特征见表1。

龙王庙组记录了从潮湿到干旱气候的完整沉积序列，由于在万州—赤水潟湖的两侧均发育颗粒滩相带，此模式亦为龙王庙组双颗粒滩缓坡沉积模式。与以往的碳酸盐缓坡模式相比，该模式最大的特点是在内缓坡靠海一侧发育膏盐潟湖，内缓坡和中缓坡均发育颗粒滩，形成双滩样式。该模式的另一个特点是内缓坡白云石化较强，中缓坡次之，外缓坡基本未见白云石化。其主要原因是：下旋回沉积时气候潮湿炎热，仅内缓坡水体较浅，在蒸发作用下，内缓坡海水盐度增高，具备准同生白云石化的条件；上旋回沉积时，气候变得干旱炎热，在中缓坡颗粒滩的障壁作用下，台内强烈的蒸发作用使海水极度浓缩，为强烈白云石化提供了充足镁源，同时在万州—赤水潟湖等低洼环境沉淀膏盐和石盐。

表1　四川盆地寒武系龙王庙组沉积相特征

序号	相	亚相	微相	水动力特征	岩性特征及组合	实例
1	近岸潮坪	混合坪	白云质泥坪、粉砂质泥坪、含泥云坪	平均海平面以上，主要受潮汐作用影响	粉砂质泥—粉晶白云岩、泥灰质粉砂岩、泥质泥晶白云岩，为陆源碎屑和清水碳酸盐的混合沉积	天星1井 龙探1井
2	浅水内缓坡	颗粒滩	砂屑滩、鲕粒滩、砾屑滩	经常性、持续性的波浪作用带，水动力强，颗粒滩发育	灰色粉—细晶砂砾屑白云岩、鲕粒白云岩、晶粒白云岩等，溶蚀孔洞及针孔发育，交错层理、冲刷构造和生物扰动构造常见，GR曲线形态平直，近直线状	磨溪8井 磨溪12井 高石10井 南充1井 杨坝剖面 旺苍剖面 范店剖面
		滩间海	泥晶白云岩、粉晶白云岩		灰色—深灰色纹层状泥—粉晶白云岩，夹少量颗粒白云岩，GR曲线形态平直，略有起伏	
3	开阔内缓坡	正常潟湖	泥云质、含灰白云质、泥灰质潟湖	平均浪基面以下，低能环境，与两侧隆起呈平缓过渡，水流通畅，远离广海，不受风暴浪基面的影响	灰色—深灰色泥质泥晶白云岩、泥晶白云岩、晶粒灰岩，泥质条带发育，GR曲线齿状起伏	广探2井 利1井 宫深1井 丁山1井 城口石溪河剖面 巫溪田坝剖面 茶山剖面 抓抓崖剖面
		潮坪	灰坪、灰云坪、云坪		浅灰色—灰色泥质白云岩、泥晶灰岩、含泥云岩等，夹风暴成因的颗粒岩，干裂、波痕等沉积构造丰富，可见生物遗迹	
4	局限内缓坡	局限潟湖	膏盐湖、含膏白云质潟湖、含云泥质潟湖	水流总体不畅，咸化，发生盐度分层，盐跃层以上受波浪、潮汐作用影响，以下为滞留的低能静水环境	膏盐岩、白云质膏岩、膏质白云岩为主，局部发育灰色—深灰色泥质泥晶白云岩、泥晶白云岩，泥质条带发育，生物遗迹较少	东深1井 临7井 座3井 建深1井 华蓥山剖面
		潮坪	膏质云坪、云坪、灰云坪		浅灰色—灰色泥晶白云岩、含泥白云岩等，夹风暴成因的颗粒白云岩和膏溶角砾岩，可见干裂、波痕等沉积构造	
5	中缓坡	颗粒滩	砂屑滩、鲕粒滩、砾屑滩	风暴浪基面以上，局部地貌高地受波浪作用强烈影响，面向广海，风暴作用频繁	灰色细晶砂屑白云岩、砂屑灰岩、鲕粒白云岩，溶蚀孔洞和针孔发育，风暴成因的颗粒岩常见，丘状层理和粒序层理，为标志性沉积	宁1井 宁2井 秀山溶溪剖面 仁怀石塔剖面 石门杨家坪剖面 长阳两河口剖面
		滩间海	(含)泥质灰岩、泥—粉晶白云岩		纹层状（含）泥质灰岩、泥—粉晶白云岩，夹风暴作用形成的薄层砂屑白云岩	
6	外缓坡及盆地	斜坡	瘤状白云岩、瘤状灰岩、滑塌颗粒滩	总体为低能静水环境，上部偶受海啸作用影响	碳酸盐岩和泥岩互层的瘤状灰岩、瘤状白云岩，上部可见碳酸盐岩角砾，可见滑塌作用堆积而成的颗粒滩	泸溪兴隆场剖面 怀化花桥剖面 平利柳坝剖面
		盆地	泥页岩		泥页岩等远洋沉积	

152

1.3 构造—岩相古地理

1.3.1 龙王庙组下段沉积期

四川盆地龙王庙组下段表现为气候潮湿条件下的缓坡沉积。西部台隆地貌较高，水体浅、能量大，以颗粒滩沉积为主，准同生白云石化作用较强，岩性以砂屑白云岩、粗晶白云岩为主（图1）；东部浅凹区地貌较低，水体相对安静，能量较低，岩性以泥晶灰岩、白云质灰岩为主，颗粒滩相对不发育；往奉节—石柱—桐梓一带以东为中缓坡泥质灰岩沉积区，颗粒滩储层较发育。龙王庙组下旋回自西向东依次发育内缓坡—中缓坡—外缓坡—盆地相沉积，当时气候潮湿，沉积环境开阔，沉积物以泥晶灰岩为主，颗粒滩主要发育在内缓坡高地及中缓坡。

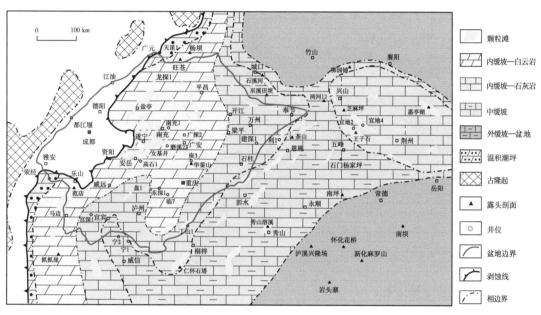

图1　四川盆地及周缘寒武系龙王庙组下段沉积期构造—岩相古地理图

1.3.2 龙王庙组上段沉积期

四川盆地龙王庙组上段是滩体发育的鼎盛时期，台内沉积分异也较明显，西部台隆主要发育颗粒滩，中部发育膏盐潟湖，东部内缓坡颗粒滩沉积亦较发育（图2）。再向东，为中缓坡含泥灰岩沉积区。龙王庙组上旋回自西向东依次发育浅水内缓坡—开阔内缓坡/局限内缓坡（潟湖）—中缓坡—外缓坡—盆地相沉积，潟湖内发育膏盐岩，反映气候愈加干燥，蒸发环境有利于沉积物发生早期白云石化，颗粒滩主要分布在潟湖周缘的内缓坡和中缓坡，分布广、规模大。

颗粒滩的发育受古地貌与海平面升降的控制。西部台隆区整体水体较浅，水动力强，有利于滩体发育。进一步的研究揭示，颗粒滩的发育受台隆区次一级微地貌高的控制，如西部台隆区在次级断裂作用下由西向东可分出3个地貌断阶，磨溪最高、高石梯次之、盘龙场最低，受微地貌控制，沿上述断阶发育3条滩带，依次是磨溪—女基井滩带、威远—高石梯滩带、盘龙场—合川滩带。据地震资料解释，这些滩带宽窄不一，一般为7~8km，最宽可达25km，呈NE—SW方向延伸叠置，长度可达百余千米。对磨溪地区滩体的精细研究显示：滩体的纵向发育受高频海平面变化控制，以磨溪 11 井、磨溪 12 井、磨溪 17 井等井为例，滩体最厚可达 80m，纵向上可细分 3 个次级沉积旋回，每个旋回由 3~4 个滩体组成，构成向上变粗的沉积序列，有时也可见向上变细的序列（颗粒滩+潮坪沉积）。内缓坡颗粒滩十分发育，分布面积达 20000km^2。值得指出的是，在西部台隆背景下，由于德阳—安岳裂陷压实效应的影响，该裂陷范围在龙王庙沉积时古地理仍然表现为低地貌，岩性以泥晶白云岩为主夹薄层颗粒白云岩。

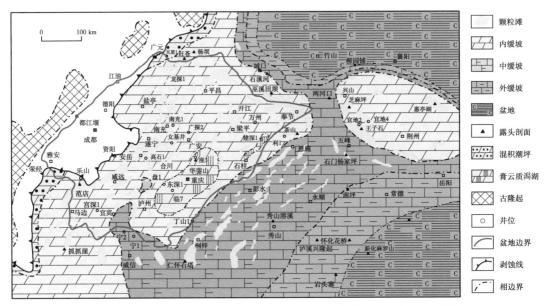

图 2　四川盆地及周缘寒武系龙王庙组上段沉积期构造—岩相古地理图

2　储层特征与成因

2.1　白云岩特征及成因

依据白云岩的岩石特征、地球化学特征和晶体结构特征，认为四川盆地龙王庙组白云石化作用主要发生于准同生阶段，少量白云石胶结物和鞍状白云石形成于埋藏阶段。

2.1.1　白云岩岩石特征

以威远—高石梯—磨溪—龙女寺地区为例，龙王庙组白云岩以砂屑白云岩及泥晶白云岩为主，有少量鲕粒白云岩。

砂屑白云岩的原岩推测为生物碎屑砂屑灰岩，残留的生物碎屑砂屑结构由粉—细晶白云石构成，见少量自形晶白云石胶结物及鞍状白云石（图 3a 至 d）。鲕粒白云岩的原岩推测为鲕粒灰岩，保留原岩结构，鲕粒由泥—粉晶白云石构成，见少量自形晶白云石胶结物（图 3e）。泥晶白云岩残留纹理构造，推测原岩为泥晶灰岩，几乎见不到白云石胶结物（图 3f）。

前人认为准同生期与蒸发环境相关的交代白云岩保留原岩的泥粉晶结构，埋藏白云岩往往呈晶粒结构，晶粒大小与原岩粒度和重结晶作用时间呈正相关，原岩结构的残留程度与原岩粒度呈正相关，与白云石晶体粒度呈负相关[22-24]。根据龙王庙组岩石特征分析，

154

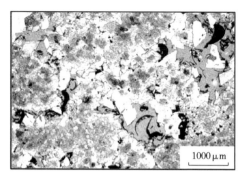

（a）粉—细晶白云岩。残留砂屑结构, 晶间（溶）
孔发育。磨溪17井4628.34 m, 铸体薄片,（－）

（b）粉—细晶白云岩。溶蚀孔洞被自形晶白云
石胶结物充填。磨溪23井4809.70m。岩心

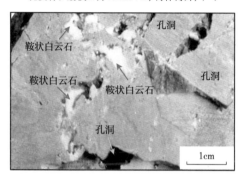

（c）粉—细晶白云岩。溶蚀孔洞被鞍状白云石
部分充填。磨溪101井2306.50 m。岩心

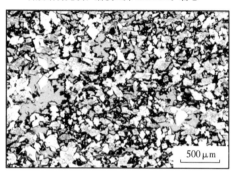

（d）粉—细晶白云岩。几乎无砂屑结构, 初始颗
粒组分为生物碎屑, 晶间(溶)孔发育。磨溪
12井4644.50~4644.60 m。铸体薄片,（－）

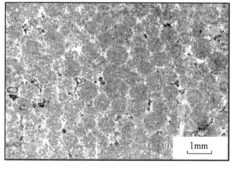

（e）鲕粒白云岩。保留原岩结构, 鲕粒由泥—粉晶
白云石构成, 粒间孔发育, 见亮晶白云石胶结。
高石6井4546.23 m。铸体薄片,（－）

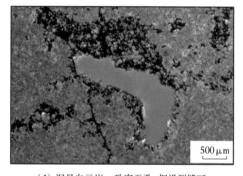

（f）泥晶白云岩。致密无孔, 但沿裂缝可
发育溶蚀孔洞。磨溪12井4620.76 m。
铸体薄片,（－）

图3　四川盆地龙王庙组白云岩岩石类型和孔隙类型

砂屑白云岩、鲕粒白云岩及泥晶白云岩形成于准同生期的交代作用, 残留的原岩结构说明
白云岩形成后在埋藏期几乎未受到重结晶作用的叠加改造; 自形晶白云石胶结物和鞍状白
云石形成于埋藏期, 主要充填于溶蚀孔洞及裂缝中。与塔里木盆地中下寒武统白云
岩[25,26]、鄂尔多斯盆地马家沟组白云岩[27]、四川盆地雷口坡组白云岩[28]类似, 龙王庙期
膏盐湖的发育为准同生期与蒸发环境相关的交代白云石化提供了古气候和古地理背景, 可
通过渗透回流白云石化[29]或蒸发泵白云石化[30]模式对龙王庙组白云岩进行成因解释。

2.1.2 白云岩地球化学特征

选取龙王庙组交代成因白云石（包括泥晶白云石、鲕粒白云石、粉—细晶白云石）、砂屑白云岩中自形晶白云石胶结物及鞍状白云石样品，开展碳氧稳定同位素、锶同位素、微量元素、稀土元素等测试，结果显示不同组构白云石的地球化学特征存在明显差异。

碳氧同位素和锶同位素具有明显的三分性（图4a，b），从交代成因白云石—自形晶白云石胶结物—鞍状白云石碳氧同位素组成逐渐变轻，体现了形成环境随埋深加大的温度效应[31,32]。交代成因白云石形成于温度较低的近地表环境，自形晶白云石胶结物形成于温度较高的浅—中埋藏成岩环境，鞍状白云石的形成温度最高，与深层热液活动有关。锶同位素具有逐渐变轻并趋于与寒武纪海水$^{87}Sr/^{86}Sr$值一致的现象，交代成因白云石$^{87}Sr/^{86}Sr$值明显高于同期海水的异常现象可能与淡水加入或陆源物质加入有关。

龙王庙组白云岩Fe、Mn含量及发光特征较复杂，可分为4个区（图4c）。Ⅰ区（Mn含量<100μg/g）：均不发光，指示氧化环境[33]，主要见于泥晶白云石、粉晶白云石中。Ⅱ区（Mn含量>100μg/g，Mn/Fe>1）：明亮发光，指示强还原环境[33]，主要见于鞍状白云石及部分自形晶白云石胶结物中。Ⅲ区（Mn含量>100μg/g，Mn/Fe<1，Fe含量>3000μg/g）：不发光，指示氧化环境，见于部分泥晶白云石、鲕粒白云石、细晶白云石中。Ⅳ区（Mn含量>100μg/g，Mn/Fe<1，Fe含量<3000μg/g）：有的发光，有的不发光，主要见于部分粉—细晶白云石、泥晶白云石、自形晶白云石胶结物中。Fe和Mn的绝对含量与相对含量对矿物的发光有独立的控制作用。交代成因白云石主要形成于准同生期与蒸发海水相关的

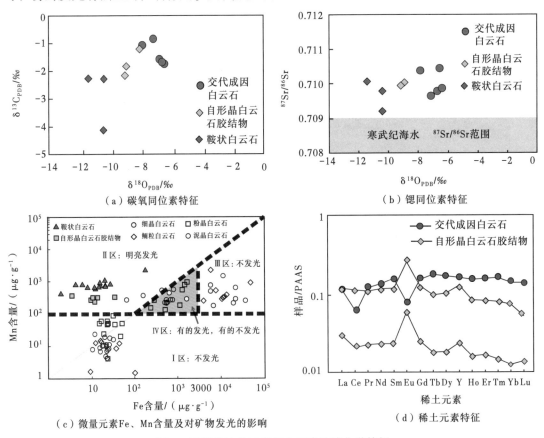

图4 四川盆地龙王庙组白云岩地球化学特征

氧化环境，部分粉—细晶白云石的发光与埋藏成岩叠加改造有关，自形晶白云石胶结物及鞍状白云石主要形成于埋藏期的还原环境，部分不发光的自形晶白云石胶结物可能代表埋藏晚期的最后一期胶结物。

将龙王庙组稀土元素数据用澳大利亚晚太古宙页岩进行标准化处理，其配分模式显示交代成因白云石具有 Ce 和 Eu 负异常，而自形晶白云石胶结物具有明显的 Eu 正异常特征（图 4d）。负异常指示准同生期 Ce^{3+} 被氧化成易溶的 Ce^{4+}、Eu^{3+} 被还原为易溶的 Eu^{2+} 而迁移贫化的结果；Ce 和 Eu 正异常，指示埋藏期 Ce^{3+} 被还原为难溶的 Ce^{2+}、Eu^{3+} 被氧化为难溶的 Eu^{4+} 的结果[34,35]。

2.1.3 白云石晶体结构特征

白云石晶体生长速度与白云石有序度、晶胞参数、晶格缺陷、晶面条纹和晶面间距等晶体结构特征密切相关[36]，能够间接反映白云石的成因。本文选取龙王庙组不同类型的白云石样品，开展晶体结构特征研究，为白云石成因分析提供了新的证据（表 2）。

表 2　四川盆地龙王庙组不同类型白云石晶体结构特征参数表

白云石类型	有序度	晶胞参数（C）	晶格缺陷	晶面条纹	晶面间距/nm	成因解释
泥晶白云石	0.40~0.54	偏小	少	紧密镶嵌	—	准同生期交代白云石化
鲕粒白云石	0.50~0.65	偏小	少	紧密镶嵌	—	
粉—细晶白云石（砂屑白云岩）	0.60~0.80	略小	少	紧密镶嵌	0.3560	准同生期交代白云石化叠加埋藏改造
砂屑白云岩中自形晶白云石胶结物	0.86~0.97	偏大	少	规则整齐	0.3746	埋藏期白云石化
鞍状白云石	0.42~0.68	最大	枝状、带状缺陷众多	明显弯曲	0.3887	热液白云石化

龙王庙组准同生期交代成因的白云石是快速交代作用的产物，埋藏期鞍状白云石是快速生长的产物，因此这 2 类白云石的有序度低，而白云石胶结物具有缓慢生长的特征，故白云石有序度高。白云石晶体沿 C 轴方向生长快，晶胞参数大，准同生期交代成因白云石晶体生长速度极慢，晶胞参数偏小；埋藏期自形晶白云石胶结物生长速度较交代成因白云石快，晶胞参数偏大；鞍状白云石的晶体生长速度最快，晶胞参数最大。鞍状白云石的快速生长还会导致晶格缺陷概率和晶面间距明显高于自形晶白云石胶结物，而且由于晶格缺陷过多导致晶面弯曲，自形晶白云石胶结物的晶面要比鞍状白云石规则整齐得多。

2.2 白云岩储层发育主控因素

前文讨论了龙王庙组白云岩的成因，但白云石化在孔隙建造中的作用长期以来一直是争论的焦点[37-39]。本文开展储层特征、储层非均质性和有效储层分布研究，结合溶蚀模拟实验结果，认为龙王庙组白云岩储层发育的主控因素是溶蚀作用，而非白云石化作用，这对有效储层预测具有重要的指导意义。

2.2.1 颗粒滩是白云岩储层发育的物质基础

砂屑白云岩为龙王庙组储层的主体，发育粒间孔、晶间孔、晶间溶孔、溶蚀孔洞及裂缝（图3a至d）。鲕粒白云岩粒间孔发育，粒间几乎无胶结物或仅有少量自形晶白云石胶结物（图3e）；泥晶白云岩除沿裂缝发育少量溶蚀孔洞外，几乎不发育孔隙（图3f）。高石梯—磨溪地区龙王庙组物性数据揭示：砂屑白云岩和少量鲕粒白云岩为有效储层，多数孔隙度为2%~6%，渗透率为0.01~1mD，少量孔隙度大于6%，渗透率大于1mD；泥晶白云岩为非储层，孔隙度多小于2%，渗透率多小于0.01mD。此外，勘探实践证实，磨溪构造龙王庙组白云岩储层钻遇率和厚度比高石梯构造高，这与磨溪构造龙王庙组颗粒滩沉积比高石梯构造发育有关：磨溪构造钻遇龙王庙组颗粒滩的地层厚度平均为70m左右，高石梯构造钻遇龙王庙组颗粒滩的地层厚度平均为40m左右。

2.2.2 准同生溶蚀作用是颗粒滩储层孔隙发育的关键

虽然颗粒滩相白云岩构成龙王庙组储层的主体，但并非所有的颗粒滩相白云岩都是储层，有些颗粒（砂屑、鲕粒）白云岩很致密。在垂向上，多孔的颗粒白云岩、致密的颗粒白云岩与致密泥晶白云岩形成多期次旋回并相互叠置。基于测井数据，结合取心段岩性及物性的标定，应用碳酸盐岩结构组分测井定量识别技术对龙王庙组进行了岩性识别，通过统计发现，有效储层普遍位于沉积旋回的顶部。例如，磨溪21井龙王庙组厚度为120m，其中砂屑白云岩厚度为70m，在垂向上发育3期由下部泥晶白云岩、中部致密砂屑白云岩、上部孔隙型砂屑白云岩构成的向上变浅旋回。有效储层（孔隙度>2%）位于旋回的上部，3期的储层厚度分别为2m、6m和5m，占砂屑白云岩总厚度的18.6%，储层发育显然与滩体在沉积期的暴露和溶蚀有关。

矿物成分对溶蚀强度影响的模拟实验进一步证实，准同生期大气淡水溶蚀作用对孔隙的发育具有重要贡献，其发生在白云石化之后[12]：未白云石化的灰质、石膏等残留易溶组分在大气淡水溶蚀作用下形成组构选择性溶孔，当残留易溶组分达到一定的含量时，可形成蜂窝状溶孔；而不易溶的白云石构成坚固的格架，有利于溶孔的保存。此后，在埋藏环境下，白云岩和石灰岩均可发生溶蚀作用形成孔隙。

2.2.3 埋藏溶蚀孔洞对储集空间具有重要贡献

岩心和薄片观察揭示：溶蚀孔洞也是龙王庙组白云岩非常重要的储集空间，而且主要见于颗粒滩相白云岩中，是对准同生期形成的组构选择性溶孔的重要补充（图5a，b），少量见于泥晶白云岩中，沿裂缝发育（图5c，d）。储层模拟实验证实这些非组构选择性溶蚀孔洞为埋藏溶蚀作用的产物，对储集空间的贡献率很大（图5e，f），而且主要沿准同生期形成孔隙的发育带及裂缝分布，具有继承性。

在埋藏环境下，有机酸、TSR、热液等的作用可使碳酸盐岩发生溶蚀形成孔洞[38]。为了定量化评估埋藏溶蚀作用对储层物性的贡献，本文选取具一定初始孔隙度和渗透率的鲕粒白云岩、粉—细晶白云岩、砂屑白云岩样品，开展溶蚀量定量模拟实验。结果表明：在漫长开放埋藏体系下通过埋藏溶蚀作用可以形成规模优质储层。

埋藏溶蚀孔洞的分布规律是深层优质规模储层预测的关键。本文选取砂屑灰岩和砂屑白云岩样品，开展不同温压条件下物性对溶蚀强度影响的实验。模拟实验结果揭示：埋藏环境下岩石的孔隙大小和连通性控制溶蚀强度，甚至比矿物成分的控制作用更强。这很好地解释了龙王庙组白云岩埋藏及热液溶蚀作用形成的溶蚀孔洞也主要受层序界面控制的原因：先存的粒间孔、晶间孔和裂缝为有机酸、TSR和热液等作用的埋藏溶蚀介质提供了通

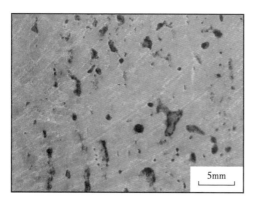

（a）砂屑白云岩。溶蚀孔洞发育，沥青充填。
磨溪12井4942.52m。岩心

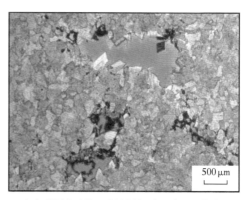

（b）砂屑白云岩。砂屑由粉—细晶白云石构成，
几乎无残留砂屑结构，溶蚀孔洞发育，沥青充填。
磨溪13井4615.35m。铸体薄片，（-）

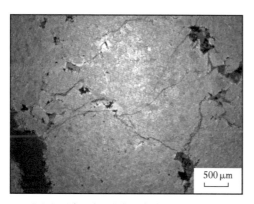

（c）泥晶白云岩。致密无孔，但沿裂缝发育
溶蚀孔洞。磨溪13井4614.75m。
铸体薄片，（-）

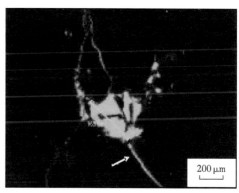

（d）泥晶白云岩。致密无孔，但沿微裂缝发育
溶蚀孔洞。磨溪13井4614.75m。
普通薄片，荧光

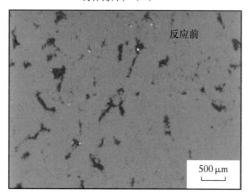

（e）砂屑白云岩。见晶间孔、晶间溶孔及裂缝，
孔隙度9.85%，渗透率2.17mD。磨溪13井
4614.75m。岩心，溶蚀作用前

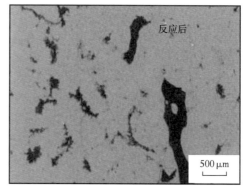

（f）与e同一视域。沿裂缝及晶间孔、晶间溶孔
的溶蚀扩大形成溶蚀孔洞，孔隙度21.35%，
渗透率6.18mD。溶蚀作用后

图5　四川盆地龙王庙组白云岩埋藏溶蚀孔洞

道，好的孔隙度和连通性增大了白云岩的溶蚀强度，导致大量溶蚀孔洞沿先存的孔隙发育
带、裂缝带叠加发育，具有继承性。

3 龙王庙组储层分布

基于储层成因认识进展，通过有利颗粒滩相带刻画、暴露面识别、埋藏史—温压史—流体史的恢复，预测和评价四川盆地龙王庙组储层分布。

首先，基于储层的相控性和准同生溶蚀对孔隙贡献的地质认识，认为颗粒滩相带和沉积古地貌高地是埋藏前先存孔隙最有利的发育区。据此，对四川盆地龙王庙组埋藏前先存孔隙发育区进行评价：Ⅰ类区颗粒滩最发育，而且处于沉积古地貌最高部位；Ⅱ类区颗粒滩较发育，处于沉积古地貌较高部位；Ⅲ类区颗粒滩不发育，处于古地貌较低部位。

四川盆地龙王庙组埋藏溶蚀孔洞对储集空间的贡献较大，而且主要沿准同生期形成的孔隙发育带及裂缝带分布，因此埋藏溶蚀孔的分布预测和评价成为储层分布预测和评价非常重要的因素。由于龙王庙组碳酸盐岩溶蚀量在地层温度 $60 \sim 120$ ℃（相当于地层埋深 $1370 \sim 3590$ m）时有一个溶蚀有利窗口，此成孔高峰期恰好也是烃源岩成熟和释放大量有机酸的窗口[40]，因此综合考虑埋藏史（龙王庙组经历 $1370 \sim 3590$ m 埋深的时间越长，埋藏溶孔越发育）、与烃源岩的距离（与烃源岩越近，有机酸丰度越高）、所处的构造位置（构造高部位是油气和有机酸的运移指向区，有利于孔隙的生成和保存）及断裂分布，编制了四川盆地龙王庙组埋藏溶蚀孔洞发育区评价图（图6）。同时，叠合埋藏前先存孔隙发育带，编制了四川盆地龙王庙组颗粒滩白云岩储层分布和评价图（图7）：Ⅰ类区，埋藏前先存孔隙和埋藏溶蚀孔洞均发育；Ⅱ类区，埋藏前先存孔隙和埋藏溶蚀孔洞较发育；Ⅲ类区，埋藏前先存孔隙和埋藏溶蚀孔洞不发育。如图7所示，盐亭—安岳—威远一带滩体多期叠置、处于古地貌高部位且埋藏溶蚀发育，是最理想的勘探区带。

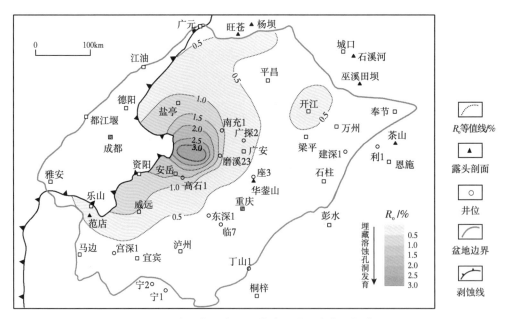

图6 四川盆地龙王庙组埋藏溶蚀孔洞发育区评价图

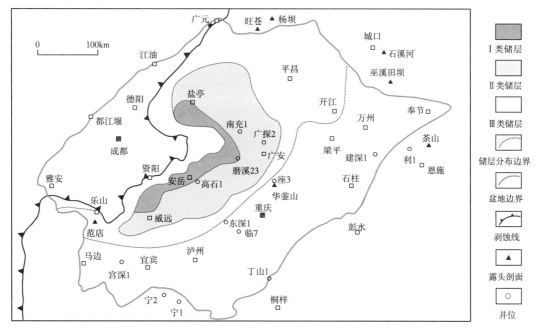

图7　四川盆地龙王庙组颗粒滩白云岩储层分布和评价图

4　结论

（1）四川盆地寒武纪龙王庙期古地理呈远端变陡的碳酸盐缓坡格局，发育近岸潮坪、浅水内缓坡、开阔内缓坡、局限内缓坡、中缓坡、外缓坡及盆地等沉积相。

（2）白云岩储层主要分布于浅水内缓坡颗粒滩，膏盐湖的发育为颗粒滩发生准同生期与蒸发环境相关的白云石化提供了场所。储层发育于颗粒滩白云岩地层序列中，但并不是所有的颗粒滩白云岩都是储层。表生环境是龙王庙组颗粒滩白云岩储层孔隙发育的重要场所，储层的发育受颗粒滩的分布和层序界面（暴露面）控制。埋藏溶蚀孔洞对储集空间有重要的贡献，主要沿准同生期形成的孔隙带继承性发育，分布有规律可循。

（3）龙王庙组白云岩储层成因与主控因素的地质认识揭示Ⅰ类储层发育于盐亭—安岳—威远一带，此外，全盆地广布的颗粒滩均为潜在的勘探对象。

参 考 文 献

[1] 杨威，魏国齐，谢武仁，等. 四川盆地下寒武统龙王庙组沉积模式新认识 [J]. 天然气工业，2018，38（7）：8-15.

[2] 冉隆辉，谢姚祥，戴弹申. 四川盆地东南部寒武系含气前景新认识 [J]. 天然气工业，2008，28（5）：5-9，135-136.

[3] 邹才能，杜金虎，徐春春，等. 四川盆地震旦系—寒武系特大型气田形成分布、资源潜力及勘探发现 [J]. 石油勘探与开发，2014，41（3）：278-293.

[4] 杜金虎，邹才能，徐春春，等. 川中古隆起龙王庙组特大型气田战略发现与理论技术创新 [J]. 石油勘探与开发，2014，41（3）：268-277.

[5] 张满郎，谢增业，李熙喆，等. 四川盆地寒武纪岩相古地理特征 [J]. 沉积学报，2010，28（1）：128-139.

［6］杨威，谢武仁，魏国齐，等．四川盆地寒武纪—奥陶纪层序岩相古地理、有利储层展布与勘探区带［J］.石油学报，2012，33（增刊2）：21-34.

［7］冯伟明，谢渊，刘建清，等．上扬子下寒武统龙王庙组沉积模式与油气勘探方向［J］.地质科技情报，2014，33（3）：106-111.

［8］刘宝珺，许效松．中国南方岩相古地理图集：震旦纪—三叠纪［M］.北京：科学出版社，1994.

［9］周进高，房超，季汉成，等．四川盆地下寒武统龙王庙组颗粒滩发育规律［J］.天然气工业，2014，34（8）：27-36.

［10］杜金虎，张宝民，汪泽成，等．四川盆地下寒武统龙王庙组碳酸盐缓坡双颗粒滩沉积模式及储层成因［J］.天然气工业，2016，36（6）：1-10.

［11］王龙，沈安江，陈宇航，等．四川盆地下寒武统龙王庙组岩相古地理特征和沉积模式［J］.海相油气地质，2016，21（3）：13-21.

［12］沈安江，陈娅娜，潘立银，等．四川盆地下寒武统龙王庙组沉积相与储层分布预测研究［J］.天然气地球科学，2017，28（8）：1176-1190.

［13］张玺华，罗文军，文龙，等．四川盆地寒武纪龙王庙组沉积相演化及石油地质意义［J］.断块油气田，2018，25（4）：419-425.

［14］田艳红，刘树根，赵异华，等．四川盆地中部龙王庙组储层成岩作用［J］.成都理工大学学报（自然科学版），2014，41（6）：671-683.

［15］周进高，徐春春，姚根顺，等．四川盆地下寒武统龙王庙组储层形成与演化［J］.石油勘探与开发，2015，42（2）：158-166.

［16］张建勇，罗文军，周进高，等．四川盆地安岳特大型气田下寒武统龙王庙组优质储层形成的主控因素［J］.天然气地球科学，2015，26（11）：2063-2074.

［17］杨雪飞，王兴志，唐浩，等．四川盆地中部磨溪地区龙王庙组沉积微相研究［J］.沉积学报，2015，33（5）：972-982.

［18］代林呈，王兴志，杜双宇，等．四川盆地中部龙王庙组滩相储层特征及形成机制［J］.海相油气地质，2016，21（1）：19-28.

［19］周慧，张宝民，李伟，等．川中地区龙王庙组洞穴充填物特征及油气地质意义［J］.成都理工大学学报（自然科学版），2016，43（2）：188-198.

［20］谢武仁，杨威，李熙喆，等．四川盆地川中地区寒武系龙王庙组颗粒滩储层成因及其影响［J］.天然气地球科学，2018，29（12）：1715-1726.

［21］韩波，何治亮，任娜娜，等．四川盆地东缘龙王庙组碳酸盐岩储层特征及主控因素［J］.岩性油气藏，2018，30（1）：75-85.

［22］赵文智，沈安江，胡素云，等．中国碳酸盐岩储层大型化发育的地质条件与分布特征［J］.石油勘探与开发，2012，39（1）：1-12.

［23］赵文智，沈安江，周进高，等．礁滩储层类型、特征、成因及勘探意义：以塔里木和四川盆地为例［J］.石油勘探与开发，2014，41（3）：257-267.

［24］郑剑锋，沈安江，乔占峰，等．塔里木盆地下奥陶统蓬莱坝组白云岩成因及储层主控因素分析：以巴楚大班塔格剖面为例［J］.岩石学报，2013，19（9）：3223-3232.

［25］沈安江，郑剑锋，潘文庆，等．塔里木盆地下古生界白云岩储层类型及特征［J］.海相油气地质，2009，14（4）：1-9.

［26］郑剑锋，沈安江，莫妮亚，等．塔里木盆地寒武系—下奥陶统白云岩成因及识别特征［J］.海相油气地质，2010，15（1）：6-14.

［27］苏中堂．鄂尔多斯盆地古隆起周缘马家沟组白云岩成因及成岩系统研究［D］.成都：成都理工大学，2011.

［28］沈安江，周进高，辛勇光，等．四川盆地雷口坡组白云岩储层类型及成因［J］.海相油气地质，

162

2008, 13 (4): 19-28.

[29] Adams J E, Rhodes M L. Dolomitization by seepage refluxion [J]. AAPG bulletin, 1960, 44 (12): 1912-1920.

[30] Mckenzie J A, Hsu K J, Schneider J E. Movement of subsurface waters under the sabkha, Abu Dhabi, UAE, and its relation to evaporative dolostone genesis [J]. SEPM special publication, 1980, 28: 11-30.

[31] Arthur M A, Anderson T F, Aplan I R, et al. Stable isotopes in sedimentary geology [M]. Tulsa: SEPM short course, 1983: 10.

[32] Hoefs J. Isotopic properties of selected elements [M]// Stable isotope geochemistry. Berlin Heidelberg: Springer, 1987.

[33] Budd D A, Hammes U, Ward W B. Cathodoluminescence in calcite cements: new insights on Pb and Zn sensitizing, Mn activation, and Fe quenching at low trace-element concentrations [J]. Journal of sedimentary research, 2000, 70 (1), 217-226.

[34] Olivarez A M, Owen R M. The europium anomaly of seawater: implications for fluvial versus hydrothermal REE inputs to the oceans [J]. Chemical geology, 1991, 92 (4): 317-328.

[35] 胡忠贵, 郑荣才, 周刚, 等. 川东邻水—渝北地区石炭系古岩溶储层稀土元素地球化学特征 [J]. 岩石矿物学杂志, 2009, 28 (1): 37-44.

[36] Miser D E, Swinnea J S, Steinfink H. TEM observations and X-ray crystal-structure refinement of a twinned dolomite with a modulated microstructure [J]. American Mineralogist, 1987, 72 (1/2): 188-193.

[37] Fairbridge R W. The dolomite question [C]//Leblanc R J, Breeding J G. Regional aspects of carbonate deposition: a symposium sponsored by the Society of Economic Paleontologists and Mineralogists. Wisconsin: George Banta Company. 1957, 5: 125-178.

[38] Moore C H. Carbonate reservoirs: porosity evolution and diagenesis in a sequence stratigraphic framework [M]. New York: Elsevier, 2001.

[39] Lucia F J. Carbonate reservoir characterization [M]. Berlin: Springer-Verlag, 1999: 226.

[40] 佘敏, 蒋义敏, 胡安平, 等. 碳酸盐岩溶蚀模拟实验技术进展及应用 [J]. 海相油气地质, 2020, 25 (1): 12-21.

原文刊于《海相油气地质》, 2020, 25 (2): 171-180.

四川盆地寒武系洗象池组
岩相古地理及储层特征

谷明峰[1,2]，李文正[1,2]，邹　倩[3]，周　刚[2,4]，张建勇[1,2]，
吕学菊[1,2]，严　威[4]，李堃宇[4]，罗　静[5]

1. 中国石油杭州地质研究院；2. 中国石油集团碳酸盐岩储层重点实验室；
3. 中国石油勘探开发研究院；4. 中国石油西南油气田公司勘探开发研究院；
5. 中国石油西南油气田公司川西北油气矿

摘　要　在典型野外露头、岩心以及岩石薄片观察的基础上，结合实验分析数据，对四川盆地寒武系洗象池组岩相古地理、储层特征及其主控因素进行了研究。结果表明：（1）洗象池组沉积期为镶边碳酸盐台地沉积环境，盆地整体位于局限台地内部，在梁平—重庆台洼两侧发育高能滩相；（2）储层多发育在洗象池组中上段，岩性以颗粒白云岩、晶粒白云岩、藻白云岩为主，主要储集空间为溶蚀孔洞、粒间孔、晶间孔与裂缝，孔隙度集中分布在 2%～5%，平均为 3.46%；（3）储层的形成与分布受沉积相、准同生溶蚀作用与表生岩溶作用共同控制，储层主要发育在古地貌较高部位、海水向上变浅旋回的上部及奥陶系尖灭线附近。预测位于台洼两侧的合川—广安与南川—石柱一带古地貌高部位为有利滩相储层发育区，西充—广安—潼南地区为有利岩溶储层发育区；指出西充—广安一带为有利勘探靶区。

关键词　岩相古地理；颗粒滩；岩溶作用；储层；碳酸盐岩；洗象池组；四川盆地

近年来，四川盆地震旦系—寒武系的油气勘探主要聚焦于震旦系灯影组、寒武系龙王庙组，并在川中古隆起的高石梯—磨溪地区获得天然气勘探的重大突破[1-4]。中—上寒武统洗象池组作为重要的后备勘探领域和接替层系，自 1966 年威 12 井中途测试获得突破后，仅在威远地区获得天然气探明储量 $85.08×10^8 m^3$。就整个四川盆地而言，洗象池组勘探程度相对较低。

前人对洗象池组层序地层、岩相古地理与储层特征进行了大量研究，认为四川盆地洗象池组沉积期发育碳酸盐台地，局部发育颗粒滩沉积，经沉积期及风化期岩溶作用可形成储层，但在层序划分方案[5-7]、颗粒滩有利区的分布[6-8]、储层主控因素[8,9]等方面仍存在分歧，这制约了针对洗象池组的油气勘探部署。本文在观察野外露头、岩心和薄片的基础上，结合储层地球化学特征，综合钻井、地震资料，对洗象池组沉积演化、储层成因开展了系统的研究，以期厘清古环境与储层发育的潜在联系，为评价与预测优质储层提供地质依据，为下一步勘探指明方向。

第一作者：谷明峰，硕士，工程师，主要从事碳酸盐岩储层成因研究与地震预测工作。通信地址：310023 浙江省杭州市西湖区西溪路 920 号；E-mail：gumf_hz@petrochina.com.cn。

1 岩相古地理特征

四川盆地中—上寒武统洗象池组为一套海相碳酸盐沉积，岩性以浅灰色、灰色、灰黄色白云岩、泥质白云岩为主，局部含砂质，夹鲕粒白云岩及硅质条带或结核。洗象池组沉积期受加里东期古隆起及海平面早期快速海侵和晚期缓慢海退[6]的影响，呈现西北高、东南低的沉积格局，地层厚度西北薄、东南厚[10]（图1），表现为填平补齐的特征，古地势低洼区沉积厚度远大于地势高区。洗象池组在川北南江、旺苍、广元及川西北龙门山前缘一带缺失，乐山、威远、自贡、龙女寺一带厚度介于 $100 \sim 300m$，邻水、永川一带厚约 $500m$，重庆地区的临7井—座3井一带为盆地内沉积中心，厚度可达 $800m$，至盆地东南边缘石柱、南川一带厚度为 $600 \sim 700m$，川东秀山—永顺地区甚至超过 $1000m$。

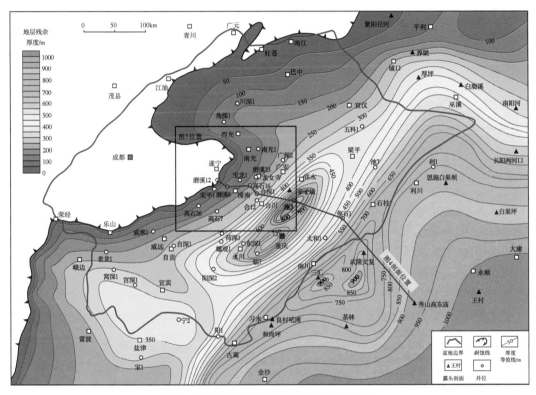

图1 四川盆地洗象池组地层残余厚度图

通过野外剖面、岩心与薄片观察及钻井资料分析，认为上扬子区洗象池组整体为镶边台地沉积，台地边缘在现今湖南与城口—鄂北地区。沉积环境横向变化较大，西部靠近古陆发育混积潮坪，向东逐渐过渡到清水碳酸盐台地，自西向东（由陆向海）依次发育混积潮坪、云坪、台地、台地边缘、斜坡—盆地（图2）。台缘带主要分布在大庸—永顺一带，发育巨厚颗粒滩相沉积；城口—鄂西断裂以北、永顺—大庸以东为斜坡相沉积，发育斜坡角砾灰岩（图3a），局部见膏质潟湖亚相（图3b）。四川盆地内部主要为碳酸盐台地相，可进一步划分为台内洼地、颗粒滩、云坪等亚相。合川—广安与南川—石柱地区发育2条台内颗粒滩带，重庆—梁平一带发育台内洼地，呈北东—南西向展布，洼地边缘发育颗粒滩。

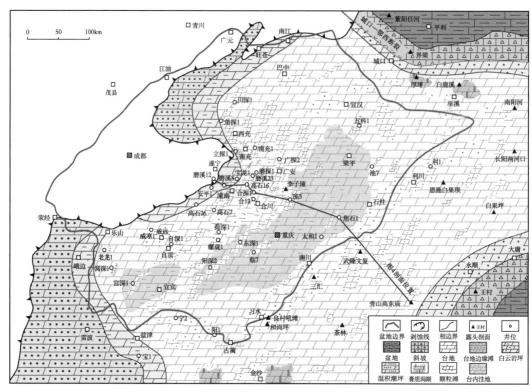

图 2　四川盆地洗象池组岩相古地理图

潮坪相主要分布在川西北及川西南一隅，受加里东运动抬升剥蚀的影响，川中地区残存较少，呈窄条带状展布。潮坪相沉积处于局限台地向陆侧海岸带，为地形平坦，随潮汐涨落而周期性淹没、暴露的环境。岩性以粉砂质泥—粉晶白云岩、泥灰质粉砂岩、泥质泥晶白云岩为主，为陆源碎屑和清水碳酸盐的混合沉积，发育羽状层理（图 3c）、交错层理（图 3d）等典型相标志。

颗粒滩相主要分布在合川—广安与习水—石柱一带，发育于台洼边缘坡折带上的古地貌高地，沉积水体能量较高，受潮汐和波浪作用的持续影响，发育多种颗粒岩，如砂屑白云岩（图 3e，f）、鲕粒白云岩（图 3g，h）、砾屑白云岩（图 3i）等。

滩间海位于局限台地内颗粒滩之间，水体环境相对闭塞、安静，以沉积细粒物质为主，沉积灰色—深灰色纹层状泥—粉晶白云岩夹少量颗粒白云岩，伽马曲线形态平直，略有起伏。

台内洼地沉积主要分布在重庆—梁平一带，水体环境半封闭，能量低，沉积厚度大，以纹层状泥质泥晶白云岩、粉晶白云岩为主，夹风暴作用形成的薄层砂屑白云岩。膏质潟湖相（图 3b）主要分布在川东北巫溪及川南金沙地区（图 2）。

川东北城口地区与川东南永顺—大庸地区发育台缘相沉积，主要为厚层颗粒岩，呈窄相带展布。斜坡相与其相邻，主要分布在城口—鄂西断裂以北、大庸—永顺以东，发育斜坡角砾灰岩，如界梁剖面（图 3a）。

前人研究表明：四川盆地寒武纪为稳定克拉通盆地发育时期，整体呈西高东低的沉积格局[11]。早寒武世龙王庙期为蒸发环境下的缓坡沉积模式，台地内部梁平—重庆地区发

166

（a）斜坡相，角砾状灰岩。
界梁剖面

（b）膏质潟湖亚相，膏质白云岩、
膏溶角砾岩。厚坪剖面

（c）泥质泥晶白云岩，发育羽状层理。
安平1井4508.06~4508.13m。岩心

（d）潮坪相。含陆源粉砂的砂屑灰岩，
发育交错层理。高石26井5056.11~
5056.25m。岩心

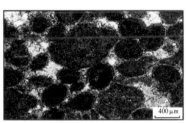

（e）颗粒滩相，砂屑白云岩。
合12井4710m。蓝色铸体薄片，（-）

（f）颗粒滩相，砂屑白云岩。
螺观1井5341.2m。岩心

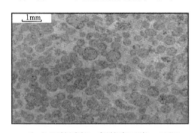

（g）颗粒滩相，鲕粒白云岩。三汇
剖面第85层B1。蓝色铸体薄片，（-）

（h）颗粒滩相，鲕粒白云岩。和尚坪
剖面第13层中部

（i）颗粒滩相，颗粒白云岩。三汇
剖面第53层中部

图3　四川盆地洗象池组沉积相标志的野外露头和镜下微观照片

育蒸发盐盆[1]，表明发生了海退与海水咸化。中寒武世高台期盆地仍为西北高、东南低的沉积格局，海退继承性发展，古陆扩大，盆地中西部沉积物中陆源碎屑增多，为混积潮坪相；向东局限台地继承性发展，在永顺地区形成碳酸盐岩障壁；台地内部梁平—重庆地区因海水变浅、进一步浓缩咸化，使得蒸发盐盆范围扩大（图4）。中—晚寒武世洗象池期继承了西北高、东南低，并且盆地腹部发育蒸发盐盆的古地理格局，在其沉积早期发生了快速的大规模海侵，使得四川盆地被大范围分布的局限台地相所覆盖（图2），台地内蒸发浓缩的封闭环境演变为开放—半开放环境，梁平—重庆地区从蒸发膏盐盆，转变为台内洼地沉积（图4）。受古地貌控制，台洼两侧水体能量较高，发育高能颗粒滩带。

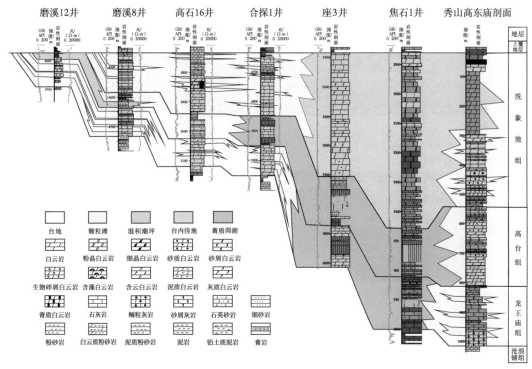

图4 四川盆地磨溪12—磨溪8—高石16—合探1—座3—焦石1—秀山高东庙寒武纪沉积演化剖面
（剖面位置见图2）

2 储层特征及主控因素

2.1 储层特征

基于野外露头、岩心及薄片观察，可将洗象池组储层的岩性划分为3类：颗粒白云岩（图5a至c）、晶粒白云岩（图5d、e）和藻白云岩（图5f）。洗象池组储层孔隙类型包括溶蚀孔洞、粒间孔、晶间孔和裂缝。

溶蚀孔洞是洗象池组最主要的储集空间，在上述3种岩石中均较为发育。受准同生溶蚀、表生岩溶和埋藏溶蚀作用的多重影响，溶蚀孔洞的洞径一般在2mm以上，最大可达12mm。在野外剖面及岩心上，溶蚀孔洞常顺层或顺层理分布（图5c），亦可见渗流粉砂，裂缝中充填黄铁矿或巨晶白云石（图5d）。

168

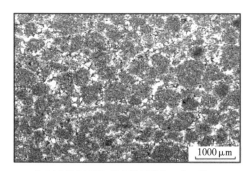

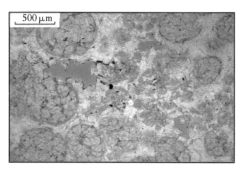

（a）砂屑白云岩，残余粒间溶孔。合12井
4848.62m。蓝色铸体薄片，（－）

（b）鲕粒白云岩，亮晶白云石胶结，残余粒间孔
及粒间扩溶孔发育，面孔率5%~8%。三汇剖
面第85层B1。蓝色铸体薄片，（－）

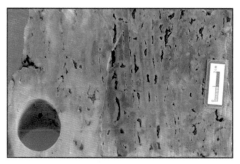

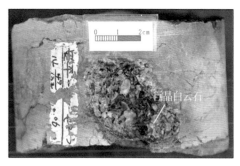

（c）灰色砂屑白云岩。溶蚀孔洞及准层状溶蚀
孔发育，并被沥青、白云石等充填。广探2
井5343.37~5343.54 m。岩心

（d）粉晶白云岩，孔洞被巨晶白云石与沥青半充
填。安平1井4551.24~4551.30 m。岩心

（e）粉晶白云岩，晶间溶孔发育。秀山高东庙
剖面第152层B1。蓝色铸体薄片，（－）

（f）藻白云岩，溶孔发育。习水和尚坪
剖面第13层

图5　四川盆地洗象池组储层岩性及储集空间特征

　　粒间孔主要发育在颗粒白云岩中，其孔径大小与粒径密切相关，在岩心与露头上常呈针孔状。孔径大小为0.02~0.20mm，镜下呈不规则多边形，多见残余粒间孔与扩溶孔，面孔率可达5%~8%（图5a，b）。

　　晶间孔主要指白云石晶体之间的孔隙，发育在晶粒白云岩中（图5e）。孔径大小介于0.001~0.01mm，孔隙形态不规则，多呈三角形、多边形或溶蚀港湾状，杂乱分布，其中可见沥青充填。

　　裂缝类型包括因构造破裂作用与埋藏溶蚀而形成的构造缝、溶蚀缝。构造缝发育受构造部位和断层控制，多见溶蚀缝伴随酸性流体的溶蚀作用，可见裂缝相互交叉，并连接孔隙，这可提高先期孔洞的沟通能力，有利于储层物性的改造[12]。

洗象池组白云岩储层物性不均，对四川盆地典型取心井及野外露头样品的物性统计如表 1 所示：1554 个柱塞样品的孔隙度小于 19.18%，平均为 3.46%，孔隙度集中分布在 2%~5%；1402 个样品的渗透率分布在 0.000001~419.0mD，平均为 0.99mD。林怡等[13]对全盆地样品孔渗关系的分析表明：洗象池组储层具有双重介质性质，孔渗关系总的相关性不好，具有明显的裂缝参与渗流的特征，其储层类型为裂缝—孔隙型。

表 1 四川盆地洗象池组岩心及露头样品物性统计

钻井/露头	孔隙度/%				渗透率/mD			
	样品数	最小值	最大值	平均值	样品数	最小值	最大值	平均值
合 12 井[7]	297	0.11	7.13	1.27	282	0.000032	145.0	1.45
临 7 井[7]	413	0.15	9.16	1.14	402	<0.00987	75.4	2.79
女深 5 井[7]	88	0.13	3.11	0.83	88	0.000098	52.9	0.19
威寒 1 井[8]	566	0.16	5.64	1.07	460	0.00005	419.0	1.28
威 4 井[7]	5	4.10	19.18	11.95				
广探 2 井[8]	126		11.24	2.93	126	0.000001	28.1	0.30
三汇剖面[8]	9	2.51	12.50	5.60	9	0.0147	6.6	0.80
立探 1 井	16	2.09	7.34	4.02				
磨探 1 井	34	0.98	3.47	2.30	35	0.000398	0.0526	0.12

整体来说，洗象池组储层虽然与龙王庙组具有相似的岩石类型与储集空间，但是其物性总体表现为低孔低渗的特征，相比龙王庙组物性较差[14]。

2.2 储层发育特征

研究表明，纵向上洗象池组储层一般发育在地层旋回的中上部。洗象池组颗粒白云岩储层纵向上具有 2 种叠加类型：一种是多期颗粒滩纵向的直接叠置，形成巨厚储层，岩性以颗粒白云岩为主，溶孔溶洞极其发育；另一种是单旋回颗粒滩的纵向叠加，储层厚度相对较薄，下部发育灰色中—厚层砂屑白云岩，厚 1~6m，溶孔溶洞较发育，向上变为薄层泥质泥晶白云岩，顶部可见泥裂纹[8]。

2.3 储层主控因素

2.3.1 颗粒滩是优质储层发育的物质基础

一般而言，高能沉积体（滩）发育在地貌高部位浅水沉积区，早期易受大气淡水影响，有利于孔隙的形成。也就是说，沉积相控制颗粒滩的展布，而颗粒滩是优质储层发育的物质基础。野外露头、钻井资料及测井解释结果表明，盆地内洗象池组储层主要发育在台内颗粒滩亚相。除出露不全的华蓥山李子垭剖面（储层厚 17.3m）外，台内颗粒滩储层一般厚 43.75~136m，岩性以颗粒白云岩、晶粒白云岩为主，发育溶蚀孔洞、粒间孔与晶间孔[8]。

2.3.2 准同生溶蚀是形成溶蚀孔洞的关键因素

海平面下降引起的准同生大气淡水淋滤溶蚀作用是洗象池组颗粒滩形成大量溶蚀孔洞的关键因素，本文以重庆南川三汇剖面为例进行论述。

高频旋回是海平面变化最直观的反映，而碳同位素组成与海平面变化具有关联性[15-19]，因此可利用碳同位素演化来刻画碳酸盐岩地层的高频旋回，进而寻找其与储层发育的关系。为了探讨碳同位素与储层发育的关系，本文针对三汇剖面旋回性较好的15～17 小层进行了精细取样，并进行碳同位素分析，结果如图6 所示：15～17 小层共发育5 个向上变浅的高频旋回，每个旋回中的碳同位素值从底部向顶部逐渐减小；相应地，旋回底部为薄层深灰色泥晶白云岩，一般厚5～30cm，向上单层厚度逐渐增大，颜色变浅，逐渐

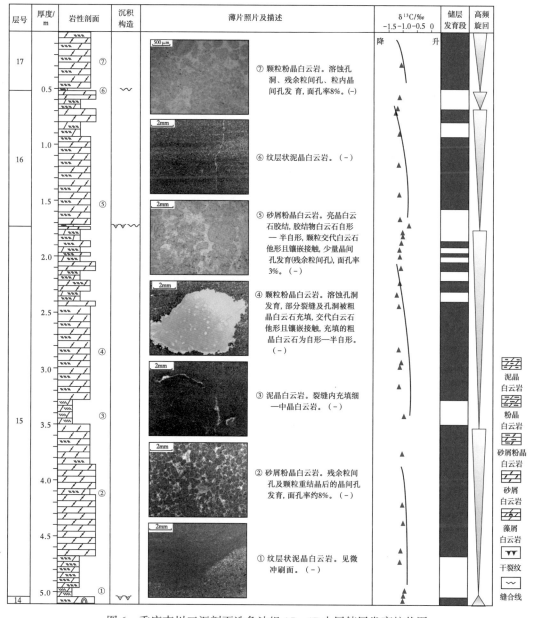

图6　重庆南川三汇剖面洗象池组15—17 小层储层发育柱状图

变为粉晶白云岩及颗粒白云岩，含砂屑、藻屑等，顶部可见薄层砂质泥晶白云岩，厚30cm左右，并发育暴露标志的干裂纹；另外，在旋回的下部，溶蚀孔洞少量发育，而在旋回的中上部，溶蚀孔洞则极其发育（图6）。

洗象池组沉积期发生了多次海平面下降，导致碳同位素演化具有多旋回负漂的特征，由此造成了碳酸盐岩地层的多旋回特征，同时形成了纵向上的多套储层，而且储层多发育在旋回的上部[20]。这是因为高位期海平面下降导致滩体暴露，处于古地貌高部位的滩体大面积、长时期暴露，形成大量溶蚀孔洞，因此储层物性较好。但是，位于古地貌低处的滩体或滩带翼部因短暂暴露或未暴露，溶蚀孔洞不发育，胶结作用强，储层物性较差。

2.3.3 表生岩溶作用有效改善了储集性能

加里东末期构造运动强烈，地层抬升并遭受剥蚀，致使川中—川西地区洗象池组部分缺失或直接出露，存在剥蚀天窗，与上覆地层之间发育显著的大型角度不整合，从而发育古风化壳，具有层间不平整的剥蚀或溶解面、溶解裂隙及与之连通的岩溶洞穴等古岩溶特征[21]。表生期岩溶作用主要发生在乐山—龙女寺古隆起周围，该期岩溶作用的持续时间较长，可能一直持续到早二叠世，使得沿乐山—龙女寺古隆起剥蚀区及有断裂沟通地表的区域岩溶作用较强，在古隆起核部及斜坡的局部地区形成大规模岩溶地貌，可形成孔隙型滩相岩溶储层，并见溶塌角砾岩、黄铁矿充填等，这些现象在安平1井、威寒1井、广探2井等钻井岩心中及磨溪23井成像测井中均可见到。

3 有利储层分布及区带评价

上述分析表明：颗粒滩的分布是控制储层发育的基础因素，它控制着储层发育的期次和平面展布；准同生溶蚀作用是形成主要储集空间的关键；表生岩溶作用可有效改善储层的物性。

洗象池组沉积时期继承了龙王庙组与高台组沉积期的古地理格局，发育梁平—重庆台洼，台洼两侧的合川—广安与南川—石柱一带古地貌高部位为有利滩相储层发育区。地震剖面上，洗象池组滩相储集体的反射特征为断续、中强波峰，因此利用二维地震和三维地震资料，结合已钻井及测井相，对川中地区洗象池组滩相储集体进行了刻画（图7），结果表明洗象池组滩相储集体主要分布在西充—广安—潼南地区，面积约为5000km²。西充—广安—潼南地区位于奥陶系尖灭线附近，岩溶作用强烈，可有效地改善洗象池组滩相储集体的物性，因此该区为滩相岩溶储层最有利区。多口钻井揭示洗象池组在剥蚀带附近含气性好，录井显示活跃，而且多口井测试获得工业气流，这表明该区具备良好的勘探潜力。

综合地质分析认为西充—广安地区洗象池组滩体规模大，岩溶作用强，毗邻筇竹寺组生烃中心，而且通源断裂发育，可有效沟通烃源岩，形成构造背景下的地层岩性气藏，可作为今后有利的勘探方向。

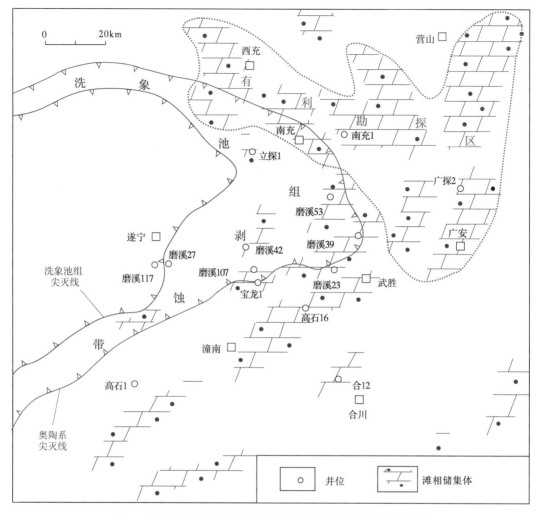

图 7 四川盆地中部地区洗象池组有利储层分布及区带评价图

4 结论与建议

洗象池组作为四川盆地重要的战略接替领域，目前研究程度较低，本次研究初步取得了 4 项认识：

（1）洗象池组沉积期为镶边碳酸盐台地沉积环境，自西向东（由陆向海）依次发育混积潮坪、台地、台地边缘、斜坡—盆地。四川盆地整体位于局限台地内部，发育梁平—重庆台洼，台洼两侧发育高能滩相。

（2）洗象池组储层主要发育在洗象池组的中上段，岩性以颗粒白云岩、晶粒白云岩、藻白云岩为主；储集空间主要有溶蚀孔洞、粒间孔、晶间孔与裂缝，孔隙度主要分布在 2%～5%，平均为 3.46%；台内颗粒滩储层厚度为 43.75～136m，平均约为 87m。

（3）储层的形成与分布受沉积相、准同生溶蚀作用与表生岩溶作用共同控制，颗粒滩是储层发育的基础，准同生溶蚀作用是形成主要储集空间的关键，岩溶作用可改善储集性能。

（4）预测台洼两侧合川—广安与南川—石柱一带古地貌高部位为有利滩相储层发育区，西充—广安—潼南地区为有利岩溶储层发育区；指出西充—广安一带为勘探靶区。

洗象池组作为新的勘探层系，研究之路才刚刚起步，今后仍有大量的工作需要开展，特别是川中—川北地区洗象池组岩溶古地貌的刻画，对于厘定加里东期岩溶作用、滩相岩溶储层的分布范围至关重要。

参 考 文 献

[1] 杜金虎，邹才能，徐春春，等．川中古隆起龙王庙组特大型气田战略发现与理论技术创新 [J]．石油勘探与开发，2014，41（3）：268-277.

[2] 邹才能，杜金虎，徐春春，等．四川盆地震旦系—寒武系特大型气田形成分布、资源潜力及勘探发现 [J]．石油勘探与开发，2014，41（3）：278-293.

[3] 徐春春，沈平，杨跃明，等．乐山—龙女寺古隆起震旦系—下寒武统龙王庙组天然气成藏条件与富集规律 [J]．天然气工业，2014，34（3）：1-7.

[4] 周进高，姚根顺，杨光，等．四川盆地安岳大气田震旦系—寒武系储层的发育机制 [J]．天然气工业，2015，35（1）：1-9.

[5] 杨威，谢武仁，魏国齐，等．四川盆地寒武纪—奥陶纪层序岩相古地理、有利储层展布与勘探区带 [J]．石油学报，2012，33（增刊2）：21-34.

[6] 赵爱卫．四川盆地及周缘地区寒武系洗象池群岩相古地理研究 [D]．成都：西南石油大学，2015.

[7] 李伟，樊茹，贾鹏，等．四川盆地及周缘地区中上寒武统洗象池群层序地层与岩相古地理演化特征 [J]．石油勘探与开发，2019，46（2）：226-240.

[8] 李文正，周进高，张建勇，等．四川盆地洗象池组储层的主控因素与有利区分布 [J]．天然气工业，2016，36（1）：52-60.

[9] 王素芬，李伟，张帆，等．乐山—龙女寺古隆起洗象池群有利储层发育机制 [J]．石油勘探与开发，2008，35（2）：170-174.

[10] 冯增昭，彭勇民，金振奎，等．中国晚寒武世岩相古地理 [J]．古地理学报，2002，4（3）：1-10.

[11] 李皎，何登发．四川盆地及邻区寒武纪古地理与构造—沉积环境演化 [J]．古地理学报，2014，16（4）：441-460.

[12] 井攀，徐芳艮，肖尧，等．川中南部地区上寒武统洗象池组沉积相及优质储层台内滩分布特征 [J]．东北石油大学学报，2016，40（1）：40-50.

[13] 林怡，陈聪，山述娇，等．四川盆地寒武系洗象池组储层基本特征及主控因素研究 [J]．石油实验地质，2017，39（5）：610-617.

[14] 张建勇，罗文军，周进高，等．四川盆地安岳特大型气田下寒武统龙王庙组优质储层形成的主控因素 [J]．天然气地球科学，2015，26（11）：2063-2074.

[15] 张秀莲．碳酸盐岩中氧、碳稳定同位素与古盐度、古水温的关系 [J]．沉积学报，1985，3（4）：17-30.

[16] 周传明，张俊明，李国祥．云南永善肖滩早寒武世早期碳氧同位素记录 [J]．地质科学，1997，32（2）：201-211.

[17] 杨捷，曾佐勋，蔡雄飞，等．贺兰山地区震旦系碳酸盐岩碳氧同位素分析 [J]．科学通报，2014，59（4/5）：355-365.

[18] 曲长胜，邱隆伟，杨勇强，等．古木萨尔凹陷芦草沟组碳酸盐岩碳氧同位素特征及其古湖泊学意义 [J]．地质学报，2017，91（3）：605-616.

[19] 任影，钟大康，高崇龙，等．渝东地区寒武系龙王庙组高分辨率碳酸盐岩碳同位素记录及其古海洋

学意义［J］. 地质学报，2018，92（2）：359-377.

［20］李文正，张建勇，郝毅，等. 川东南地区洗象池组碳氧同位素特征、古海洋环境及其与储层的关系［J］. 地质学报，2019，93（2）：487-500.

［21］程绪彬. 四川盆地乐山—龙女寺古隆起震旦、寒武、奥陶系沉积相及储层研究报告［R］. 成都：四川石油管理局地质勘探开发研究院，1994.

原文刊于《海相油气地质》，2020，25（2）：162-170.

川西中泥盆统观雾山组沉积演化及其对储层发育的控制作用

熊绍云[1,2]，郝　毅[1,2]，熊连桥[3]，周　刚[2,4]，
李文正[1,2]，姚倩颖[1,2]，张建勇[1,2]

1. 中国石油杭州地质研究院；2. 中国石油集团碳酸盐岩储层重点实验室；
3. 中海油研究总院有限责任公司；4. 中国石油西南油气田分公司勘探开发研究院

摘　要　通过对野外露头和钻井资料的岩性特征、沉积构造、沉积组合及相序等的详细分析，川西地区中泥盆统观雾山组可识别出 6 类沉积相，由西向东依次为盆地—斜坡相、台地边缘相、开阔—局限台地相及潮坪相。川西北地区沉积相分布明显受泥盆纪同沉积断层控制，具有由西向东迁移的特征，同时台地边缘具有由礁向滩演化的特征；受古岛遮挡影响，川西南地区沉积相分布与演化具有受同沉积断层及障壁岛双重控制的特征。沉积作用对观雾山组碳酸盐岩储层发育控制明显，主要表现在沉积作用控制了碳酸盐岩的储层类型及原生孔隙发育程度，受沉积旋回控制的相控准同生溶蚀改善了原生孔隙，受沉积演化控制的相分布控制了碳酸盐岩储层平面展布特征及有利储层分布。

关键词　沉积相；沉积演化；准同生溶蚀；白云岩储层；观雾山组；中泥盆统；川西地区

前人对川西泥盆系的研究主要集中在基础地质方面，如地层划分与对比[1-7]、沉积环境[8-12]、岩相古地理[13-17]等，对龙门山地区的油气勘探研究仅限于普查[18-24]，并未获得油气突破。中泥盆统观雾山组是四川盆地西部碳酸盐岩油气勘探的新层系，研究程度较低，已有的研究主要涉及层序地层划分及白云岩成因[25,26]。2016 年以来，四川盆地西北部观雾山组油气勘探取得重要进展，在川西龙门山推覆冲断带下盘隆起高带上部署的以中二叠统栖霞组为勘探目的层的双探 3 井，加深钻至观雾山组时油气显示强烈且频繁，试气获日产 $11.6 \times 10^4 m^3$ 的天然气流。随着油气勘探获得突破，观雾山组沉积储层研究受到重视并取得一些新进展[27-30]，但对于泥盆纪发育的同沉积断层如何控制观雾山组沉积演化以及沉积演化对储层发育的控制并未涉及。前人研究认为川西地区在泥盆纪属于扬子西缘被动大陆边缘，发育若干控制泥盆纪沉积的同沉积断层[13]，泥盆系厚度呈阶梯式变化趋势也证实了同沉积断层的存在。笔者从对野外露头和钻井的岩性特征、沉积构造、沉积组合及相序等的详细分析出发，结合观雾山组沉积期海平面升降旋回，明确了观雾山组沉积相发育模式及演化，并通过沉积与储层孔隙类型、沉积旋回与储层发育等关系的研究，认为沉积作用控制了观雾山组储层的发育及分布。

第一作者：熊绍云，高级工程师，2008 年获中国地质大学（北京）硕士学位，研究方向为沉积储层。通信地址：310023 浙江省杭州市西湖区西溪路 920 号；E-mail：xiong_yuan_120@ 163.com。

1 区域地质背景

川西地区位于四川盆地西缘（图1），经历了震旦纪—中三叠世的被动大陆边缘和晚三叠世以来的碰撞造山运动两大构造演化阶段。泥盆纪，古特提斯洋北支向东扩张，川西地区形成了华南板块西北缘的被动陆缘，沿陆缘发育若干NE走向、近平行的控制泥盆系沉积的同沉积断裂[13,31]，现今的青川—茂汶断裂、北川—映秀断裂及马角坝—通济场断裂正是由这些正断层反转形成的[13,32,33]。晚三叠世及后期的碰撞造山运动，使川西泥盆系经历了晚印支期—燕山期褶皱隆起造成的逆冲推覆与燕山期—喜马拉雅期滑覆的叠加过程，形成飞来峰群[32,34]。考虑到现今泥盆系分布的位置为逆冲推覆后的位置，为了恢复泥盆纪古地理，参考了关于龙门山露头的复原与复位的研究成果[31,35,36]，对研究区露头及钻井进行了复位（图1）。

川西地区泥盆系发育较全，自下而上包括下统平驿铺组、甘溪组，中统养马坝组、金宝石组、观雾山组，上统沙窝子组、茅坝组，厚度为0~4600m，具有碎屑岩、碎屑岩夹碳酸盐岩以及碳酸盐岩组成的"三段式"特征。观雾山组处于碳酸盐岩段的下部，发育生物碎屑灰岩、晶粒状白云岩、残余生物碎屑白云岩、生物礁白云岩及角砾状白云岩，地层厚

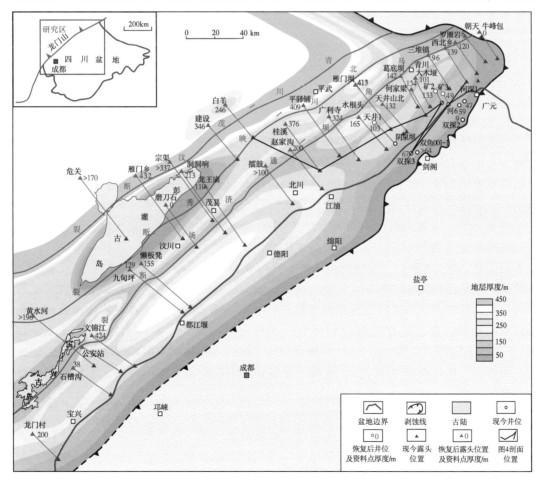

图1　川西地区构造位置及观雾山组等厚图

177

度总体呈现西厚东薄的特征（图1）。

2 沉积相类型及演化

2.1 沉积相类型

通过对野外露头、钻井等资料的详细分析，在参照威尔逊[37]和塔克[38]关于碳酸盐台地沉积相划分的基础上，结合中国碳酸盐台地沉积相研究成果[39-48]，把川西地区观雾山组划分为斜坡—盆地、台地边缘、开阔台地、局限台地、潮坪等6类沉积相，进一步细分了亚相、微相。

2.1.1 斜坡—盆地相

位于台地边缘靠近盆地一侧，地貌为斜坡，向盆地逐渐变缓。泥盆纪川西处于被动大陆边缘沉积环境[13,34,49]，在多次伸展作用机制下，盆地东南缘发育若干走向 NE、近平行的同沉积断裂。受同生拉张断裂活动的控制，碳酸盐台地不断裂解[50]，形成多级断裂坡折。台地前缘斜坡坡度大，上斜坡裸露，下部塌积物和重力流发育[46]，常形成具有滑塌褶皱和滑塌角砾的沉积体[51]。下斜坡岩性以角砾状白云岩为主，砾石无分选，杂乱堆积，见小型变形层理（图2a）；砾石成分除了灰色泥晶白云岩，还见少量生物白云岩角砾（图3a），砾石大小一般为2cm×3cm；砾石形状多样，有长条形、近椭圆形、近圆形等，长条形砾石长宽比可达5:1，甚至更大。盆地地势较为平坦，沉积物较细，生物较少，在桂溪剖面中部、雁门坝剖面中部以及危关一带为典型浅水盆地相，主要为一套深灰色薄层状泥晶灰岩与灰质泥岩、泥质灰岩不等厚互层（图2b，c）。

2.1.2 台地边缘相

台地边缘指浅水台地与深水斜坡相邻的沉积区，位于台地向广海一侧，外侧为斜坡，内侧为台地（局限或开阔台地）。川西观雾山组沉积期台地发育多级断裂坡折，坡折处为生物礁发育的位置，坡折向海一侧为礁前斜坡，与台地前缘斜坡沉积重叠。中泥盆世吉维特期，全球范围内发育显生宙以来规模最大、分布最广、以层孔虫、珊瑚为主要造礁生物的生物礁[52,53]。观雾山组沉积期属于吉维特期，该时期川西地区发育大规模的生物礁，沿龙门山冲断带呈北东—南西向展布，造礁生物以抗浪能力强的块状、球状等形状的层孔虫和珊瑚为主（图2d 至 f），可识别出礁核、礁前斜坡及礁后滩3类微相[46]：礁核底平或略带起伏，顶具凸起特征（图2d），单个礁体一般为2~10m，主要为层孔虫和珊瑚组成的骨架岩，生物体腔内充填多期白云石和方解石胶结物（图2e，f），也存在生物体腔被完全溶蚀形成的孔洞；礁后处在低能沉积环境，也称为礁后滩，主要由生物碎屑白云岩和砂（砾）屑白云岩组成（图2g，h），生物碎屑来自礁核部位被波浪破碎的生物碎屑，常见双壳、海百合、层孔虫等（图2h）。受海平面变化影响，垂向上礁前斜坡、礁核、礁后滩微相呈多期叠置。

2.1.3 开阔台地相

开阔台地相位于正常浪基面之下，处于低能静水环境，海水盐度正常，阳光、氧气充足，具有正常海相生物组合，沉积物以中—厚层状泥晶灰岩、生物碎屑灰岩、生物灰岩为主（图2i），生物以保存完好的珊瑚、层孔虫、海百合为主。形成大规模白云岩的成岩流体均为浓缩或稀释的海水[54,55]，正常海水环境下的开阔台地灰岩很难被大规模白云石化，

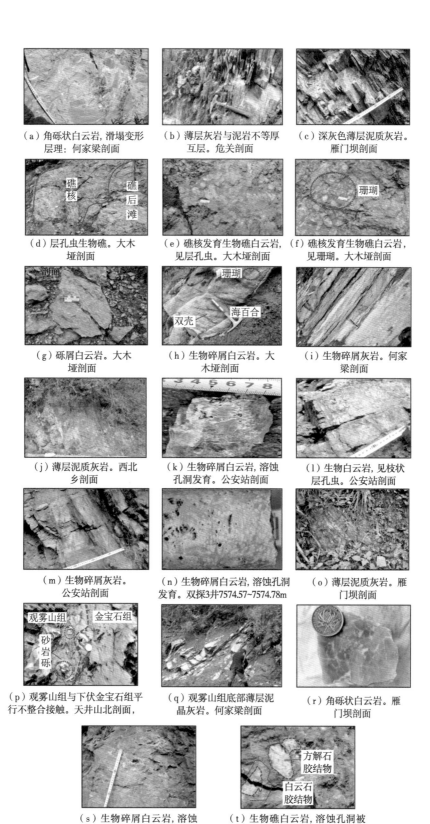

（a）角砾状白云岩，滑塌变形层理：何家梁剖面

（b）薄层灰岩与泥岩不等厚互层。危关剖面

（c）深灰色薄层泥质灰岩。雁门坝剖面

（d）层孔虫生物礁。大木垭剖面

（e）礁核发育生物礁白云岩，见层孔虫。大木垭剖面

（f）礁核发育生物礁白云岩，见珊瑚。大木垭剖面

（g）砾屑白云岩。大木垭剖面

（h）生物碎屑白云岩。大木垭剖面

（i）生物碎屑灰岩。何家梁剖面

（j）薄层泥质灰岩。西北乡剖面

（k）生物碎屑白云岩，溶蚀孔洞发育。公安站剖面

（l）生物白云岩，见枝状层孔虫。公安站剖面

（m）生物碎屑灰岩。公安站剖面

（n）生物碎屑白云岩，溶蚀孔洞发育。双探3井7574.57~7574.78m

（o）薄层泥质灰岩。雁门坝剖面

（p）观雾山组与下伏金宝石组平行不整合接触。天井山北剖面，

（q）观雾山组底部薄层泥晶灰岩。何家梁剖面

（r）角砾状白云岩。雁门坝剖面

（s）生物碎屑白云岩，溶蚀孔洞发育。桂溪剖面

（t）生物礁白云岩，溶蚀孔洞被白云石和方解石全充填。大木垭剖面

图2　川西观雾山组沉积及储层宏观特征

179

因此未被白云石化的石灰岩也是开阔台地相的一个判别标志。

2.1.4 局限台地相

局限台地海水循环受到限制，盐度多高于正常海水盐度，水深在正常浪基面之下，主要沉积薄—厚层泥灰岩。局限台地若受障壁岛阻隔，可称为潟湖；若以蒸发沉积为主则称为蒸发台地[46]。泥盆纪—二叠纪扬子古板块仍处于赤道 1°~3°[56]，海水表层温度稳定在 26~28℃[57]，根据野外露头及钻井资料，未发现石膏、石盐等蒸发岩，因此研究区蒸发台地相不发育。局限台地相见于西北乡剖面的中下部以及公安站剖面的下部，岩性为薄—中层状泥晶灰岩、泥质灰岩（图 2j），生物相对较少，见悬浮于泥晶方解石中，主要为广盐度的腹足类、双壳类、介形虫等（图 3b）。

2.1.5 潮坪相

潮坪指位于平均低潮面和最大高潮面之间，地形平缓宽阔，以潮汐作用为主的沉积环境[46]。潮坪相主要见于研究区西北乡—双探 3 井—公安站一线以东地区，进一步可以识别出潮下带、潮间带—潮上带。潮上带和潮间带均发育薄层状粉晶白云岩，溶蚀孔洞发育（图 2k），偶见腹足类生物（图 3c），二者没有明显的区别标志，统称为潮间—潮上带。潮下带可进一步分为潮下低能带和潮下高能带，潮下低能带主要发育泥晶白云岩、泥晶灰岩；当海平面下降时，生物白云岩发育（图 2l），见大量枝状层孔虫，由于水体较浅，受潮间—潮上带蒸发回流影响而发生白云石化，主要为泥—粉晶白云岩；当海平面上升时，水体较深，但海水循环受到限制，此时主要沉积泥晶灰岩（图 2m），腹足类、双壳类、介形虫等生物发育（图 3e）。潮下高能带受潮汐作用影响而发育生物碎屑滩，由于频繁暴露，溶蚀孔洞发育（图 2n），白云石化作用强烈，主要为生物碎屑白云岩。

2.2 沉积演化

2.2.1 沉积模式

泥盆纪全球海平面经历了早期的低海平面、中期的持续上升、晚期的最大海平面及之后的下降等 4 个阶段[58]。川西泥盆纪海平面变化与全球相似[6,25,59]，吉维特期经历了 4 次海平面升降，其中观雾山组沉积期经历了 2 次[59]，这 2 次海平面上升形成了 2 套深水环境下沉积的薄层泥质灰岩、泥晶灰岩：第 1 套泥质灰岩、泥晶灰岩见于雁门坝—桂溪一带剖面底部，$\delta^{13}C$ 值为 2.25‰，与郑荣才等[59]关于观雾山组沉积期第 1 层序底部的 $\delta^{13}C$ 值（2‰~3‰）相近；第 2 套泥晶灰岩见于何家梁一带剖面的底部，$\delta^{13}C$ 值 0.18‰，与第 2 层序底部的 $\delta^{13}C$ 值（0~1‰）[59]相近。这 2 套石灰岩的碳同位素值相差比较大，不属于同一期海侵沉积的石灰岩。观雾山组沉积期第 1 期海侵范围主要在何家梁以西地区，第 2 期海侵范围最大，基本与现在观雾山组的分布范围一致。

观雾山组沉积早期，川西地区受到区域伸展作用控制而形成多级断裂坡折。以白羊—桂溪—雁门坝—何家梁—矿 2 井—双探 3 井—西北乡 NE 向对比剖面为例（图 4），桂溪—雁门坝一带受北川—映秀正断层控制而形成桂溪坡折，第 1 期海平面上升到达何家梁—大木垭一带以西地区，形成桂溪—雁门坝台地，桂溪为台地边缘；当海平面快速上升时，观雾山组底部沉积了厚 10~25m 的泥晶灰岩、泥质灰岩（图 2o）；当海平面缓慢下降时，发育了第 1 期珊瑚礁、层孔虫礁，雁门坝处于礁后环境，发育泥—粉晶白云岩。何家梁及以东地区处于暴露剥蚀阶段，在天井山北剖面，观雾山组白云岩与下伏金宝石组砂岩呈波状起伏接触，并在观雾山组白云岩中见金宝石组砂岩砾（图 2p），这表明观雾山组沉积时，

180

（a）角砾状白云岩。何家梁剖面。
单偏光

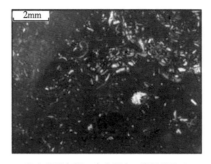

（b）泥质灰岩，含介形虫、腹足类及双
壳类等生物。西北乡剖面。单偏光

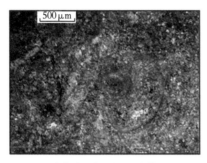

（c）生物碎屑白云岩，见生物幻影。
公安站剖面。单偏光

（d）生物礁白云岩，含层孔虫。
公安站剖面。单偏光

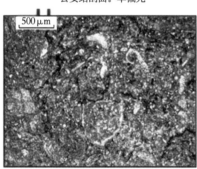

（e）泥晶生物碎屑灰岩，含腹足类、双壳
类等生物。公安站剖面。单偏光

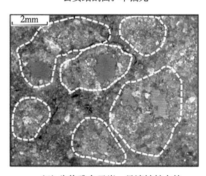

（f）生物礁白云岩，见溶蚀扩大的
生物体腔孔。阴泉坝剖面。单偏光

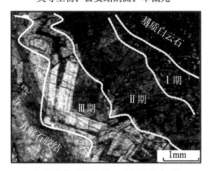

（g）生物礁白云岩，孔洞内存在4期
胶结物。大木垭剖面。单偏光

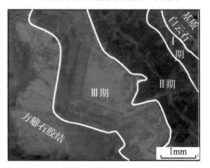

（h）生物礁白云岩，孔洞内存在4期
胶结物。大木垭剖面。阴极发光

图3 川西观雾山组沉积及储层微观特征

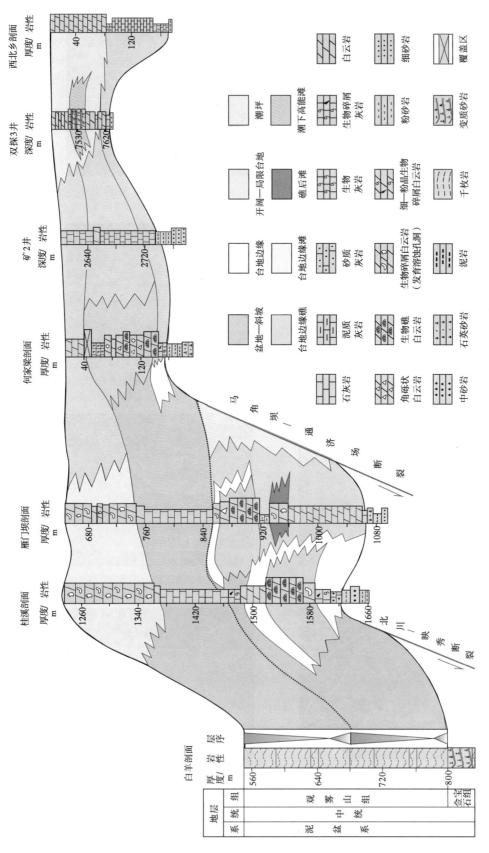

图4　川西观雾山组沉积相对比剖面

182

金宝石组存在一定的风化剥蚀。彭灌、宝兴杂岩体为扬子地块西缘新元古代形成的火山岛弧[60,61]，为泥盆纪古隆起[31]。由于受到彭灌、宝兴古岛阻挡，川西南海水受到限制，以开阔—局限台地相和潮坪相为主。根据对崇州公安站剖面的分析，第1期海平面上升，海水覆盖了公安站一带，沉积了开阔—局限台地相的石灰岩、白云质灰岩及泥—粉晶白云岩，潮下低能沉积环境发育以枝状层孔虫为造礁生物的点礁（图2l）。

观雾山组沉积中期，海平面继续上升，越过何家梁—大木垭坡折，桂溪—雁门坝台地演化为盆地。由于海平面快速上升，何家梁—大木垭一带底部沉积了厚5~8m的薄层泥晶灰岩（图2q），桂溪—雁门坝一带发育深灰色泥质灰岩（图2c）；当海平面缓慢下降时，何家梁—大木垭一带发育了台地边缘礁（图2d），雁门坝一带发育斜坡相角砾状白云岩沉积（图2r），以东地区则发育开阔—局限台地相及潮坪相。

观雾山组沉积晚期，随着海平面继续下降，台地边缘向桂溪—雁门坝一带迁移，由于观雾山组沉积期大海侵出现后，生物礁大量消失[58]，因此桂溪—雁门坝一带主要发育滩相，主要为细晶白云岩，溶蚀孔洞发育（图2s），以东地区则发育开阔—局限台地相及潮坪相。川西南一带仍以潮坪相为主，早期潮下低能带发育多期层孔虫点礁，晚期主要以潮间—潮上带的灰坪及云坪为主。

2.2.2 古地理演化

观雾山组沉积早期，第1期海侵范围相对局限，何家梁—大木垭一带处于剥蚀区。川西北地区沉积相分布受同沉积断裂控制，自西向东依次发育盆地—斜坡相、台地边缘相、开阔—局限台地相及潮坪相（图5）；受古岛影响，川西南地区沉积相分布既具有受断层控制的特征，又具有障壁碳酸盐沉积特征。潮坪相分布于受宝兴古岛阻挡的龙门村—公安站一带：宝兴杂岩体以东发育石灰岩、白云岩及白云质灰岩夹少量泥岩和砂岩。开阔—局限台地相分布于文锦江—九甸坪—擂鼓—葛底坝北一带：宝兴杂岩体西北—文锦江一带下部为石灰岩、白云岩夹少量泥质灰岩，向上为大套白云岩；彭灌杂岩体以南九甸坪—懒板凳一带为灰色薄—厚层状石灰岩夹白云质灰岩、白云岩、砂质页岩；向东北至龙王庙一带，厚度减薄，岩性不变；擂鼓一带厚度加大，岩性为灰色—深灰色石灰岩、泥质灰岩夹少量砂质页岩。台地边缘礁滩分布于桂溪、雁门坝一带，珊瑚礁、层孔虫礁发育。往西为斜坡—盆地相，黄水河一带发育泥岩、粉砂质泥岩夹少量石灰岩、角砾状灰岩。

观雾山组沉积中期，第2期海平面上升越过何家梁—大木垭坡折，海水覆盖范围达到最大。川西北地区继承了早期的古地理格局（图4，图6），台地边缘礁滩迁移至何家梁—大木垭一带，桂溪—雁门坝一带演化成浅水盆地；受台地边缘阻挡，波浪作用范围有限，何家梁—大木垭以东发育开阔—局限台地相及潮坪相，双探3井一带处于潮下高能带，发育生物碎屑滩，双探2井—河深1井—朝天一带主要为潮间—潮上带，发育灰坪和云坪。受彭灌古岛、宝兴古岛遮挡，川西南一带延续了早期的沉积格局。

观雾山组沉积晚期，随着海平面缓慢下降，沉积范围有所缩小（图4，图7），但古地理格局未发生变化。川西北台地边缘迁移至桂溪—雁门坝一带，由早期的以珊瑚礁、层孔虫礁为主演变为滩，何家梁—公安站一带演变为滩后开阔—局限台地相；川西南地区沉积类型发生较大的变化，潮下点礁不发育。

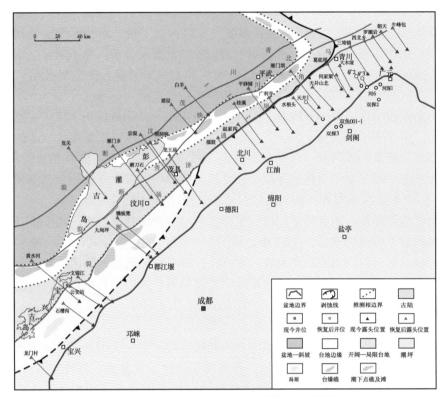

图 5 川西地区观雾山组沉积早期沉积相图

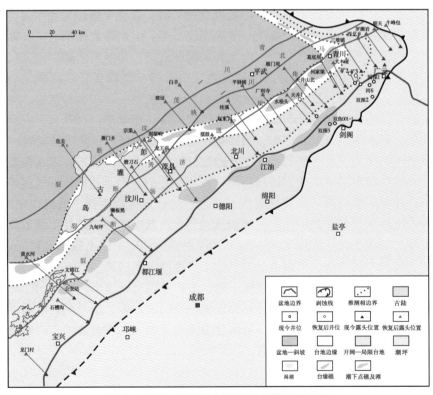

图 6 川西地区观雾山组沉积中期沉积相图

184

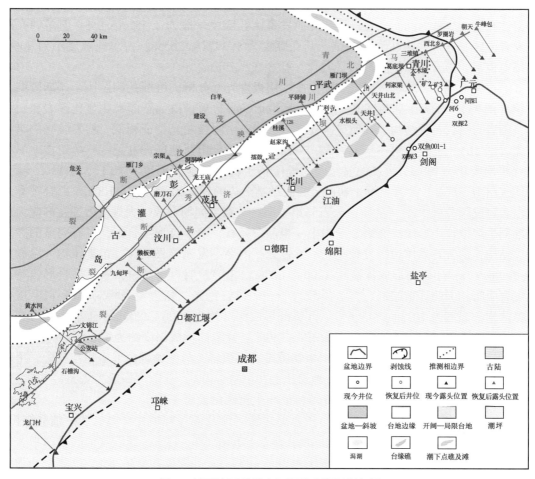

图 7　川西地区观雾山组沉积晚期沉积相图

3　沉积对储层的控制作用

中国碳酸盐岩储层的主控因素主要有相控准同生溶蚀、表生溶蚀、断控深埋改造及深埋生烃溶蚀等[62-65]。赵文智等[66]认为碳酸盐岩储层中的孔隙主要来自对原生孔隙的继承，主要由沉积作用和相控准同生溶蚀所形成，埋藏—热液溶蚀形成的非组构选择性溶蚀孔洞是重要的补充。

3.1　沉积控制储层类型及主要储集空间

沉积作用控制了碳酸盐岩岩性、结构及沉积构造，从而控制了原生孔隙的发育程度[67-69]。相控碳酸盐岩储层多分布于台地边缘及潮坪等高能相带中，储层岩性多为生物礁白云岩、颗粒白云岩及晶粒白云岩，储集空间类型多为粒间孔、粒内孔及溶蚀孔洞[64,70,71]。通过野外露头、钻井、铸体薄片、物性、试气等资料分析，研究区观雾山组白云岩储层主要有生物礁白云岩、角砾状白云岩及生物碎屑白云岩等 3 种类型，孔隙多为溶蚀孔洞（图 2n，图 3f），少量为晶间微孔。

（1）生物礁白云岩，是生物礁礁核的重要组成部分。生物礁白云岩单层厚度一般为

185

2~10m，累计厚度在 18~86m，所占地层比例在 13%~30%。生物礁白云岩储集空间主要为溶蚀孔洞，少量为晶间微孔：溶蚀孔洞发育区孔隙度一般为 2.5%~5.0%；对溶蚀孔洞不发育的区域进行柱塞孔隙度测试，其孔隙度为 1.39%~1.65%，占总孔隙度不到 20%；扫描电镜下，白云石晶体间见大量微孔（孔径在 1~5μm）。

通过镜下观察，结合包裹体均一温度、阴极发光等分析，溶蚀孔洞经历了 4 期胶结物充填（图 3g）：①第 1 期为细晶白云石，呈他形—半自形，白云石晶粒明显比围岩粗、干净，围岩与白云石胶结物界线明显（图 3g，图 2t）阴极发光特征相似，均发较亮的暗红色光（图 3h）；包裹体均一温度为 58.7~75.3℃，结合川西地区泥盆纪—三叠纪古地温梯度（平均 4.0℃/100m）[72]、泥盆纪—二叠纪扬子古板块地表温度（处于赤道 1°~3°[56]，平均气温为 30℃），计算出第 1 期白云石胶结物形成的埋深约为 700~1100m。结合观雾山组白云岩成因分析[25,30]，基质白云石与第 1 期胶结物为同期形成，大规模溶蚀孔洞应为相控准同生溶蚀作用形成。②第 2 期为中—粗晶白云石，呈半自形—自形，具有明显的雾心亮边结构，白云石晶体边缘发较亮的橙红色光，内部不发光（图 3h）；包裹体均一温度为 80.3~96.7℃，计算的形成深度约 1200~1600m。③第 3 期为粗晶白云石，呈自形，亮边内发育明暗相间的环带结构，雾心发较为明亮的橘红色光，亮边发光相对较弱（图 3h）；包裹体均一温度为 102.4~143.6℃，计算的形成深度约为 1600~2800m。④第 4 期为方解石，发橘黄色光；包裹体均一温度为 104~140℃，计算的形成深度约为 1100~2300m。

（2）角砾状白云岩，为观雾山组生物礁礁前塌积岩，与生物礁白云岩相互叠置。角砾状白云岩厚度一般为 20~56m，所占地层比例在 19%~40%；孔隙度一般为 2.5%~5%，储集空间主要为溶蚀孔洞及裂缝，其充填特征与生物礁白云岩一致。

（3）生物碎屑白云岩，主要分布于台地边缘礁滩及潮坪环境中，具有粉—细晶结构。生物碎屑白云岩厚度一般为 8~178m，所占地层比例在 6%~43%，靠近盆地的雁门坝、桂溪一带厚度大，所占地层比例高（占比为 24%~43%）；孔隙度为 2%~8%，储集空间为溶蚀孔洞（图 2n），其充填特征与前两者相似。

3.2　沉积旋回控制储层垂向发育规律

相控准同生溶蚀作用受高频沉积旋回控制明显[63]。川西地区观雾山组白云岩储层主要发育在三级层序高位体系域中[3,25]四级层序的中—上部。以双探 3 井为例（图 8），储层主要为生物碎屑白云岩，孔隙类型主要为溶蚀孔洞（图 2n），孔隙度为 2%~5%；四级层序下部孔隙度一般小于 2%，中—上部孔隙度为 2%~4%。由于高位体系域的海平面下降和进积作用导致沉积序列向上变浅和间歇暴露[25]，因而造成四级层序中—上部易暴露，受到大气淡水淋滤而发生准同生期溶蚀，产生大量溶蚀孔洞。

3.3　沉积演化控制储层平面分布

沉积作用不仅控制碳酸盐岩原生孔隙的发育程度，还控制储层的宏观分布[67-69]。川西地区观雾山组碳酸盐岩储层发育随着沉积相的迁移而发生迁移（图 4）：观雾山组沉积早期，第 1 期海侵局限于何家梁以西地区，储层主要分布于何家梁以西的桂溪—雁门坝一带；观雾山组沉积中期，随着第 2 期海侵越过坡折，何家梁一带成为台地边缘，储层主要分布于何家梁及以东的潮坪高能沉积环境中；观雾山组沉积晚期，随着海平面缓慢下降，桂溪—雁门坝一带再次成为台地边缘，滩相储层发育，何家梁及以东地区储层不发育。在观雾山组白云岩厚度图上（图 9），经历了 2 次海侵的桂溪—雁门坝一带，白云岩厚度明显比何家梁及以东地区要大。

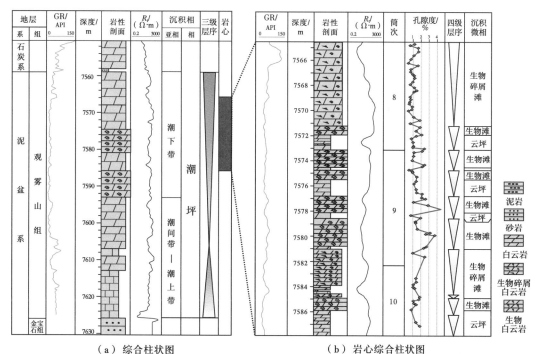

（a）综合柱状图　　　　　　　　　　　　　（b）岩心综合柱状图

图8　川西地区双探3井观雾山组层序格架及白云岩储层发育

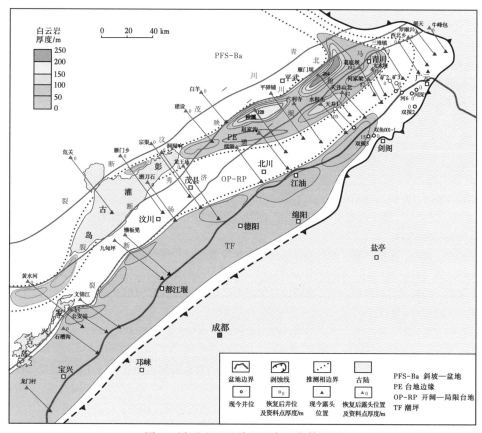

图9　川西地区观雾山组白云岩等厚图

4　结论

（1）根据对野外露头、钻井等资料的详细分析，川西地区中泥盆统观雾山组可识别出6类沉积相，由西向东依次为盆地—斜坡相、台地边缘相、开阔—局限台地相及潮坪相。早—中期台地边缘主要发育珊瑚礁、层孔虫礁，末期以滩为主。川西北地区沉积相明显受泥盆纪同沉积断层控制，具有由西向东迁移的特征；受古岛遮挡影响，川西南地区沉积相分布与演化具有受同沉积断层及障壁岛双重控制的特征。

（2）川西地区观雾山组白云岩储层主要有生物礁白云岩、角砾状白云岩及生物碎屑白云岩3种类型，储集空间主要为组构选择性的溶蚀孔洞（溶蚀扩大的生物体腔孔）。孔洞中第1期白云石胶结物的形成环境和时期，与基质白云石相似，均为浅—中埋藏，大规模孔洞是相控准同生溶蚀形成的，这表明沉积作用控制了储层孔隙的发育程度。

（3）川西地区观雾山组白云岩储层垂向上发育在三级层序高位体系域中四级层序的中—上部，具有随沉积相迁移而迁移的特征；平面上表现为经历了2期海侵的桂溪—雁门坝一带白云岩厚度最大，体现出沉积旋回及沉积相演化对储层发育的控制作用。

参 考 文 献

[1] 侯鸿飞. 四川龙门山地区泥盆纪地层古生物及沉积相 [M]. 北京：地质出版社，1988：121-144.

[2] 侯鸿飞，万正权，唐德章，等. 四川龙门山泥盆系北川桂溪—沙窝子剖面研究进展 [J]. 地层学杂志，1985，9（3）：186-193.

[3] 李祥辉. 四川龙门山地区泥盆纪层序地层学研究 [D]. 成都：成都理工大学，1995：11-15.

[4] 万正权. 四川龙门山泥盆系研究进展与金宝石组的建立 [J]. 中国地质科学院成都地质矿产研究所所刊，1983，第4号：111-118.

[5] 赵兵. 四川龙门山中段泥盆纪层序地层 [J]. 沉积与特提斯地质，2000，20（4）：89-96.

[6] 鲜思远，陈继荣，万正权. 四川龙门山甘溪泥盆纪生态地层、层序地层与海平面变化 [J]. 岩相古地理，1995，15（6）：1-47.

[7] 乐森璕. 四川龙门山区泥盆纪地层分层分带及其对比 [J]. 地质学报，1956，36（4）：443-479.

[8] 李祥辉，刘文均，郑荣才. 龙门山地区泥盆纪碳酸盐与硅质碎屑的混积相与混积机理 [J]. 岩相古地理，1997，17（3）：1-10.

[9] 李祥辉，曾允孚. 扬子西缘泥盆纪碳酸盐与陆源碎屑的混积层序和混积模式 [J]. 沉积学报，1999，17（3）：339-344.

[10] 郑荣才，周刚，董霞，等. 龙门山甘溪组谢家湾段混积相和混积层序地层学特征 [J]. 沉积学报，2010，28（1）：33-41.

[11] 李凤杰，屈雪林，杜凌春，等. 龙门山甘溪土桥子组碳酸盐岩沉积相及其演化 [J]. 岩性油气藏，2015，27（5）：6-12.

[12] 熊连桥，姚根顺，沈安江，等. 川西北部泥盆系观雾山组沉积相新认识：以大木垭剖面与何家梁剖面为例 [J]. 海相油气地质，2017，22（3）：1-11.

[13] 刘文均，郑荣才，李祥辉. 龙门山泥盆纪沉积盆地的古地理和古构造重建 [J]. 地质学报，1999，73（2）：109-119.

[14] 陈源仁. 四川龙门山区泥盆纪海水米自何方 [J]. 岩相古地理，1990，1（1）：19-27.

[15] 陈留勤. 龙门山地区泥盆纪层序地层及海平面变化：以四川北川桂溪剖面为例 [J]. 西北地质，2007，40（4）：58-66.

［16］庞艳君，张本健，冯仁蔚，等．龙门山构造带北段泥盆系沉积环境演化［J］．世界地质，2010，29（4）：561-568.

［17］熊连桥，姚根顺，倪超，等．龙门山地区中泥盆统观雾山组岩相古地理恢复［J］．石油学报，2017，38（12）：1356-1370.

［18］洪庆玉，张宗命，蒋武，等．论龙门山唐王寨地区逆冲推覆体及其含油气性［J］．天然气工业，1990，10（6）：1-8.

［19］宋文海．论龙门山北段推覆构造及其油气前景［J］．天然气工业，1989，9（3）：2-9.

［20］曾宪顺，刘开时，邹景文．论龙门山逆冲推覆构造带北段的地质结构及油气远景［J］．天然气工业，1989，9（3）：10-16.

［21］王杰，腾格尔，刘文汇，等．川西矿山梁下寒武统沥青脉油气生成时间的厘定：来自于固体沥青Re-Os同位素等时线年龄的证据［J］．天然气地球科学，2016，27（7）：1290-1298.

［22］刘春，张惠良，沈安江，等．川西北地区泥盆系油砂岩地球化学特征及成因［J］．石油学报，2010，31（2）：253-258.

［23］邓虎成，周文，丘东洲，等．川西北天井山构造泥盆系油砂成矿条件与资源评价［J］．吉林大学学报（地球科学版），2008，38（1）：69-75.

［24］周文，邓虎成，丘东洲，等．川西北天井山构造泥盆系古油藏的发现及意义［J］．成都理工大学学报（自然科学版），2007，34（4）：413-417.

［25］郑荣才，刘文均，李祥辉，等．白云岩成因在层序地层研究中的应用：以龙门山泥盆系为例［J］．矿物岩石，1996，16（1）：28-37.

［26］黄思静．北川甘溪观雾山组碳酸盐岩的阴极发光特征和成岩作用［J］．成都地质学院学报，1988，15（1）：50-58.

［27］沈浩，汪华，文龙，等．四川盆地西北部上古生界天然气勘探前景［J］．天然气工业，2016，36（8）：11-21.

［28］熊连桥，姚根顺，熊绍云，等．川西北地区与北美西部中上泥盆统白云岩沉积和储层对比［J］．地质科技情报，2017，36（4）：49-59.

［29］熊连桥，姚根顺，倪超，等．川西北地区中泥盆统观雾山组储集特征、控制因素与演化［J］．天然气地球学，2017，28（7）：1672-1926.

［30］Xiong Lianqiao，Yao Genshun，Xiong Shaoyun，et al. Origin of dolomite in the Middle Devonian Guanwushan Formation of the western Sichuan Basin，western China［J］. Palaeogeography，palaeoclimatology，palaeoecology，2018，495（3）：113-126.

［31］李祥辉．造山带古地理和盆地分析基础：露头的复原与复位：以前龙门山中北段泥盆系为例［J］．成都理工学院学报，1997，24（4）：54-60.

［32］龙学明．龙门山中北段地史发展的若干问题［J］．成都地质学院学报，1991，18（1）：8-16.

［33］Chen Shefa，Wilson C J L. Emplacement of the Longmen Shan Thrust-Nappe Belt along the eastern margin of the Tibetan Plateau［J］. Journal of structural geology，1996，18（4）：413-430.

［34］刘树根．龙门山冲断带与川西前陆盆地的形成演化［M］．成都：成都科技大学出版社，1993：113-118.

［35］陈竹新，张惬，等．龙门山前陆褶皱冲断带的平衡剖面分析［J］．地质学报，2005，79（1）：38-45.

［36］熊连桥，姚根顺，熊绍云，等．基于平衡剖面对断裂带地层展布恢复的方法：以川西地区中泥盆统观雾山组为例［J］．大地构造与成矿学，2018，43（6）：1079-1093.

［37］Wilson J L. Carbonate facies in geologic history［M］. New York：Springer-Verlag，1975.

［38］Tucker M E. Shallow-marine carbonate facies and facies models［G］. London：Geological Society special publications 18，1985：147-169.

［39］曾允孚，王正英，田洪均．广西大厂龙头泥盆纪生物礁的研究［J］．地质论评，1983，29（4）：321-330．

［40］王一刚．黔南桂西早三叠世大陆斜坡碳酸盐重力流沉积［J］．沉积学报，1986，4（2）：91-100．

［41］张锦泉．碳酸盐台地边缘或斜坡的类型及沉积模式［J］．岩相古地理，1988（2）：32-41．

［42］曾允孚，王成善．海洋碳酸盐沉积相模式［J］．矿物岩石，1991，11（3）：107-117．

［43］Cornelia K，Werner S，刘效曾．桂林唐家湾剖面中—上泥盆统碳酸盐岩沉积相和成岩作用［J］．岩相古地理，1993，13（3）：9-17．

［44］王生海，范嘉松，Rigby J K．贵州紫云二叠纪生物礁的基本特征及其发育规律［J］．沉积学报，1996，14（2）：66-73．

［45］牛新生，王成善．异地碳酸盐岩块体与碳酸盐岩重力流沉积研究及展望［J］．古地理学报，2010，12（1）：17-30．

［46］金振奎，石良，高白水，等．碳酸盐岩沉积相及相模式［J］．沉积学报，2013，31（6）：965-979．

［47］徐胜林，袁文俊，侯明才，等．上扬子地台南缘早志留世埃隆期碳酸盐岩岩石学特征及沉积环境［J］．岩石学报，2017，33（4）：1357-1368．

［48］罗贝维，张庆春，段海岗，等．中东地区阿普特阶 Shuaiba 组碳酸盐岩沉积体系特征及模式探究［J］．岩石学报，2019，35（4）：1291-1301．

［49］罗志立．龙门山造山带岩石圈演化的动力学模式［J］．成都地质学院学报，1991，18（1）：1-7．

［50］Valladares M I．Siliciclastic carbonate slope apron in an immature tensional margin（Upper Precambrian-Lower Cambrian），Central Iberian Zone Salamanca，Spain［J］．Sedimentary geology，1995，4（3/4）：165-186．

［51］高振中，段太忠．湘西黔东寒武纪深水碳酸盐重力沉积［J］．沉积学报，1985，3（3）：7-22．

［52］Kiessling W，Flügel E，Golonka J．Phanerozoic reef patterns［G］．SEPM special publication，2002：1-743．

［53］Copper P．Silurian and Devonian reef：80 million years of green-house between two ice ages［M］//Kiessling W，FlüGel E，Golonka J．Phanerozoic reef pattern．SEPM special publication，2002：181-238．

［54］张静，张宝民，单秀琴．中国中西部盆地海相白云岩主要形成机制与模式［J］．地质通报，2017，36（4）：664-675．

［55］何治亮，马永生，张军涛，等．中国的白云岩与白云岩储层：分布、成因与主控因素［J］．石油与天然气地质，2020，41（1）：1-14．

［56］贾承造，李本亮，张兴阳，等．中国海相盆地的形成与演化［J］．科学通报，2007，52（S1）：1-8．

［57］Joachimski M M，Breisig S，Buggisch W，et al．Devonian climate and reef evolution：insights from oxygen isotopes in apatite［J］．Earth and planetary science letters，2009，284（3/4）：599-609．

［58］Johnson J G，Klapper G，Sandberg C A．Devonian eustatic fluctuations in Euramerica［J］．Geological Society of America Bulletin，1985，96（5）：567-587．

［59］郑荣才，刘文均．龙门山泥盆纪层序地层的碳、锶同位素效应［J］．地质论评，1997，43（3）：264-272．

［60］詹行礼，李远图，何绍府．川西龙门山"彭灌杂岩"花岗岩成因类型及其构造环境初步探讨［J］．成都地质学院学报，1986，13（1）：50-59．

［61］张沛，周祖翼，许长海，等．川西龙门山彭灌杂岩地球化学特征：岩石成因与构造意义［J］．大地构造与成矿学，2008，32（1）：105-116．

［62］邹才能，陶士振．海相碳酸盐岩大中型岩性地层油气田形成的主要控制因素［J］．科学通报，2007，52（S1）：32-39．

［63］马永生，何治亮，赵培荣，等．深层—超深层碳酸盐岩储层形成机理新进展［J］．石油学报，2019，40（12）：1415-1425．

［64］ 何治亮，云露，尤东华，等 . 塔里木盆地阿—满过渡带超深层碳酸盐岩储层成因与分布预测［J］. 地学前缘，2019，26（1）：13-21.

［65］ 沈安江，胡安平，程婷，等 . 激光原位 U-Pb 同位素定年技术及其在碳酸盐岩成岩—孔隙演化中的应用［J］. 石油勘探与开发，2019，46（6）：1062-1074.

［66］ 赵文智，沈安江，乔占峰，等 . 白云岩成因类型、识别特征及储集空间成因［J］. 石油勘探与开发，2018，45（6）：923-935.

［67］ 方少仙，侯方浩 . 石油天然气储层地质学［M］. 东营：石油大学出版社，2006：187-193.

［68］ 王兴志，张帆，蒋志斌，等 . 四川盆地东北部飞仙关组储层研究［J］. 地学前缘，2008，15（1）：117-122.

［69］ 董昭雄，沈昭国，何国贤，等 . 鄂尔多斯盆地大牛地气田山 1 段储层与沉积微相的关系［J］. 石油与天然气地质，2009，30（2）：162-167.

［70］ 倪新锋，黄理力，陈永权，等 . 塔中地区深层寒武系盐下白云岩储层特征及主控因素［J］. 石油与天然气地质，2017，38（3）：489-498.

［71］ 崔永谦，汪建国，田建章，等 . 华北地台中北部寒武系—奥陶系白云岩储层特征及主控因素［J］. 石油学报，2018，39（8）：890-901.

［72］ 王一刚，余晓锋，杨雨，等 . 流体包裹体在建立四川盆地古地温剖面研究中的应用［J］. 地球科学（中国地质大学学报），1998，23（3）285-288.

原文刊于《海相油气地质》，2020，25（2）：181-192.

四川盆地二叠系栖霞组沉积特征
及储层分布规律

郝　毅[1,2]，谷明峰[1,2]，韦东晓[1,2]，潘立银[1,2]，吕玉珍[1,2]

1. 中国石油杭州地质研究院；2. 中国石油集团碳酸盐岩储层重点实验室

摘　要　近年来川西北、川中二叠系栖霞组油气勘探获得一系列突破，揭示了栖霞组广阔的勘探潜力。基于近几年的钻井、野外露头、测井、地震及微区多参数实验分析数据等资料，对四川盆地栖霞组沉积储层的关键地质问题开展了系统分析。研究认为：（1）栖霞组沉积受到川中古隆起残余地貌控制，其中古隆起大部分地区发育浅缓坡，古隆起东缘呈"S"形，向东南方向逐渐演化为中—深缓坡，古隆起西缘地貌最高，是台缘带发育的基础。（2）川西地区栖霞中—晚期发育右倾的"L"形弱镶边台缘带，向东北延伸至广元地区，向西南延伸至峨眉山地区；台缘带向西突变为广海，向东则渐变为碳酸盐缓坡。（3）晶粒白云岩是栖霞组最主要的储集岩，是在准同生期富镁流体渗透回流作用下逐渐形成的，经历埋藏环境调整改造后定型。（4）优质白云岩储层受沉积相带、层序界面、微古地貌等因素控制，其中厚层晶粒白云岩主要分布在川西广元—江油以及雅安—峨眉山一带，中—薄层晶粒白云岩主要分布在川中南充—磨溪—高石梯一带。

关键词　古地理；沉积相；储层成因；储层分布；栖霞组；二叠系；四川盆地

四川盆地二叠系栖霞组的油气勘探最早始于 20 世纪 50 年代，勘探范围主要集中在川南以及川东局部地区，其构造背景总体属于泸州—开江古隆起范围，约 94.4%的气井都集中在该区[1]。2012 年中国石油西南油气田公司在川西北双鱼石构造部署了风险探井（双探 1 井）并获得重大突破，测试日产天然气 $87.6 \times 10^4 m^3$[2]；随后川西双探 3、双鱼 001-1、双探 7、双探 8、双探 12 等井，以及川中磨溪 31X1、磨溪 42、高石 18 等井相继钻获高产工业气流，揭示了栖霞组广阔的勘探前景。

前人对四川盆地栖霞组的岩性组合[3,4]、沉积环境[5,6]、岩相古地理[7-12]、储层特征和成因[13-17]以及勘探方向[2,18]等均开展过研究：关于栖霞组的沉积模式主要有碳酸盐台地及缓坡两种主流观点，不同版本的岩相古地理图差异较大，而且研究成果现象描述较多而深究成因的论述较少；关于栖霞组储层的成因则有埋藏热液改造[13-15]、有利相带叠加溶蚀作用[16,17]等不同观点。本文基于大量钻井、野外露头、测井、地震及实验分析测试等资料，对四川盆地栖霞组沉积储层的关键地质问题开展了系统研究，所获得的新认识为栖霞组下一步的勘探提供了支撑。

第一作者：郝毅，硕士，高级工程师，2008 年毕业于成都理工大学，现主要从事碳酸盐岩沉积储层方面的研究工作。通信地址：310023 浙江省杭州市西湖区西溪路 920 号；E-mail：haoy_hz@ petrochina. com. cn。

1 区域地质背景

四川盆地在大地构造上属于上扬子地台。盆地按地理—构造属性可划分为 5 个构造带（图 1），栖霞组的油气发现分布较广。

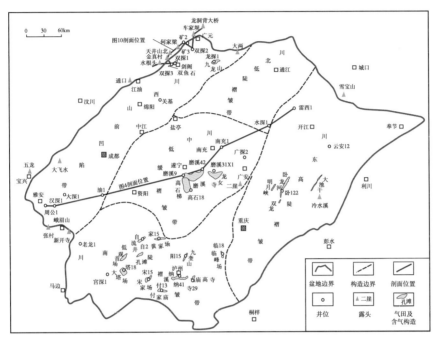

图 1 四川盆地二叠系栖霞组主要含气构造、钻井及野外露头分布

石炭纪末期海水退出上扬子地台，在经历了短暂的沉积间断后，中二叠世开始大范围海侵，整个盆地广泛接受了岩性单一、厚度稳定的碳酸盐沉积。该时期扬子地块已向南漂移至赤道附近[19]，处于湿热的沉积环境。通过研究伞藻、二叠钙藻的分布和有孔虫的复合分异度，推测中二叠世水体较浅，水深一般为 5~25m。栖霞组沉积时期地壳稳定、海域广阔、生物繁盛，古生物主要有珊瑚、有孔虫、蜓类、腕足和藻类等，以底栖生物发育为主，反映当时的沉积环境为亚热带海域，水体清洁、养分充足、盐度正常，适宜生物生长和繁殖。盆地内栖霞组岩性以石灰岩为主（图 2），局部地区含白云岩，厚度在 100~200m；栖霞组对应一个三级层序，进一步划分为 2 个体系域（TST、HST）。

加里东期—早海西期构造运动对栖霞期沉积相带的影响至关重要。加里东期构造运动在四川盆地表现为局部隆升，形成了川中古隆起（乐山—龙女寺古隆起）[20]（图 3），在古隆起核部二叠系甚至与震旦系—寒武系直接接触。基于最新的钻井、地震资料分析，在中江—盐亭地区存在奥陶系地层厚值区，地层保存相对完整，在川西北广元—绵阳地区有明显的隆起剥蚀现象。因此，川中古隆起东缘并不是早期认为的由广安到梓潼地区的近直线分布[20]，而是近"S"形展布（图 3）。

虽然经历了海西早期整体抬升的夷平化作用，但古隆起残余古地貌对中二叠世沉积的影响仍然存在。从四川盆地栖霞组海侵期地层西薄东厚的分布来看（图 4），栖霞组沉积前古地貌呈现西高东低的特征，这与川中古隆起残余古地貌的形态相吻合。

193

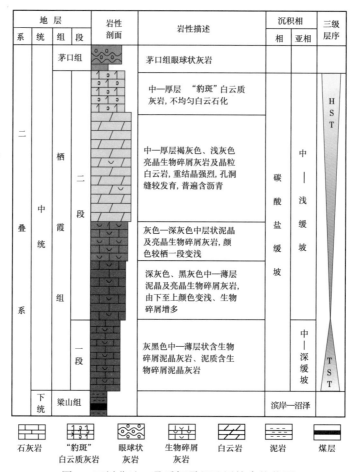

地 层				岩性剖面	岩性描述	沉积相		三级层序
系	统	组	段			相	亚相	
二 叠 系	中 统	茅口组			茅口组眼球状灰岩	碳 酸 盐 缓 坡	中—浅缓坡	H S T
		栖 霞 组	二 段		中—厚层 "豹斑" 白云质灰岩,不均匀白云石化			
					中—厚层褐灰色、浅灰色亮晶生物碎屑灰岩及晶粒白云岩,重结晶强烈,孔洞缝较发育,普遍含沥青			
					灰色—深灰色中层状泥晶及亮晶生物碎屑灰岩,颜色较栖一段变浅			
			一 段		深灰色、黑灰色中—薄层泥晶及亮晶生物碎屑灰岩,由下至上颜色变浅、生物碎屑增多		中—深缓坡	T S T
					灰黑色中—薄层状含生物碎屑泥晶灰岩、泥质含生物碎屑泥晶灰岩			
	下 统	梁山组				滨岸—沼泽		

石灰岩　　　"豹斑"白云质灰岩　　　眼球状灰岩　　　生物碎屑灰岩　　　白云岩　　　泥岩　　　煤层

图 2　四川盆地二叠系栖霞组地层综合柱状图

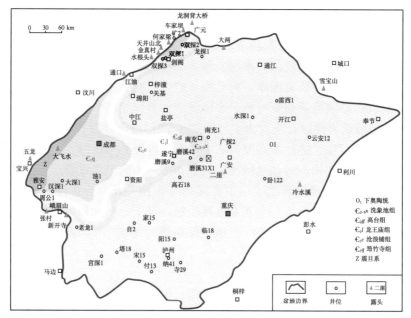

图 3　四川盆地中奥陶统沉积前古地质图

194

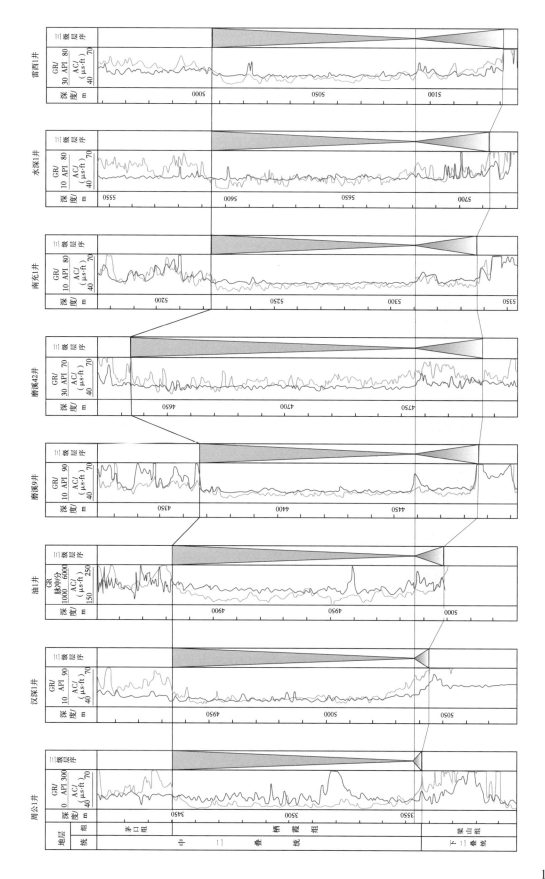

图4 四川盆地二叠系栖霞组层序地层连井对比剖面（剖面位置见图1）

195

2 沉积特征

2.1 沉积相类型

在野外剖面与钻井岩心观察以及对地震、测井资料进行综合分析的基础上，笔者还针对与沉积相分布有着明显相关性的古地理背景、白云岩成因和分布等进行了研究，将四川盆地栖霞组划分为 3 个主要相带：台缘带、碳酸盐缓坡、斜坡—盆地（表 1）。

表 1　四川盆地二叠系栖霞组沉积相类型及岩性特征

沉积相	主要亚相	岩性特征
台缘带	台缘滩	浅灰色厚层亮晶颗粒白云岩，砂屑灰岩，具明显的颗粒结构，由于地处高能环境，颗粒分选磨圆较好，但直径相对较小，可见斜层理发育
	滩间海	灰色—深灰色亮晶、泥晶生物碎屑灰岩和生物碎屑泥晶灰岩夹（含）泥质灰岩，岩性较杂，生物碎屑颗粒一般保存完整，颗粒的直径往往比台缘滩的颗粒大
碳酸盐缓坡（浅、中、深）	颗粒滩	灰色—深灰色亮晶、泥晶生物碎屑灰岩和生物碎屑泥晶灰岩，生物碎屑保存相对完整
	灰泥丘	深灰色泥晶生物碎屑灰岩、生物碎屑泥晶灰岩夹（含）泥质泥晶灰岩，露头往往能看到凹凸不平的层面，常看个体较完整的生物化石
	潟湖	深灰色泥晶生物碎屑灰岩、生物碎屑泥晶灰岩，见纹层状结构
斜坡—盆地		深灰色角砾状含泥质灰岩，黑灰色薄层硅质岩、泥页岩和泥晶灰岩，水平层理发育，浅水生物较少，可见浮游生物。该相带的资料点较少

2.2 沉积相展布

栖霞组沉积受到川中古隆起残留地形的影响：川中古隆起区古地貌相对较高，主要发育中—浅缓坡，古隆起东缘向东南方向逐渐演化为中—深缓坡，而古隆起西缘处于古地貌最高部位，发育台缘带，向西变为斜坡—盆地（图 5）。

（1）栖霞组沉积早期（海侵域）。

受川中古隆起残余古地貌影响，四川盆地总体呈西高东低之势，海水整体由东—南面大举侵入，水体普遍较深。如图 5a 所示：川西地区发育一些古陆（杂岩体）；盆地内主体属于深缓坡沉积环境，如盆地东南部的重庆地区和东北部的通江—开江一带，岩性以富含泥质的深灰色泥晶生物碎屑灰岩为主，常夹有泥质条带，局部含燧石结核；川西北—川西南—川中地区地势相对较高，水动力相对较强，属于中缓坡沉积环境，如川西南的大深 1井—汉深 1 井—周公 1 井及周缘地区，泥质含量明显变少，生物碎屑含量普遍较多。该时期水位整体偏高，高能滩较少，川西台缘带此时还未发育，但可能存在局部高点；盆地西侧为相对深水的斜坡—盆地，为后期高位域台缘发育的基础。

（2）栖霞组沉积中—晚期（高位域）。

该期相对海平面较低，沉积相发生了较大的变化（图 5b）：浅缓坡开始成为盆地内主要的沉积相带，其向东北延伸到广元地区，向西南延伸至峨眉山地区，向东延伸至南充地区，受川中古隆起残余古地貌控制，其东缘呈"S"形展布；向东、向南水体逐渐加深，主要发育中—深缓坡，岩性以灰色、灰褐色泥—微晶灰岩为主，局部含生物碎屑白云岩；龙门山一线以西主要发育斜坡—盆地相；台缘带沿川西北广元—剑阁至川西南宝兴—雅安—

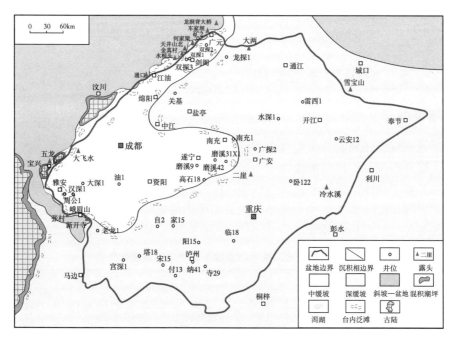

（a）栖霞组沉积早期（TST）

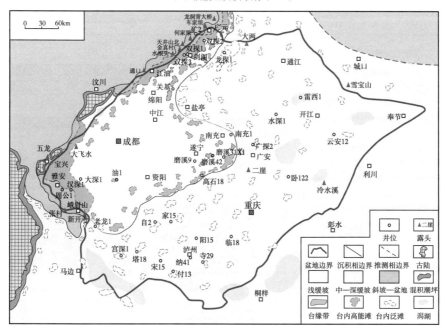

（b）栖霞组沉积中晚期（HST）

图5　四川盆地及邻区二叠系栖霞组沉积相图

峨眉山一带分布，呈右倾的"L"形，大体上相当于川中古隆起西缘的范围。栖霞组台缘带的岩性以砂屑、生物碎屑白云岩及石灰岩为主，很少见抗浪骨架结构，但略高的地貌可形成半障壁环境，因而属于弱镶边台缘带，其向西突变为广海，向东则渐变为碳酸盐缓坡。根据实际钻井及露头资料，台缘带发育高能颗粒滩，颗粒成分主要为生物碎屑，滩体单层厚度及累计厚度较大，连续分布；还可能存在一些北西向的滩间海。台缘滩是储层发育的最有利相带，常见浅灰色、灰色颗粒白云岩，例如川西南地区的汉深1井、周公1井，川西北地区的矿2井、车家坝剖面以及何家梁剖面，白云岩储层厚度均可达30m以上。

3 储层特征、成因和分布规律

3.1 储层类型

四川盆地栖霞组储层岩性主要有4类：晶粒白云岩、"豹斑"灰质白云岩、"斑马纹"白云岩及生物碎屑灰岩，其储集物性见表2。其中，晶粒白云岩在野外常常风化为类似白砂糖一粒粒的单个晶体，因此又称之为砂糖状白云岩，其分布范围广、单层厚度大，储集物性较好，平均孔隙度为3.43%，是栖霞组最主要的储集岩（图6a）。储集空间主要为溶蚀孔洞、晶间孔、粒间孔和裂缝。

表2　四川盆地二叠系栖霞组不同类型储集岩的物性

岩性	孔隙度/%		样品数	渗透率/mD		样品数
	范围值	平均值		范围值	平均值	
晶粒白云岩	0.60~16.51	3.43	221	0.001~784.00	9.98	150
"豹斑"灰质白云岩	0.47~3.42	1.19	46	0.0002~3.12	0.05	39
"斑马纹"白云岩	1.05~4.48	2.67	5	0.016~2.06	0.60	5
生物碎屑灰岩	0.41~1.29	0.76	37	0.001~2.25	0.38	21

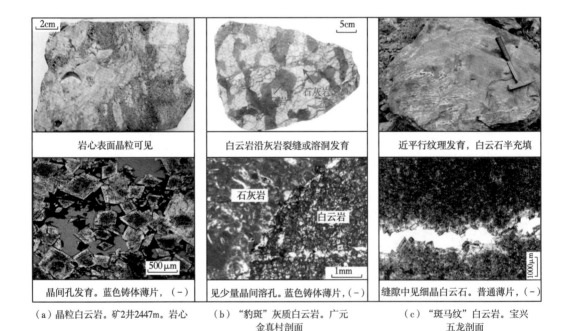

岩心表面晶粒可见　　　　白云岩沿灰岩裂缝或溶洞发育　　　近平行纹理发育，白云石半充填

晶间孔发育。蓝色铸体薄片，（－）　见少量晶间溶孔。蓝色铸体薄片，（－）　缝隙中见细晶白云石。普通薄片，（－）

（a）晶粒白云岩。矿2井2447m。岩心　　（b）"豹斑"灰质白云岩。广元　　（c）"斑马纹"白云岩。宝兴
　　　　　　　　　　　　　　　　　　　　　金真村剖面　　　　　　　　　　五龙剖面

图6　四川盆地二叠系栖霞组主要储集岩宏观及微观特征

"豹斑"灰质白云岩的宏观特征较明显，整个岩石经历了不均匀的白云石化作用，白云岩主要沿着灰岩的裂缝或孔洞发育[21]，经历过风化作用后二者明暗相间，如同豹纹一般（图6b）。该类岩石储集物性一般，平均孔隙度为1.19%，其中白云岩部分孔隙度约为

2.65%，而石灰岩部分孔隙度较低，约为 0.28%，但石灰岩中裂缝相当发育，可以有效沟通白云岩储层。

"斑马纹"白云岩目前仅见于川西南地区发育，外观可见白色雁列式条带，类似斑马的纹路（图 6c）。该类白云岩平均孔隙度为 2.67%，介于上述两类储集岩之间。但由于样品较少，并且所选样品均是该类白云岩中储集物性最好的，因此该实测孔隙度值并不能完全反映这类储层的性质，实际上根据野外露头和岩心观察，大多数"斑马纹"的纹路都被白云石充填，储集物性相对较差。

与上述 3 类储层相比，生物碎屑灰岩储集性最差，平均孔隙度为 0.76%，岩心样品镜下很少能见到明显的基质孔隙，但在局部地区发育岩溶缝洞，是栖霞组在早期主要的勘探对象。

3.2 储层成因

由于篇幅所限，本文只论述栖霞组最主要的储集岩即晶粒白云岩的成因。通过野外露头、钻井岩心和岩石薄片的观察，结合大量的碳氧锶同位素、微量元素、稀土元素及同位素测年等实验分析，认为白云石化流体为沉积期海水而非热液，白云岩在准同生期富镁流体渗透回流作用下逐渐形成，在埋藏环境下经历调整改造后定型。

（1）白云石化流体来源。

由于碳同位素受后期成岩作用影响较小，因此岩石的碳同位素最能反映沉积时期的水体性质。从碳氧同位素交会图中可以看到（图 7），无论川西北、川西南还是川中地区，晶粒白云岩的碳氧同位素都落在中二叠世海水同位素的范围之内。从川西栖霞组岩石稀土元素配分模式来看（图 8），与反映栖霞组海水的稀土元素配分模式（由 13 个泥晶灰岩样品的平均值绘制而成）相比，晶粒白云岩稀土元素总量可能有所不同，但是配分模式十分相似，都有明显的 Ce 负异常、Y 正异常以及 Sm 正异常。结合一些其他地球化学分析资料，综合分析认为白云石化流体为沉积期海水而非热液。

（2）白云岩形成时间。

缝合线是碳酸盐岩中常见的一种由压溶作用形成的锯齿状裂缝构造。既然能产生压溶

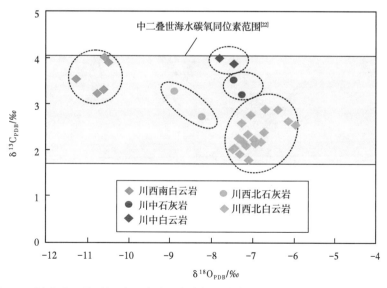

图 7　四川盆地二叠系栖霞组碳酸盐岩碳氧同位素交会图（据文献［23］修编）

作用，说明地层埋深已经非常大，巨大的地层压力迫使岩石发生挤压溶解。从薄片中可看到，白云石晶体明显被缝合线切割（图9），这是白云石晶体形成较早的直接证据（至少形成于大规模压溶作用之前）。此外，利用 U-Pb 同位素测年法对晶粒白云岩的数块样品进行了分析，得到的年龄范围为（235~247）Ma，说明栖霞组晶粒白云岩在中三叠世末期已经基本形成。

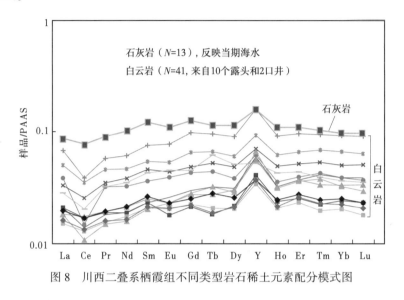

图 8　川西二叠系栖霞组不同类型岩石稀土元素配分模式图

图 9　川西二叠系栖霞组白云石晶体被缝合线所切割的照片
"豹斑"灰质白云岩。箭头所指位置的白云石被缝合线切割。广元车家坝剖面。普通薄片，单偏光

3.3　优质储层主控因素

优质白云岩储层形成的主控因素有沉积相带、层序界面、微古地貌、快速埋藏、早期白云石化等，已有较多的讨论[13-17]，本文着重探讨微古地貌对储层的影响。笔者注意到：在数千米范围内白云岩储层的厚度会相差很大，是勘探面临的重要问题。通过测井曲线分

析可知，白云岩并不发育的大深 1 井、矿 3 井、双探 2 井等钻井，亮晶生物碎屑灰岩的厚度却非常大，为 40~71m 不等。亮晶生物碎屑灰岩也是高能滩相的产物，其最终没能完成白云石化可能与微古地貌有关。如图 10 所示，同为高能颗粒滩，古地貌相对较高的部位暴露机会多，加上并未发现大量石膏之类的浓缩蒸发岩，因此推测高部位可能形成大规模渗透回流白云石化作用，而低部位则容易形成早期海水胶结物，从而导致粒间孔隙被过早充填。据此分析，台缘带范围内如白云岩储层不发育，可能与它们位于垂直或斜交于台缘方向的滩间海、潮道等相对较低部位有关。

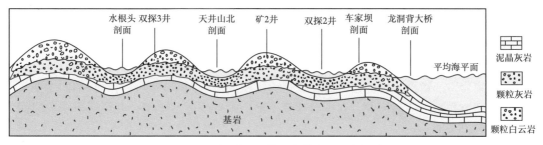

图 10　川西北二叠系栖霞组滩体展布模式图（剖面位置见图 1）

3.4　有利储层分布区

栖霞组白云岩储层主要分布在台缘—浅水缓坡相带，厚度自西北向东南逐渐变薄，这与二叠系沉积前的古地貌有关。川西地区白云岩储层主要发育在广元—江油以及雅安—峨眉山一带（图 11），厚度为 20~40m（何家梁剖面等局部可达 60m 以上）。川西地区栖霞组白云岩平均厚度很大，局部地区的横向变化也大，如矿 2 井与矿 3 井相距约 5km，白云

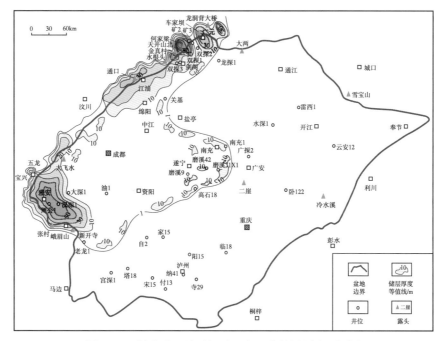

图 11　四川盆地二叠系栖霞组白云岩储层厚度预测图

岩厚度由 45m 减至不足 2m。川中地区白云岩储层主要发育在南充—磨溪—高石梯一带，总厚度及单层厚度都较小。川东—川南等地区白云岩储层零星可见，但几乎都不成规模。

4 结论

（1）四川盆地二叠系栖霞组沉积相展布主要受到川中古隆起残余地貌控制：川中古隆起区范围主要发育浅—中缓坡，古隆起东缘呈"S"形，向东南方向逐渐演化为中—深缓坡；古隆起西缘地貌最高，川西地区栖霞组中—晚期发育右倾的"L"形弱镶边台缘带，向东北延伸至广元地区，向西南延伸至峨眉山地区。

（2）栖霞组有效储层的岩性主要有 4 类：晶粒白云岩、"豹斑"灰质白云岩、"斑马纹"白云岩及生物碎屑灰岩，其中晶粒白云岩分布范围广、单层厚度大，物性较好，是最主要的储集岩。晶粒白云岩的白云石化流体为沉积期海水而非热液，它是在准同生期富镁流体渗透回流作用下逐渐形成，在埋藏环境下经历调整改造后定型，其最终形成的时间大概在中三叠世末期。

（3）沉积相带决定规模储层的分布范围，而微古地貌可能决定了储层的局部发育程度。亮晶生物碎屑灰岩是高能滩相的产物，其最终没能完成白云石化可能与微古地貌有关。推测颗粒滩高部位可能形成大规模渗透回流白云石化作用，低部位容易形成早期海水胶结物，从而导致粒间孔隙被过早充填。四川盆地优质中—厚层晶粒白云岩主要分布在川西广元—江油以及雅安—峨眉山一带，中—薄层晶粒白云岩主要分布在川中南充—磨溪—高石梯一带。

参 考 文 献

[1] 陈宗清. 四川盆地中二叠统栖霞组天然气勘探 [J]. 天然气地球科学，2009，20（3）：325-334.

[2] 沈平，张健，宋家荣，等. 四川盆地中二叠统天然气勘探新突破的意义及有利勘探方向 [J]. 天然气工业，2015，35（7）：1-9.

[3] 四川油气区石油地质志编写组. 中国石油地质志：卷十 四川油气区 [M]. 北京：石油工业出版社，1989.

[4] 蒋志斌，王兴志，曾德铭，等. 川西北下二叠统栖霞组有利成岩作用与孔隙演化 [J]. 中国地质，2009，36（1）：101-109.

[5] 刘治成，杨巍，王炜，等. 四川盆地中二叠世栖霞期微生物丘及其对沉积环境的启示 [J]. 中国地质，2015，42（4）：1009-1023.

[6] 张运周，徐胜林，陈洪德，等. 川东北旺苍地区栖霞组地球化学特征及其古环境意义 [J]. 石油实验地质，2018，40（2）：210-217.

[7] 宋章强，王兴志，曾德铭. 川西北二叠纪栖霞期沉积相及其与油气的关系 [J]. 西南石油学院学报，2005，27（6）：20-23.

[8] 黎荣，胡明毅，杨威，等. 四川盆地中二叠统沉积相模式及有利储集体分布 [J]. 石油与天然气地质，2019，40（2）：370-379.

[9] 厚刚福，周进高，谷明峰，等. 四川盆地中二叠统栖霞组、茅口组岩相古地理及勘探方向 [J]. 海相油气地质，2017，22（1）：25-31.

[10] 周进高，姚根顺，杨光，等. 四川盆地栖霞组—茅口组岩相古地理与天然气有利勘探区带 [J]. 天然气工业，2016，36（4）：8-15.

[11] 胡明毅，魏国齐，胡忠贵，等. 四川盆地中二叠统栖霞组层序—岩相古地理 [J]. 古地理学报，

2010, 12（5）：515-526.

［12］姜德民，田景春，黄平辉，等．川西南部地区中二叠统栖霞组岩相古地理特征［J］．西安石油大学学报（自然科学版），2013，28（1）：41-46.

［13］胡安平，潘立银，郝毅，等．四川盆地二叠系栖霞组、茅口组白云岩储层特征、成因和分布［J］．海相油气地质，2018，23（2）：39-52.

［14］白晓亮，杨跃明，杨雨，等．川西北栖霞组优质白云岩储层特征及主控因素［J］．西南石油大学学报（自然科学版），2019，41（1）：47-56.

［15］赵娟，曾德铭，梁锋，等．川中南部地区下二叠统栖霞组白云岩储层成因研究［J］．地质力学学报，2018，24（2）：212-219.

［16］关新，陈世加，苏旺，等．四川盆地西北部栖霞组碳酸盐岩储层特征及主控因素［J］．岩性油气藏，2018，30（2）：67-76.

［17］郝毅，周进高，张建勇，等．川西北中二叠统栖霞组白云岩储层特征及控制因素［J］．沉积与特提斯地质，2013，33（1）：68-74.

［18］张健，周刚，张光荣，等．四川盆地中二叠统天然气地质特征与勘探方向［J］．天然气工业，2018，38（1）：10-20.

［19］郭正吾．四川盆地形成与演化［M］．北京：地质出版社，1994.

［20］康义昌．川中古隆起的形成、发展及其油气远景［J］．石油实验地质，1988，10（1）：12-23.

［21］郝毅，林良彪，周进高，等．川西北中二叠统栖霞组豹斑灰岩特征与成因［J］．成都理工大学学报（自然科学版），2012，39（6）：651-656.

［22］Veizer J，Ala D，Azmy K，et al. $^{87}Sr/^{86}Sr$，$\delta^{13}C$ and $\delta^{18}O$ evolution of Phanerozoic seawater［J］．Chemical geology，1999，161（1/3）：59-88.

［23］周进高，郝毅，邓红婴，等．四川盆地中西部栖霞组—茅口组孔洞型白云岩储层成因与分布［J］．海相油气地质，2019，24（4）：67-78.

原文刊于《海相油气地质》，2020，25（3）：193-201.

四川盆地二叠系茅口组沉积特征及储层主控因素

郝 毅[1,2]，姚倩颖[1,2]，田 瀚[1,2]，谷明峰[1,2]，

佘 敏[1,2]，王 莹[1,2]

1. 中国石油杭州地质研究院；2. 中国石油集团碳酸盐岩储层重点实验室

摘 要 基于野外露头、钻井岩心、测井及薄片等宏观及微观资料，对四川盆地茅口组的沉积相展布特征，储层类型、主控因素及分布规律展开了系统研究并取得以下认识：（1）茅口组沉积已不再受加里东期古隆起控制，沉积格局更多是受到峨眉地裂运动造成的北西—南东向断层的影响；（2）茅口组主要发育碳酸盐缓坡、斜坡及盆地 3 个主要相带，其中茅口组中—晚期高位域发育的浅水缓坡高能滩是最有利的储集相带；（3）茅口组主要发育孔洞—孔隙型白云岩和岩溶缝洞型石灰岩 2 类储层，高能生物碎屑颗粒滩是茅口组 2 类储层形成的物质基础，早期白云石化作用是白云岩储层得以保存的关键因素，而构造运动及古岩溶作用是石灰岩储层发育的重要条件；（4）白云岩储层主要分布在雅安—乐山以及盐亭—广安地区，岩溶缝洞型石灰岩储层在全盆地均可见，但在泸州—开江古隆起范围内最为发育。

关键词 颗粒滩；白云岩；岩溶储层；主控因素；茅口组；二叠系；四川盆地

1955 年，蜀南地区隆 10 井钻获工业气流[1]，开启了四川盆地茅口组的勘探，随后经历了数十年的勘探历程。四川盆地茅口组厚 119~508m，平均厚 237m[2,3]，由下而上分为 4 段，主要岩性为灰色—深灰色亮晶生物碎屑灰岩、泥晶生物碎屑灰岩，泥质灰岩夹硅质结核，下部具有明显的眼球状构造，含有珊瑚、腕足类、䗴、海百合、有孔虫等古生物[4]。前人对四川盆地茅口组做过大量的研究工作，包括沉积环境[5,6]、岩相古地理[7-10]、储层特征和成因[11-16]以及勘探方向[1,17]等方面的研究。就沉积环境与岩相古地理而言，前人的研究仅限于局部地区，全盆地范围的研究较少。就储层方面而言，前人的研究大多针对茅口组岩溶风化壳型石灰岩储层，而与白云岩储层相关的研究较少。本文基于野外露头、钻井岩心、测井及薄片等宏观及微观资料，针对四川盆地茅口组的生产需求，系统开展沉积相展布特征、储层类型与主控因素研究，在此基础上初步评价了有利储层分布，研究成果对茅口组有利区带的优选和下一步勘探部署具有重要指导意义。

1 区域地质背景

四川盆地在大地构造上属于上扬子地台。盆地按地理—构造属性可划分为 5 个构造带（图 1），即川南低陡褶皱带、川东高陡褶皱带、川中低缓褶皱带、川北低陡褶皱带和川西山

第一作者：郝毅，硕士，高级工程师，2008 年毕业于成都理工大学，现主要从事碳酸盐岩沉积储层方面的研究工作。通信地址：310023 浙江省杭州市西湖区西溪路 920 号；E-mail：haoy_hz@petrochina.com.cn。

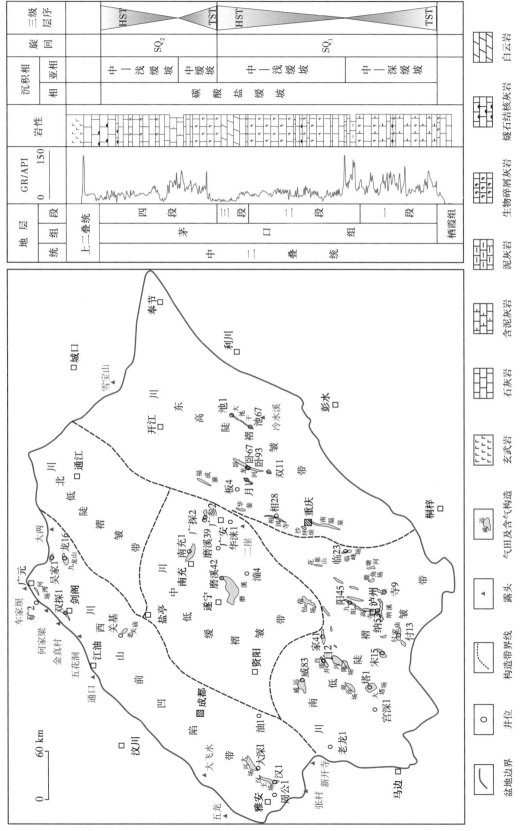

图1　四川盆地构造区划、茅口组天然气发现（左）及地层综合柱状图（右）

205

前凹陷带。茅口组的油气发现分布较广，除川北低陡褶皱带外，其他 4 个构造带均有分布。

1.1 层序地层划分

由于四川盆地茅口组的岩石地层划分方案不统一，而且岩石地层单元并不是严格的等时地层单元，不适合作为岩相古地理研究的编图单元，因此，本次研究重新厘定了层序地层划分方案。茅口组共经历了 2 个海侵海退旋回（SQ$_1$、SQ$_2$）（图 1）。第 1 旋回 SQ$_1$ 分布面积广，持续时间长，沉积厚度大。SQ$_1$ 海侵域（TST）岩性为含泥生物碎屑灰岩夹薄层含生物碎屑灰质泥岩，生物碎屑磨圆度较差，常见完整的较大生物化石，反映了水深、低能的沉积环境，测井上主要表现为高 GR 值且呈锯齿状特征。SQ$_1$ 高位域（HST）岩性主要为亮晶生物碎屑灰岩，局部见白云岩，岩石中生物碎屑颗粒普遍磨圆度高、分选性较好，反映了水浅、高能的沉积环境，测井上主要表现为中—低 GR 值且呈弱锯齿状特征（图 1）。第 2 旋回 SQ$_2$ 在川西南地区较为完整，厚度为 $50 \sim 120m$，在川东—川南厚度较薄甚至缺失，这可能与茅口末期东吴运动造成的剥蚀有关[9]。

1.2 古地理背景

经历过栖霞期的填平补齐作用，加里东期残余古地貌对茅口组沉积的控制已经不明显。从茅口组初期海侵域的沉积厚度来看，具有西薄东厚的特点，但厚度差异不大，这反映了四川盆地在茅口组沉积期依然存在着西高东低的古地貌格局。随着茅口海侵期的进一步填平补齐，茅口组中—晚期的沉积格局已经与川中古隆起的展布形态无关，尤其是川中—川东地区已经不是类似栖霞组的"S"形展布特征。因受到茅口组沉积晚期一系列 NW 向断层的影响，沉积格局呈北西—南东方向展布，与开江—梁平海槽[18]展布方向更为相近。据前人研究，该时期峨眉地裂运动在局部已经开始发育[19]，因此该地裂运动对茅口组的沉积可能有一定的控制作用，开江—梁平海槽的雏形可能也是在该时期开始形成。

2 沉积相展布特征

2.1 沉积相类型

茅口组与栖霞组类似，沉积时期地壳相对稳定、海域广阔、生物繁盛，沉积环境为亚热带地区，水体洁净、养料充足、盐度正常，适宜各种生物繁殖。不同的是，茅口组沉积期海平面变化频繁且幅度较大[20]，致使类似栖霞组沉积期的台缘带难以持续维系。因此，前人研究认为四川盆地茅口组沉积期已不存在典型的台缘带，而碳酸盐缓坡或台地[7-9]成为该时期盆地内主要的沉积相带。

根据野外露头和钻井岩心观察、测井资料综合分析，宏观与微观相结合，本文将四川盆地茅口组划分为 3 个主要相带：碳酸盐缓坡、斜坡和盆地，碳酸盐缓坡又可分为浅缓坡、中缓坡及深缓坡。其中浅缓坡是盆地内茅口组最重要的沉积相，主要发育在高位域沉积期。浅缓坡水体较浅、能量较高，广泛发育高能滩体，这些高能滩是储层发育的物质基础，几乎所有的白云石化以及岩溶作用都是在浅缓坡高能滩沉积物基础上发育。中缓坡及深缓坡相对水体较深，主要发育在海侵期，可见一些中低能生物碎屑滩，生物碎屑分选性及磨圆性较差，个别生物保存完整，反映了水体能量较低的特点。斜坡—盆地相带主要发育在龙门山一带以西地区，岩性以含泥角砾状泥晶灰岩以及硅质岩为主。

2.2 沉积相展布

2.2.1 茅口组沉积早期海侵域（SQ₁-TST）

茅口组沉积早期，四川盆地经历了一次大规模的海侵，该时期古地貌仍为西高东低，但已不如栖霞组沉积期那么明显，盆地水体由东向西逐渐变浅。该时期为中二叠世相对海平面最高时期，且持续时间较长，并经历了反复海侵的过程。因此，该时期的沉积相与栖霞组相比也发生了较大的变化，水体普遍较深，主要发育中缓坡—深缓坡（图2），岩性主要以富含泥质的深灰色泥晶生物碎屑灰岩，泥质生物碎屑灰岩及钙质泥岩为主。

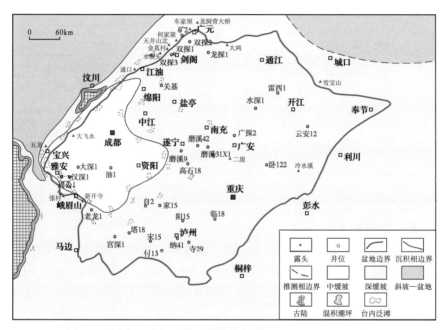

图2 四川盆地及邻区茅口早期海侵域（SQ₁-TST）沉积相图

该时期最典型的特征是发育眼球状泥质灰岩，眼球状灰岩的"眼皮"为含生物碎屑钙质泥岩，呈薄层或纹层状；而"眼球"质地较纯，为泥微晶生物碎屑灰岩。由于海水较深，该时期仅在中缓坡偶见相对低能的滩体。

2.2.2 茅口组沉积中—晚期高位域（SQ₁-HST）

茅口组沉积中—晚期，盆地海水已经向西北及东侧逐渐退去，为相对海平面最低期。该时期四川盆地范围内广泛发育浅缓坡相带（图3），主要分布在江油—广安—宜宾—雅安等区域内，岩性以浅灰色、灰色、灰褐色泥粉晶—亮晶生物碎屑灰岩为主，局部可见白云岩。

经历过栖霞组沉积期及茅口组沉积早期海侵域碳酸盐岩的填平补齐，川中古隆起的残余形态在茅口组沉积中—晚期已不复存在，沉积格局主要受东吴运动早期幕次的影响[21]，此时期的盆地整体处于北东—南西向拉张环境。川北剑阁—川中广安一线以东逐渐发育中缓坡—浅缓坡，岩性以灰色、灰褐色泥晶灰岩为主，常含燧石结核。龙门山以西地区则主要发育斜坡—盆地。

该时期滩体广泛发育，主要集中在浅缓坡和中缓坡相带。其中，高能颗粒滩多发育于浅缓坡相带内，滩体厚度相对较大，岩性主要为浅灰色亮晶生物碎屑灰岩及生物碎屑白云岩，孔洞较为发育。

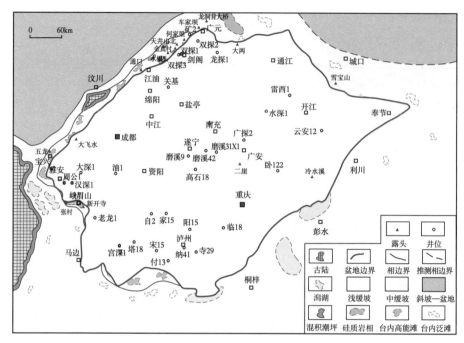

图 3　四川盆地及邻区茅口组沉积中—晚期高位域（SQ₁-HST）沉积相图

2.2.3　茅口组沉积末期（SQ₂）

茅口组沉积末期，四川盆地又经历了一次海侵及海退旋回，但由于地层普遍保存不全，因此本文未分别描述。该时期的沉积相总体来说与 SQ₁ 高位域时期差别不大，但中缓坡—浅缓坡范围有所扩大（图 4）。值得一提的是，该时期由于东吴运动的加强，大量幔源富硅物

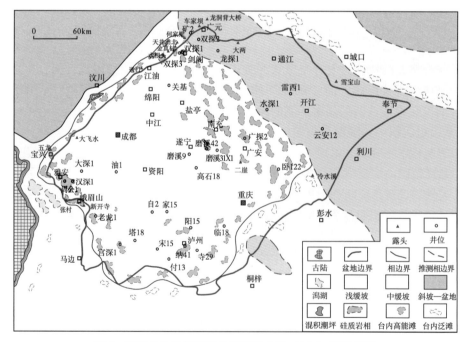

图 4　四川盆地及邻区茅口组沉积末期（SQ₂）沉积相图

质溢出就近沉积，导致在广元—开江一带出现了大量硅质结核、硅质条带、甚至厚层硅质岩，基本呈北西向展布，与张性断裂的走向一致。海水的富硅环境会造成这些地区正常碳酸盐岩沉积速率降低甚至停滞，因此广元—开江一带茅口组厚度比其他地区薄很多，形成了北西向的洼地，而洼地边缘的坡折带更容易形成一些高能滩体，成为储层的物质基础。

3 储层特征、主控因素和分布规律

3.1 储层特征

四川盆地茅口组储层类型主要有 2 种：孔洞孔隙型白云岩储层和岩溶缝洞型石灰岩储层。从白云岩储层 200 多个样品的物性分析资料来看（图 5），孔隙度小于 4% 的样品占 87% 以上，平均孔隙度为 2.83%。白云岩储层的储集空间主要以晶间孔（图 6a）为主，其次为一些未被白云石完全充填的残余孔洞。茅口组白云岩储层的常规测井表现为"两低三高"特征，即：低伽马、低电阻率、中—高密度、高中子值、高声波时差；成像测井表现为暗色斑状特征，表明孔洞比较发育。

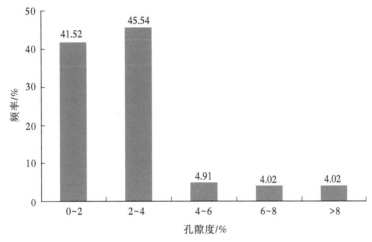

图 5 四川盆地茅口组白云岩储层孔隙度直方图

茅口组石灰岩的物性较差，孔隙度一般在 2% 以下，渗透率一般小于 0.08mD[12]，造成低孔低渗的原因主要是其基质孔并不发育。茅口组石灰岩储集空间主要为较大的溶洞和角砾间残留孔洞，角砾成分主要为浅灰色—灰色生物碎屑灰岩，砾间孔发育，多被石英、方解石等矿物半充填，表明该角砾岩非现代溶蚀作用形成（图 6c，d）。石灰岩储层常规测井表现为中—低伽马、低电阻率、中—高密度、高中子值、高声波时差，成像测井表现为亮色斑状特征，表明岩溶角砾比较发育。

3.2 储层主控因素

白云岩储层的主控因素主要为沉积相带、早期白云石化等。而石灰岩储层除了受到沉积相带的影响外，构造运动及古岩溶作用等也对其起到了一定的控制作用。

3.2.1 沉积相带

茅口组第 1 旋回高位域时期，浅水缓坡范围内发育的高能颗粒滩是最有利的储集岩发育带（图3）。茅口组沉积期生物繁盛，高能生物碎屑颗粒滩分布范围广、沉积厚度大。颗粒比灰泥抗压实，因此颗粒往往在沉积物中作为骨架起到了支撑作用，提高了原始孔隙度及渗透率[22]。以生物碎屑为主的颗粒滩暴露后，生物碎屑本身更加容易受到溶蚀形成孔隙。即使是茅口组白云岩储层，在镜下通过调整光源特征后仍然可以看到明显的颗粒结构（图6b）。

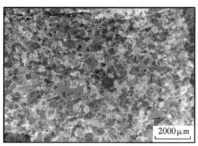 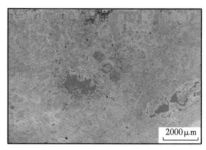

（a）晶粒白云岩，晶间孔发育。广探2井
4704.94m。铸体薄片，单偏光

（b）视域同图（a）。经过锥光恢复原
岩后，生物碎屑颗粒特征明显

（c）岩溶角砾状灰岩。砾间孔发育，多被石英、
方解石等矿物半充填。乐山沙湾六井沟剖面

（d）溶洞宏观照片。古岩溶基础上叠加了现代
溶蚀作用。广元西北乡剖面

图6 四川盆地茅口组储层宏观及微观特征

3.2.2 早期白云石化

野外露头及岩心观察可见，茅口组石灰岩中发育大量缝合线构造，而相邻的白云岩并无此现象。缝合线是压溶作用形成的，压溶作用不但压缩了孔隙空间，其产生的钙质流体还会填充原生孔隙，对储层的破坏作用极大。因此，大规模压溶作用发生之前的白云石化作用是储层得以保存的关键因素。茅口组白云岩形成时间可以通过碳氧同位素和 U-Pb 同位素测年来确定。首先通过碳氧同位素定性分析，由于碳同位素受后期成岩作用的影响较小，因此岩石的碳同位素最能反映沉积时的水体性质。从碳氧同位素交会图可以看到，无论川西、川东还是川中地区，石灰岩及白云岩的碳氧同位素都落在中二叠世海水的范围[23]之内，也就是说白云石化流体来自同时期的海水，这说明白云岩的形成时间较早（图7）。其次应用 U-Pb 同位素测年法对茅口组白云岩样品进行了定量分析，得到的年龄是（257.2±3.1）Ma，说明茅口组白云岩是准同生期形成。

3.2.3 构造运动及古岩溶作用

从茅口组目前的钻探效果来看，岩溶缝洞型石灰岩储层相对于白云岩储层而言更加重要。以蜀南地区自流井构造自2井为例，该井钻进至栖霞组—茅口组时发生放空漏失，从1960年开始生产至今，单井天然气产量已突破 $50 \times 10^8 m^3$。因此，古岩溶作用就显得非常重要，是岩溶缝洞型石灰岩储层发育的主控因素。虽然相对海平面下降期地层暴露会发生岩溶作用，但一般这种情况地层暴露时间有限，所形成的岩溶作用强度亦有限。要形成长

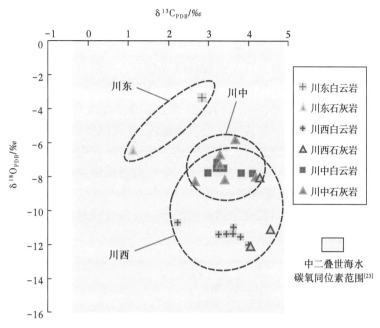

图 7　四川盆地茅口组碳酸盐岩碳氧同位素交会图

时间的岩溶作用，局部的构造隆升则是必不可少的条件。泸州—开江古隆起是在茅口组沉积末期峨眉地裂运动期间形成的大型古隆起，隆起核部茅口组被大量剥蚀，现今顶部一般为茅三段甚至茅二段[24]。

　　古隆起的形成致使岩溶作用大规模、长时间发育。以泸州和自贡地区为例，在钻入茅口组的 996 口井中有 105 口井钻遇放空，除去可能因遇到断层而造成的 6 口放空井外，其余 99 口井的放空皆为古岩溶所致，溶洞钻遇率达到 9.94%[25]（图 8）。因此，构造运动及

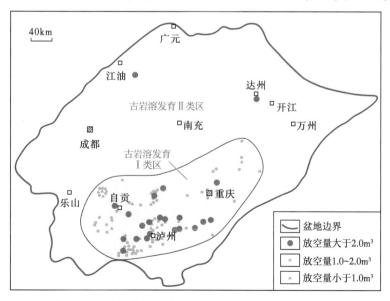

图 8　四川盆地茅口组放空井位置及古岩溶发育区分类图
（据文献［25］修编）

211

古岩溶作用是石灰岩储层发育的关键因素。

3.3 有利储层分布

茅口组白云岩储层主要发育在浅水碳酸盐缓坡相带，川西南及川中地区均发育一定规模的白云岩储层。其中川西南地区白云岩储层主要分布在雅安—乐山地区，尤其是汉王场构造的汉1井、汉深1井，以及周公山构造的周公1井，厚度可达50m以上[11]。川中地区白云岩储层主要分布在盐亭—广安地区，其中磨溪39井厚度约20m（图9）。

岩溶缝洞型石灰岩储层广泛发育，除了泸州—开江古隆起范围外，在川西北、川西南等很多地区的岩溶缝洞型石灰岩储层都获得了工业气流。以川西南大兴场构造的大深1井为例，该井自1993年投产以来直到2018年底，单井累计产天然气4.58×10⁸m³。基于有限的茅口组钻井及野外露头的岩溶特征，初步把泸州—开江古隆起范围划为古岩溶发育Ⅰ类区，而盆地其他地区划为Ⅱ类区（图8）。

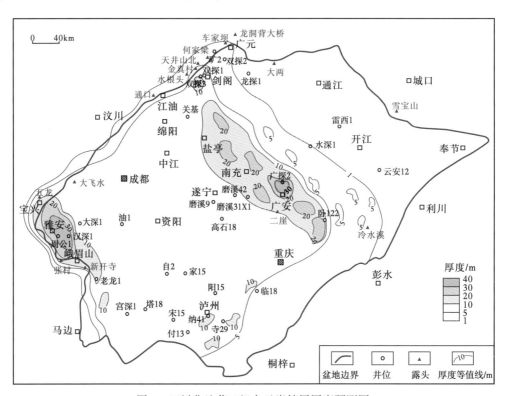

图9　四川盆地茅口组白云岩储层厚度预测图

4　结论

本文通过对四川盆地茅口组沉积储层的研究取得了以下4方面认识：

（1）经过栖霞期的填平补齐作用，加里东期古隆起残余地貌对茅口组沉积的控制已不再明显，茅口组沉积期沉积格局更多的是受到峨眉地裂运动造成的北西—南东向断层影响；茅口组沉积晚期已经出现北西方向的条带状硅质岩，由于硅质岩沉积速率慢且影响正常的碳酸盐沉积，因此在硅质岩发育区形成洼地。

（2）茅口组发育碳酸盐缓坡、斜坡及盆地 3 个主要相带，其中茅口组沉积中—晚期高位域发育的浅水缓坡高能滩是最有利的储集相带。

（3）茅口组主要发育孔洞—孔隙型白云岩及岩溶缝洞型石灰岩 2 类储层，高能生物碎屑颗粒滩是茅口组 2 类储层形成的物质基础。茅口组白云岩形成的时间为（257.2±3.1）Ma，因此早期白云石化作用是白云岩储层得以保存的关键因素；而构造运动及古岩溶作用是石灰岩储层发育的重要条件。

（4）茅口组白云岩储层主要分布在雅安—乐山以及盐亭—广安地区，主要围绕浅缓坡边缘滩体发育。岩溶缝洞型石灰岩储层全盆地均可见，但在泸州—开江古隆起范围内最为发育。

参 考 文 献

［1］沈平，张健，宋家荣，等．四川盆地中二叠统天然气勘探新突破的意义及有利勘探方向［J］．天然气工业，2015，35（7）：1-9．

［2］四川油气区石油地质志编写组．中国石油地质志：卷十 四川油气区［M］．北京：石油工业出版社，1989：55．

［3］胡明毅，胡忠贵，魏国齐．四川盆地茅口组层序岩相古地理特征及储层预测［J］．石油勘探与开发，2012，39（1）：45-55．

［4］四川省地质矿产局．四川省区域地质志［M］．北京：地质出版社，1991：187．

［5］李乾，徐胜林，陈洪德，等．川北旺苍地区茅口组地球化学特征及古环境记录［J］．成都理工大学学报（自然科学版），2018，45（3）：268-281．

［6］李蔚洋，何幼斌，刘杰．旺苍双汇下二叠统岩石特征与沉积环境分析［J］．重庆科技学院学报（自然科学版），2009，11（1）：5-7．

［7］向娟，胡明毅，胡忠贵．四川盆地中二叠统茅口组沉积相分析［J］．石油地质与工程，2011，25（1）：14-19．

［8］厚刚福，周进高，谷明峰，等．四川盆地中二叠统栖霞组、茅口组岩相古地理及勘探方向［J］．海相油气地质，2017，22（1）：25-31．

［9］周进高，姚根顺，杨光，等．四川盆地栖霞组—茅口组岩相古地理与天然气有利勘探区带［J］．天然气工业，2016，36（4）：8-15．

［10］田景春，郭维，黄平辉，等，四川盆地西南部茅口期岩相古地理［J］．西南石油大学学报（自然科学版），2012，34（2）：1-8．

［11］胡安平，潘立银，郝毅，等．四川盆地二叠系栖霞组、茅口组白云岩储层特征、成因和分布［J］．海相油气地质，2018，23（2）：39-52．

［12］郝毅，周进高，倪超，等．川西北中二叠统茅口组储层特征及成因［J］．四川地质学报，2014，34（4）：501-504．

［13］霍飞，杨西燕，王兴志，等．川西北地区茅口组储层特征及其主控因素［J］．成都理工大学学报（自然科学版），2018，45（1）：45-52．

［14］戴晓峰，冯周，王锦芳．川中茅口组岩溶储层地球物理特征及勘探潜力［J］．石油地球物理勘探，2017，52（5）：1049-1058．

［15］李祖兵，欧加强，陈轩，等．川中地区下二叠统白云岩储层特征及发育主控因素［J］．大庆石油地质与开发，2017，36（4）：1-8．

［16］罗静，胡红，朱遂珲，等．川西北地区下二叠统茅口组储层特征［J］．海相油气地质，2013，18（3）：39-47．

［17］张健，周刚，张光荣，等．四川盆地中二叠统天然气地质特征与勘探方向［J］．天然气工业，

2018, 38（1）：10-20.

［18］张建勇，周进高，郝毅，等．四川盆地环开江—梁平海槽长兴组—飞仙关组沉积模式［J］．海相油气地质，2011, 16（3）：45-54.

［19］罗志立．峨眉地裂运动的厘定及其意义［J］．四川地质学报，1989, 9（1）：1-17.

［20］刘家润，杨湘宁，施贵军，等．茅口期相对海平面变化对蜓类动物群的影响：以贵州盘县火铺镇茅口组剖面为例［J］．古生物学报，2000, 39（1）：120-125.

［21］冯少南．东吴运动的新认识［J］．现代地质，1991, 5（4）：378-384.

［22］郝毅，周进高，张建勇，等．四川盆地鱼洞梁白云岩储层特征及控制因素［J］．西南石油大学学报（自然科学版），2011, 33（6）：25-30.

［23］Veizer J, Ala D, Azmy K, et al. $^{87}Sr/^{86}Sr$, $\delta^{13}C$ and $\delta^{18}O$ evolution of Phanerozoic seawater［J］. Chemical geology, 1999, 161（1/3）：59-88.

［24］王运生，金以钟．四川盆地下二叠统白云岩及古岩溶的形成与峨眉地裂运动的关系［J］．成都理工学院学报，1997, 24（1）：8-16.

［25］陈宗清．四川盆地中二叠统茅口组天然气勘探［J］．中国石油勘探，2007, 12（5）：1-11.

原文刊于《海相油气地质》，2020, 25（3）：202-209.

四川盆地中三叠统雷口坡组
沉积储层研究进展

王 鑫[1,2]，辛勇光[1,3]，田 瀚[1,3]，
朱 茂[1]，张 豪[1,3]，李文正[1,3]

1. 中国石油杭州地质研究院；2. 中国石油集团碳酸盐岩储层重点实验室；
3. 中国石油勘探开发研究院四川盆地研究中心

摘 要 四川盆地中三叠统雷口坡组还未发现规模连片的油气田群，勘探陷入困境，关键问题是其储层形成机制与分布规律认识不清。利用最新的油气勘探成果和丰富的基础资料，从层序地层划分与对比入手，系统梳理和分析了中三叠统的地层分布、沉积与储层特征。研究结果表明：（1）盆地内存在中三叠统天井山组（亦称"雷口坡组五段"），为中三叠统重要的有利勘探层系之一；（2）微生物岩为雷口坡组重要的碳酸盐岩类型，具有规模发育和形成规模有效储层的潜力；（3）准同期的白云石化和岩溶作用、表生期的岩溶作用是雷口坡组储层成孔的主要控制因素，早埋藏期酸性成岩环境和埋藏期溶蚀作用及构造裂缝是孔隙保持和改善、改造的关键因素；（4）古隆起周缘的风化壳岩溶分布带、准同生岩溶作用叠加表生岩溶改造的微生物岩与颗粒滩分布带为有利储层发育区带。

关键词 储层成因；微生物岩；岩溶作用；雷口坡组；中三叠统；四川盆地

四川盆地中三叠统的油气勘探始于20世纪60年代，至今仅发现6个气田（藏）、5个含气构造，主要分布于川东卧龙河与川中磨溪地区的雷口坡组一段1亚段（简称雷一^{1}亚段）、川中龙岗和元坝地区的雷三^{3}亚段，以及川西地区的雷三^{3}亚段、雷四^{3}亚段和天井山组。雷口坡组已发现气藏具多层段多点分布和局部富集的特点，还未发现规模连片的油气田群。这除了与其气源不确定和成藏的复杂性有关外，另外一个重要原因是对中三叠统的沉积特征、储层形成机制与分布规律缺乏整体性、系统性的研究和正确认识。

前人针对雷口坡组的沉积特征做了大量的研究工作：辛勇光等[1]、吕玉珍等[2]认为雷口坡组发育一套蒸发岩、白云岩、石灰岩互层的障壁碳酸盐台地沉积体系，依次发育台地边缘、台内滩、潟湖边缘坪；李凌等[3,4]、孙春燕等[5]认为雷口坡组为一套较浅水的碳酸盐台地相沉积体系，处于局限台地—蒸发台地—开阔台地和台地边缘沉积环境，发育台内滩和台缘滩2类颗粒滩储层。前人的研究均强调台内滩与台缘滩沉积的重要性，但随着勘探的深入、资料的增多及认识的提高，发现雷口坡组在干旱气候、浅水碳酸盐台地的广阔潮坪相带发育微生物岩，这也是一类重要的储集岩类，而且呈规模分布的态势[6]。此外，

第一作者：王鑫，高级工程师，主要从事沉积储层和油气地质研究。通信地址：310023 浙江省杭州市西湖区西溪路 920 号；E-mail：wangx_hz@petrochina.com.cn。

雷口坡组沉积期是否存在台缘滩也存在争议。

关于雷口坡组储层的成因机制，以往的研究多局限于区带研究或针对某特定层系的研究。宋晓波等[7]认为川西地区雷口坡组储层受沉积相和风化壳岩溶共同影响；李蓉等[8]认为埋藏期溶蚀作用是川西坳陷雷四³亚段储层形成的关键；李宏涛等[9]认为川西坳陷龙门山前雷四上亚段高频层序控制了潮间带有利沉积微相的分布，这是储层空间展布与储层发育的关键控制因素；沈安江等[10]认为雷口坡组发育了石膏溶孔型储层和残留原生粒间孔型储层，将两套储层的发育定位于准同生期。前人关于雷口坡组储层成因机制的观点众多，不尽相同。实际上，不同层系、不同区带的储层有其各自特殊的关键控储要素，不能一概而论。近期的勘探发现，准同生岩溶改造型微生物白云岩储层为雷口坡组非常重要且占比较大的储层类型，这在之前不被大家所认知，关于其成孔和孔隙埋藏保持机制的研究有待加强。

本文利用最新的油气勘探成果和丰富的野外露头、钻井、分析化验等基础资料，从层序地层划分与对比入手，着眼于全盆地，以Ⅳ级层序为研究对象，注重盆地构造演化与沉积古地理背景演变的结合，系统梳理和分析中三叠统雷口坡组的沉积特征、储层发育与分布特征，特别对前期研究存在较大争议的分层问题，以及被忽视的微生物岩储层领域进行了深入研究，明确了四川盆地雷口坡组的储层特征、储层类型及其形成发育的主控因素，指出雷口坡组有利储层发育区带。研究成果对下一步雷口坡组勘探选区、选带和目标优选具重要指导意义。

1 区域地质概况

四川盆地中三叠统包含雷口坡组和天井山组。其中，雷口坡组划分为4段，在全盆地分布范围较广；而天井山组（亦称"雷五段"）分布局限，盆地内仅在川西坳陷中部连片分布，地表露头主要沿龙门山冲断带西北缘出露。从大地构造上看，在中三叠统沉积期，四川盆地为上扬子地台的一部分，西部经龙门山岛链与滇青藏古大洋相邻，北部经天井山、米仓山、大巴山隆起与秦岭海相邻，盆地西南部与东部分别被康滇古陆、江南古陆所围。盆地内部发育泸州—开江隆起[11,12]，同时受周围古陆相继上隆和盆地基底逐步抬升的影响，盆地内海水较浅、较封闭，水体能量总体不强，水体盐度总体较高。这一特殊的古地理格局导致海盆处于蒸发—局限的沉积环境，形成石灰岩、白云岩、石膏及盐岩的互层沉积[11]。

受中三叠世末期印支运动早幕抬升作用影响，盆地内出现了北东向的大型隆起和坳陷。其中，以华蓥山为中心的隆起带上升幅度最大，形成泸州—开江隆起；而川西地区形成了川西坳陷。隆起带中三叠统普遍遭受剥蚀，泸州隆起核部下三叠统嘉陵江组中上部以上地层全被剥蚀（图1），开江隆起只残留中三叠统雷口坡组下部地层。印支期抬升作用在江油、广元附近的天井山隆起也有反映，其上雷口坡组部分被剥蚀。

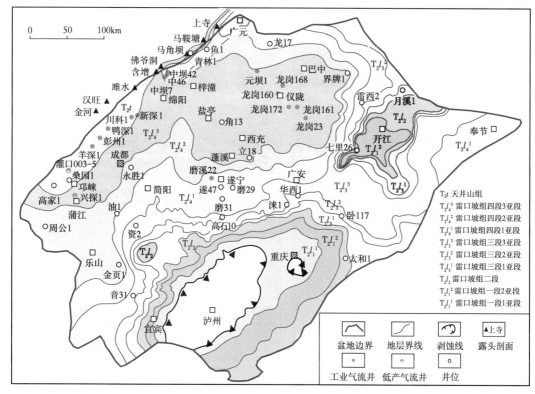

图 1　四川盆地上三叠统沉积前古地质图

图例说明（右下角）：
- T_2t 天井山组
- $T_2l_4^3$ 雷口坡组四段3亚段
- $T_2l_4^2$ 雷口坡组四段2亚段
- $T_2l_4^1$ 雷口坡组四段1亚段
- $T_2l_3^3$ 雷口坡组三段3亚段
- $T_2l_3^2$ 雷口坡组三段2亚段
- $T_2l_3^1$ 雷口坡组三段1亚段
- T_2l_2 雷口坡组二段
- $T_2l_1^2$ 雷口坡组一段2亚段
- $T_2l_1^1$ 雷口坡组一段1亚段

盆地边界　地层界线　剥蚀线　▲上寺 露头剖面
工业气流井　低产气流井　井位

2　天井山组地层的厘定与中三叠统层序划分

2.1　天井山组的地层厘定

翟光明等[11]将天井山组划归为雷口坡组，并命名为"雷五段"，将其表述为乳白色、浅灰色中—厚层至块状石灰岩，局部具有鲕状及生物碎屑灰岩，在川西北称"天井山石灰岩"。辛学达等[13]将天井山组定义为以灰色厚层至块状石灰岩为主，上部夹鲕粒、砂屑、生物碎屑灰岩及硅质条带、结核，含有孔虫及少量双壳类、腕足类等生物化石的一套地层。以往这套地层主要见于盆地外西北缘的龙门山推覆带中段，认为盆地内缺失这套地层。近几年成都—绵竹凹陷的多口井在马鞍塘组与雷口坡组白云岩段之间钻遇大套石灰岩段，并获得天然气产量，早期川西南地区的灌口003-5井、桑园1井等井也钻遇这套石灰岩地层，并获得少量天然气，这套地层一直被归为上三叠统马鞍塘组。鉴于该石灰岩段有重大勘探突破，因此需对其地层归属重新厘定。

结合露头和钻井资料，依据岩性、电性、生物发育特征，以及风化土壤的发育、溶蚀现象等特征，认为原天井山组下部不含或极少含生物碎屑、但微生物藻异常发育的石灰岩段应为中三叠统，这符合中三叠世高盐度宏体海水生物不发育而微生物发育的背景，而上部的鲕粒灰岩、含丰富生物碎屑的石灰岩夹陆源碎屑岩段应为上三叠统马鞍塘组的下部地层。这两段地层间呈假整合接触，在江油马鞍塘露头（图2）、安县睢水镇金华村露头（图3）、江油佛爷洞露头见薄层风化土壤，之下的天井山组石灰岩中见溶洞，井下亦见风

217

图 2　四川盆地马鞍塘露头剖面马鞍塘组与天井山组岩性与接触关系

上部为露头剖面宏观照片，示意岩性分带与地层界面位置；下部为局部特写照片

218

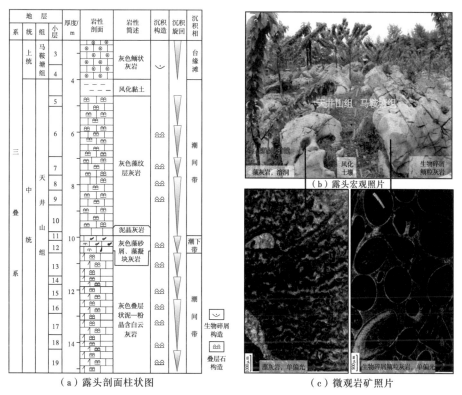

（a）露头剖面柱状图   （c）微观岩矿照片

图3　四川盆地雎水露头剖面马鞍塘组与天井山组岩性与接触关系

化混积岩和天井山组的溶蚀孔洞与充填的渗流沙，钻井测井曲线呈高 GR 和低 R_d 特征。因此，将原天井山组下部石灰岩段仍称为天井山组，归中三叠统，因其与雷口坡组顶部白云岩段呈整合接触，二者岩性呈过渡关系，因此习惯上又称为"雷五段"。盆地内天井山组厚度在 0~200m，北川含增、香水、黄连桥地区较厚，可达 500m 左右[14]。天井山组的重新厘定，对确认中三叠统顶发育风化壳储层、提出天井山组亦为勘探目的层之一具有重要意义。

2.2　中三叠统地层层序划分

天井山组的重新厘定，确定了中三叠统顶部界线及属性：天井山组发育的地区，天井山组的顶即为中三叠统的顶界，与上三叠统呈假整合接触；天井山组不发育的地区，雷口坡组的顶为中三叠统的顶界，与上三叠统呈不整合接触。中三叠统底界仍以传统的"绿豆岩"为划分依据，与下三叠统呈整合接触。雷口坡组内部无明显的假整合面或不整合面，层序类型应以Ⅱ型层序为主，低位域特征不明显，并且海平面升、降具有快速海侵和缓慢海退的特点，因此，内部的三级、四级层序主要以岩性界面、电性转换面、主要和次要海泛面进行划分。

采用海进、高位体系域的二分法，将中三叠统划分为 3 个三级层序、11 个四级层序。各层序的岩性、电性特征与界面特征及与雷口坡组各段、亚段地层的对应关系见图4。

受控于中三叠统的干旱、较封闭、浅水碳酸盐台地背景，其层序特征和储集体发育具一定的特殊性。海进体系域一般泥质含量由低到高，膏盐含量由高至低，灰质含量在海进期水体较浅时发育较少，在海进期水体较深时发育较多；相应地，自然伽马值由低到高，深电阻率值随泥质含量的增高而降低，当灰质含量增高时整体较高。高位体系域一般泥质含量由高到低，灰质含量相对减少，白云石化作用增强，可能伴随有准同生期表生岩溶作用，储层相对发育（图4）。

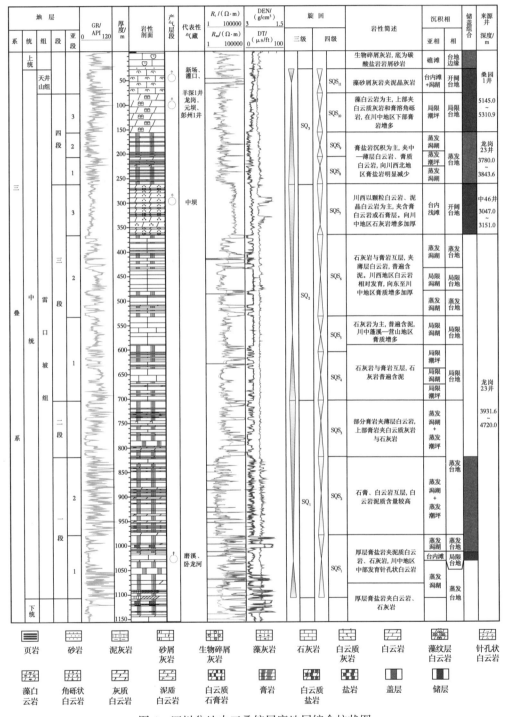

图4　四川盆地中三叠统层序地层综合柱状图

220

3 中三叠统沉积特征

3.1 沉积体系划分

四川盆地中三叠世特殊的古地理格局决定了雷口坡组为一套高盐度背景、较浅水、地势较缓的碳酸盐台地沉积体系，发育以蒸发台地、局限台地为主，以开阔台地和台地边缘为次的4种相类型，其沉积体系划分和微相类型如表1。

开阔台地相在四川盆地中三叠统雷口坡组中发育较少，受海平面升降和古地貌环境控制，多发育在海进域，纵向上主要发育于雷三段和天井山组，岩性主要为深灰色—灰色石灰岩、灰质白云岩等，以潮下沉积为主，其次是台内滩。鉴于前人对四川盆地中三叠统的沉积特征已做了大量的研究工作，并取得了众多共识，本次研究针对前期研究被忽视的微生物岩的沉积特征、有关台缘带认识的分歧等进行探讨。

表 1　四川盆地中三叠统沉积相划分表

相区	相	亚相	微相	主要分布层位
碳酸盐台地	蒸发台地	蒸发潮坪	云膏坪、膏云坪、膏坪	雷一段、雷二段、雷三² 亚段、雷四¹⁻² 亚段
		蒸发潟湖	膏湖、盐湖、盐膏湖	
	局限台地	局限潮坪	云坪、膏云坪、灰云坪、灰坪、潮渠	雷一段、雷二段、雷四³ 亚段
		局限潟湖	云灰质潟湖、灰质潟湖	
		台内滩	藻屑滩、砂屑滩、鲕粒滩	
	开阔台地	台内滩	藻屑滩、砂屑滩、鲕粒滩	雷三段、天井山组
		开阔潟湖		
	台地边缘		台缘浅滩	
			生物礁	
			前缘斜坡	

3.2 川西地区微生物岩发育特征

四川盆地中三叠统沉积期，在地势缓、水体浅、盐度高的沉积背景下，宏体生物欠发育，给微生物繁盛和与微生物活动相关的微生物岩的发育创造了有利条件，微生物岩具规模发育和规模成储的态势，且以川西地区雷四³ 亚段和天井山组最为显著。

川西地区雷四³ 亚段—天井山组既发育微生物灰岩也发育微生物白云岩，微生物灰岩主要发育于天井山组，微生物白云岩主要发育于雷四³ 亚段。微生物岩类型主要有叠层石、凝块石、层纹石，其次是核形石、枝状石、泡沫绵层石[15]，其他与微生物活动相关的还有藻砂屑、藻球粒等颗粒碳酸盐岩（图5），其中微生物白云岩构成主要储集岩类。

雷四² 亚段沉积时，气候干旱、水体较浅，长时间处于蒸发台地环境，由于海水过咸，宏体生物和微生物均难以生存，微生物岩总体不发育；雷四² 亚段沉积末期，海水快速水

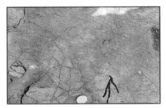

（a）柱状叠层石灰岩。天井山组7小层。
安县雎水镇金华村露头

（b）纹层状藻灰岩。天井山组16小层。
安县雎水镇金华村露头

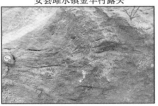

（c）丘状叠层石白云岩。针孔发育。雷四³
亚段9小层。安县雎水镇太平桥露头

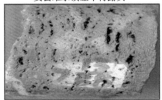

（d）叠层状藻白云岩，窗格孔洞发育。
鸭深1井5781.22m，雷四³亚段。岩心

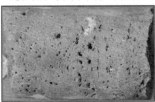

（e）凝块状—叠层状白云岩。鸭深1井
5781.01m，雷四³亚段。岩心

（f）纹层状藻白云岩，孔洞发育。羊深
1井6219.41m，雷四³亚段。岩心

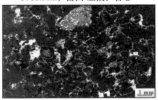

（g）藻砂屑、藻球粒白云岩，粒间孔发育。
羊深1井6230.16m，雷四³亚段。铸体薄片，（－）

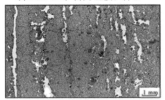

（h）纹层状藻白云岩，窗格孔发育。羊深
1井6219.31m，雷四³亚段。铸体薄片，（－）

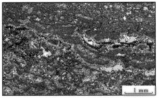

（i）叠层状藻白云岩，鸟眼状、窗格状
孔发育。鸭深1井5793.95m，雷四³亚
段，铸体薄片（－）

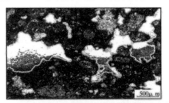

（j）凝块状藻白云岩，粒间孔及充填的渗流
沙、晚期白云石和石英。中46井3151.42m，
雷三³亚段。普遍薄片，（－）

（k）藻格架白云岩，格架孔部分被方解石
充填。中80井3177.91m，雷三³亚段，
普通薄片，（－）

（l）藻格架白云岩，格架孔洞发育。
羊深1井6200.08m，雷四³亚段。
铸体薄片，（－）

图5　四川盆地雷口坡组微生物岩典型岩石类型

进，水体加深；至雷四³亚段沉积时转变为较稳定的局限台地，但海水仍然偏咸，宏体生物恢复较慢，而适应能力强的微生物则快速繁衍，致使雷四³亚段微生物白云岩规模发育；至天井山组沉积时期，海水持续水进，海水盐度虽接近正常，但宏体生物仍未大量恢复，微生物更加繁盛，促成天井山组微生物灰岩或灰质白云岩的规模发育；至上三叠统马鞍塘组沉积时期，大量宏体生物繁盛，微生物岩基本不发育。雷四³亚段—天井山组微生物岩在平面上主要发育于川西坳陷东部的平缓斜坡区，沉积相带以局限台地潮坪亚相为主，微生物岩储层发育；梓潼—中江—眉山近南北向地带及以东则转变为蒸发台地的潮坪亚相与蒸发潟湖亚相，微生物岩储层不发育。根据单井和平面上微生物岩的发育特征及储层性能，建立微生物岩的纵向发育模式（图6）。

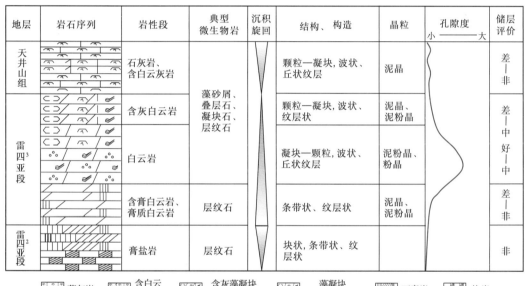

图6 四川盆地雷四²亚段—天井山组微生物岩发育序列

3.3 台缘带与台缘礁滩的发育特征

关于雷口坡组沉积时期台缘带的发育位置与盆地内是否发育台地边缘礁滩，目前存在较大争议。中三叠世，四川盆地周围发育岛链、古陆（隆）[11]，它们起到障壁作用，与外围的海洋、海槽相邻；盆地基底逐步抬升，盆地内水浅而封闭，整体处于蒸发—局限的沉积环境。因此，四川盆地可能缺少真正意义的台缘带，相应典型、规模性的台缘礁滩也不发育，可能只在原岛链或古隆间及周缘水体较畅通、水体能量较强的区域发育台内浅滩。其中，较典型的是天井山古隆西缘江油中坝地区雷三³亚段的微生物丘、滩相沉积（图4），其次是在川西龙门山前缘带附近的露头或钻井中所见的少量颗粒滩。四川盆地中三叠统目前未见生物礁相发育，但在龙门山前缘带附近的安县雎水剖面、绵竹汉旺剖面等见到上三叠统马鞍塘组生物礁。

3.4 台内颗粒滩的分布

四川盆地内雷口坡组发育砂屑滩、藻屑滩、鲕粒滩等台内颗粒浅滩，主要发育于雷四³亚段、雷三³亚段和雷一¹亚段（图4），平面上主要分布于面向外海且与外海沟通、水体能量相对较强的台地内古地貌相对高的一侧。龙岗地区雷四³亚段沉积期位于台洼面向北部海域的斜坡带，海水从川西北的大巴山古隆与龙门山古隆间的空隙侵入，水体能量较高，鲕滩、砂屑滩发育；江油中坝地区雷三³亚段沉积期位于天井山古低凸起面向西部海域的斜坡带，海水通过西部的龙门山岛链间的空隙与外海沟通，水体能量较强，沉积了较厚的颗粒滩（图4）；磨溪地区雷一段白云质砂屑、鲕粒滩则沿泸州古凸起周缘分布。

3.5　中三叠世岩相古地理

中三叠世，由于江南古陆西移抬高，四川盆地海盆环境由早三叠世的东深西浅逐渐转变为西深东浅，川东演变为海陆过渡相，川中到川西广大地区基本保持较封闭的局限—蒸发台地环境，在川西龙门山前缘与西侧海槽连通的局部地区形成富藻的浅滩沉积，储层段主要发育于三级层序或四级层序的高水位体系域。中三叠统顶部可发育风化壳型储层。

雷一¹亚段沉积时，盆地略具东倾底形，水体整体较浅，地形较缓，整体为缓坡型局限台地沉积，在泸州地区发育古凸起（图7）。泸州古凸起北部周缘的川中地区发育大范围的台内浅滩，川东发育混积的泥质云坪，古凸起南部发育含膏云坪相；盆地北部梓潼—仪陇—通江、大竹地区的封闭台洼地带发育含膏云坪或膏质潟湖；川西除龙门山前缘局部发育台缘浅滩外以云坪相沉积为主。雷一²亚段沉积时，基本沿袭雷一¹期的古地理格局，只是水体加深，泥质含量增加，以含膏泥质云坪、含膏泥质灰质潟湖相占主导为特征。

雷二段为层序 SQ_1 的高水位体系域，盆地内以蒸发台地和局限台地为主，以发育泥质白云岩和白云岩、膏岩交互为特征。在川东地区，发育泥云质潟湖。

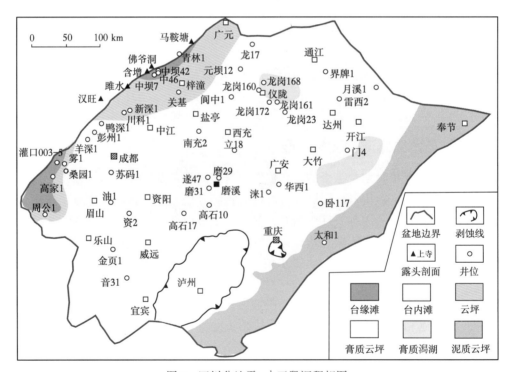

图7　四川盆地雷一¹亚段沉积相图

雷三¹亚段沉积期大规模海进，气候干旱程度有所缓解，川中—川西以广泛发育的局限—开阔台地潮下灰坪与灰质潟湖为特征（图8），川东以混积泥质灰坪为特征，川西龙门山前缘局部发育台缘浅滩。雷三²亚段沉积期，气候再次变干旱，同时受盆地周缘地块挤压变形明显增强的影响，形成成都、仪陇—南充两大坳陷与周缘隆起并存的隆坳格局：坳陷区发育含膏云坪与含膏潟湖；川东以混积泥质云坪为主；川西以含膏云坪为主，局部发育台内浅滩。雷三³亚段沉积期为层序 SQ_2 的高水位体系域发育期，由于雷三²时期的填平作用，此时地势整体较平坦，台坪范围扩大（图9），同时气候干旱明显缓解；川西以局限台地的云坪为主，川西北天井山低凸起西缘与川西南地区台内浅滩发育，川中以局限—开阔台地的灰坪、灰质潟湖为主，川东以混积泥质灰坪为主。

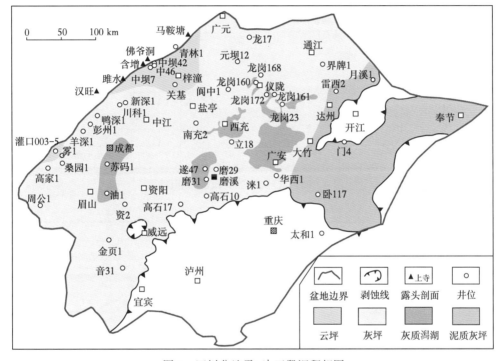

图8　四川盆地雷三¹亚段沉积相图

雷四¹亚段沉积期，盆地整体有抬升之势，水体较封闭，气候再次变干旱，川中、川西地区整体为蒸发台地含膏云坪与膏质潟湖沉积。雷四²沉积时期，气候异常干旱，川中、川西地区整体以蒸发台地膏质潟湖沉积为主，其次是含膏云坪。雷四³亚段—天井山组沉积时期为层序 SQ_3 的高水位体系域，此时气候快速转为半干旱直至近正常气候，地势整体较平坦，台坪范围较广，以广泛的富藻云坪、灰坪沉积为特征，并形成规模微生物岩储集岩类。在盐亭—西充膏质潟湖与龙岗台洼过渡区发育台内浅滩（图10）；在川西龙门山古岛链东缘局部发育台缘浅滩，但大部分地区可能已卷入龙门山的褶皱逆冲断裂带中，盆地内现今仅在雾1井区、汉旺以东等局部区带存在台缘浅滩。

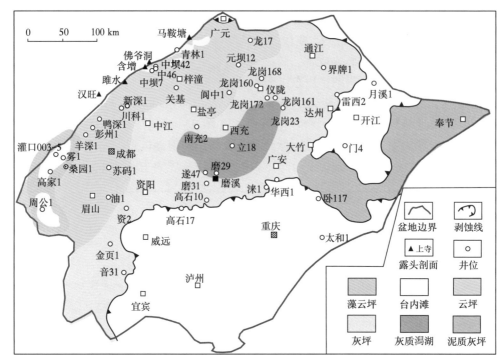

图 9　四川盆地雷三³亚段沉积相图

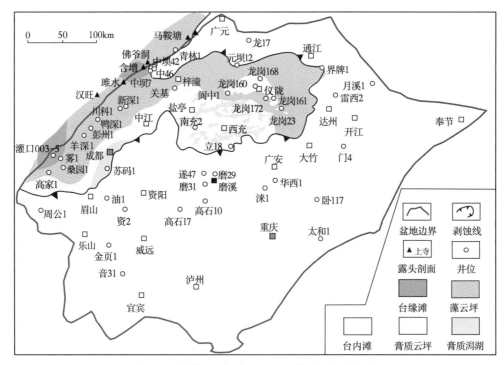

图 10　四川盆地雷四³亚段—天井山组沉积相图

4 中三叠统储层特征与主控因素

中三叠统发育微生物岩储层、颗粒滩储层（包括台内滩和台缘滩 2 类）、晶粒白云岩储层、裂缝或岩溶改造型储层 4 大类储层类型。

4.1 储层特征

4.1.1 微生物岩储层发育特征

微生物岩主要有叠层石、凝块石，其次是层纹石，有少量核形石、枝状石、泡沫绵层石等，以白云岩为主。微生物岩在同生期、准同生期有利于形成粒间（溶）孔或溶洞（图 5g，j）、藻格架间孔洞（图 5k，l）、粒内溶孔、藻纹层间窗格孔或鸟眼孔（图 5h，i）、膏溶孔、生物碎屑铸模孔等，从而形成微生物岩储层。微生物岩储层主要发育于含膏层段之上的雷四^{3}亚段—天井山组；平面上主要分布于川西坳陷平缓的斜坡区，其次是龙岗台洼斜坡区。储层发育相带以局限台地潮坪亚相为主，而蒸发台地由于盐度过高而不发育。

川西地区雷四^{3}亚段微生物岩储层单层厚度主要在 0.5~8m，累计厚度为 7~45m；孔隙度为 2.5%~13%，平均为 3.9%；渗透率为 0.01~710mD，平均为 14.38mD[16]。其中，叠层石白云岩储层的孔隙度和渗透率最高，凝块石白云岩储层的孔隙度和渗透率相对较低，凝块叠层石白云岩储层的孔隙度和渗透率介于前两者之间。

4.1.2 颗粒滩储层发育特征

盆地内颗粒滩储层主要为台内浅滩，以砂屑滩、藻屑滩为主，有少量砾屑滩和鲕粒滩，主要发育于雷一^{1}亚段、雷三^{3}亚段和雷四^{3}亚段—天井山组，平面上主要分布于川中和川西坳陷斜坡区。据典型井颗粒滩储层物性统计（表 2），孔隙度平均值在 3.11%~11.56%。孔隙类型有晶间孔（图 11a）、粒间与粒内溶孔（图 11b，c）、生物碎屑铸模孔与鲕模孔、膏溶孔被充填后再溶蚀的粒间溶孔（图 11d 至 g）等。

雷一^{1}亚段颗粒滩在川中普遍发育，岩性为白云岩、灰质白云岩、白云质灰岩，厚度一般在 5~25m，主要沿沉积期古地貌高及周缘分布，特别是在磨溪一带累计厚度最大（可达 35m）；储层物性较好，颗粒滩主要发育段的孔隙度平均在 10% 左右（表 2）；孔隙类型以粒内溶孔、粒间孔、膏溶孔为主，其次是晶间孔。雷三^{3}亚段颗粒滩主要发育于川西地区，并以川西北江油中坝地区最为发育，厚度可达百米左右；岩性为微生物白云岩与颗粒白云岩复合体；储层物性相对较好，平均孔隙度一般在 4% 左右（表 2）。雷四^{3}亚段颗粒滩主要发育于川西与川中龙岗地区，但川西以微生物白云岩为主，龙岗为微生物白云岩与颗粒白云岩复合体；储层物性平均也在 4% 左右（表 2）；孔隙类型以粒内溶孔、粒间孔、裂缝为主，其次是晶间孔。

4.1.3 晶粒白云岩储层发育特征

晶粒白云岩主要为无明显颗粒和生物结构的粉晶、细晶白云岩，以粉晶白云岩为主，其成因主要与回流渗透白云石化或混合白云石化作用有关。部分晶粒较粗的白云岩可能与埋藏热液白云石化有关，但这类白云岩一般较致密，孔隙不发育。孔隙类型以晶间孔、晶间溶孔为主，其分布特征与颗粒滩储层类似（图 11h）。

（a）砂屑白云岩，晶间孔、粒间孔。龙岗160井。3710.9m，雷四³亚段。蓝色铸体薄片，（-）

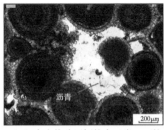

（b）含生物碎屑鲕粒白云岩。颗粒环边胶结，粒间孔中见轻质油。青林1井3725.46m，雷四³亚段。铸体薄片，（-）

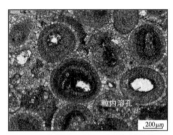

（c）鲕粒白云岩。颗粒环边胶结，粒内、粒间溶孔发育。龙岗168井4583.36m，雷四³亚段。普通薄片，（-）

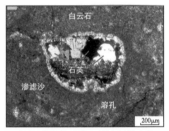

（d）砂屑白云岩。膏溶洞依次充填环边状白云石、渗滤沙、晶粒白云石等。中坝42井3345.7m，雷四³亚段。普通薄片，（+）

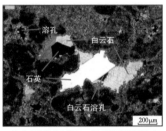

（e）颗粒白云岩。早期膏溶洞被白云石、石英充填，白云石部分被溶。青林1井3786.01m，雷三³亚段。普通薄片，（+）

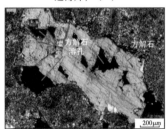

（f）砂屑白云岩。粒间膏溶洞被方解石充填，后期方解石被溶。中坝42井3370.6m，雷三³亚段。铸体薄片，（+）

（g）凝块白云岩。早期膏溶洞依次被渗滤沙、方解石充填，后期被溶。羊深1井6203.58m，雷四³亚段。铸体薄片，（+）

（h）残余砂屑白云岩，晶间孔和晶间溶孔发育。磨31井2728.18m，雷一¹亚段。红色铸体薄片，（-）

（i）泥晶白云岩，沿裂缝的溶蚀孔洞。元坝12井4660.3m，雷四³亚段。岩心

图11　四川盆地中三叠统储层孔隙成因类型与充填特征典型照片

表2　四川盆地雷口坡组典型井颗粒滩物性统计表

井名	层位	井深/m	孔隙度/%		样品数
			范围值	平均值	
龙岗173	雷四³亚段	3279.4～3297.0	0.67～9.21	3.11	64
龙岗172	雷四³亚段	3706.0～3727.0	1.14～9.96	3.82	105
龙岗161	雷四³亚段	3692.0～3705.0	2.52～9.49	4.90	68
中46	雷三³亚段	3047.1～3149.8	0.25～11.95	3.91	180
中坝7	雷三³亚段	3436.2～3517.7	0.50～9.11	4.29	28
磨29	雷一¹亚段	2787.0～2792.8	0.32～16.29	9.23	29
华西1	雷一¹亚段	2693.3～2697.3	0.77～16.15	6.80	16
涞1	雷一¹亚段	2533.9～2539.6	0.74～20.37	11.56	29

4.1.4 裂缝型或岩溶改造型储层发育特征

岩溶改造型储层主要指中三叠统顶部早印支期不整合面下的风化壳储层。目前发现的川西地区新深 1 井、川科 1 井、灌口 003-5 井、羊深 1 井的天井山组气层可能为此类储层，川西江油的中坝地区雷三³ 亚段气层、川中龙岗—元坝地区雷四³ 亚段气层的储层均受到风化淋滤作用的改造。裂缝型储层以元坝雷四³ 亚段气层为典型，其岩性以泥晶白云岩为主，基质孔不发育，但裂缝发育，同时表生期沿裂缝发生不同程度的溶蚀作用，从而形成溶蚀裂缝型储层（图 11i）。

表生淋滤作用的强度与岩性、古地貌和裂缝有密切关系。基质孔隙或裂缝发育时，岩溶改造作用相对较强，而基质孔隙和裂缝不发育时，淡水流体渗流不畅，淋滤作用不明显。另外，在岩溶高地由于水体快速流失而淋滤效果较差，岩溶洼地由于水体汇集易形成胶结，淋滤效果好的地带主要为岩溶斜坡带，如川科 1 井岩溶斜坡。从岩溶作用发育深度来看，一般在距雷口坡组顶面 0~50m 出现，最深在距雷口坡组顶面 110m 内可见。

4.2 储层主控因素

根据储层岩石学特征、储层孔隙发育与物性分布特征，结合中三叠统沉积埋藏与构造演化史，对四川盆地中三叠统相对优质储层的关键控制因素进行了总结：

（1）颗粒滩与微生物岩是有利储层形成的关键岩相基础。

根据中三叠统储层物性与岩性关系分析，储层物性相对较好的主要为颗粒碳酸盐岩及藻粘结的藻粒、藻纹层、叠层石、凝块石等微生物岩，其次是粉晶、少量的细晶碳酸盐岩，而泥晶、含膏质的碳酸盐岩物性均较差。

（2）准同生白云石化与岩溶作用是原生孔隙保持和次生孔隙形成的关键。

白云石化作用会使岩石总孔隙度增加，同时使晶体增大和趋于自形，提高岩石的抗压性能。准同生期白云岩的碳酸盐岩原始结构保存相对完整，见窗格构造，表明其形成环境与蒸发潮坪有关。据微量元素分析结果，白云石有序度较低，在 0.38~0.68，平均为 0.57，表明白云石具有同生期—准同生期形成的特征。薄片中经常见到孔洞中充填渗滤沙，渗滤沙充填前的孔洞有溶蚀改造痕迹，且渗滤沙具示底构造特征（图 11d，g），之后进一步被方解石、白云石、石英等充填。这一期渗滤沙应该为准同生期早表生淋滤作用所形成，之后的胶结物为早—晚埋藏期形成。另外，川西北、龙岗地区雷四段、雷三段鲕粒白云岩常见鲕粒内溶孔和鲕粒间溶孔（图 11c），含生物碎屑碳酸盐岩中发育生物碎屑铸模孔，这些可能与早表生作用有关。

（3）中三叠世末期的表生岩溶作用起关键的加强和巩固作用。

早印支运动使中三叠统抬升出露，普遍遭受剥蚀、淋滤。据薄片观察，川西北地区雷三段常见孔洞中方解石胶结物的溶蚀，且溶蚀边界见铁泥质环边，部分还可见渗滤沙的存在，而晚期的构造缝中充填的方解石未见溶蚀。在龙门山前缘带的高家 1 井、龙深 1 井、川科 1 井的天井山组取心段见石灰岩的溶蚀孔洞、孔洞中的渗滤沙等，表明此时期表生淋滤作用较明显，并形成龙门山前带天井山组溶蚀孔洞型储层。另外，川中北的元坝地区雷四³ 亚段溶蚀裂缝发育，沿裂缝常见溶蚀孔洞，并形成良好的溶蚀裂缝型储层（图 11i）。因后期没有再出现地层暴露，因此推断这些溶蚀缝洞为中三叠世末期的表生淋滤作用所致。

（4）埋藏期有机酸的溶蚀作用及油气的浸位起到积极保护作用。

中三叠统富微生物，有机碳含量普遍在 0.2% 左右，有机质类型好，本身具有有机酸的生成能力，而且在成岩早期即可形成，而此时期成岩流体最活跃，成岩矿物丰富，这时有机酸的产生使地层形成弱酸介质环境，有效抑制了方解石的胶结。这可能就是大多准同生期形成的颗粒滩、微生物岩储层的孔隙在早成岩期不被胶结而保存的主要原因，同时可形成埋藏溶蚀孔隙（图 11f，g）。

同理，较早的油气浸位在保持酸性成岩环境的同时占据了孔隙空间，同样抑制了胶结物的形成。而没有油气浸位或有机酸消耗殆尽之后，成岩环境又转为弱碱性，孔隙空间被方解石、白云石或热液矿物（如硅质）胶结。如青林 1 井雷三上段储层孔洞发育，孔洞中残余轻质油较多，表明有油浸位；而下部无油质残余的层段储层物性差，主要原因则是其大部分孔洞被晚期方解石、白云石或热液矿物（如硅质）胶结充填（图 11d，e）。

（5）埋藏期间多期构造运动造缝有效改善了储层的渗流能力。

中三叠统成岩埋藏期间遭受多次构造运动，特别是印支晚期、燕山期与早喜马拉雅期构造运动较强，可产生多期构造缝，成为油气的运移通道和储集空间，大大改善储层性能。裂缝发育时可形成孔洞—裂缝复合型或裂缝型有效储层，如龙岗、元坝地区雷四^{3}亚段气藏储层。

4.3　有利储层发育区带

根据中三叠统储层控制因素分析，认为古隆周缘的风化壳岩溶分布带，准同生、早表生或叠加晚表生岩溶改造的微生物岩与台内滩分布带为有利储层发育区带，提出"三带、两隆"的有利储层发育区带："三带"即川西坳陷西缘龙门山台缘逆冲断褶带、川西坳陷东部斜坡低缓（断）褶带、仪陇凹陷南缘断褶带；"两隆"即川西北天井山—九龙山继承性古隆起周缘、川中泸州—开江继承性古隆起周缘。

5　结论和意义

（1）依据岩性、电性、生物特征及风化土壤、溶蚀现象等特征，重新厘定了中三叠统天井山组的地层及其分布范围，明确天井山组为重要的有利勘探层系之一，拓展了中三叠统勘探层系。

（2）指出微生物岩是雷口坡组重要的碳酸盐岩类型，具有规模发育和形成规模有效储层的潜力，为目前雷口坡组除颗粒滩碳酸盐岩之外又一类新的、比较现实的勘探对象，拓展了雷口坡组的勘探领域。

（3）对四川盆地中三叠统相对优质储层的关键控制因素进行了分析总结，明确有利储层孔隙形成和保存机制，提出古隆周缘的风化壳岩溶分布带、准同生叠加表生岩溶改造的微生物岩与颗粒滩分布带为有利储层发育区带，明确了雷口坡组的勘探方向。

参 考 文 献

[1] 辛勇光，周进高，倪超，等．四川盆地中三叠世雷口坡期障壁型碳酸盐岩台地沉积特征及有利储集相带分布［J］．海相油气地质，2013，18（2）：1-7.

[2] 吕玉珍，倪超，张建勇，等．四川盆地中三叠统雷口坡组有利沉积相带及岩相古地理特征［J］．海相油气地质，2013，18（1）：26-32.

[3] 李凌，谭秀成，周素彦，等．四川盆地雷口坡组层序岩相古地理［J］．西南石油大学学报（自然科

学版），2012，34（4）：13-22.

［4］谭秀成，李凌，刘宏，等．四川盆地中三叠统雷口坡组碳酸盐台地巨型浅滩化研究［J］．中国科学：D 辑 地球科学，2014，44（3）：457-471.

［5］孙春燕，胡明毅，胡忠贵，等．四川盆地中三叠统雷口坡组沉积特征及有利储集相带［J］．石油与天然气地质，2018，39（3）：498-512.

［6］刘树根，孙玮，宋金民，等．四川盆地中三叠统雷口坡组天然气勘探的关键地质问题［J］．天然气地球科学，2019，30（2）：151-167.

［7］宋晓波，王琼仙，隆轲，等．川西地区中三叠统雷口坡组古岩溶储层特征及发育主控因素［J］．海相油气地质，2013，18（2）：8-14.

［8］李蓉，许国明，宋晓波，等．川西坳陷雷四³亚段储层控制因素及孔隙演化特征［J］．东北石油大学学报，2016，40（5）：63-74.

［9］李宏涛，胡向阳，史云清，等．四川盆地川西坳陷龙门山前雷口坡组四段气藏层序划分及储层发育控制因素［J］．石油与天然气地质，2017，38（4）：753-763.

［10］沈安江，周进高，辛勇光，等．四川盆地雷口坡组白云岩储层类型及成因［J］．海相油气地质，2008，13（4）：19-28.

［11］四川油气区石油地质志编写组．中国石油地质志：卷十 四川油气区［M］．北京：石油工业出版社，1989：11-516.

［12］童崇光．四川盆地构造演化与油气聚集［M］．北京：地质出版社，1992.

［13］辜学达，刘啸虎．四川省岩石地层［M］．武汉：中国地质大学出版社，1997.

［14］秦川．川西坳陷中北部三叠系雷口坡组—马鞍塘组储层特征及油气勘探前景［D］．成都：成都理工大学，2012.

［15］刘树根，宋金民，王浩，等．四川盆地西部深层中三叠统雷口坡组微生物碳酸盐岩储层特征及其构造控制作用探讨［C］//孟宪来．中国地质学会 2015 学术年会论文摘要汇编（中册）．北京：中国地质学会出版社，2015：394-396.

［16］刘树根，宋金民，罗平，等．四川盆地深层微生物碳酸盐岩储层特征及其油气勘探前景［J］．成都理工大学学报（自然科学版），2016，43（2）：129-152.

原文刊于《海相油气地质》，2020，25（3）：210-222.

塔里木盆地晚震旦世—中寒武世构造沉积充填过程及油气勘探地位

朱永进[1,2,3]，沈安江[1,2]，刘玲利[1]，陈永权[4]，俞　广[1,3]

1. 中国石油杭州地质研究院；2. 中国石油天然气集团公司碳酸盐岩储层重点实验室；
3. 中国石油勘探开发研究院；4. 中国石油塔里木油田分公司

摘　要　南华纪初，受罗迪尼亚（Rodinia）超级大陆裂解的影响，塔里木陆块进入强伸展构造演化阶段，陆内发育了北东—南西向裂谷体系，裂谷区与两侧高隆带构成"两隆夹一坳"古构造格局。这一古构造格局持续控制了晚震旦世至中寒武世碳酸盐岩沉积序列的充填、演化及油气成藏组合，应将受前寒武系裂谷构造—沉积演化控制的系列碳酸盐岩台地作为一个成因整体进行系统研究。结果表明：晚震旦世—中寒武世碳酸盐岩台地先后经历了 5 个重要演化阶段，即晚震旦世同裂谷充填期、震旦纪末抬升剥蚀阶段、早寒武世初海侵深水缓坡型富泥质碳酸盐岩台地阶段、浅水缓坡型碳酸盐岩台地阶段，以及中寒武世蒸发潟湖占主导镶边型碳酸盐岩台地阶段。控制了两套烃源岩、两套储层及一套区域盖层的发育，即形成于震旦纪裂陷槽内潜在烃源岩和早寒武世深水缓坡阶段玉尔吐斯组烃源岩、震旦纪末期受剥蚀淋滤形成的上震旦统微生物丘滩相白云岩储层和早寒武世受岩相和早期云化联合控制的肖尔布拉克组丘滩相白云岩储层，以及中寒武统蒸发潟湖相蒸发岩盖层，构成了上、下两套有效油气成藏组合。与已获得重大突破的四川盆地同期德阳—安岳克拉通内裂陷沉积演化序列及油气成藏组合类比表明，与之具有良好的相似性，且主力烃源岩品质、直接盖层的封盖性能更优于安岳特大型气藏，认为塔里木盆地这一构造—沉积单元具有重要的勘探前景与地位，上部成藏组合更具现实勘探价值。

关键词　构造—沉积响应；成藏组合；勘探地位；晚震旦世—中寒武世；塔里木盆地

自 1995 年位于巴楚隆起的和 4 井揭示出塔里木盆地中—下寒武统发育有效储—盖组合以来，针对寒武系盐下（上震旦统—中寒武统）碳酸盐岩层系的油气勘探从未停止，先后经历了"聚焦巴楚隆起，预探大构造"（1995—1998 年）、"持续探索巴楚隆起"（2004—2011年）、"探索塔中继承性古隆起寒武系盐下大背斜"（2012—2014 年）、"再探巴楚与塔中两大领域"（2014 年至今）共四个重要勘探阶段。勘探结果喜忧参半，喜的是下寒武统玉尔吐斯组发育高品质烃源岩、肖尔布拉克组发育优质白云岩储层已形成基本共识，且 2013 年位于塔中隆起的 ZS1 获得工业气流，实现了寒武系盐下碳酸盐岩层系的战略突破[1]；忧的是截至目前对巴楚隆起的探索全面失利，巴楚周缘是否发育主力烃源灶及其分布特征亟待明确，塔北隆起关键钻井 XH1 井和塔中隆起 YL6 井等关键风险探井因出现明显相变而失利、塔中隆起中深井区突破后亦未形成规模性发现，古构造格局的重新认识及其对源、储、盖等关键石

第一作者：朱永进，男，1984 年出生，博士，高级工程师，深层—超深层碳酸盐岩沉积储层及风险评价，E-mail：zhuyj_hz@ petrochina. com. cn。

油地质要素的控制已成为制约当前勘探部署的关键问题之一。

自南华纪开始，关于塔里木陆块受罗迪尼亚超大陆裂解活动影响在陆内发育裂谷体系的证据及成因解释模式已多有报道[2]，然而与裂谷体系构造演化阶段相匹配的沉积充填序列重建却缺乏系统性研究。已发表文献主要集中在露头烃源岩地球化学评价、微生物丘或"台缘带"储层地质建模、储层表征与成岩分析等方面，未能形成以古裂古体系演化为主线的系统的古地理响应特征认识[3-5]，有效油气成藏组合等整体研究更是鲜有报道。四川盆地震旦系—寒武系安岳特大型气藏解剖表明古裂陷、古隆起、古丘滩及古圈闭等控制了深层海相碳酸盐岩的油气聚集成藏[6,7]，为塔里木盆地寒武系盐下碳酸盐岩层系油气勘探提供了重要的借鉴。以钻揭寒武系盐下碳酸盐岩的 20 余口钻井、柯坪地区 9 个露头剖面点及 42 条最新处理覆盖全盆地二维地震大测线为基础，以构造—沉积演化为基本切入点，重点讨论了三个问题：（1）上震旦统—中寒武统构造—岩相古地理特征；（2）油气成藏要素的发育及有利组合；（3）油气勘探潜力分析，尝试阐明当前寒武系盐下碳酸盐岩勘探中的基础关键问题，以期为下步勘探提供依据。

1 区域地质背景

塔里木盆地是一个夹持于天山山脉和昆仑山脉之间、东侧以阿尔金断裂带为界的大型叠合盆地，面积达 $56 \times 10^4 km^2$。现今盆地内部划分出"四隆五坳" 9 个一级构造单元（图 1），其中中央隆起带（巴楚隆起—塔中隆起）和塔北隆起是寒武系盐下碳酸盐岩层系油气勘探的重点构造区域。自南华纪初至早古生代早期，塔里木陆块经历了一次区域性强伸展构造运动，岩石学、年代学及地球化学等证据均直接或间接证实此构造运动与罗迪尼亚（Rodinia）超大陆及冈瓦纳（Gondwana）大陆聚合—裂解事件密切相关[8-13]。随着罗迪尼亚超大陆的裂解，塔里木板块与西南的羌塘地块、东北侧的准噶尔地块及北侧的中天山地块相继分离[8,9]，其内部也出现了裂谷相玄武岩，标志着塔里木板块整体进入裂谷体系发育阶段。裂谷体系整体呈近北东—南西走向，按照现今位置可以划分为塔东北裂谷、塔西南裂谷[14]及塔西北裂谷三个次级体系[2]，裂谷发育区域和南北两侧的高隆带构成"两隆夹一坳"的古构造格局。震旦纪末期，受柯坪运动影响，塔里木陆块整体抬升，南华系—震旦系沉积遭受不同程度的剥蚀，也造就了早寒武世裂后沉降期古地貌。晚震旦世至早寒武世，塔里木陆块周缘已是大洋环绕，位于 30°N 至赤道附近，古气候以湿热为主，利于碳酸盐岩台地的形成与发育[8]。裂谷体系发育阶段形成的隆坳相间古构造格局，对晚震旦世—早/中寒武世碳酸盐岩沉积分异产生贯彻始终的控制作用。

塔里木盆地南华系—下震旦统发育了一套厚达 3500～4000m 以粗碎屑为主，夹泥岩、碳酸盐岩的沉积地层，期间发育多套火山喷发岩、侵入岩及四套区域性冰碛砾岩[15]，记录了裂谷初期—鼎盛初期的沉积序列。上震旦统奇格布拉克组及上覆中下寒武统均为碳酸盐岩沉积。奇格布拉克组为一套分布在中央隆起带以北地区的以蓝细菌藻白云岩、颗粒白云岩为主的地层，可见大量叠层石。寒武纪开始，塔里木盆地进入裂后沉降阶段，呈现出东西分异[16]，其中轮南—古城台地边缘以西的塔西台地是论文研究的重点。下寒武统自下而上划分为玉尔吐斯组、肖尔布拉克组及吾松格尔组。玉尔吐斯组是一套以黑色泥页岩、薄层含磷结核硅质泥岩为主的海泛期沉积；肖尔布拉克组可划分为三个岩性段，下段为深灰色—黑灰色薄层泥晶云岩、中段发育薄层—中厚层（藻）颗粒白云岩/泡沫棉层白云岩及藻云岩、上段则发育薄层泥质藻（纹层）白云岩夹薄层颗粒滩云岩；吾松格尔组表现出薄—中层泥质白云岩与泥粉晶白云岩互层的特征，局部见薄—中厚层膏盐岩。随着台地的"桶状"局限结构逐渐形成与古气候变得更加干旱炎热，中寒武统发育了巨厚的蒸发岩，最厚达400m以上，垂向上划分为沙依里克组和阿瓦塔格组，除沙依里克组顶部发育一套40~60m厚石灰岩外，均表现为中—厚层膏盐岩夹膏云岩或含泥云岩（图1）。

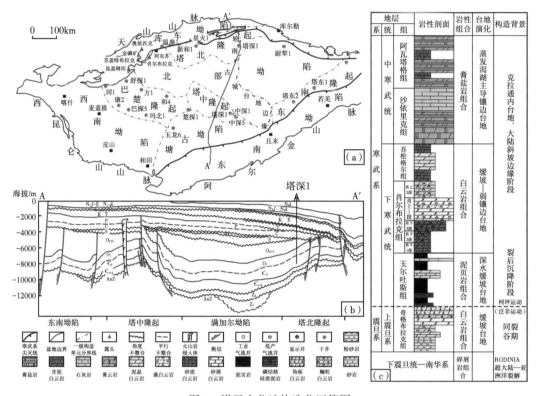

图1　塔里木盆地构造分区简图

（a）南北向构造—地层结构剖面（TLM-Z250线）（b）地层综合柱状图（c）（据文献［2，3］修改汇编）

2　晚震旦世—中寒武世构造—岩相古地理

自晚震旦世至中寒武世，塔里木盆地先后发育了晚震旦世缓坡型碳酸盐岩台地、早寒武世玉尔吐斯组沉积期深水缓坡（或陆棚）、早寒武世中—晚期缓坡型—弱镶边型碳酸盐岩台地及中寒武蒸发潟湖占主导的镶边型碳酸盐岩台地。

2.1　晚震旦世缓坡型碳酸盐岩台地

晚震旦世奇格布拉克期，塔里木盆地整体继承了南华纪—早震旦世陆内裂谷体系发育形成的"两隆夹一坳"古构造格局，喀什—巴楚—且末一带南部基底高隆带依然存在，北部高隆带则已被沉积地层所覆盖。早震旦世填平补齐基础上，随着陆源碎屑输入的减少，碳酸盐岩沉积逐渐占据主导。以目前钻揭上震旦统少量钻井、周缘露头及覆盖全盆地二维地震大测线初步落实了晚震旦世构造—岩相古地理，推测奇格布拉克组沉积期为一套同裂谷期间歇稳定期的缓坡型碳酸盐岩台地体系，沉积分异受控于前期古地貌及断裂差异沉降（图2）。阿瓦提坳陷、满加尔坳陷及塔西南麦盖提—和田之间依然存在水体较深沉积区域，发育下缓坡—盆地、陆棚相暗色泥质（晶）白云岩、泥质岩等岩性，塔东露头区见厚层黑色泥页岩，发育潜在烃源岩。南部高隆带北缘及北部高隆带存在浅水高能区域，以中缓坡微生物白云岩、颗粒白云岩、结晶白云岩等岩性组合为主，柯坪野外露头区可见典型蓝细菌微生物岩、鲕粒白云岩；星火1、温参1、桥古1及塔东1、塔东2等井已钻遇这套沉积，宽15~80km，东西延伸420km，分布面积超过26500km^2。最新研究表明，轮古15井以东及以南地区发育5个规模不等的小型洼槽，槽缘可见弱丘状反射，推测为微生物岩或颗粒岩为主的碳酸盐岩建隆。震旦纪末期，受柯坪运动影响，塔里木板块整体抬升遭受剥蚀，发育了震旦系—寒武系大型不整合界面，奇格布拉克组遭受长期风化淋滤[17-19]。靠近南北两侧高隆带，上震旦统地层削截特征明显，向阿瓦提—满加尔坳陷区则保存相对完整（图3）。

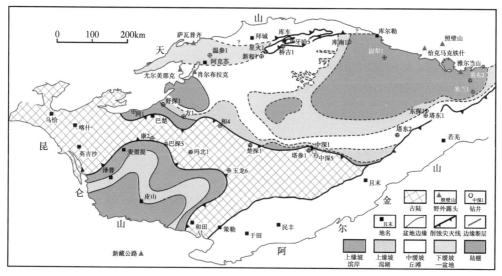

图2　塔里木盆地上震旦统奇格布拉克组构造—岩相古地理图

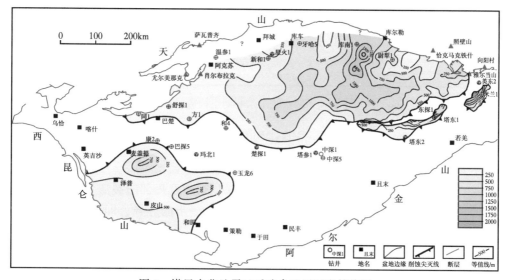

图3　塔里木盆地震旦系残余地层厚度等值图

2.2 早寒武世玉尔吐斯组沉积期深水缓坡

震旦纪末期的柯坪运动虽然造成上震旦统遭受不同程度的剥蚀，但自南华纪形成的隆坳格局仍得以较好的保存，构成了早寒武世玉尔吐斯组沉积前古地貌。基于柯坪露头群的实测及星火1等12口钻井及地震同相轴特征，推测认为玉尔吐斯组沉积期具有深水缓坡的特征（图4）。内缓坡平面上主要分布在中央古陆带北缘、柯坪—温宿低隆周缘，以碎屑岩、砂质白云岩和暗色泥岩互层为主要特征，局部可见薄层颗粒滩，柯坪老砖厂等剖面可以作为典型剖面点。中缓坡则以灰黑色泥页岩、泥质（瘤状）灰岩、泥质白云岩为主，垂向上整体表现为一个向上变浅序列，可以划分为富含硅质岩的下烃源岩段、薄层灰岩和云岩频繁互层的上烃源岩段及顶部白云岩段（图5），苏盖特布拉克、肖尔布拉克、什艾日克等9个野外剖面点及星火1井均展现出这一特征，厚30~50m，黑色泥页岩累计厚度10~15m，局部受前寒武系裂陷继承性发育厚度明显增大。外缓坡—盆地则主要分布在轮南—古城寒武系台缘带以东区域，塔东1和塔东2等井所揭示的硅质泥岩、硅质岩及黑色泥页岩正是代表了深海盆地相的基本特征。寒武纪早期生命大爆发引发的菌藻类、浮游植物的繁盛为玉尔吐斯组有机质的富集提供了重要物质基础[20,21]。

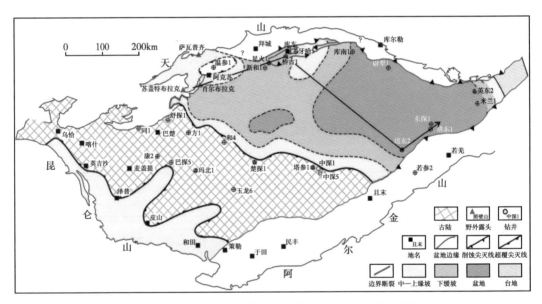

图4　塔里木盆地下寒武统玉尔吐斯组构造—岩相古地理图

2.3 早寒武世中晚期缓坡型—弱镶边型碳酸盐岩台地

早寒武世肖尔布拉克组沉积期，塔里木盆地发育了寒武系第一套浅水缓坡型碳酸盐岩台地（组合）。受玉尔吐斯组沉积期的"填平补齐"效应及局部断裂活化引起差异性沉降等影响，塔里木盆地隆—坳相间的古构造格局出现进一步的分异，即南部高隆带（图6，塔西南古隆）得以继续保持，稳定分布在和田—且末一带，延伸930km，宽78~149km；北部高隆带被拜城—新和台洼分隔为西侧柯坪—温宿低隆和东侧的轮南—牙哈低隆，长轴延伸分别为520km和170km。三个（低）隆起与其间低洼地貌单元共同构成了"三隆两洼"新沉积构造格局。随着海平面升降，肖下段→肖中段→肖上段依次超覆沉积于三个

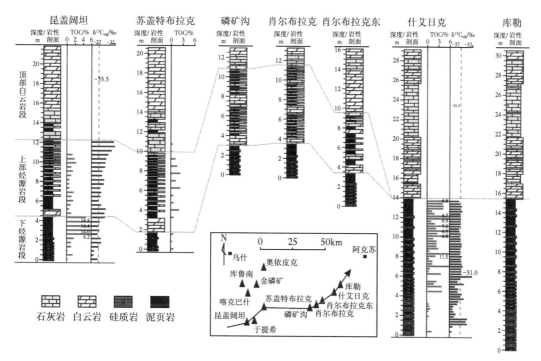

图 5　柯坪野外露头区下寒武统玉尔吐斯组烃源岩对比剖面（据朱光有等[20]，重新编制）

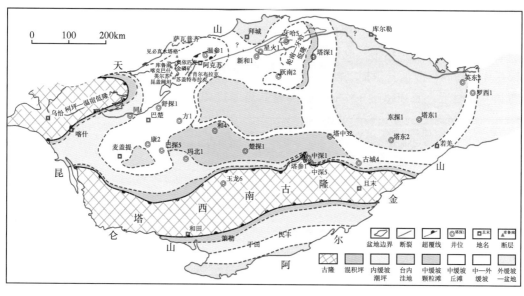

图 6　塔里木盆地下寒武统肖尔布拉克组构造—岩相古地理图

（低）古隆起之上。以塔西南古隆起周缘实钻井为例，位于古隆起之上的塔参 1 井、玉龙 6 井均缺乏下寒武统沉积，中寒武统直接覆盖在变质岩基底之上，紧邻古隆起的中深 1、中深 5 井则仅发育 39~41m 肖上段沉积，缺失肖中段及下段，而再向北靠近中部洼地的和 4、方 1 等钻井则均发育完整的肖尔布拉克组沉积，地层厚度达 200 余米。古（低）隆起的平面展布特征控制了肖尔布拉克组沉积期缓坡型碳酸盐岩台地（组合）的古地理分异，自古隆起向北依次发育内缓坡混积坪、低能潮坪、中缓坡丘滩相、台内洼地、中缓坡外带及下缓坡—盆地等亚相带。依据缓坡类型及中缓坡丘滩带沉积物差异，可划分出塔西南古隆北缘颗粒滩为主的坡坪式缓坡、柯坪—温宿低隆丘滩复合体均斜型缓坡及轮南—牙哈低隆丘滩复合体孤岛型缓坡。中缓坡丘滩相规模发育，主要分布在三个（低）古隆起周缘或之上，累计面积达 $9×10^4 km^2$。钻井已证实，古隆起围斜部位的中缓坡丘滩带是肖尔布拉克组规模有效储层发育的重要相带基础。

进入吾松格尔组沉积期，缓坡台地的格局未发生变化，海平面进一步下降，发育一套富泥质沉积，局部因水体局限发育小范围膏盐岩。与肖尔布拉克组典型的均斜型缓坡沉积相比而言，吾松格尔组已经开始由缓坡向弱镶边台地发展，轮南、古城等地区地震剖面均可观察到吾松格尔组弱镶边台缘的早期形态[22]。

2.4　中寒武世蒸发潟湖主导的镶边型碳酸盐岩台地

中寒武世进一步继承了早寒武世南北分异的格局，受古（低）隆起幅度的进一步降低、海平面下降及干旱炎热的古气候，塔里木盆地整体表现为蒸发潟湖主导的镶边型碳酸盐岩台地沉积特征（图7）。中寒武统镶边型碳酸盐岩台地表现出两个值得注意的沉积现象，一是中寒武世台缘带呈现出明显的分异性：依据新和1井、英买36井等钻井及柯坪地区露头群揭示中寒武统台内蒸发潮坪直接覆盖在下寒武统中缓坡外带之上，可以合理推测北部台缘带至少向北推进了30km以上，为弱镶边—镶边型台地边缘；轮南—牙哈地区则进入了强进积强建隆的发育阶段，至少发育了2~3期地震资料可识别的台缘礁滩体；古城地区则受塔西南古隆起地貌影响未发育台缘带。二是台地内部表现为一大型蒸发台地，相带发育具明显分带性，即以膏盐湖为中心，向外依次发育膏盐湖→膏云坪+台内滩→泥云坪等亚（微）相带。利用实钻井及区域地震相刻画结果，认为中寒武世台地发育规模连片膏盐湖，西至麦盖提—同1井区、东至塔中32井区、南至中深1井区，北边界至新和1井附近，面积超过 $14×10^4 km^2$，膏盐岩厚度 400~700m，周缘的膏云坪厚 200~

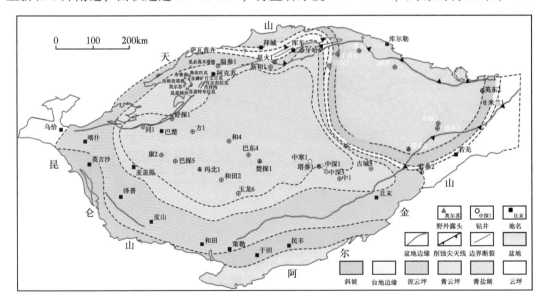

图7　塔里木盆地中寒武统构造—岩相古地理图

238

400m，面积约 $5.1 \times 10^4 km^2$，构成一套封盖性能良好的区域直接盖层。值得注意的是，巴楚地区沙依里克组顶部发育一套 6~63.6m 厚度不等的（云质）灰岩沉积，一方面说明中寒武统沉积期古气候干旱炎热，海侵期沉积的石灰岩尚来不及白云岩化就已被上覆厚层膏盐岩所覆盖保存；另一方面也说明此时的台地克拉通的性质更加明显，地貌更加平缓，至此始于前寒武系的台内裂陷发育形成"两隆夹一坳"古构造格局对台地的影响已经逐渐减弱消失。

3　构造—沉积演化过程与油气成藏组合

依据裂谷演化过程及岩相古地理响应特征，认为寒武系盐下碳酸盐岩层系经历了震旦系同裂谷充填期→震旦纪末抬升剥蚀→早寒武世初海侵深水缓坡台地（裂后沉降期）→早寒武世中晚期缓坡台地（裂后沉降期）→中寒武世蒸发潟湖占主导镶边台地等 5 个重要阶段（图8）。

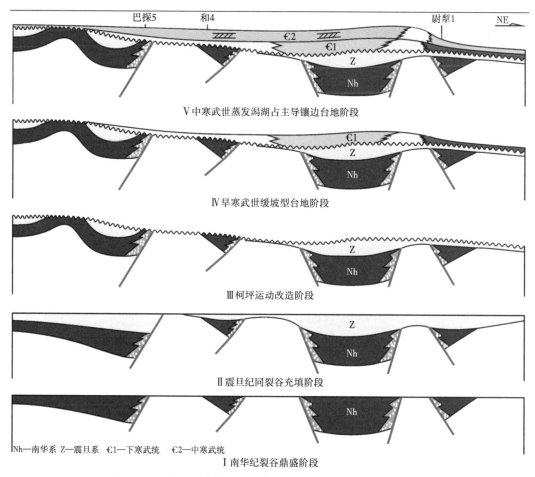

Nh—南华系　Z—震旦系　€1—下寒武统　€2—中寒武统

图8　塔里木盆地南华纪—中寒武世构造—沉积充填示意模式

与全球典型裂谷盆地构造演化阶段相类似，随着基底断裂活动性减弱，塔里木板块在震旦纪进入同裂谷充填晚期演化阶段。震旦系主要分布在南华系裂谷沉降所形成的北部坳陷内，除后期抬升剥蚀区域外，分布稳定且下震旦统以滨海碎屑岩沉积为主，上震旦统则以碳酸盐岩沉积为主。晚震旦世这套碳酸盐岩沉积构成了寒武系盐下碳酸盐岩台地序列的雏形，推测以缓坡型碳酸盐岩台地为主。中缓坡发育了以微生物丘和颗粒滩为主的规模丘滩带，构成了上震旦统有效储层发育的物质基础。野外露头证据与钻井不断证实，晚震旦世中缓坡丘滩带主要分布在"两隆夹一坳"古构造格局的两隆之上，与四川盆地上震旦统灯影组台缘丘滩带展布特征有类似的特征。震旦纪末期受柯坪运动（泛非运动）及全球海平面下降影响，塔里木板块受南北向挤压隆升，盆地现今中央隆起带（巴楚隆起—塔中隆起）及塔北隆起遭受剥蚀，造成中央隆起带、柯坪—温宿、轮台断隆等地区震旦系全部或部分缺失，寒武系直接超覆在前震旦系变质基底之上。柯坪运动对塔里木板块产生了两方面重要影响：（1）垂直升降为主的构造活动方式使得"两隆夹一坳"古地理格局得以保持。南北向挤压迫使塔北地区发生基底隆升，北部隆起带进一步得到加强与分异，南部隆起带进一步演化为宽缓的大型隆起带，整体呈现出南高北低的宏观格局；（2）上震旦统中缓坡丘滩带遭受剥蚀淋滤，形成了第 1 套有效储层，以溶洞、原生孔隙（微生物格架孔、粒间孔、晶间孔等）及裂缝为主要储集空间。

早寒武世玉尔吐斯组沉积期全球性海泛将塔里木板块主体淹没，发育了一套黑色富有机制的泥页岩沉积，稳定分布在塔西南古隆起以北的坳陷区内及北部隆起带，另有最新报道塔西南地区也发现了一套疑似同期黑色泥页岩沉积，与四川盆地筇竹寺烃源岩层位相当，构成塔里木盆地寒武系盐下碳酸盐岩层系油气成藏体系中的主力烃源岩。塔中隆起中深 1C 井并获得日产 $15.8 \times 10^4 m^3$ 工业气流及少量凝析油，充分证实玉尔吐斯组烃源岩不仅能够有效供烃，而且具有规模效应。

经过玉尔吐斯组沉积期填平补齐，古地貌变得更加平缓，构造沉降速率持续降低及海平面逐渐下降，塔里木盆地进入微生物岩与颗粒滩占主导的浅水缓坡型碳酸盐岩台地发育阶段。构造格局也出现了进一步的分异，南部高隆带（塔西南隆起）和北部高隆带的柯坪—温宿低凸起、轮南低凸起，与中部坳陷及东部盆地共同构成了"三隆两洼"岩相古地理格局，肖尔布拉克组沉积依次超覆于南北两古隆起带之上，向南尖灭于塔西南古隆起，向柯坪—温宿低凸起带逐渐减薄。至肖尔布拉克组沉积中晚期，南北两古隆起周缘发育了面积超过 $9 \times 10^4 km^2$ 的中缓坡丘滩带，其中北部隆起带以丘滩复合体为主，南部隆起带以颗粒滩为主。在早期白云岩化及大气淡水淋滤作用下，主要分布于肖上段的中缓坡丘滩带形成了第 2 套有效储层，储集空间以藻格架溶孔—孔洞、粒内（间）孔为主，孔隙度 4.5% ~ 12.0%，厚约 45m。

至中寒武世，"两隆夹一坳"的古构造格局对岩相古地理分异的控制逐渐减弱，干旱炎热的古气候及台缘带丘滩建隆快速发育是该阶段沉积的主要控制因素。南北两隆起带之间的低洼区被蒸发潟湖所占据，发育了巨厚膏盐岩。中寒武统膏盐岩具厚度大、分布面积广及封盖能力强的特征，构成了盐下台地序列中 1 套优质的直接区域盖层。

塔里木盆地晚震旦世至中寒武世构造沉积演化控制了一套主力烃源岩、两套规模有效储层及一套区域盖层的发育，构成了两套有效成藏组合，即下组合（图 9）和上组合。下组合为下寒武统玉尔吐斯组烃源岩覆盖于上震旦统中缓坡丘滩相白云岩储层之上，玉尔吐斯组既构成有效烃源岩又起到直接封盖的作用。上组合则是玉尔吐斯组供烃，下寒武统肖尔布拉克组为主力储层段，上覆中寒武统膏盐岩盖层。

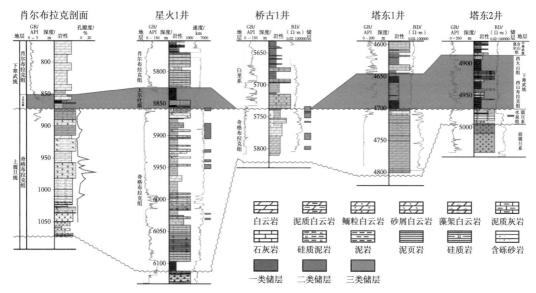

图 9 下油气成藏组合钻井对比剖面（剖面位置见图 4）

4 油气勘探前景

4.1 四川盆地德阳—安岳特大型气田勘探启示

四川盆地晚震旦世—早寒武世天然气勘探近年来获得重大突破，在川中古隆起构造低部位高石—磨溪地区发现了储量超万亿立方米的安岳特大型气藏。气藏解剖表明[23,24]，安岳特大型气藏的关键油气成藏条件与德阳—安岳克拉通内裂陷的发育及演化关系密切。德阳—安岳裂陷由川西海盆向川中、蜀南呈北西西向延伸，宽度 50~300km，南北长 320km，盆地范围内面积达 $6×10^4km^2$，是一个区域拉张背景下受同沉积断裂控制的台内裂陷。先后经历了形成期、发育期及消亡期 3 个主要演化阶段，各演化阶段对安岳特大型气藏发育所必须的烃源灶、规模有效储层、区域盖层等石油地质要素的发育起到关键控制作用。

以德阳—安岳裂陷为核心，自晚震旦世至早寒武世中晚期形成了两套源—储—盖组合，且在这两套油气成藏组合中均获得重大发现，如在以灯影组台缘带为主要储层的第一套成藏组合整体控制储量 $5000×10^8m^3$，台缘带控制含气面积 1500km²。无论是对基础石油地质条件的控制还是后期勘探实践发现，均表明德阳—安岳裂陷槽相关的古裂陷、古隆起、古丘滩等对气藏的聚集成藏起到重要的控制，为塔里木盆地盐下油气勘探提供了重要借鉴。

4.2 相似的沉积演化序列及石油地质要素

与四川盆地晚震旦世—早寒武世发育的德阳—安岳克拉通内裂陷构造相比而言，塔里木盆地寒武系盐下无论在沉积充填序列还是关键油气成藏条件形成及配置组合方面均具有良好的相似性（表 1）。受南华纪初期开始的罗迪尼亚超大陆裂解影响，位于相同古纬度的扬子板块与塔里木板块均发育了大规模台内裂陷，先后经历了裂陷形成期、发育期及消亡期，控制了各自岩相古地理的发育及演化。如前文所讨论，塔里木盆地自晚震旦世台地形成开始，先后经历了晚震旦世同裂谷充填阶段→震旦纪末抬升剥蚀→早寒武世初深水缓坡台地→早寒武世缓坡台地→中寒武世蒸发潟湖主导镶边台地5个重要演化阶段，与四川盆地德阳—安岳裂陷形成期、发育期及消亡期有着一一对应的关系。震旦纪末期，塔里木盆地整体遭受柯坪运动引起的抬升剥蚀，较好保留了"两隆夹一坳"沉积格局的同时，也对上震旦统中缓坡丘滩带产生了重要的改造作用。柯坪运动发生的同时，四川盆地也整体遭受了桐湾运动II幕的剥蚀改造，使得裂陷槽周缘上震旦统灯影组微生物岩碳酸盐岩地层受到强烈同生岩溶改造。随着早寒武世早期全球性海泛的开始，发育了一套与四川筇竹寺层位相当的玉尔吐斯组烃源岩。四川盆地筇竹寺烃源岩的分布明显受控于沉积前地貌特征，裂陷槽内烃源岩厚度、生烃强度等指标均明显大于相邻区域。重新评价灯影组、龙王庙组天然气资源结果表明，资源总量达（4.1~5.0）×10^{13}m^3，台内裂陷贡献资源量（2.92~3.11）×10^{13}m^3，占比高达62%。而玉尔吐斯组分布面积高达22×10^{4}km^2，厚度10~15m，局部更是可达30~50m，规模更是十分可观。而且地球化学指标对比表明，玉尔吐斯组明显优于筇竹寺组烃源岩，TOC值达4%~16%，是筇竹寺组的2~3倍，被认为是中国发现的最优质海相泥质烃源岩。随后塔里木盆地与四川盆地均发育了一套缓坡型碳酸盐岩台地沉积，即肖尔布拉克组、龙王庙组，为规模优质储层发育提供了重要物质基础。台地演化中后期，发育了覆盖全台地的蒸发潟湖沉积，构成了一套区域分布优质直接盖层，封盖能力明显优于四川盆地同期发育的高台组、洗象池组泥质岩及蒸发膏盐。

表1　四川盆地与塔里木盆地晚震旦世—早寒武世石油地质要素对比表

地质要素	四川盆地	塔里木盆地
台内裂陷	晚震旦世灯影期发育德阳—安岳台内裂陷，面积6×10^{4}km^2	晚震旦世仍存在南华纪开始发育的阿满裂陷和昆仑山前裂陷[2]，总面积超过14.8×10^{4}km^2
构造运动	桐湾运动导致灯影组地层被剥蚀，最强烈地区可剥至灯二段	中央隆起带及北部柯坪—温宿、轮台断隆等强烈剥蚀，裂陷区域与周缘有残留，分布较广
海平面变化与台地演化	早寒武世初海泛，台地被淹没，形成全盆地分布的筇竹寺组优质烃源岩	早寒武世初海泛，台地被淹没，形成全盆地分布的玉尔吐斯组优质烃源岩
储层	裂陷周缘灯影组微生物白云岩储层、早寒武缓坡台地龙王庙组滩相白云岩储层	裂陷充填间歇期晚震旦世微生物—颗粒滩白云岩储层及早寒武世肖尔布拉克组丘滩相白云岩储层
烃源岩	裂陷内发育麦地坪组烃源岩，上覆海泛期筇竹寺组烃源岩	裂陷内南华系—震旦系潜在烃源岩，上覆玉尔吐斯组烃源岩
盖层	下寒武统筇竹寺组烃源岩构成灯影组气藏的盖层，高台组+洗象池组膏盐层构成龙王庙气藏的盖层	下寒武统玉尔吐斯组烃源岩构成上震旦统气藏的盖层，中下寒武统膏盐构成肖尔布拉克组气藏的区域盖层
圈闭	地层—岩性圈闭为主，构造高部位有利于油气富集	地层—岩性圈闭为主，构造高部位有利于油气富集
成藏组合	灯影组气藏（旁生侧储、下生上储），龙王庙组气藏（下生上储）	与四川盆地相类似的两套成藏组合

4.3 两套受台内裂陷影响的规模有效储层

储层作为最重要的油气成藏条件之一，其规模性及质量直接关系到油气聚集规模与丰度。塔里木盆地发育了两套与台内裂陷构造演化相关规模有效储层，与四川盆地德阳—安岳裂陷相伴生发育的两套主力储层无论在储层特征还是主控因素上均具有良好相似性。第一套储层是形成于晚震旦世裂后坳陷期分布于南北两高隆带的微生物岩和颗粒滩占主体的中缓坡丘滩带储层，面积达 26500km²，与四川盆地灯四段微生物丘滩体储层特征和成因均可对比。储集岩性以微生物格架白云岩、颗粒白云岩及结晶白云岩为主，叠层石较为常见。储集空间以溶蚀孔洞、晶间孔隙、微生物岩相关孔隙及裂缝为主，多为原生孔隙、早表生组构选择性溶孔及晚表生溶蚀孔洞组合。微生物丘滩复合体构成为储层发育重要物质基础，与四川盆地桐湾运动Ⅱ幕（柯坪运动）相当的表生溶蚀作用使储层物性得到进一步的改善。"两隆夹一坳"的古地貌经玉尔吐斯组沉积期的填平补齐后变得更加平缓，发育了肖尔布拉克组碳酸盐岩缓坡泛丘滩储层，面积达 9×10⁴km²。与四川盆地龙王庙组颗粒滩白云岩储层特征相类似，储集岩性以（藻）砂屑滩白云岩、颗粒白云岩、微生物白云岩、结晶白云岩等为主，有效储集空间以粒间溶孔、晶间溶孔、藻格架孔等为主。储层成因研究表明，台内丘滩相沉积和高频海平面升降相关的早表生溶蚀作用是肖尔布拉克组白云岩储层发育主因[25,26]，这与龙王庙组颗粒滩储层的发育机理相似，相控特征明显。

进一步比较两套有效储层表明，肖尔布拉克组泛滩储层在规模、质量上均优于上震旦统中缓坡丘滩带储层。实钻井已证实肖尔布拉克组中缓坡丘滩带储层分布面积为上震旦统储层 2~3 倍、厚度更大，平均储地比达 39.6%。这与经过柯坪运动剥蚀夷平、玉尔吐斯组进一步填平补齐作用所形成的宽缓古地貌密切相关，而目前对震旦系储层规模及厚度数据主要来自野外露头，覆盖区发育情况仍需进一步评价。储层评价结果表明肖尔布拉克组储层以孔隙—孔洞为主的Ⅰ、Ⅱ储层，而震旦系优质储层主要发育于有利相带叠合表层风化壳位置，受后期多期次成岩改造，以中低孔—低渗为特征的Ⅲ类为主。

5 结论与认识

（1）塔里木盆地寒武系盐下碳酸盐岩层系的发育始于晚震旦世同裂谷期碳酸盐岩缓坡，先后经历了震旦纪末期剥蚀夷平、早寒武世深水缓坡与缓坡型碳酸盐岩台地及中寒武世蒸发潟湖主导的镶边型碳酸盐岩台地等 5 个构造—沉积演化阶段。形成于南华纪初期"两隆夹一坳"古构造格局对沉积充填演化的控制贯穿始终，控制了一套主力烃源岩、两套有效储层及两套有效盖层的发育，构成了上、下两套油气成藏组合。

（2）与已获得重大突破的四川德阳—安岳裂陷槽沉积演化序列及油气成藏组合对比表明，二者具有良好的相似性，而且烃源岩品质、直接盖层的封盖性均优于安岳特大型油气藏。这将更加坚定塔里木盆地盐下油气勘探信心。

（3）下寒武统玉尔吐斯组烃源岩广布于塔西南隆起以北地区，面积超过 22×10⁴km²，黑色泥页岩厚度 10~15m，局部超过 30m，且 TOC 值最大可达 16%，能够充分保障了寒武系盐下两套油气成藏组合烃源供给。结合两套储层品质对比结果，由玉尔吐斯组烃源岩—肖尔布拉克组中缓坡丘滩带储层—中寒武统膏盐岩构成的上组合更具勘探现实性。

参 考 文 献

[1] 王招明，谢会文，陈永权，等. 塔里木盆地中深 1 井寒武系盐下白云岩原生油气藏的发现与勘探意义 [J]. 中国石油勘探，2014，19（2）：1-13.

[2] 杜金虎，潘文庆. 塔里木盆地寒武系盐下白云岩油气成藏条件与勘探方向 [J]. 石油勘探与开发，2016，43（3）：327-339.

[3] Jiang L, Cai C F, Worden R H, et al. Multiphase dolomitization of deeply buried Cambrian petroleum reservoirs, Tarim Basin, north-west China [J]. Sedimentology, 2016, 63 (7): 2130-2157.

[4] 郭峰，郭岭. 柯坪地区肖尔布拉克寒武系层序及沉积演化 [J]. 地层学杂志，2011，35（2）：164-171.

[5] 宋金民，罗平，杨式升，等. 塔里木盆地下寒武统微生物碳酸盐岩储层特征 [J]. 石油勘探与开发，2014，41（4）：404-413.

[6] 杜金虎，邹才能，徐春春，等. 川中古隆起龙王庙组特大型气田战略发现与理论技术创新 [J]. 石油勘探与开发，2014，41（3）：268-277.

[7] 邹才能，杜金虎，徐春春，等. 四川盆地震旦系—寒武系特大型气田形成分布、资源潜力及勘探发现 [J]. 石油勘探与开发，2014，41（3）：278-293.

[8] 林畅松，李思田，刘景彦，等. 塔里木盆地古生代重要演化阶段的古构造格局与古地理演化 [J]. 岩石学报，2011，27（1）：210-218.

[9] 贾承造. 中国塔里木盆地构造特征与油气 [M]. 北京：石油工业出版社，1997：1-200.

[10] 翟明国. 中国主要古陆与联合大陆的形成—综述与展望 [J]. 中国科学（D辑）：地球科学，2013，43（10）：1583-1606.

[11] 何登发，贾承造，李德生，等. 塔里木多旋回叠合盆地的形成与演化 [J]. 石油与天然气地质，2005，26（1）：64-77.

[12] 邹亚锐，塔吉古丽，邢作云，等. 塔里木新元古代—古生代沉积盆地演化 [J]. 地球科学——中国地质大学学报，2014，39（8）：1200-1216.

[13] 夏林圻，张国伟，夏祖春，等. 天山古生代洋盆开启、闭合时限的岩石学约束：来自震旦纪、石炭纪火山岩的证据 [J]. 地质通报，2002，21（2）：55-62.

[14] 崔海峰，田雷，张年春，等. 塔西南坳陷南华纪—震旦纪裂谷分布及其与下寒武统烃源岩的关系 [J]. 石油学报，2016，37（4）：430-438.

[15] 高林志，郭宪璞，丁孝忠，等. 中国塔里木板块南华纪成冰事件及其地层对比 [J]. 地球学报，2013，34（1）：39-57.

[16] 刘伟，张光亚，潘文庆，等. 塔里木地区寒武纪岩相古地理及沉积演化 [J]. 古地理学报，2011，13（5）：529-538.

[17] 何金有，贾承造，邬光辉，等. 新疆阿克苏地区震旦系风化壳古岩溶特征及其发育模式 [J]. 岩石学报，2010，26（8）：2513-2518.

[18] 李朋威，罗平，宋金民，等. 微生物碳酸盐岩储层特征与主控因素：以塔里木盆地西北缘上震旦统—下寒武统为例 [J]. 石油学报，2015，36（9）：1074-1089.

[19] 王小林，胡文瑄，陈琪，等. 塔里木盆地柯坪地区上震旦统藻白云岩特征及其成因机理 [J]. 地质学报，2010，84（10）：1479-1494.

[20] 朱光有，陈斐然，陈志勇，等. 塔里木盆地寒武系玉尔吐斯组优质烃源岩的发现及其基本特征 [J]. 天然气地球科学，2016，27（1）：8-21.

[21] 刘文汇，胡广，腾格尔，等. 早古生代烃源形成的生物组合及其意义 [J]. 石油与天然气地质，2016，37（5）：617-626.

[22] 熊益学，陈永权，关保珠，等. 塔里木盆地下寒武统肖尔布拉克组北部台缘带展布及其油气勘探意

义［J］. 沉积学报，2015，33（2）：408-415.

［23］魏国齐，杜金虎，徐春春，等. 四川盆地高石梯—磨溪地区震旦系—寒武系大型气藏特征与聚集模
式［J］. 石油学报，2015，36（1）：1-12.

［24］许海龙，魏国齐，贾承造，等. 乐山—龙女寺古隆起构造演化及对震旦系成藏的控制［J］. 石油勘
探与开发，2012，39（4）：406-416.

［25］郑剑锋，沈安江，刘永福，等. 多参数综合识别塔里木盆地下古生界白云岩成因［J］. 石油学报，
2012，33（增刊2）：145-153.

［26］赵文智，沈安江，周进高，等. 礁滩储层类型、特征、成因及勘探意义：以塔里木和四川盆地为例
［J］. 石油勘探与开发，2014，41（3）：257-267.

原文刊于《沉积学报》，2020，38（2）：398-410.

塔里木盆地轮南地区
深层寒武系台缘带新认识及盐下勘探区带
——基于岩石学、同位素对比及地震相的新证据

倪新锋[1,2]，陈永权[3]，王永生[1,2]，熊　冉[1,2]，朱永峰[3]，
朱永进[1,2]，张天付[1,2]，俞　广[1,2]，黄理力[1,2]

1. 中国石油杭州地质研究院；2. 中国石油集团碳酸盐岩储层重点实验室；
3. 中国石油塔里木油田公司

摘　要　塔里木盆地轮南地区轮探 1 井在 8000m 以深的下寒武统台缘带白云岩中获得重大突破，证实了寒武系台缘带发育优质生储盖组合，是塔里木盆地深层重要的油气勘探领域。通过岩石学、同位素地层对比及地震相分析，认为轮南地区寒武系台缘带经历了早期碳酸盐缓坡到中后期镶边台地的沉积演化过程，形成寒武系盐下多套优质生储盖组合：早寒武世玉尔吐斯组沉积期为富泥质的较深水中缓坡外带—外缓坡沉积，发育一套厚 20～30m 的烃源岩；肖尔布拉克组沉积期为中缓坡外带石灰岩沉积，构造高部位局部发育潮坪及颗粒滩相白云岩储层；吾松格尔组沉积期，发育 8～10km 宽的弱镶边台缘礁（丘）滩相储层；中寒武世发育 4～5km 宽的强镶边台缘，台内发育 5～8km 宽的膏云坪、泥云坪相泥质白云岩及 10～15km 宽的膏盐湖—盐湖相膏盐岩 2 类优质盖层。指出轮南地区吾松格尔组弱镶边台缘及礁（丘）后颗粒滩与中寒武统膏盐岩构成的储盖组合是目前最现实的勘探领域；中寒武统沙依里克组盐间颗粒滩储盖组合值得进一步探索；古构造高部位肖尔布拉克组的上部白云岩地层仍具勘探潜力。

关键词　台缘带；演化；碳同位素；勘探区带；盐下；寒武系；塔里木盆地

2020 年 1 月 19 日，部署在塔里木盆地塔北隆起轮南低凸起上的重点风险探井——轮探 1 井在 7940～8260m 的寒武系盐下台缘带白云岩储层中获得重大突破，完井试油在吾松格尔组中获高产油流（油管压力 11.714MPa，日产油 134m^3，日产气 45917m$^{3[1]}$）进一步证实了寒武系台缘带发育优质礁（丘）滩相白云岩储层，8200m 以深依然发育超深层优质储盖组合，该套组合是塔里木盆地深层重要的油气勘探领域。

塔里木盆地寒武系盐下白云岩尚处于风险勘探阶段，基础地质研究十分薄弱，对许多关键地质要素的认识存在争议，这越来越成为制约寒武系盐下白云岩领域评价与勘探区带优选的关键因素。轮探 1 井正是为探索轮南地区寒武系盐下领域的石油地质条件而设计。钻前借鉴安岳气田"四古"成藏理论[2]，刻画轮南地区寒武系台缘带迁移结构，认为下寒武统肖尔布拉克组系列前积地震反射代表 3 期白云岩礁（丘）滩体发育[3-5]，中寒武统

第一作者：倪新锋，高级工程师，主要从事沉积学与含油气盆地分析研究。通信地址：310023 浙江省杭州市西湖区西溪路 920 号；E-mail：nixf_hz@petrochina.com.cn。

蒸发盐岩及致密碳酸盐岩盖层与下伏的下寒武统礁（丘）滩相白云岩储层可形成良好的储盖组合，并结合轮南低凸起属于继承性稳定古隆起的特点[6]，认为有利于深层油气的聚集与保存。然而，实钻结果与钻前在沉积储层上的认识有2点显著差异：（1）轮探1井在肖尔布拉克组钻揭354m厚的泥晶灰岩和泥质灰岩，而非钻前预测的中缓坡丘滩相藻白云岩和藻砂屑白云岩，仅在突破层系吾松格尔组发育89m厚的砂屑白云岩和泥晶白云岩；（2）3期地震前积反射并不代表高能相带。这给轮南地区甚至整个塔北地区的寒武系盐下是否还具有勘探潜力带来了疑问。关键问题在于对寒武系台缘带与台内的地层对比关系和台缘带的结构、期次、演化过程及其控源、控储、控盖的认识不清。因此，本文聚焦于轮南地区寒武系碳酸盐缓坡到镶边台地沉积的半定量化演化过程，在井震结合的基础上，利用新的地震相、岩石学及同位素对比证据，形成轮南地区寒武系台缘结构、台缘带演化过程及其控源储盖组合的新认识，为塔里木盆地寒武系盐下台缘带勘探指出有利勘探区带。

1　地质概况

轮南寒武系台缘带位于塔北隆起轮南低凸起之上。轮南低凸起是塔北前石炭纪古隆起保存最完好的部分，属塔北隆起中部的一个二级构造单元（图1a），北邻轮台凸起，东邻库尔勒凸起，西与英买力低凸起相接，南面过渡为北部坳陷的阿满过渡带，为一个大型古生代鼻状基底背斜，鼻状背斜的最高部位于轮南断裂带北侧（图1b），向西南方向倾伏[7,8]。

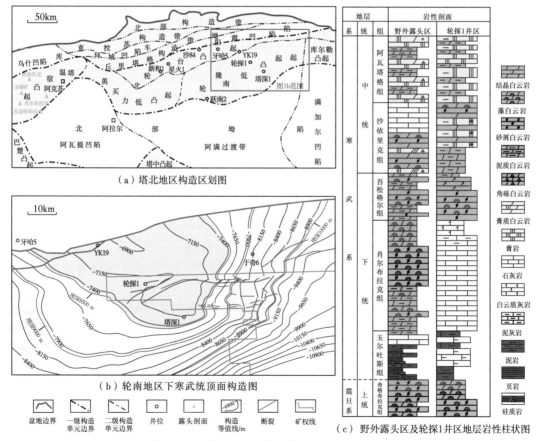

（a）塔北地区构造区划图

（b）轮南地区下寒武统顶面构造图

（c）野外露头区及轮探1井区地层岩性柱状图

图1　塔里木盆地轮南地区及邻区构造背景及地层岩性柱状图

受早加里东至中加里东时期稳定构造的控制，塔北隆起内幕区寒武系保存完整（图1c）。寒武系自下而上依次为：下寒武统玉尔吐斯组（$\mathrm{C_1}y$）、肖尔布拉克组（$\mathrm{C_1}x$）、吾松格尔组（$\mathrm{C_1}w$），中寒武统沙依里克组（$\mathrm{C_2}s$）、阿瓦塔格组（$\mathrm{C_2}a$）和上寒武统下丘里塔格组（$\mathrm{C_3}xq$）。玉尔吐斯组受控于震旦纪末期古地貌，分布在前寒武系裂坳体系发育区，岩性较为稳定，为一套以黑色泥页岩、薄层含磷结核硅质泥岩、瘤状灰岩为主的海泛沉积，局部夹薄层白云岩。肖尔布拉克组总体为一个从海平面上升到逐渐下降的三级旋回，受古地貌控制，岩性差异较大：阿克苏乌什地区野外露头区由下向上主要为深灰色薄层（含砂屑）泥—粉晶白云岩，灰色薄层凝块石白云岩、层纹白云岩及石灰岩，灰白色厚层—块状藻丘白云岩、藻砂屑白云岩、泡沫绵层白云岩、粉—细晶白云岩、粘结颗粒白云岩夹薄层泥—粉晶白云岩；新和1井、轮探1井、星火1井、沙84井及YK19井均为泥晶灰岩、球粒灰岩及少量颗粒灰岩（图1c）。吾松格尔组总体为薄—中层泥质白云岩、泥—粉晶白云岩与薄层颗粒白云岩互层，但新和1井区为泥晶灰岩。中寒武统沙依里克组为一套中厚层状深灰色、灰褐色泥—粉晶白云岩、颗粒白云岩，中上部夹一套稳定分布的石灰岩。阿瓦塔格组由于台缘的阻隔导致台内水体不畅，发育巨厚的蒸发潟湖或局限台地潮坪相膏盐岩、含膏泥岩以及泥质白云岩等（图1c）。

2 沉积演化过程再认识

轮南地区寒武系台缘带主要经历了早期碳酸盐缓坡到中后期镶边台地的演化过程：早寒武世玉尔吐斯组沉积期为富泥质的较深水中缓坡外带—外缓坡沉积，肖尔布拉克组沉积期为中缓坡外带沉积，吾松格尔组沉积期海平面下降，开始出现8~10km宽的弱镶边台缘；中寒武世海平面继续下降，发育强镶边礁（丘）台地边缘；晚寒武世发育强镶边礁（丘）台地边缘，礁（丘）出露水面遭遇强剥蚀，在斜坡带形成钙屑浊积岩（图2，图3）。各沉积期具有不同的碳同位素特征（表1，图4）。

2.1 早寒武世玉尔吐斯组沉积期较深水缓坡

受南华纪—震旦纪裂坳体系及其继承性沉降作用的控制[9-12]，早寒武世玉尔吐斯组沉积期塔北地区主体发育向上变浅的较深水缓坡沉积，轮南地区主体位于富泥质的中缓坡外带—外缓坡（图2a）。古生代时期轮南低凸起是一个向西南方向倾伏[7,8]的大型鼻状基底背斜。在此期间轮台凸起与轮南低凸起的构造演化是一体的，共同构成了塔北前石炭系古隆起的主体，直到海西末期—印支期轮台—沙雅断裂形成后，二者才明显分开而差异演化。而处于塔北隆起西段的温宿凸起（图1a），核部地层主要由前震旦系组成，向南天山方向抬升，向塔里木盆地方向倾没，构造高部位大面积缺失古生代—中生代地层，上新生界往往直接不整合于前寒武系变质岩之上。由此可以看出，早古生代，温宿凸起的位置相对轮台凸起及轮南低凸起要高，从而造成位于温宿凸起上的野外露头群的玉尔吐斯组大面积发育白云岩，而位于轮台凸起上的星火1井以及位于轮南低凸起上的轮探1井的玉尔吐斯组甚至肖尔布拉克组则沉积了相对深水的泥晶灰岩（图2a，b），形成在轮南地区广泛分布的一套优质烃源岩（图3）。这套烃源岩厚度为20~30m，TOC平均值为3.6%，最大可达13.39%。

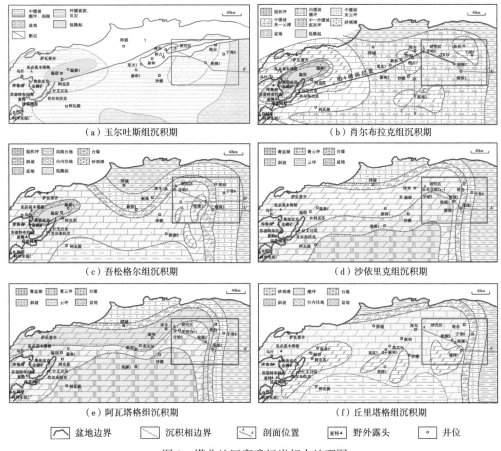

(a) 玉尔吐斯组沉积期

(b) 肖尔布拉克组沉积期

(c) 吾松格尔组沉积期

(d) 沙依里克组沉积期

(e) 阿瓦塔格组沉积期

(f) 丘里塔格组沉积期

图2 塔北地区寒武纪岩相古地理图

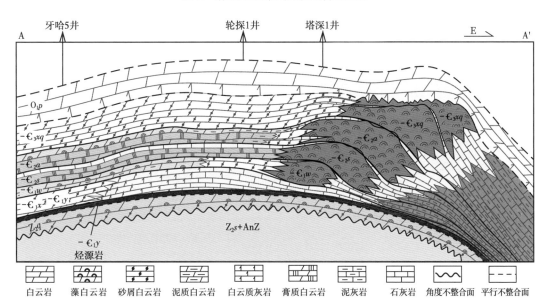

图3 塔北地区过牙哈5井—轮探1井—塔深1井寒武系台缘带演化模式图（剖面位置见图2b）

O_1p—蓬莱坝组；ϵ_3xq—下丘里塔格组；ϵ_2a—阿瓦塔格组；ϵ_2s—沙依里克组；ϵ_1w—吾松格尔组；

ϵ_1x—肖尔布拉克组；ϵ_1y—玉尔吐斯组；Z_2q—奇格布拉克组；Z_2s—苏盖特布拉克组；AnZ—前震旦系

249

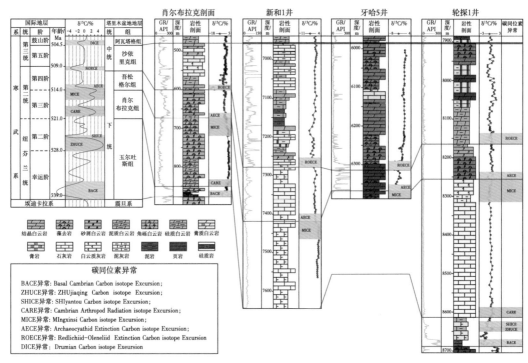

图4 塔北地区肖尔布拉克剖面—新和1井—牙哈5井—轮深1井中下寒武统碳同位素对比图
(剖面位置见图2b)

表1 塔北地区中下寒武统碳同位素组成及优势相带统计

层位	露头和井名	样品数	δ¹³C/‰ 范围	δ¹³C/‰ 平均值	沉积环境 优势沉积相	沉积环境 台缘礁(丘)滩带宽度
中寒武统阿瓦塔格组	露头	72	−2.932～1.274	−0.521	云坪+膏云坪	5~8km,强镶边加积—进积型台缘礁(丘)滩
	新和1	11	−2.630～0.330	−0.357	云坪+膏云坪	
	牙哈5					
	轮探1	42	−1.240～2.240	0.258	膏云坪+膏盐湖	
中寒武统沙依里克组	露头	75	−15.577～−1.170	−5.709	云坪+颗粒滩	4.7～10.2km,强镶边加积—进积型台缘礁(丘)滩
	新和1	43	−10.010～1.100	−1.219	云坪	
	牙哈5	56	−6.500～1.500	−0.480	云坪	
	轮探1	65	−0.890～1.590	0.205	云坪+膏云坪	
下寒武统吾松格尔组	露头	26	−2.505～−0.231	−1.480	局限台地潮坪+颗粒滩	8.7～10.6km,弱镶边台缘礁(丘)滩带
	新和1	20	−0.930～0.930	−0.214	斜坡	
	牙哈5	12	−4.500～−1.400	−3.050	潮坪	
	轮探1	24	−0.680～0.890	0.308	台缘礁(丘)后颗粒滩	
下寒武统肖尔布拉克组	露头	79	0.628～3.055	1.964	内缓坡—中缓坡潮坪+颗粒滩	零星发育灰—云岩颗粒滩,复合叠置宽度在20km左右
	新和1	33	0.250～2.390	1.703	中缓坡灰坪	
	牙哈5	9	−0.100～3.300	1.943	中缓坡颗粒滩+潮坪	
	轮探1	50	−0.190～0.900	0.300	中缓坡外带	
下寒武统玉尔吐斯组	露头	16	−8.016～0.694	−1.937	中缓坡潮坪—潟湖	
	轮探1	34	−3.140～0.740	−0.962	中缓坡外带—外缓坡	

250

从阿克苏—乌什地区野外露头群12个露头剖面、星火1井、轮探1井的地质特征来看，玉尔吐斯组主要发育上下2个岩性段：下段主要以黑色泥页岩、硅质岩、瘤状泥晶灰岩夹薄层泥质白云岩为主；上段主要为灰色白云岩、石灰岩及黑色泥页岩，顶部见大量陆源碎屑。从东西向对比来看，玉尔吐斯组下段岩性总体稳定，为一套富泥质细粒沉积，仅在昆盖阔坦和苏盖特布拉克剖面中部发育薄层泥晶白云岩；上段岩性变化较大，露头群总体发育一套碳酸盐岩沉积，由西向东白云岩逐渐减少，石灰岩厚度逐渐增大，到星火1井再到轮探1井则变为大套泥晶灰岩夹薄层泥页岩，不发育白云岩。推测这主要是由于分属不同的构造单元造成了岩性上的差异。但从碳同位素对比结果来看（表1，图4），玉尔吐斯组野外露头与钻穿玉尔吐斯组的轮探1井的碳同位素变化曲线可良好对比：玉尔吐斯组露头 $\delta^{13}C$ 值变化在 $-8.016‰ \sim 0.694‰$，平均值为 $-1.937‰$；轮探1井 $\delta^{13}C$ 值变化在 $-3.14‰ \sim 0.74‰$，平均值为 $-0.962‰$。二者的 $\delta^{13}C$ 数值总体偏负，玉尔吐斯组底部均见到寒武系底全球可对比的 BACE（Basal Cambrian Carbon isotope Excursion）负异常，对应埃迪卡拉型动物群的灭绝[13,14]。

2.2 早寒武世肖尔布拉克组沉积期碳酸盐缓坡

早寒武世肖尔布拉克组沉积期的沉积格局继承了玉尔吐斯组沉积期的沉积格局整体西高东低的沉积格局，沉积了寒武纪第一套大面积分布的缓坡碳酸盐岩（图2b）。由于温宿凸起、轮台凸起及轮南低凸起等继承性古凸起的差异性控制，肖尔布拉克组沉积期发育2大相区，温宿凸起上的野外露头群总体为白云岩夹薄层石灰岩，而轮台凸起上的新和1井、星火1井及轮南低凸起上的轮探1井、沙84井、YK19井均为泥晶灰岩（图5a，b）、球粒灰岩及少量颗粒灰岩。

对于轮南地区早寒武世肖尔布拉克组沉积期的沉积有2点新认识：

（1）依据碳同位素地层对比厘定牙哈5井底部争议段归属肖尔布拉克组，指出轮南地区肖尔布拉克组沉积晚期或构造高部位仍可发育藻白云岩和泥—粉晶白云岩。

碳同位素地层对比结果表明（表1，图4），轮探1井肖尔布拉克组基本以下部的碳同位素 CARE（Cambrian Arthropod Radiation isotope Excursion）正异常和上部的碳同位素 MICE（MIngxinsi Carbon isotope Excursion）正异常为主，之间有 $1 \sim 2$ 次小的负异常波动，$\delta^{13}C$ 值变化在 $-0.19‰ \sim 0.9‰$（表1），平均为 $0.3‰$。这两个正异常与寒武纪生物大爆发的顶峰时期基本对应[13,15-17]，分别对应著名的寒武纪大爆发的主幕澄江动物群（CARE）以及古杯动物群（MICE）的大量繁盛期。这是由于海平面上升导致水体加深，浪基面也随之上升，生物光合作用所能达到的界面随之上移，原来水体耗氧量增大，溶解氧被消耗，导致缺氧或还原环境的扩大；同时，海平面上升还能引起底层热卤水的形成和海水密度分层。这些因素都会促进富集 ^{12}C 的有机碳保存，从而使碳酸盐的 $\delta^{13}C$ 值正向漂移[18]。新和1井虽未钻穿肖尔布拉克组，但其保留了上部的碳同位素 MICE 正异常，$\delta^{13}C$ 值变化在 $0.25‰ \sim 2.39‰$，平均为 $1.703‰$。阿克苏地区野外露头肖尔布拉克组剖面的变化趋势与轮探1井基本相同，肖尔布拉克组 $\delta^{13}C$ 值基本偏正，均保留了碳同位素 CARE 和 MICE 正异常，之间有1次小的负异常波动，$\delta^{13}C$ 值变化在 $0.628‰ \sim 3.055‰$，平均为 $1.964‰$。由此可见，塔北地区完全符合全球寒武系第二统碳同位素变化规律。

根据以上碳同位素变化规律，对牙哈5井底部的 $6369 \sim 6399.06m$ 归属争议段开展碳同位素研究，其 $\delta^{13}C$ 值变化在 $-0.1‰ \sim 3.3‰$（表1，图4），平均为 $1.943‰$。由此，认为牙哈5井底部钻揭的30m厚的争议井段应归属为肖尔布拉克组。推断有2种可能：一种可能是牙哈5井在肖尔布拉克组沉积期比轮探1井和新和1井的位置要高，从而形成了一套礁（丘）滩相沉积的藻白云岩（图5c至e）和粉晶白云岩，下部未钻揭的肖尔布拉克组有可能和野外露头一样均为白云岩；另外一种可能就是钻揭的30m厚的争议井段为白云岩，而未钻揭的下部地层发育石灰岩，原因是肖尔布拉克组沉积早期的水体相对要深，未能形成渗透回流型白云岩。这种现象在四川盆地楼探1井的寒武系龙王庙组以及鄂尔多斯盆地麟探1井的寒武系张夏组均有见到，其上部发育一套粉—细晶白云岩、残余颗粒白云岩，而下段则为白云质灰岩、鲕粒灰岩和泥晶灰岩。对位于轮台凸起的新和1井第2筒岩心肖尔布拉克组石灰岩作了全岩矿物分析，白云石含量可达19.4%，微观结构上与石灰岩呈纹层状或团块状分布（图5f），镜下可见5%~8%的陆源碎屑，指示肖尔布拉克组沉积期塔北地区整体水体不深。这种认识提升了牙哈—轮南地区肖尔布拉克组的勘探潜力，认为其位于中缓坡中—外带，只要构造及海平面位置适宜，轮南地区依然存在白云岩相区发育的可能。

（a）藻粘结泥晶灰岩。轮探1井
8290m。岩屑薄片，单偏光

（b）泥晶灰岩，见藻粘结结构。轮探
1井8315m。岩屑薄片，单偏光

（c）浅褐灰色藻纹层白云岩，夹薄层砂
砾屑白云岩。牙哈5井6396.5m。岩心

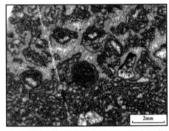

（d）泡沫状藻格架白云岩，见大量藻
团块。牙哈5井6393.9m。岩屑薄片，
单偏光

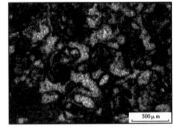

（e）藻格架白云岩。牙哈5井6391m。
岩屑薄片，单偏光

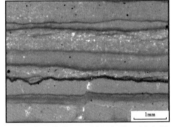

（f）纹层状含云泥粉晶灰岩，见大量
陆源碎屑。新和1井7642.1m。
岩屑薄片，单偏光

图5　轮南地区下寒武统肖尔布拉克组岩性特征

（2）通过地震正演模拟和地震相刻画，提出轮探1井西南部可能发育高能相带。

以柯坪地区肖尔布拉克组长约28km、近北东向的条带状露头区为基础[19,20]，开展地震正演模拟研究，模拟不同频率下丘滩复合体的地震响应，并系统总结其地震反射特征。露头区主要发育碳酸盐缓坡背景下的以"微生物层—微生物丘滩—潮坪"为主的丘滩体系。其中的丘主要以粘结结构藻丘和泡沫绵层石丘为主，具丘状结构、充填结构，规模较小；滩主要以藻砂屑滩为主，具席状结构，成层性好，厚度相对稳定，横向展布具有连续性，规模较大；丘滩体整体表现为"小丘大滩"的特征。通过设定不同的频率（25Hz、50Hz、75Hz、100Hz）进行模拟，结果表明：针对研究区目的层丘滩体的厚度，当频率为25Hz时无法识别内部结构，仅大致识别丘滩体为丘状/亚平行反射。只有当频率提高到

252

100Hz 时，才能识别丘滩体内部结构及外部形态。藻丘往往表现为高频、强振幅、较连续反射，呈丘状外形，具充填结构；藻砂屑滩往往表现为中—高频、中—强振幅、连续席状反射，内部斜交叠置；丘滩复合体则表现为弱反射背景下的强反射，呈丘状外形，内部层状叠置。基于上述正演模拟结果，认为在实际常规地震资料仅有 20Hz 频率的情况下无法识别丘滩体的内部结构，可大致识别丘滩体为丘状/亚平行反射。由此对轮南地区的地震相重新进行刻画，认为跃南 2 井周缘地震前积反射后端的丘状/亚平行反射为高能相带（图6），推测发育准层状藻云坪及藻砂屑滩体，丘滩体碳酸盐工厂宽度可达 32~54km，仅轮探 1 井西南部跃南 2 井周缘丘状/亚平行反射的高能相带面积可能达 0.4×10⁴km²。

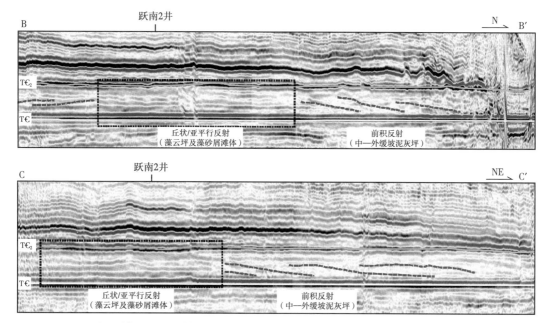

图 6　塔北地区过轮探 1 井西南部跃南 2 井地震剖面（剖面位置见图 2b）

2.3　早寒武世吾松格尔组沉积期弱镶边碳酸盐台地

　　吾松格尔组沉积期，海平面下降，开始出现 8.7~10.6km 宽的弱镶边沉积（图 2c），藻类大量发育，地震上表现为丘状杂乱反射特征（图 7），向台内方向逐渐表现为亚平行、较连续、低频中振幅反射特征，向斜坡方向逐渐表现为斜交前积—平行连续强振幅反射特征。从井震标定结果来看，轮探 1 井为镶边礁（丘）后颗粒滩沉积，岩性主要为镶嵌状残余颗粒细晶白云岩（图 8a）、藻粘结颗粒白云岩（图 8b）、白云石化藻粘结颗粒灰岩及少量泥晶藻灰岩。牙哈 5 井岩性主要为藻粘结粉晶白云岩（图 8c）、藻砂屑白云岩、镶嵌状粉细晶白云岩，局部见雾心亮边及异形白云石，硅化较严重（图 8d），部分岩溶角砾化，但与藻相关的原岩结构明显。其中镶嵌状残余颗粒粉细晶白云岩与轮探 1 井岩性基本一致。而该时期的新和 1 井为纹层状泥晶灰岩、薄层粒泥灰岩、亮晶藻砂屑灰岩、泥晶球粒灰岩，局部白云石化，部分见陆源碎屑。吾松格尔组在野外露头群的肖尔布拉克剖面、夏特剖面、奥依皮克剖面、见必真木塔格剖面及萨瓦普齐剖面均有良好出露，总体可分为上下两段，下部以藻白云岩、泥晶白云岩、泥质白云岩夹薄层颗粒白云岩为主，上部以粉细晶白云岩、藻白云岩及泥质白云岩为主，主体为潮坪相沉积，发育中薄层颗粒滩（图 8e，f）。

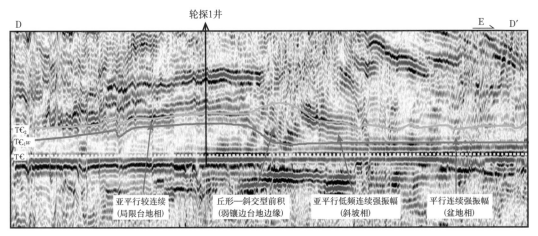

图7　塔北地区吾松格尔组地震相特征（剖面位置见图2c）

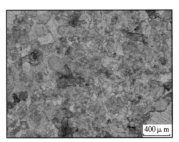

（a）细晶白云岩。局部见粉晶和中晶白云石，呈镶嵌状，见颗粒幻影。轮探1井8215m。岩屑薄片，单偏光

（b）细晶白云岩。局部见粉晶和中晶白云石，呈镶嵌状，见藻砂屑及颗粒幻影，部分见藻粘结构造。轮探1井8221m。岩屑薄片，单偏光

（c）藻粘结白云岩。见少量藻砂屑颗粒，局部硅化。牙哈5井6328.45m。岩心薄片，单偏光

（d）硅化细晶白云岩，见雾心亮边。牙哈5井6317m。岩屑薄片，单偏光

（e）中薄层颗粒白云岩。夏特剖面中部第二台阶处

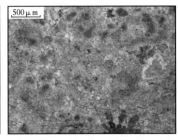

（f）藻砂屑白云岩。粒间溶孔被方解石充填。夏特剖面。岩石薄片，单偏光

图8　塔北地区吾松格尔组宏微观地质特征

　　碳同位素地层对比结果表明，轮探1井、牙哈5井、新和1井及野外露头均在吾松格尔组底部普遍发育碳同位素AECE（Archaeocyathid Extinction Carbon isotope Excursion）负异常（表1，图4），与寒武纪古杯动物群的大规模灭绝基本对应[13,15-17]，进一步明确了地层的等时效应。轮探1井吾松格尔组δ¹³C值变化在-0.68‰～0.89‰（表1），平均为0.308‰，底部AECE负漂移段为-0.68‰～-0.22‰。牙哈5井吾松格尔组δ¹³C数值总体上偏负，变化在-4.5‰～-1.4‰，平均为-3.05‰，底部AECE负漂移段为-4.5‰～-2.3‰。新和1井吾松格尔组δ¹³C值变化在-0.93‰～0.93‰，平均为-0.214‰，与轮探1井和牙哈5井相比底部AECE负漂移不是很明显，与下部肖尔布拉克组MICE正异常相比存在略偏

254

负的跳跃。野外露头肖尔布拉克组剖面的变化趋势与上述钻井基本相同，吾松格尔组碳同位素总体偏轻，底部见 AECE 负异常，$\delta^{13}C$ 值变化在 $-2.505‰ \sim -0.231‰$，平均为 $-1.48‰$，底部 AECE 负漂移段为 $-2.409‰ \sim -0.268‰$。总体而言，吾松格尔组的碳同位素较肖尔布拉克组偏轻，表明吾松格尔组沉积期的海平面较肖尔布拉克组沉积期低，这也能充分解释为什么轮探 1 井在肖尔布拉克组发育石灰岩，而在吾松格尔组开始大面积发育渗透回流型白云岩，说明轮探 1 井所处的区带在吾松格尔组沉积期为一个台缘带转换的关键部位。碳同位素对比结果（表 1，图 4）也进一步证实了轮南地区开始出现弱镶边台缘沉积具有充足的地质背景。

2.4 中寒武世沙依里克组沉积期镶边碳酸盐台地

中寒武世沙依里克组沉积期，轮南地区在吾松格尔组沉积期弱镶边的基础之上发育强镶边礁（丘）台地边缘（图 2d），礁（丘）滩体碳酸盐工厂宽度缩减至 $4.7 \sim 10.2 km$，其中边缘相带为 $3 \sim 5 km$，并迅速过渡为 5km 宽的泥云坪和膏云坪以及宽泛分布的台内的膏盐湖—盐湖（图 2d），类似美国二叠盆地 Grayburg 和 Queen 组的沉积[21]。该时期轮探 1 井沉积了一套与藻相关的白云岩，主要为藻砂屑白云岩、藻粘结白云岩、粉—细晶白云岩、细—中晶白云岩及藻纹层泥晶白云岩；牙哈 5 井的岩性总体与轮探 1 井类似，主要的区别在于牙哈 5 井沙依里克组中部 $6107.2 \sim 6121.4 m$ 段发育了一套藻粘结泥晶灰岩、亮晶藻砂屑灰岩；新和 1 井及野外露头在岩性上总体表现为上下两段，下部为一套泥晶白云岩夹薄层颗粒白云岩，上部为一套石灰岩及白云石化石灰岩，指示中寒武世沙依里克组沉积中后期存在一个规模性海侵过程，而此时边缘相带的轮探 1 井及牙哈 5 井总体位于古地貌高部位，因此发育一套与藻相关的白云岩。由于台缘带继承性发育，加积—进积作用不断增强，轮南—塔中 32 井区演化为典型的强镶边型台缘，地震反射外部形态为大型丘状，内部结构分为较连续相和斜交前积相 2 个亚相区。向斜坡方向，逐渐过渡为平行、较连续、中振幅反射；向台内方向，逐渐过渡为低频、平行、连续强振幅反射（图 7）。

碳同位素地层对比结果表明，轮探 1 井、牙哈 5 井、新和 1 井及野外露头均在沙依里克组底部普遍发育碳同位素 ROECE（Redlichiid-Oleneliid Extinction Carbon isotope Excursion）负异常（图 4），代表莱德利基虫类（Redlichiid）/小油栉虫类（Oleneliid）集群灭绝，这已被大量文献证实可作为寒武系第二统底界的重要等时对比标志[13,16]。轮探 1 井沙依里克组 $\delta^{13}C$ 值变化在 $-0.89‰ \sim 1.59‰$，平均为 $0.205‰$；底部存在轻微的 ROECE 负异常漂移段为 $-0.44‰ \sim 0.32‰$。牙哈 5 井沙依里克组 $\delta^{13}C$ 值总体呈上部偏正、底部强烈偏负的特征，变化在 $-6.5‰ \sim 1.5‰$，平均为 $-0.48‰$；底部的 ROECE 负异常特别典型，$\delta^{13}C$ 值变化在 $-6.5‰ \sim -0.3‰$，平均为 $-2.438‰$。新和 1 井沙依里克组 $\delta^{13}C$ 值变化规律与牙哈 5 井基本一致，总体呈上部偏正、下部强烈偏负的特征，变化在 $10.01‰ \sim 1.1‰$，平均为 $-1.219‰$；底部的 ROECE 负异常更具偏负的典型特征，$\delta^{13}C$ 值变化在 $-10.01‰ \sim -0.42‰$，平均为 $-2.948‰$。野外露头肖尔布拉克组剖面变化趋势与上述钻井基本相同，沙依里克组 $\delta^{13}C$ 值总体仍为上部偏正、下部偏负的特征；底部见典型的 ROECE 负异常，$\delta^{13}C$ 值变化在 $-15.577‰ \sim -1.17‰$，平均为 $-5.709‰$（表 1）。与前人[16,22]在塔里木盆地寒武系已发现的 ROECE 碳同位素负漂移完全一致，该负漂移与西伯利亚、华南及北美地区的 ROECE 可对比性好。总体而言，沙依里克组呈现上部偏正、底部强烈偏负的 ROECE 负漂移的特征，表明沙依里克组沉积期海平面早期下降、中后期上升，这和沙依里克组下部发育白云岩、中部及上部发育石灰岩的岩性变化特征完全吻合。轮探 1 井碳同位素组成变化没有台内敏感，仅表现为底部 ROECE 负异常略偏负的跳跃，这为其属于台缘礁（丘）后滩沉积提供了可靠的同位素证据。

2.5　中寒武世阿瓦塔格组沉积期碳酸盐强镶边台地

中寒武世阿瓦塔格组沉积期，轮南地区继承性发育强镶边礁（丘）台地边缘（图 2e），海平面继续下降，台缘向盆地方向进积迁移约 5～8km，礁（丘）出露水面形成强障壁，形成以蒸发潟湖为主导的强镶边碳酸盐台地沉积，主要表现为蒸发台地—台地边缘—斜坡—盆地相模式（图 3）。蒸发台地内部又进一步分异出膏盐湖、膏云坪及（泥）云坪等亚相带。此时，轮探 1 井主体位于膏云坪、（泥）云坪相带，岩性以膏岩、膏质白云岩为主，夹膏泥岩、泥质云岩和泥晶白云岩。塔深 1 井揭示中寒武世发育 2 期台缘带，阿瓦塔格组沉积期的礁（丘）滩体碳酸盐工厂宽度约为 5～8km，相带更窄，并由于台缘带的障壁作用，迅速过渡为 5～8km 宽的泥云坪和膏云坪，并在台内形成宽泛分布的膏盐湖—盐湖沉积。由于阿瓦塔格组的岩性特征非常典型，主要是一套红褐色的碳酸盐岩—膏盐岩共生体系，因此没有开展大量的同位素工作。从目前轮探 1 井和野外剖面的碳同位素特征来看，阿瓦塔格组 $\delta^{13}C$ 值总体略偏负，轮探 1 井变化在 -1.24‰～2.24‰，平均为 0.258；野外露头变化在 -2.932‰～1.274‰，平均为 -0.521‰（表 1）。

2.6　晚寒武世剥蚀型强镶边碳酸盐台地

晚寒武世，轮南地区发育强镶边礁（丘）台地边缘（图 2f），总体发育 2 期礁（丘），礁（丘）出露水面遭遇强剥蚀，斜坡带可能发育由削蚀作用带来的钙屑浊积岩。由于 2 期礁（丘）滩体的叠置及侧向加积，该时期台缘带较宽，可达 15km 左右，礁（丘）后滩也可达几十公里。台地及台缘带类型的转变控制了台缘斜坡带的分布和礁（丘）滩复合体的发育类型及特征，受台地结构类型影响，晚寒武世礁（丘）滩复合体剖面结构表现为强烈的加积—进积型（图 3）。上寒武统主要发育一套厚层结晶白云岩，部分层位白云岩具颗粒幻影结构，反映了半局限—开阔台地台内滩（主要为藻砂屑滩）沉积；局部发育泥—粉晶白云岩、含灰白云岩，代表半局限—局限台地潮坪、潟湖亚相的产物。总体而言，晚寒武世受塔西大台地控制逐渐变得平缓，相对海平面较中寒武世明显升高，沉积格局演化为半局限—开阔台地。与早中寒武世岩相古地理相比，轮南地区晚寒武世沉积具有以下 2 个明显特征：一是海平面上升，蒸发盐消失，取而代之的是广布的半局限台地成因的结晶白云岩，厚度不等的台内滩广泛发育，叠合厚度可达 400m 以上；二是东部台缘带呈现出典型的镶边特征且明显向周缘进积，受晚寒武世与早奥陶世之间不整合的影响，顶部晚期礁（丘）滩遭受剥蚀，保存程度较低，塔深 1 井、于奇 6 井钻揭了上寒武统这套台缘沉积，推测东部台缘斜坡处发育巨厚的重力流沉积[3]。

3　生储盖组合与勘探区带优选

大量研究成果表明，碳酸盐缓坡到镶边台地沉积演化有利于形成良好的生储盖组合，这样的实例有阿巴拉契亚盆地的寒武系、中国黔东麻江地区的寒武系、坎宁盆地的泥盆系、美国二叠盆地的二叠系、摩洛哥的侏罗系以及墨西哥湾的白垩系等[21]。轮南地区寒武系碳酸盐缓坡到镶边台地沉积演化过程对生储盖组合同样具有重要的控制作用（图3）。

3.1 早寒武世玉尔吐斯组沉积期较深水缓坡控制规模烃源岩分布

早寒武世玉尔吐斯组沉积期为较深水缓坡，发育一套以黑色泥页岩为主、有机质丰富的主力烃源岩，代表这一时期存在一次快速海侵事件（图2a，图3）。轮南—牙哈地区钻井揭示玉尔吐斯组发育的规模烃源岩厚度为 $22\sim30m$，其中轮探1井钻揭玉尔吐斯组烃源岩22m，TOC最高达13.39%；星火1井钻揭玉尔吐斯组烃源岩30m，TOC为3%~9%；野外露头群16个剖面的玉尔吐斯组烃源岩厚度为 $10\sim14m$，TOC平均值大于4%[23]。玉尔吐斯组在地震剖面上表现为连续强反射特征，依据沉积相控制烃源岩分布的认识，计算北部坳陷玉尔吐斯组烃源岩厚度为 $0\sim80m$，分布面积可达 $26\times10^4km^2$。

3.2 早寒武世肖尔布拉克组沉积期碳酸盐缓坡控制3类规模储层分布

肖尔布拉克组沉积期，海平面逐渐下降，水体能量明显增强，同时构造相对稳定、地形平坦，造就了肖尔布拉克组广泛发育藻云坪及相关的藻砂屑滩体，呈准层状分布（图3），构成了良好的储层发育基础。轮南地区肖尔布拉克组沉积期主体发育浅水中缓坡外带泥晶灰岩、球粒灰岩沉积，上部地层或构造高部位可过渡为藻白云岩和泥—粉晶白云岩沉积。从目前已有的新认识来看，只要构造及海平面位置适宜，轮南—牙哈地区依然存在发育白云岩相区的可能，预测面积可达 $0.8\times10^4km^2$。对于整个塔北—柯坪地区，受温宿低隆控制，野外露头区周缘地区肖尔布拉克组规模发育滩坪型、丘滩型及颗粒滩型3类相控储层，孔隙类型为溶蚀孔洞、晶间溶孔、粒间（内）溶孔、藻格架孔等，属中孔—中低渗储层，孔隙度为2.5%~10%，渗透率为0.01~100mD，分布面积可达13970km²。

3.3 早寒武世吾松格尔组沉积期弱镶边碳酸盐台地控制两类规模储层分布

吾松格尔组沉积期，海平面进一步下降，轮南地区开始发育弱镶边台缘沉积，台内开始大规模出现潮坪相沉积，藻类大量发育，同时局部出现蒸发潮坪沉积（图2c）。新发现轮南—塔中32井区吾松格尔组沉积期发育第1套弱镶边台缘建隆，认为吾松格尔组发育台内潮坪及台缘丘滩两类储层。轮南—塔中32井区弱镶边台缘带宽15~30km，长310km，面积为7080km²。轮探1井吾松格尔组为礁（丘）后滩储层，测井解释Ⅱ类储层11m/2层，孔隙度为3.1%~3.5%，属裂缝—孔洞型储层；解释Ⅲ类储层40m/3层。井震标定后发现，吾松格尔组在地震上为一个相位（约30ms），地震剖面显示弱镶边台缘丘状反射特征，台内向盆地方向地震相由低频平行强反射—丘状杂乱—斜交前积—平行连续相的变化，指示从台地—台缘—斜坡—盆地相的变化。台内颗粒滩储层主要发育在柯坪露头区及京能公司柯探1井区，岩性以潮坪相泥—粉晶白云岩、颗粒白云岩为主，储集空间以晶间微溶孔、粒间溶孔为主，孔隙度最高可达13%，分布面积可达 $1.4\times10^4km^2$。

3.4 中寒武世镶边碳酸盐台地控制两类规模储层及膏盐岩盖层分布

中寒武世是海平面整体下降期，古气候也变得干旱炎热，塔北地区主体发育了一个规模较大的膏盐湖，与周缘膏云坪等构成了膏盐湖—膏云坪—（泥）云坪—台地边缘等组合，具有明显的分带性（图2d，e）。中寒武统广泛发育萨布哈白云岩及渗透回流白云岩两类规模储层，在膏盐湖周缘的膏云坪主体发育萨布哈白云岩储层，局部发育薄层的颗粒滩型渗透回流白云岩储层。储集空间以膏模孔、晶间微溶孔、粒间溶孔为主，孔隙度最高可达12.63%，分布面积可达$5.6×10^4km^2$。随着海平面高频旋回升降，台内膏云坪及颗粒滩与膏盐岩互层可形成良好的盐间储盖组合。台地边缘则规模发育礁（丘）滩相及礁（丘）后滩渗透回流型白云岩储层，分布面积可达$1.41×10^4km^2$。此外，中寒武统发育膏盐湖、膏云坪相的蒸发岩及泥云坪相的泥质白云岩两大类优质盖层。蒸发岩盖层厚度为300~800m，面积达$14.3×10^4km^2$；致密泥质白云岩盖层厚度为100~300m，面积达$13.7×10^4km^2$。例如牙哈10井中寒武统沙依里克组发育一套35m厚的潟湖相泥晶白云岩，井深6448.95m处泥晶白云岩样品的突破压力达到23.061MPa，突破半径为6.189nm，是一套优质的区域性盖层[3]。

3.5　晚寒武世强镶边碳酸盐台地控制两类规模储层分布

受区域构造演化的影响及海平面逐渐上升，在晚寒武世整体继承中寒武世沉积格局的基础上，塔北地区由膏盐湖为中心的沉积体系转化为半局限—开阔台地为主的沉积，总体发育台缘礁（丘）滩及台内颗粒滩两类规模储层（图2f）。轮南地区发育强镶边台地，塔深1井、于奇6井钻揭了上寒武统这套台缘礁（丘）滩储层，轮探1井属于台缘礁（丘）后滩沉积，储集空间以溶蚀孔洞、粒间溶孔、晶间溶孔为主，加权平均孔隙度为3.52%，最高孔隙度可达11.05%，这类储层分布面积可达$1.71×10^4km^2$。台内规模发育了数量众多、厚度较大的台内滩沉积，主要分布在满西台洼周缘，滩体厚度不等，叠合厚度最厚可达400m以上，且受白云石化、热液改造及晚寒武世晚期层间岩溶作用的影响，形成了分布面积大且质量良好的优质台内颗粒滩渗透回流型白云岩储层，面积可达$7.3×10^4km^2$。

3.6　勘探区带优选

轮南地区的勘探实践表明，白云岩是寒武系盐下勘探的主体，没有白云岩就没有规模储层。从整个塔北地区来看，寒武系为继承性古隆起，处于油气运聚的长期有利指向区，轮南低凸起是塔北隆起中部的一个二级构造单元，石油地质条件优越。以上研究表明，轮南地区中—下寒武统发育优质的储盖组合，储层以台缘礁（丘）滩白云岩与礁（丘）后白云岩储层为主，盖层以蒸发盐湖相膏盐岩与蒸发潮坪相膏泥质白云岩为主。轮探1井、星火1井实钻与地震研究成果证实，下寒武统玉尔吐斯组烃源岩在塔北隆起内广泛分布，烃源岩演化程度较低，以生油为主[1,24,25]。同时，轮南地区中、下寒武统台缘礁（丘）滩及礁（丘）后白云岩相带发育规模性构造岩性圈闭。塔北隆起寒武系盐下区带8500m以浅的面积约为6000km²，是塔里木盆地下古生界黑油勘探的重要接替区带，潜在资源量超过$4×10^8t$[3]，展现了轮南地区寒武系盐下广阔的油气勘探前景。

从勘探层系来说，主力勘探层集中在下寒武统吾松格尔组—肖尔布拉克组，主要为缓坡背景下的中缓坡颗粒滩及弱镶边台缘带礁（丘）后颗粒滩沉积。由于轮南地区下寒武统吾松格尔组—肖尔布拉克组处于缓坡到镶边台地的转换位置和转换时期，因此需将下寒武统作为一个整体研究。中寒武统规模膏盐岩盖层下的颗粒白云岩储层是最重要的勘探目的层段。对于肖尔布拉克组而言，由于轮南地区缓坡背景下发育的岩性变化较大，存在上部为一套粉—细晶白云岩、残余颗粒白云岩，下部为白云质灰岩、鲕粒灰岩和泥晶灰岩的可能性，因此，古构造高部位的上部白云岩地层值得探索。从轮探1井实钻、地震反射特征及缓坡到台缘带的演化过程推测，位于轮探 1 井西侧的牙哈 5 井—跃南 2 井一带为有利区。但由于现今北高南低的构造格局的影响，北部的牙哈 5 井区目的层埋深在 6500m 左右，而到南部的跃南 2 井区目的层埋深则达 11000m。对于新突破的吾松格尔组来讲，轮南地区弱镶边台缘带及其礁（丘）后的颗粒滩储层规模发育，生储盖组合条件优越，埋深适中，保存条件良好，是目前轮南地区最现实的勘探领域。

中寒武统沙依里克组在轮探 1 井获良好油气显示，从岩性特征以及盆地其他钻井（如中深 1 井、中深 5 井等）来看，该组储层发育，属于盐间颗粒滩、膏云坪与膏盐岩互层，具有良好的储盖组合，值得进一步探索。

对上寒武统的剥蚀型强镶边台缘的勘探，保存条件是关键。该套储层有塔深 1 井、轮深 2 井、于奇 6 井、轮探 1 井等井钻遇，主要为一套藻礁（丘）型的白云岩，此类白云岩储层以细—粗晶白云岩为主，部分见藻粘结结构，孔隙成因主要为原岩孔隙的继承和再调整，部分来自埋藏溶蚀作用。如塔深 1 井溶蚀孔洞及晶间溶孔发育，孔隙度可达 9.7%；油气显示活跃，见规模沥青发育；试油产水，见少量天然气，火焰高 0.5~1m。但由于整体缺乏有效致密层的封盖导致了塔深 1 井的失利[25]。此类加积—进积型台缘带储层非常发育、连通性过高，盖层的封盖能力往往是这类储层成藏的关键。因此，勘探目标应瞄准台缘带后侧、潟湖靠海一侧的礁（丘）后滩白云岩储层发育区，该相带的储层往往上覆致密碳酸盐岩盖层，可形成优良的储盖组合。

4 结论与认识

通过岩石学、同位素地层对比及轮探 1 井井震标定后的地震相分析，本文取得以下 3 点新认识：

（1）轮南地区寒武系台缘带主要经历了从早期碳酸盐缓坡到中后期镶边台地的沉积演化过程，早寒武世玉尔吐斯组沉积期为富泥质的较深水中缓坡外带—外缓坡沉积，已证实轮南地区发育一套厚 20~30m 的广覆式优质烃源岩；早寒武世肖尔布拉克组沉积期为中缓坡外带泥晶灰岩、球粒灰岩沉积，构造高部位可过渡为藻白云岩和泥—粉晶白云岩沉积，顶底呈现两套碳同位素正异常，预测轮探 1 井前积反射后的丘状/亚平行反射地震特征为准层状藻云坪及藻砂屑滩体的响应，丘滩体碳酸盐工厂宽度可达 32~54km；吾松格尔组沉积期，海平面下降，开始出现 8.7~10.6km 宽的弱镶边沉积，碳酸盐工厂宽度缩减至 20km；随着海平面的继续下降，中寒武世发育强镶边礁（丘）台地边缘，礁（丘）滩体碳酸盐工厂宽度缩减至 4.7~10.2km，并迅速过渡为 5~8km 宽的膏云坪、泥云坪以及 10~15km 宽的膏盐湖—盐湖；晚寒武世发育强镶边礁（丘）台地边缘，礁（丘）出露水面遭遇强剥蚀，斜坡带可能发育由削蚀作用带来的碳酸盐岩形成的钙屑浊积岩。由于几期礁（丘）滩体的叠置，该时期台缘带较宽，可达 22km，礁（丘）后滩也可达 15km 左右。

（2）明确了轮南地区形成由下寒武统玉尔吐斯组烃源岩、中—下寒武统多套丘滩相颗粒白云岩储层与中寒武统蒸发盐湖相膏盐岩以及蒸发潮坪相膏质、泥质白云岩盖层构成的多套优质生储盖组合。

（3）指出轮南地区吾松格尔组弱镶边台缘带及其礁（丘）后的颗粒滩储层规模发育，生储盖组合条件优越，埋深适中，保存条件良好，是目前轮南地区最现实的勘探领域；中寒武统沙依里克组储层发育，属于盐间颗粒滩、膏云坪与膏盐岩互层，具有良好的储盖组合，值得进一步探索；古构造高部位肖尔布拉克组的上部白云岩地层仍具勘探潜力；轮南南部目的层埋深达 11000m 的跃南 2 井区可作为远景勘探区带。

参 考 文 献

[1] 杨海军，陈永权，田军，等. 塔里木盆地轮探 1 井超深层油气勘探重大发现与意义 [J]. 中国石油勘探，2020，25（2）：62-72.

[2] 邹才能，杜金虎，徐春春，等. 四川盆地震旦系—寒武系特大型气田形成分布、资源潜力与勘探发现 [J]. 石油勘探与开发，2014，41（3）：278-293.

[3] 倪新锋，沈安江，陈永权，等. 塔里木盆地寒武系碳酸盐岩台地类型、台缘分段特征及勘探启示 [J]. 天然气地球科学，2015，26（7）：1245-1255.

[4] 闫磊，李洪辉，曹颖辉，等. 塔里木盆地满西地区寒武系台缘带演化及其分段特征 [J]. 天然气地球科学，2018，29（6）：807-816.

[5] 曹颖辉，李洪辉，闫磊，等. 塔里木盆地满西地区寒武系台缘带分段演化特征及其对生储盖组合的影响 [J]. 天然气地球科学，2018，29（6）：796-806.

[6] 陈永权，严威，韩长伟，等. 塔里木盆地寒武纪/前寒武纪构造—沉积转换及其勘探意义 [J]. 天然气地球科学，2019，30（1）：39-50.

[7] 李曰俊，杨海军，张光亚，等. 重新划分塔里木盆地塔北隆起的次级构造单元 [J]. 岩石学报，2012，28（8）：2466-2478.

[8] 陈槚俊，何登发，孙方源，等. 温宿凸起构造几何学与运动学特征 [J]. 新疆石油地质，2018，39（3）：318-325.

[9] 冯许魁，刘永彬，韩长伟，等. 塔里木盆地震旦系裂谷发育特征及其对油气勘探的指导意义 [J]. 石油地质与工程，2015，29（2）：5-10.

[10] 管树巍，张春宇，任荣，等. 塔里木北部早寒武世同沉积构造：兼论寒武系盐下和深层勘探 [J]. 石油勘探与开发，2019，46（6）：1075-1086.

[11] 吴林，管树巍，任荣，等. 前寒武纪沉积盆地发育特征与深层烃源岩分布：以塔里木新元古代盆地与下寒武统烃源岩为例 [J]. 石油勘探与开发，2016，43（6）：905-915.

[12] 吴林，管树巍，杨海军，等. 塔里木北部新元古代裂谷盆地古地理格局与油气勘探潜力 [J]. 石油学报，2017，38（4）：375-385.

[13] Zhu Maoyan, Babcock L E, Peng Shanchi. Advances in Cambrian stratigraphy and paleontology: integrating correlation techniques, paleobiology, taphonomy and paleoenvironmental reconstruction [J]. Palaeoworld, 2006, 15（3/4）：217-222.

[14] Steiner M, Zhu Maoyan, Zhao Yuanlong, et al. Lower Cambrian burgess shale-type fossil associations of South China [J]. Palaeogeography, palaeoclimatology, palaeoecology, 2005, 220（1/2）：129-152.

[15] 朱茂炎，杨爱华，袁金良，等. 中国寒武纪综合地层和时间框架 [J]. 中国科学：地球科学，2019，49（1）：26-65.

[16] Wang Xiaolin, Hu Wenxuan, Yao Suping, et al. Carbon and strontium isotopes and global correlation of Cambrian Series 2-Series 3 carbonate rocks in the Keping area of the northwestern Tarim Basin, NW China [J]. Marine & petroleum geology, 2011, 28（5）：992-1002.

[17] Guo Qingjun, Deng Yinan, Hu Jian, et al. Carbonate carbon isotope evolution of seawater across the Ediacaran-Cambrian transition: evidence from the Keping area, Tarim Basin, NW China [J]. Geological magazine, 2017, 154（6）：1-13.

[18] Veizer J, Fritz P, Jones B. Geochemistry of brachiopods: oxygen and carbon isotopic records of Paleozoic oceans [J]. Geochimica et cosmochimica acta, 1986, 50（8）：1679-1696.

［19］郑剑锋，潘文庆，沈安江，等．塔里木盆地柯坪露头区寒武系肖尔布拉克组储层地质建模及其意义［J］．石油勘探与开发，2020，47（3）：1-13.

［20］郑剑锋，陈永权，黄理力，等．苏盖特布拉克剖面肖尔布拉克组储层建模研究及其勘探意义［J］．沉积学报，2019，37（3）：601-609.

［21］Kerans C，Playton T，Phelps R，et al. Ramp to rimmed shelf transition in the Guadalupian（Permian）of the Guadalupe Mountains，West Texas and New Mexico［M］//SEPM Special Publication 105，2014：26-49.

［22］陈永权，张艳秋，周鹏，等．塔里木盆地寒武系苗岭统碳同位素地层学与等时对比［J］．地层学杂志，2019，43（3）：324-332.

［23］朱光有，陈斐然，陈志勇，等．塔里木盆地寒武系玉尔吐斯组优质烃源岩的发现及其基本特征[J]．天然气地球科学，2016，27（1）：8-21.

［24］翟晓先，顾忆，钱一雄，等．塔里木盆地塔深1井寒武系油气地球化学特征［J］．石油实验地质，2007，29（4）：329-333.

［25］云露，翟晓先．塔里木盆地塔深1井寒武系储层与成藏特征探讨［J］．石油与天然气地质，2008，29（6）：726-732.

原文刊于《海相油气地质》，2020，25（4）：289-302.

塔里木盆地柯坪露头区寒武系肖尔布拉克组储层地质建模及其意义

郑剑锋[1,2]，潘文庆[1,3]，沈安江[1,2]，袁文芳[3]，
黄理力[2]，倪新锋[1,2]，朱永进[2]

1. 中国石油集团碳酸盐岩储层重点实验室；2. 中国石油杭州地质研究院；
3. 中国石油塔里木油田公司

摘　要　通过对塔里木盆地柯坪露头区寒武系盐下肖尔布拉克组系统解剖，在实测 7 条剖面，观察超过 1000 块薄片，分析 556 个样品物性及大量地球化学测试的基础上，建立了 28km 长度范围油藏尺度的储层地质模型。肖尔布拉克组厚度为 158～178m，可划分为 3 段 5 个亚段，主要发育层纹石、凝块石、泡沫绵层石、叠层石、核形石、藻砂屑/残余颗粒结构的晶粒白云岩和泥粒/粒泥/泥质白云岩，自下而上的相序组合构成碳酸盐缓坡背景下的以"微生物层—微生物丘滩—潮坪"为主的沉积体系。识别出微生物格架溶孔、溶蚀孔洞、粒间/内溶孔和晶间溶孔 5 种主要储集空间类型，认为孔隙发育具有明显的岩相选择性，泡沫绵层石白云岩平均孔隙度最高，凝块石、核形石和藻砂屑白云岩次之；储层综合评价为中高孔、中低渗孔隙—孔洞型储层。揭示肖尔布拉克组白云岩主要形成于准同生—早成岩期，白云石化流体为海源流体；储层主要受沉积相、微生物类型、高频层序界面和早期白云石化作用共同控制；Ⅰ、Ⅱ类优质储层平均厚度为 41.2m，平均储地比为 25.6%，具有规模潜力，预测古隆起围斜部位的中缓坡丘滩带是储层发育的有利区。

关键词　塔里木盆地；柯坪地区；寒武系肖尔布拉克组；白云岩；微生物岩；储层成因；地质建模

　　塔里木盆地下古生界白云岩具有厚度大、范围广、油气资源量巨大的特点[1,2]，但其勘探程度却较低，与其发育规模及资源量极不相称，尤其是寒武系盐下勘探领域，自 1997 年和 4 井首次揭开寒武系盐下白云岩/膏盐岩储盖组合开始，该领域勘探一直没有取得突破，直到 2012 年中深 1 井获得成功，揭示该领域成藏条件优越、勘探前景广阔[3-5]。然而随着玉龙 6 井、新和 1 井、楚探 1 井、和田 2 井相继失利，使得其勘探方向及潜力受到了一定质疑。但是 2020 年轮探 1 井在 8200m 超深层获得工业油气流，坚定了在塔里木盆地寒武系盐下寻找大油气田的信心和决心。目前，该领域成藏条件认识仍然不足，尤其储层的规模、品质及发育规律认识不清是制约勘探进一步拓展的关键。

　　下寒武统肖尔布拉克组是寒武系盐下勘探的重要目的层，也是当前研究的热点，前人

第一作者：郑剑锋（1977—），男，浙江龙游人，硕士，中国石油杭州地质研究院高级工程师，主要从事碳酸盐岩沉积储层研究。地址：浙江省杭州市西湖区西溪路 920 号，中国石油杭州地质研究院，邮政编码：310023。E-mail：zhengjf_hz@ petrochina. com. cn。

对该领域的研究取得了一定的认识：罗平、宋金民等通过对阿克苏地区的露头进行研究，认为肖尔布拉克组上段主要发育微生物礁、包壳凝块石和泡沫绵层叠层石白云岩3种微生物岩储层，储层发育受控于沉积古地貌、成岩作用和微生物结构[6,7]；李保华、王凯等在对柯坪地区7条露头剖面的储层建模中认为台缘带储层受沉积相控制，微生物礁属于特低孔特低渗型储层，颗粒滩是最有利的相带[8,9]；沈安江等对12口井和两条露头剖面研究后，认为肖尔布拉克组礁滩相沉积物中的沉积原生孔是储层发育的关键，台缘礁滩储层既有规模，又有品质[10]；黄擎宇等对柯坪—巴楚地区研究认为，肖尔布拉克组主要发育微生物储层，沉积对微生物丘储层的发育具有明显控制作用[11]；白莹等通过对阿克苏地区5条露头剖面的研究，认为肖尔布拉克组发育低—中孔、低—中渗的台缘微生物礁储层，古地貌、沉积相和同生/准同生期溶蚀作用是储层发育的主控因素[12]；严威等利用井和露头剖面资料，认为肖尔布拉克组储层主要受高能丘滩相的多孔沉积物、早表生期大气淡水溶蚀作用和晚期局部埋藏（热液）溶蚀改造作用3个因素控制[13]；余浩元等通过对肖尔布拉克组露头区两条剖面的研究，认为微生物岩是主要的储层岩相，其结构与孔隙特征关系密切，沉积作用通过控制微生物结构来控制微生物白云岩的孔隙特征[14]。综上所述，前人的研究基本明确了塔里木盆地肖尔布拉克组主要发育微生物白云岩储层，储层发育的主控因素主要为微生物礁滩相及早表生大气淡水溶蚀作用，但由于钻井资料少，且露头解剖不够系统等原因，使得关于储层规模及品质的研究或存在差异，或缺乏系统、定量的表征。

本文以柯坪地区肖尔布拉克组露头区为研究对象，其具有垂向上地层完整，横向上分布连续的特点，通过实测7条剖面，在超过1000块薄片、556个样品物性分析及大量地球化学分析的基础上，系统研究了肖尔布拉克组的岩石类型、储层特征，建立了油藏尺度的露头储层地质模型，并阐明了储层发育的主控因素，为塔里木盆地寒武系盐下白云岩的勘探提供了依据。

1 地质背景

柯坪地区肖尔布拉克组露头区位于塔里木盆地西北部（图1），阿克苏市西南约45km处，为一长约28km、近北东向的条带状露头区，构造分区属于塔北隆起柯坪断隆东段，地层区划亦属柯坪地层分区[15]。该露头区寒武系出露完整，自下而上出露下寒武统玉尔吐斯组（与上震旦统齐格布拉克组呈平行不整合接触）、肖尔布拉克组和吾松格尔组，中寒武统沙依里克组、阿瓦塔格组，以及上寒武统下丘里塔格组。2008年塔里木油田公司在采石场蓬莱坝北侧建立了寒武系考察基地剖面，称之为肖尔布拉克剖面（也称肖尔布拉克东沟剖面）。包含东沟剖面，研究区主要有7条剖面可对肖尔布拉克组进行实测，自东向西分别为什艾日克、东3沟、东2沟、东1沟、东沟、西沟和西1沟剖面。

南华纪—震旦纪，塔里木盆地北部发育近东西向的弧后裂谷盆地，在裂谷南部和北部分别形成塔里木盆地中部和北部古隆起[16]。震旦纪末期柯坪运动导致塔里木板块内部强烈构造隆升，震旦系与寒武系之间广泛发育不整合，其中平行不整合主要分布在盆地北部，但在寒武系沉积前，盆地大部分地区已被夷平，形成了非常平缓的古地形地貌，大面积发育滨海环境[17]。早寒武世海侵期塔里木板块具有宽阔的陆表浅海环境，并在肖尔布拉克组沉积期形成缓坡型碳酸盐台地[18,19]，沿塔西南隆起、柯坪—温宿低隆和轮南—牙哈低隆向盆地依次发育混积坪、内缓坡泥云坪、中缓坡丘滩、台洼、外缓坡和盆地等沉积相带（图1）。

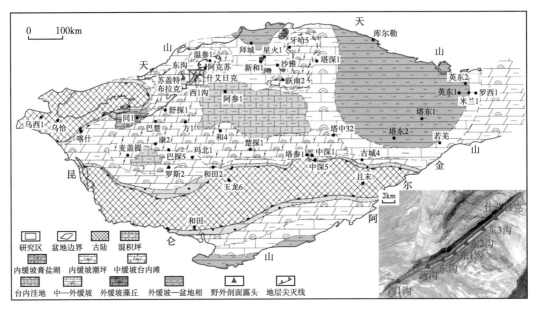

图 1 塔里木盆地早寒武世肖尔布拉克组沉积期岩相古地理图

2 地层与沉积特征

2.1 地层特征

研究区肖尔布拉克组平均厚度约 168.1m，其中东沟最厚为 178.2m，东 3 沟最薄为 158.2m，总体厚度相对稳定。依据颜色、岩性、单层厚度、沉积结构、孔洞发育情况等特征，可以将肖尔布拉克组划分为肖上段、肖中段、肖下 3 段，其中肖中段又可分为肖中 1 亚段、肖中 2 亚段、肖中 3 亚段（图2）。

肖下段平均厚度约为 22.1m，以灰黑色纹—薄层状微生物白云岩为主；肖中 1 亚段平均厚度约为 30.4m，以深灰色薄层状微生物白云岩为主，发育较多顺层扁平状厘米级溶蚀孔洞；肖中 2 亚段平均厚度约为 34.6m，以灰色中层状微生物白云岩为主，同样见较多顺层发育厘米级溶蚀孔洞，但顶部主要以毫米级溶孔为主；肖中 3 亚段平均厚度约为 36.1m，以浅灰—灰白色厚层—块状滩相、微生物白云岩为主，其中中部微生物白云岩相中顺层的毫米级近圆形溶孔非常发育，而滩相白云岩中溶孔则不均匀发育；肖上段平均厚度约为 34.1m，以黄灰色薄层状泥质白云岩、灰色中层状微生物白云岩和灰色、褐灰色薄层状泥粒、粒泥白云岩互层为主。实测自然伽马测井曲线显示肖上段值较高，且呈锯齿状，而肖下段、肖中段则表现为低值且幅度变化小特征。

2.2 沉积特征

研究区肖尔布拉克组主要发育微生物白云岩、藻砂屑/残余颗粒结构的晶粒白云岩和粒泥/泥粒/泥质白云岩，其中微生物岩是最主要岩类[20-22]，主要包括层纹石、凝块石、泡沫绵层石、叠层石和少量核形石（图3a 至 i）。不同岩相发育于特定层段，构成了碳酸

264

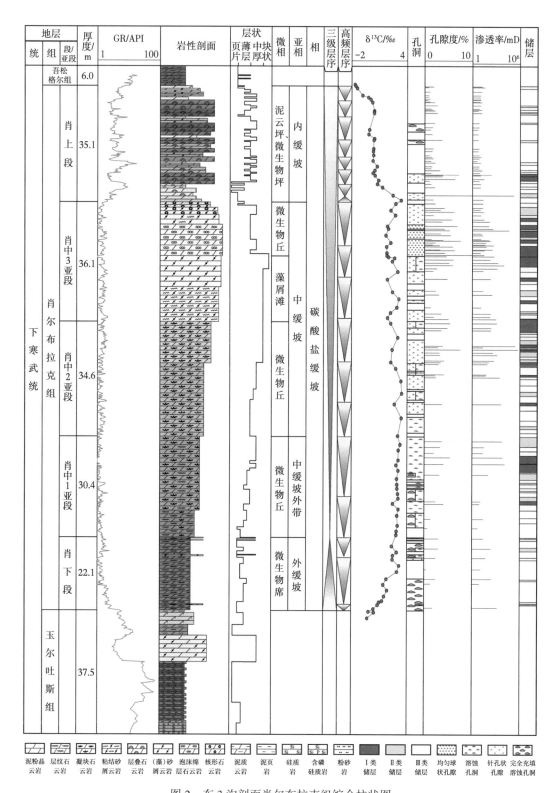

图 2 东 3 沟剖面肖尔布拉克组综合柱状图

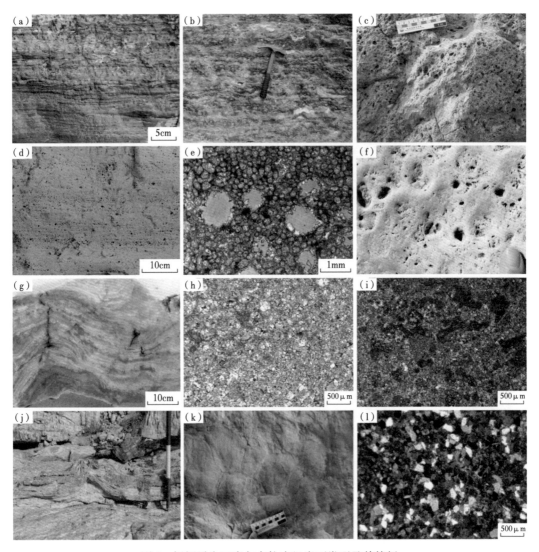

图 3　柯坪露头区肖尔布拉克组岩石类型及其特征

（a）层纹石白云岩，肖下段，东 3 沟剖面，露头；（b）层状凝块石白云岩，顺层发育格架溶孔，肖中 1 亚段，东 1 沟剖面，露头；（c）格架状凝块石白云岩，溶蚀孔洞非常发育，肖中 2 亚段，东沟剖面，露头；（d）泡沫绵层石白云岩，溶孔均匀发育，肖中 3 亚段，东 3 沟剖面，露头；（e）泡沫绵层石白云岩，窗格孔较均匀发育，东 3 沟剖面，肖中 3 亚段，铸体薄片，单偏光；（f）核形石白云岩，粒内溶孔发育，肖中 3 亚段，西沟剖面，露头；（g）叠层石白云岩，肖中 3 亚段，西 1 沟剖面，手标本；（h）残余藻砂屑粉晶白云岩，粒内/晶间溶孔发育，肖中 3 亚段，西沟剖面，铸体薄片，单偏光；（i）泥粒白云岩，肖上段，东 3 沟剖面，铸体薄片，单偏光；（j）帐篷构造，肖上段，什艾日克剖面，露头；（k）泥裂，肖上段，东 3 沟剖面，露头；（l）石英质粉晶白云岩，肖上段，东 3 沟剖面，铸体薄片，正交光

盐缓坡背景下以"微生物层—微生物丘滩—潮坪"为主的沉积序列。

肖下段主要发育黑灰色纹—薄层状层纹石白云岩，局部夹中层状（藻）砂屑白云岩，反映其沉积时整体处于外缓坡风暴浪基面之下，水体较深、安静、能量弱的沉积环境；肖中 1 亚段、肖中 2 亚段主要由深灰—灰色层状—格架状凝块石白云岩组成，反映其沉积时为中缓坡浪基面之下中等能量的沉积环境；肖中 3 亚段主要由浅灰色厚层状（藻）砂屑白云岩和灰白色泡沫绵层石丘组成，局部滩体具有交错层理，反映其沉积时为中缓坡浪基面附近，水体较浅、水动力较强的相对高能沉积环境；肖上段主要由灰色中—薄层状叠层石、灰色—浅褐灰色—黄灰色泥粒/粒泥/泥质白云岩互层组成，构成潮坪环境的藻云坪、泥云坪和低能滩，并见帐篷构造、泥裂、石英颗粒混积等暴露标志（图 3j 至 l）。自下而上的相序组合及自然伽马测井曲线特征综合反映了肖尔布拉克组沉积期海水向上逐渐变浅的特征。

3 储层特征

3.1 储集空间特征

根据露头宏观孔洞特征及铸体薄片鉴定综合分析，研究区肖尔布拉克组的储集空间类型主要为微生物格架（溶）孔（图 3c）、窗格孔（图 3d，e）、粒间（内）溶孔（图 3f 至 i）和晶间溶孔。

微生物格架（溶）孔主要发育于肖中 1 亚段、肖中 2 亚段的凝块石白云岩中，孔径为 1~3cm，呈不规则扁平状，以顺层分布为主；此外，肖上段的部分叠层石白云岩也见该类孔隙，但是多为被细粒白云石半胶结的残余格架孔，形态呈不规则条带状；窗格孔主要发育于肖中 3 亚段的泡沫绵层石云岩中，溶孔孔径通常为 0.2~5.0mm，呈孤立状均匀分布；粒间（内）溶孔主要发育于藻砂屑白云岩中，露头上可见大小、分布不均的毫米级溶孔；晶间溶孔主要发育于肖中 3 亚段的晶粒白云岩中，大小和形态不规则。

为了分析不同类型储层的微观孔喉结构特征，从而判断储层的有效性[23]，优选基质孔相对发育的凝块石、泡沫绵层石和藻砂屑白云岩的 25mm 柱塞样进行 CT 定量表征（图 4），实验测试仪器为德国产的定制化工业 CT 装置 VtomeX，由中国石油碳酸盐岩储层重点实验室完成。凝块石白云岩在 8μm 扫描分辨率下，CT 三维成像显示孔隙具有方向性，与微生物的生长结构具有明显相关性；其定量表征的孔隙度为 2.49%，孔隙连通体积为 52.53%，孔喉半径具有分异小的特征，孔隙半径为 30~100μm，结合该类岩相主要以厘米级溶蚀孔洞为主的特征，认为孔洞间基质具有一定的连通性和孔隙度，综合评价该类储层为具有中高孔隙度、中等渗透率特征的孔隙—孔洞型储层。窗格孔均匀发育的泡沫绵层石白云岩在 8μm 扫描分辨率下，CT 三维成像显示孔隙呈椭球状均匀分布，但相对孤立；其定量表征的孔隙度为 10.05%，孔隙连通体积占比 39.54%，孔喉半径具有分异大的特征，大孔隙（孔隙半径大于 200μm）、小孔隙（孔隙半径为 50~100μm）都占有一定比例，综合评价该类储层为具有高孔隙度、中低渗透率特征的孔隙—孔洞型储层。粒间溶孔均匀发育的藻砂屑白云岩在 8μm 扫描分辨率下，CT 三维成像显示孔隙呈不规则网状分布；其定量表征的孔隙度为 4.45%，孔隙连通体积占比 64.24%，孔喉半径具有分异小的特征，除少量溶蚀较大的溶孔外，大量的晶间溶孔半径为 30~120μm，综合评价该类储层为具有中等孔隙度、中等渗透率特征的孔隙—孔洞型储层。

3.2 储层物性特征

野外共采集了 556 个柱塞样，涵盖了肖尔布拉克组的各个层段，其中什艾日克剖面 128 个，东 3 沟剖面 91 个，东 2 沟剖面 25 个，东 1 沟剖面 77 个，东沟剖面 49 个，西沟

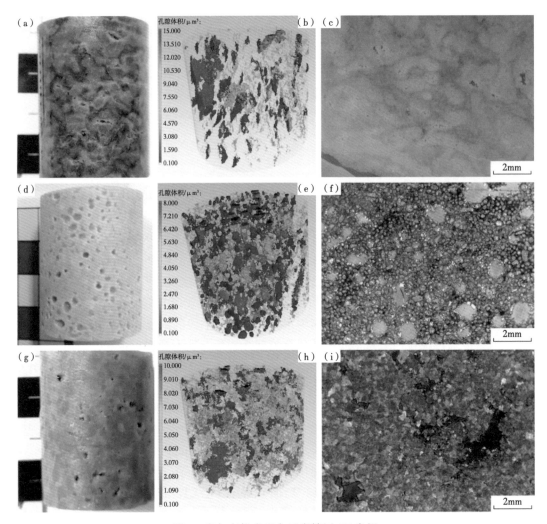

图 4　肖尔布拉克组白云岩储层 CT 表征

（a）凝块石白云岩，肖中 2 亚段，东 1 沟剖面，25mm 柱塞样；（b）图（a）的 CT 三维成像图（不同颜色代表
不同级别孔隙体积）；（c）图（a）的铸体薄片照片；（d）泡沫绵层石白云岩，肖中 3 亚段，什艾日克剖面，
25mm 柱塞样；（e）图（d）的 CT 三维成像图；（f）图（d）的铸体薄片照片；（g）残余藻砂屑细晶白云岩，
肖中 3 亚段，西 1 沟剖面，25mm 柱塞样；（h）图（g）的 CT 三维成像图；（i）图（g）的铸体薄片照片

剖面 122 个，西 1 沟剖面 64 个，并对所有柱塞样进行物性分析（测试仪器为覆压气体孔
渗联合测试仪，中国石油碳酸盐岩储层重点实验室完成）。为了更好地分析储层垂向上的
分布规律，按层段对物性测试结果进行统计分析（图 5）：肖下段最大、最小孔隙度分别
为 3.78% 和 0.54%，平均孔隙度为 1.33%；肖中 1 亚段最大、最小孔隙度分别为 8.90% 和
0.86%，平均孔隙度为 3.07%；肖中 2 亚段最大、最小孔隙度分别为 8.06% 和 0.61%，平
均孔隙度为 2.80%；肖中 3 亚段最大、最小孔隙度分别为 10.92% 和 0.70%，平均孔隙度
为 3.39%；肖上段最大、最小孔隙度分别为 7.81% 和 0.64%，平均孔隙度为 1.53%。可以
看出，肖中段总体物性较好，是储层的主要发育层段。为了更好地分析储层横向上的分布
规律，按剖面分别统计孔隙度大于 4.5%、2.5%~4.5%、1.8%~2.5% 和小于 1.8% 样品的
数量。从统计的频率直方图（图 6）可以看出，研究区东部什艾日克、东 3 沟和东 2 沟剖

面孔隙度大于2.5%的优质储层比例比其他剖面高。总体而言，孔隙度大于2.5%的样品个数占总样品量的45.8%，渗透率大于0.1mD的样品个数占总样品数的23.9%，该结果很好地反映了肖尔布拉克组储层总体具有中高孔隙度、中低渗透率的特征。

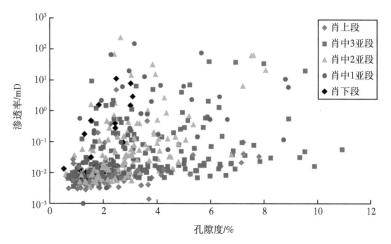

图5　肖尔布拉克组储层孔隙度—渗透率交会图

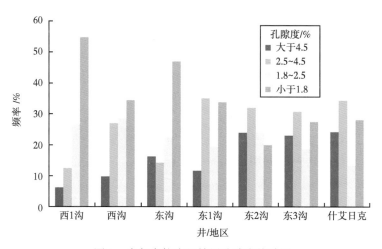

图6　肖尔布拉克组储层孔隙度统计图

4　储层成因

4.1　白云岩成因

根据白云岩的地球化学特征可以较好地分析白云岩成因，因此本次研究优选了不同岩相的白云岩进行多参数地球化学分析，并利用牙钻获取组分单一的样品，所有测试分析都由中国石油碳酸盐岩储层重点实验室完成。有序度值分析仪器为PANalytical X'Pert PRO X射线衍射仪；微量元素和稀土元素值分析仪器为PANalytical Axios XRF X射线荧光光谱仪；碳氧同位素分析仪器为DELTA V Advantage同位素质谱仪；锶同位素值分析仪器为TRITON PLUS热电离同位素质谱仪。

4.1.1　白云石有序度

通常白云岩结晶速度越慢、温度越高，则其有序度越高，反之，有序度越低[24]。根据有序度统计直方图可以看出，层纹石云岩、凝块石云岩、泡沫绵层石云岩、叠层石云岩和具有残余颗粒结构的细晶云岩5种发育于不同层段的主要岩相白云岩总体表现为低有序度特征，最大值为0.77，最小值为0.45，平均值为0.60（图7）。有序度特征反映了肖尔布拉克组白云岩形成吋的温度较低，晶体生长速度快，为成岩早期的产物。

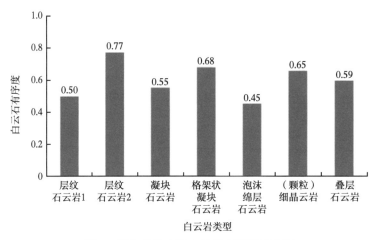

图7　肖尔布拉克组白云岩有序度直方图

4.1.2　微量元素

通过微量元素Sr、Na、Fe和Mn的含量能较好地判断白云石化流体的性质、成岩环境。古生代海水中的Sr、Na含量通常与海水盐度呈正比关系[25]，因此，早成岩期白云石化作用的流体为海水，其具有相对较高的Sr、Na含量，而晚期埋藏成因的白云岩Sr含量通常低于50μg/g，Na含量通常低于100μg/g。相反，地表或者早埋藏期形成的白云石的Fe、Mn含量相对较低，而晚埋藏期形成的白云石的Fe、Mn含量则相对较高，Fe含量通常大于2000μg/g，Mn含量通常大于500μg/g[26,27]。12个不同岩相白云岩样品的Sr、Na含量分别为59.8~135.2μg/g和237.45~1049.7μg/g，Fe、Mn含量分别主要为206.45~1339.40μg/g和90.4~373.0μg/g，其中11和12号样品Fe含量异常高主要是受潮上带氧化环境中泥质的影响（表1）。很明显，研究区肖尔布拉克组白云岩具有高Sr、Na和低Fe、Mn含量特征，整体反映出白云石化流体为海水，白云石化作用发生在早成岩期，晚期埋藏热液作用影响弱。

表1　肖尔布拉克组微量元素分析数据表

| 层段 | 岩性 | 含量/（μg/g） | | | |
		Sr	Na	Fe	Mn
肖下段	层纹石白云岩1	111.8	396.50	276.10	180.0
	层纹石白云岩2	108.2	408.50	1339.40	283.0
肖中1亚段	层状凝块石白云岩1	159.1	626.25	841.85	271.0
	层状凝块石白云岩2	63.8	390.15	1299.65	322.0

层段	岩性	含量/（μg/g）			
		Sr	Na	Fe	Mn
肖中2亚段	格架状凝块石白云岩	107.8	506.75	1217.90	205.0
肖中3亚段	细晶（砂屑）白云岩	59.8	382.55	1056.40	157.0
	藻砂屑白云岩	72.8	973.10	583.35	141.0
	泡沫绵层白云岩	78.5	237.45	206.45	90.4
肖上段	叠层石白云岩	93.8	314.35	1187.85	150.0
	含泥质颗粒白云岩	135.2	1049.70	9248.70	373.0
	泥质泥晶白云岩	88.8	676.80	15743.90	148.0

4.1.3 稀土元素

碳酸盐岩矿物中稀土元素受成岩作用的影响非常弱，故利用稀土元素分析可以判断白云石化流体的来源，通常寒武系海水来源白云岩的 ΣREE 值（稀土元素总量）一般小于 30μg/g，且具有轻稀土元素较重、稀土元素富集的特征[28]。根据实验结果（图8），除了肖上段两个含泥质云岩样品的 ΣREE 值由于受陆源泥岩的影响而呈现高值外 90.2～99.3μg/g，其余不同岩相白云岩的 ΣREE 值为 1.8～31.3μg/g，平均为 8.7μg/g，且稀土元素配分曲线都表现为轻稀土元素含量大于重稀土元素含量的配分模式，与寒武系泥晶灰岩的稀土元素配分模式一致[29]。显然，研究区肖尔布拉克组白云岩形成时的白云石化流体为海水，晚埋藏期成岩作用没有明显改变稀土的分配。

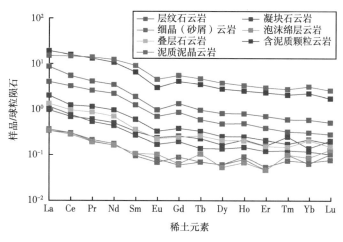

图8 白云岩稀土元素配分图

4.1.4 稳定碳氧同位素组成

通常海水蒸发作用使海水的碳、氧同位素组成向偏正方向迁移，相反，埋藏条件下混合地下卤水与高温作用使氧同位素组成向偏负方向迁移[30]。利用牙钻钻取不同岩相白云岩的基质和胶结物进行稳定碳氧同位素组成分析，不同层段、不同岩相白云岩基质的 $\delta^{18}O$ 值为 -8.24‰～-5.41‰，$\delta^{13}C$ 值为 -3.39‰～-0.78‰；孔洞中的白云石胶结物的 $\delta^{18}O$ 值为 -12.02‰～-10.14‰，$\delta^{13}C$ 值为 0.32‰～0.52‰，孔洞中方解石胶结物的 $\delta^{18}O$ 值为 -15.27‰～-11.14‰，$\delta^{13}C$ 值为 -4.28‰～-1.69‰。从 $\delta^{18}O$—$\delta^{13}C$ 交会图可以看出，$\delta^{18}O$

和 $\delta^{13}C$ 呈非线性关系，说明测试数据可靠。Veizer 通过统计全球 $\delta^{18}O$ 数据，认为早—中寒武世全球海水的 $\delta^{18}O$ 值为 -8‰~-6‰[31]，因此研究区肖尔布拉克组 $\delta^{18}O$ 值范围或与同期海水相当，说明白云岩主要形成于低温环境，白云石化流体为正常海水；而孔洞中白云石胶结物的 $\delta^{18}O$ 值则小于 -10‰，明显偏负，说明其形成于高温环境，为晚埋藏期的成岩产物，但方解石胶结物的 $\delta^{13}C$ 值偏负则反映其为大气水成因（图 9）。

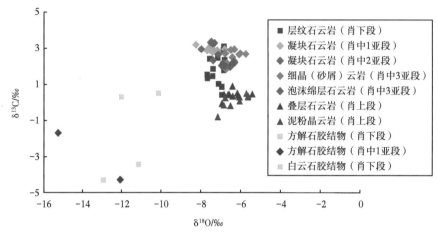

图 9 白云岩 $\delta^{18}O$—$\delta^{13}C$ 交会图

4.1.5 锶同位素组成

水的蒸发作用不会对 Sr 同位素组成有较大影响，所以蒸发环境形成的白云岩一般将保持着海水的 Sr 同位素特征，^{87}Sr 的相对丰度可用 $^{87}Sr/^{86}Sr$ 值来表征。Denison 通过统计全球 $^{87}Sr/^{86}Sr$ 分析数据，认为早—中寒武世全球海水的 $^{87}Sr/^{86}Sr$ 值在 0.7090 附近[32]。根据实验结果（表 2），不同层段、不同岩相白云岩的 $^{87}Sr/^{86}Sr$ 值主体范围为 0.7088~0.7098，指示研究区肖尔布拉克组白云岩的 $^{87}Sr/^{86}Sr$ 值总体与同期海水值相近，反映白云石化流体为海水，白云岩形成于早成岩期；肖上段两个含泥质样品 $^{87}Sr/^{86}Sr$ 值大于 0.7132，说明白云岩在形成过程受到了壳源锶干扰[25]，反映白云岩形成于早表生期暴露氧化环境。

表 2 肖尔布拉克组锶同位素组成分析数据表

岩性	层段	$^{87}Sr/^{86}Sr$	标准差/10^{-6}	岩性	层段	$^{87}Sr/^{86}Sr$	标准差/10^{-6}
层纹石白云岩	肖下段	0.709821	7	藻砂屑白云岩	肖中 3 亚段	0.709324	8
层纹石白云岩	肖下段	0.709374	3	藻砂屑白云岩	肖中 3 亚段	0.709412	6
层纹石白云岩	肖下段	0.708945	9	藻砂屑白云岩	肖中 3 亚段	0.709113	17
层纹石白云岩	肖下段	0.708992	8	泡沫绵层白云岩	肖中 3 亚段	0.709105	6
层状凝块石白云岩	肖中 1 亚段	0.709811	5	细晶(砂屑)云岩	肖中 3 亚段	0.709122	8
层状凝块石白云岩	肖中 1 亚段	0.709289	13	叠层石白云岩	肖上段	0.709787	5
层状凝块石白云岩	肖中 1 亚段	0.708843	6	泥质泥晶白云岩	肖上段	0.713343	11
格架状凝块石白云岩	肖中 2 亚段	0.709257	4	含泥质颗粒白云岩	肖上段	0.713218	2
格架状凝块石白云岩	肖中 2 亚段	0.709089	4	泥—粉晶白云岩	肖上段	0.708946	8

由于研究区肖尔布拉克组主要发育微生物白云岩，所以有人提出是微生物作用导致了白云石化，但本次研究结合早期塔里木盆地寒武系白云岩成因研究认识，认为这种观点的证据是不充分的：（1）研究区肖尔布拉克组不管是微生物岩相还是滩相沉积物都发生了白云石化，如果将其视为微生物白云石化作用的产物，则很难合理解释其他岩相沉积物同时发生白云石化的原因；（2）全球范围下寒武统白云岩的比例非常高，前人研究多数也认为在早寒武世古海水、古气候背景下，浅水碳酸盐台地受到蒸发作用，可以发生大规模白云石化作用[33,34]。因此，结合岩石特征、地球化学特征，认为肖尔布拉克组白云岩主要形成于准同生或早埋藏期，白云石化流体主要为海源流体，在早寒武世碳酸盐缓坡背景下，可以用蒸发白云石化和渗透回流白云石化两种模式解释其成因。

4.2　早期白云石化作用对储层的控制作用

众所周知，白云石化作用能使石灰岩完全白云石化，并改变了原岩的成分和结构组成。由于白云岩相对石灰岩更抗压实、压溶，故准同生期或早埋藏期白云石化作用可以使原岩中原生孔隙和早期次生溶蚀孔隙得以保存。此外，高温高压溶蚀模拟实验证实，在埋藏较深的条件下，白云岩要比石灰岩易溶，此白云岩在继承先存孔隙的基础上，晚期还可能得到进一步改造[10]。研究区肖尔布拉克组的白云岩形成于早成岩期，因此沉积期微生物堆积过程中形成的格架孔、藻屑粒间孔及准同生期受大气淡水溶蚀形成的窗格孔、粒间（内）溶孔在经历漫长的埋藏过程后仍能部分保留。

4.3　岩相对储层的控制作用

肖尔布拉克组不但岩相发育具有层段性，而且储层孔隙发育也具有层段性，即肖中段总体物性较好，而肖上段和肖下段储层物性相对较差，因此不同岩相与储层孔隙之间也具有很好的相关性。为了进一步明确储层孔隙与岩相的相关性，对所有物性样品按岩相分类统计（图10），其中肖下亚段层纹石云岩的最大、平均孔隙度分别为2.74%和1.41%；肖中1亚段层状凝块石云岩的最大、平均孔隙度分别为8.90%和3.07%；肖中2亚段格架状凝块石白云岩的最大、平均孔隙度分别为8.06%和2.80%；肖中3亚段藻砂屑云岩的最大、平均孔隙度分别为9.52%和2.58%，泡沫绵层石云岩的最大、平均孔隙分别为10.92%和

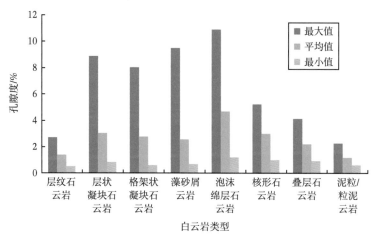

图10　肖尔布拉克组不同岩相白云岩储层孔隙度统计图

4.70%，核形石云岩的最大、平均孔隙分别为 5.25% 和 3.02%，叠层石云岩的最大、平均孔隙分别为 4.15% 和 2.21%，泥粒/粒泥云岩的最大、平均孔隙分别为 1.54% 和 1.02%。显然，研究区肖尔布拉克组储层孔隙度和岩相具有较好的相关性，泡沫绵层石云岩孔隙度最高，凝块石、核形石、藻砂屑云岩次之，因此岩相是储层发育的控制因素之一。

4.4 高频层序界面对储层的控制作用

肖尔布拉克组储层孔隙在横向上具有顺层分布的特征，在垂向上则具有层段性，表现出一定旋回性特征。整体而言，海侵体系域储层差，其与海平面旋回相关性弱；高位体系域水体向上逐渐变浅的过程中，沉积的微生物岩和滩体经常会暴露水面，并受到大气淡水的淋滤，形成孔隙发育层[35]，因此储层发育与海平面旋回是具有相关性的。具体到肖中 1 亚段、肖中 2 亚段，岩性虽然都以凝块石云岩为主，但格架溶孔并不是均匀发育，而是孔洞层和致密层互层发育；肖中 3 亚段藻砂屑和泡沫绵层石云岩中孔隙发育特征同样并不是无规律或是均匀分布的，而是孔隙层和非隙层具有间互发育的特征，因此可以说明相同岩相不同孔隙发育程度的原因与高频层序界面有关。

虽然肖中段发育大量孔洞段，但露头上几乎找不到典型的沉积间断面或暴露面标志。通常 $\delta^{13}C$ 值负偏特征可以被认为是沉积暴露标志，因此，对东 3 沟剖面的 89 个样品分析了 $\delta^{13}C$ 值，建立了 $\delta^{13}C$ 剖面（图 2）。由图 2 可以看出，肖中段在相对平直的 $\delta^{13}C$ 曲线背景下，出现多处 $\delta^{13}C$ 值负偏点，而这些负偏点又恰好与孔隙发育段对应关系良好，因此可将其视为准同生期地层中受到短暂暴露的间接依据，从而反映高频层序界面是储层发育的控制因素之一。

综上所述，优势岩相是研究区肖尔布拉克组储层发育的物质基础，受高频层序界面控制的早表生大气淡水溶蚀作用是储层发育的关键，早期白云石化作用使原岩孔隙得到继承和保留。

5 储层地质建模及意义

5.1 沉积微相模型

根据露头区 7 条剖面垂向上的微相发育特征及各剖面间横向对比追踪分析，建立研究区肖尔布拉克组沉积微相模型，外缓坡主要发育层纹石微生物层，中缓坡外带主要发育凝块石丘，中缓坡主要发育藻砂屑滩和泡沫绵层石丘，内缓坡主要发育叠层石坪和泥云坪。显然，各微相具有厚度相对稳定性、横向展布连续性特征，反映了缓坡型台地沉积相对稳定的特征。但也存在差异，主要表现在西 1 沟剖面藻砂屑滩的比例比其他剖面大，并且肖中 3 亚段不发育泡沫绵层石丘。由于露头区西北部存在温宿古隆起，结合盆地内部井资料可以推断由古隆向台地内部，中缓坡由以微生物丘为主导相的沉积体系逐渐变为由藻砂屑滩为主导相的沉积体系[36]。

5.2 储层模型

根据 7 条剖面的物性资料，结合铸体薄片信息及野外孔洞段发育位置，刻画了研究区肖尔布拉克组储层发育规律，建立了储层地质模型（图 11）。很明显，储层主要发育于肖中段凝块石、藻砂屑和泡沫绵层石白云岩中，具有相控性、成层性和旋回性的特征，反映其主要受沉积相、微生物类型和高频层序界面控制。以储层物性为主要评价依据，根据塔里木油田碳酸盐岩储层评价标准（孔隙度大于4.5%、渗透率大于3mD为I类储层；孔隙度为2.5%~4.5%、渗透率为0.1~3.0mD为II类储层；孔隙度为1.8%~2.5%、渗透率为0.01~0.10mD为III类储层；孔隙度小于1.8%、渗透率小于0.01mD为非储层），对各储层段进行评价并统计厚度（表3），可看出什艾日克剖面I、II类优质储层厚度最大，为65.6m，储地比为41.2%；东3沟剖面次之，为51.5m，储地比为32.5%；西1沟剖面最小，为16.1m，储地比为12.2%。7条剖面平均优质储层厚度为41.2m，平均储地比为25.6%。

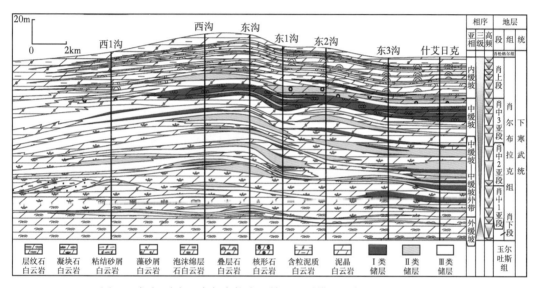

图11 柯坪露头区肖尔布拉克组储层地质模型（剖面位置见图1）

表3 肖尔布拉克组储层厚度统计表

剖面	厚度/m			I、II类储层储地比/%
	I类	II类	III类	
西1沟	3.0	13.1	45.7	12.2
西沟	10.3	31.1	43.7	26.8
东沟	9.2	33.9	31.5	24.2
东1沟	10.9	31.7	30.3	25.3
东2沟	12.3	16.3	38.4	17.1
东3沟	30.0	21.5	35.4	32.5
什艾日克	32.5	33.1	24.9	41.2

5.3 对勘探的意义

通过露头区储层地质建模，可以明确塔里木盆地肖尔布拉克组发育优质储层，并且储层具有规模潜力及可预测性，古隆起围斜部位的中缓坡丘滩带是储层发育的有利区。基于此，评价了塔中—巴东地区的颗粒滩型储层发育带、柯坪—巴楚地区的丘滩型储层发育带和轮南牙哈地区丘滩型储层发育带3个有利勘探区带。储层特征、成因认识及量化的储层地质模型为寒武系盐下领域的风险目标优选提供了可靠的沉积、储层依据，基于此部署的楚探1井、和田2井和中寒1井最终证实了肖尔布拉克组发育规模优质储层，其优质储层厚度分别为54.0m、47.0m和32.0m，因此该认识同时为塔里木油田把寒武系盐下领域作为3大主攻风险勘探领域之一提供了重要依据。

6 结论

塔里木盆地柯坪露头区肖尔布拉克组可划分为3个段5个亚段，主要发育层纹石、凝块石、泡沫绵层石、叠层石、核形石、藻砂屑/残余颗粒结构的晶粒白云岩和泥粒/粒泥/泥质白云岩，自下而上的相序组合构成碳酸盐缓坡背景下的以"微生物层—微生物丘滩—潮坪"为主的沉积体系。肖尔布拉克组储层的储集空间类型主要为微生物格架溶孔、溶蚀孔洞、粒间/内溶孔和晶间溶孔；孔隙发育具有明显的岩相选择性，泡沫绵层石白云岩平均孔隙度最高为4.7%，凝块石、核形石和藻砂屑白云岩次之，平均孔隙度为2.58%～3.07%；储层综合评价为中高孔、中低渗孔隙—孔洞型储层。低白云石有序度，高Sr、高Na、低Fe、低Mn含量，与寒武系泥晶灰岩具有相同的稀土配分模式，以及与寒武纪海水相似的$\delta^{18}O$、$^{87}Sr/^{86}Sr$值等地球化学特征，表明肖尔布拉克组白云岩主要形成于准同生—早成岩期，白云石化流体为海源流体，偏负的$\delta^{13}C$值特征表明准同生期地层受到短暂暴露，储层主要受沉积相、微生物类型、高频层序界面和早期白云石化作用共同控制。Ⅰ、Ⅱ类优质储层平均厚度为41.2m，储地比平均为25.6%，具有一定规模潜力，预测古隆起围斜部位的中缓坡丘滩带是储层发育的有利区。

参 考 文 献

[1] 郑和荣，吴茂炳，邬兴威，等. 塔里木盆地下古生界白云岩储层油气勘探前景 [J]. 石油学报，2007，28（2）：1-8.

[2] 杜金虎，李启明，等. 塔里木盆地碳酸盐岩大油气区特征与主控因素 [J]. 石油勘探与开发，2011，38（6）：652-661.

[3] 王招明，谢会文，陈永权，等. 塔里木盆地中深1井寒武系盐下白云岩原生油气藏的发现与勘探意义 [J]. 中国石油勘探，2014，19（2）：1-13.

[4] 杜金虎，潘文庆. 塔里木盆地寒武系盐下白云岩油气成藏条件与勘探方向 [J]. 石油勘探与开发，2016，43（3）：327-339.

[5] 陈代钊，钱一雄. 深层—超深层白云岩储层：机遇与挑战 [J]. 古地理学报，2017，19（2）：187-196.

[6] 罗平，王石，李朋威，等. 微生物碳酸盐岩油气储层研究现状与展望 [J]. 沉积学报，2013，31（5）：807-823.

[7] 宋金民，罗平，杨式升，等. 塔里木盆地下寒武统微生物碳酸盐岩储层特征 [J]. 石油勘探与开发，2014，41（4）：404-413.

[8] 李保华，邓世彪，陈永权，等. 塔里木盆地柯坪地区下寒武统台缘相白云岩储层建模 [J]. 天然气地球科学，2015，26（7）：1233-1244.

[9] 王凯，关平，邓世彪，等. 塔里木盆地下寒武统微生物礁储集性研究及油气勘探意义 [J]. 沉积学

报，2016，34（2）：386-396.

[10] 沈安江，郑剑锋，陈永权，等. 塔里木盆地中下寒武统白云岩储层特征、成因及分布 [J]. 石油勘探与开发，2016，43（3）：340-349.

[11] 黄擎宇，胡素云，潘文庆，等. 台内微生物丘沉积特征及其对储层发育的控制：以塔里木盆地柯坪—巴楚地区下寒武统肖尔布拉克组为例 [J]. 天然气工业，2016，36（6）：21-29.

[12] 白莹，罗平，王石，等. 台缘微生物礁结构特点及储层主控因素：以塔里木盆地阿克苏地区下寒武统肖尔布拉克组为例 [J]. 石油勘探与开发，2017，44（3）：349-358.

[13] 严威，郑剑锋，陈永权，等. 塔里木盆地下寒武统肖尔布拉克组白云岩储层特征及成因 [J]. 海相油气地质，2017，22（4）：35-43.

[14] 余浩元，蔡春芳，郑剑锋，等. 微生物结构对微生物白云岩孔隙特征的影响：以塔里木盆地柯坪地区肖尔布拉克组为例 [J]. 石油实验地质，2018，40（2）：233-243.

[15] 吴根耀，李曰俊，刘亚雷，等. 塔里木西北部乌什—柯坪—巴楚地区古生代沉积—构造演化及成盆动力学背景 [J]. 古地理学报，2013，15（2）：203-218.

[16] 任荣，管树巍，吴林，等. 塔里木新元古代裂谷盆地南北分异及油气勘探启示 [J]. 石油学报，2017，38（3）：255-266.

[17] 赵宗举，罗家洪，张运波，等. 塔里木盆地寒武纪层序岩相古地理 [J]. 石油学报，2011，32（6）：937-948.

[18] 邬光辉，李浩武，徐彦龙，等. 塔里木克拉通基底古隆起构造—热事件及其结构与演化 [J]. 岩石学报，2012，28（8）：2435-2452.

[19] 吴林，管树巍，任荣，等. 前寒武纪沉积盆地发育特征与深层烃源岩分布：以塔里木新元古代盆地与下寒武统烃源岩为例 [J]. 石油勘探与开发，2016，43（6）：905-915.

[20] Riding R. Microbial carbonates：The geological record of calcified bacterial-algal mats and biofilms [J]. Sedimentology，2000，47（S1）：179-214.

[21] Riding R. Mircobial carbonate abundance compared with fluctuations in metazoan diversity over geological time [J]. Sedimentary Geology，2006，185：229-238.

[22] Leinfelder R R，Schmid D U. Mesozoic reefal thrombolites and other microbolites [C]//RIDING R. Microbial sediments. Berlin：Springer，2010：289-294.

[23] 郑剑锋，陈永权，倪新锋，等. 基于 CT 成像技术的塔里木盆地寒武系白云岩储层微观表征 [J]. 天然气地球科学，2016，27（5）：780-789.

[24] 郑剑锋，沈安江，刘永福，等. 多参数综合识别塔里木盆地下古生界白云岩成因 [J]. 石油学报，2012，32（S2）：731-737.

[25] 郑荣才，史建南，罗爱君，等. 川东北地区白云岩储层地球化学特征对比研究 [J]. 天然气工业，2008，28（11）：16-22.

[26] Maurice E，Tucker V，Paul W. Carbonate sedimentology [M]. Oxford：Blackwell Science，1990：379-382.

[27] 郑剑锋，沈安江，乔占峰，等. 柯坪—巴楚露头区蓬莱坝组白云岩特征及孔隙成因 [J]. 石油学报，2014，35（4）：664-672.

[28] 胡文瑄，陈琪，王小林，等. 白云岩储层形成演化过程中不同流体作用的稀土元素判别模式 [J]. 石油与天然气，2010，31（6）：810-818.

[29] 郑剑锋，沈安江，乔占峰，等. 塔里木盆地下奥陶统蓬莱坝组白云岩成因及储层主控因素分析：以巴楚大班塔格剖面为例 [J]. 岩石学报，2013，29（9）：3223-3232.

[30] Moore C H. Carbonate reservoirs-porosity evolution and digenesis in a sequence stratigraphic framework [M]. Amsterdam：Elsevier，2001：145-183.

[31] Veizer J，Ala D，Azmy K，et al. $^{87}Sr/^{86}Sr$, ^{13}C and ^{18}O evolution of Phanerozoic seawater [J]. Chemical

Geology, 1999, 161 (1): 59-88.

[32] Denison R E, Koepnick R B, Burke W H, et al. Construction of the Cambrian and Ordovician seawater $^{87}Sr/^{86}Sr$ curve [J]. Chemical Geology, 1998, 152 (3/4): 325-340.

[33] 张静, 胡见义, 罗平, 等. 深埋优质白云岩储层发育的主控因素与勘探意义 [J]. 石油勘探与开发, 2010, 37 (2): 203-210.

[34] 郑剑锋, 沈安江, 刘永福, 等. 塔里木盆地寒武系与蒸发岩相关的白云岩储层特征及主控因素 [J]. 沉积学报, 2013, 31 (1): 89-98.

[35] 赵文智, 沈安江, 胡素云, 等. 中国碳酸盐岩储层大型化发育的地质条件与分布特征 [J]. 石油勘探与开发, 2012, 39 (1): 1-12.

[36] 郑剑锋, 陈永权, 黄理力, 等. 苏盖特布拉克剖面肖尔布拉克组储层建模研究及其勘探意义 [J]. 沉积学报, 2019, 37 (3): 601-609.

原文刊于《石油勘探与开发》, 2020, 47 (3): 499-511.

塔里木盆地柯坪地区下寒武统吾松格尔组岩性组合及其成因和勘探意义

——亚洲第一深井轮探 1 井突破的启示

张天付[1,2]，黄理力[1,2]，倪新锋[1]，熊　冉[1,2]，
杨　果[3]，孟广仁[2]，郑剑锋[1]，陈　薇[1]

1. 中国石油杭州地质研究院；2. 中国石油勘探开发研究院塔里木盆地研究中心；
3. 中国石油塔里木油田公司

摘　要　作为紧邻中寒武统膏岩层的第一套白云岩地层，下寒武统吾松格尔组的岩性组合及其成因认识对塔里木盆地寒武系盐下油气勘探由"近源"转向"盐间和盐相关"具有重要的战略意义。以夏特等野外露头为主，结合典型井位，梳理了柯坪地区吾松格尔组的岩性组合、储集空间类型，讨论了沉积相演化与储层成因，结果表明：（1）柯坪地区吾松格尔组以潮坪相为主，主要发育混积坪、云坪、膏云坪和颗粒滩沉积，对应岩性有含陆源碎屑泥质泥晶白云岩、泥质泥粉晶白云岩、颗粒白云岩、粉晶藻白云岩、叠层石白云岩及膏质白云岩等；（2）储层主要发育于藻相关的颗粒白云岩、粉晶藻白云岩、藻叠层白云岩，储集空间分别为粒间溶孔、粒内溶孔和晶间微溶孔；（3）颗粒滩发育于潮坪背景下海进过程中的潮间高能带，叠加准同生期大气淡水溶蚀，形成粒间溶孔；（4）粉晶藻白云岩主要发育于云坪和膏云坪，微生物诱导的白云石调整和膏盐等易溶物质的溶蚀是晶间孔和晶间微溶孔形成的关键。综合柯坪地区吾松格尔组的构造高部位特征、膏盐潮坪背景、岩性组合及其成因等，指出环塔南隆起和牙哈—轮南凸起等周缘发育 6 个吾松格尔组有利勘探区。

关键词　颗粒滩；潮坪；微生物诱导；岩性组合；吾松格尔组；下寒武统；塔里木盆地

塔里木盆地寒武系盐相关领域是中国油气资源的战略接替区。然而，受限于埋深大、构造演化强、烃源岩和储层分布规律认识不清等因素，寒武系盐下勘探久攻不破。

塔里木盆地寒武系膏盐岩分布面积达 $15 \times 10^4 km^2$；厚度大于 1000m，存在震旦系奇格布拉克组—玉尔吐斯组、肖尔布拉克组—中下寒武统膏盐岩和膏盐岩盐间 3 套储—盖组合[1,2]。前期勘探集中于下寒武统肖尔布拉克组的丘滩体，如塔中、塔北和巴楚等地区的中寒 1 井、舒探 1 井、乔探 1 井、新和 1 井等[3-6]，但均以失利告终。中深 1C 井寒武系虽获得日产油 $15.4m^3$、日产天然气 $4.1 \times 10^4 m^3$ 的突破，但主力产层却是盐间层系—阿瓦塔格组、沙伊里克组和吾松格尔组，"肖尔布拉克组的近源勘探"陷入暂时性困局。

2020 年 1 月，塔北低隆亚洲陆上第一深井——轮探 1 井在深度 8203~8260m 的超深层系——吾松格尔组获得 $134m^3/d$ 轻质油和 $4.6 \times 10^4 m^3/d$ 天然气的重大突破[7]；加上柯坪断

第一作者：张天付（1983—），男，工程师，碳酸盐岩储层地质学和实验地质学。E-mail：zhangtf_hz @ petrochina. com. cn。

隆的柯探 1 井同样在吾松格尔组获得日产百万立方米天然气的突破，使得"盐间和盐相关"勘探提上日程。

作为紧邻中寒武统膏盐层的第一套白云岩，之前对吾松格尔组的定位主要作为肖尔布拉克组储层的膏岩、泥质白云岩盖层[8]；加上地层薄，受地震反射特征不明显，解释过程中常与肖尔布拉克组一起作为下寒武统统一地层对待等因素干扰，该层位认识和研究不足，少量报道集中于全盆地层序格架的建立和岩相古地理的演化[9-13]，如赵宗举将吾松格尔组与沙依里克组中段作为一套三级层序，指出其在塔西台地边缘表现为一套加积—进积作用明显的缓坡—弱镶边台地边缘；在塔西台地内部为局限台地相，发育潮下—潮间带白云岩、泥质白云岩，局部夹石膏潟湖沉积[9]。最近报道白莹等指出柯探 1 井吾松格尔组是碳酸盐岩—碎屑岩的混合岩，中寒武统吾松格尔组至沙依里克组属于一套碳酸盐岩和碎屑岩混合沉积体系[14]。然而，杨海军等指出轮探 1 井吾松格尔组产层岩性为颗粒白云岩[7]；笔者对苏盖特、夏特等剖面勘测时发现，下统的吾松格尔组未见典型碎屑岩层，少部分碎屑岩以薄夹层或透镜体产出；相反，在苏盖特和夏特剖面吾松格尔组发育典型的颗粒白云岩、藻白云岩、叠层石白云岩等；中统的沙伊里克组更是发育泥晶灰岩、不均一白云石化的豹斑灰岩等；中深 1C 井、中深 5 井等吾松格尔组取心段岩性更多的与石膏相关，为泥粉晶膏质白云岩、膏质颗粒白云岩、角砾状膏质白云岩等。对比轮探 1 井和柯探 1 井产能层位，二者皆为吾松格尔组上段，均有石膏。因此，吾松格尔组的岩性组合、储层发育特征与分布规律、膏盐对储层发育的影响等需要进一步梳理，以为塔里木盆地中—下寒武统盐间勘探提供地质支撑。

基于此，本文以柯坪地区露头剖面为基础，结合典型井位，探讨柯坪地区吾松格尔组岩性、储层成因及其在勘探中的意义等。

1 地质背景

柯坪地区位于塔里木盆地西北缘，居于塔北古陆和塔南隆起之间，包括柯坪凸起和温宿凸起两个单元，为古隆起背景下的古冲断带[15-17]。区内寒武系出露齐全，底部玉尔吐斯组作为烃源岩[18]；肖尔布拉克组发育微生物丘滩、滩坪沉积[19,20]；吾松格尔组主要为泥质泥粉晶白云岩和颗粒白云岩等；沙伊里克组以一套石灰岩为典型特征，见白云岩和膏盐岩等；阿瓦塔格组为膏盐湖相含膏泥粉晶云岩和颗粒白云岩等。沉积上，从早寒武世玉尔吐斯组沉积期的深水陆棚演化至肖尔布拉克组沉积期的碳酸盐岩缓坡和吾松格尔组沉积期的蒸发台地。早寒武世末期膏盐增多，含膏或者膏质白云岩发育；中寒武世经历沙伊里克组沉积期的局限台地后，再次演变为阿瓦塔格组沉积期的蒸发台地，膏盐岩大面积分布。

2 研究方法

通过野外岩性描述、GR 测试等获取地层宏观展布与层序特征，并利用取得的手标本样品，进行孔隙度和渗透率、薄片鉴定、场发射扫描电镜、碳氧同位素等分析，对吾松格尔组岩性、物性、成因等进行解剖。

GR 仪为新先达 CIT-3000F 型便携式伽马能谱仪，测试点间距为 0.3m；孔隙度和渗透率测仪器为 FYKS-03 型覆压气体孔渗联合测定仪；薄片鉴定为岩石铸体片光学显微镜鉴定；场发射扫描电镜为赛默飞世尔 Apreo S；碳氧同位素测试仪器赛默飞世尔 MAT253，提取方法为磷酸法。所有实验均在中国石油天然气集团公司碳酸盐岩储层重点实验室完成。

3 岩性组合

3.1 地层展布

由南向北勘测夏特、苏盖特等 4 条剖面（图 1），发现：（1）厚度逐渐减薄，分别为 1339672m 和 41m；（2）颗粒白云岩逐渐减少，碎屑含量逐渐增多；（3）根据岩性和 GR 曲线，整个层段可分为上、下两段（图 2）。以夏特剖面为例，下段以薄层状含陆源石英碎屑、泥质泥粉晶白云岩夹中层状含陆源石英碎屑颗粒白云岩为主，颗粒主要为竹叶状砾屑和砂屑，二者频繁互层；对应 GR 曲线表现为高平台的锯齿状分布，向上 GR 值降低。上段旋回性分布薄层泥质泥粉晶白云岩夹薄—厚层状颗粒白云岩、叠层石白云岩、粉晶藻白云岩。GR 曲线平直，GR 值降低。上、下两段相比，有两个特点：（1）上段地层陆源碎屑含量逐渐减少，至上段顶部不见石英碎屑。（2）上段较下段旋回性更加明显，旋回内薄层泥质泥粉晶白云岩总厚度和颗粒滩总厚度较下段更厚，薄层泥粉晶白云岩总厚度为 3~12m；颗粒滩单层厚度为 0.4~1.2m，总厚度可达 4~7m。下段薄层总厚度一般为 1~4m；颗粒滩单层厚度一般为 0.4~0.6m，总厚度为 0.4~7m。

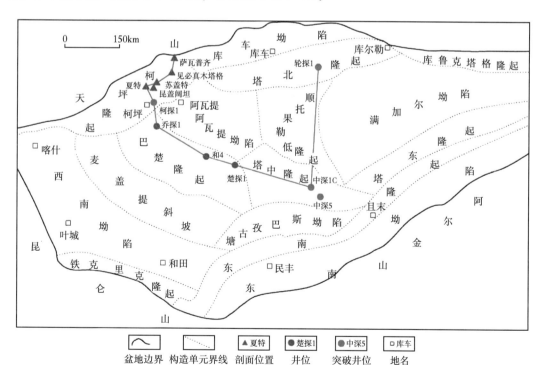

图 1 塔里木盆地柯坪地区构造位置（修改自文献［15］）

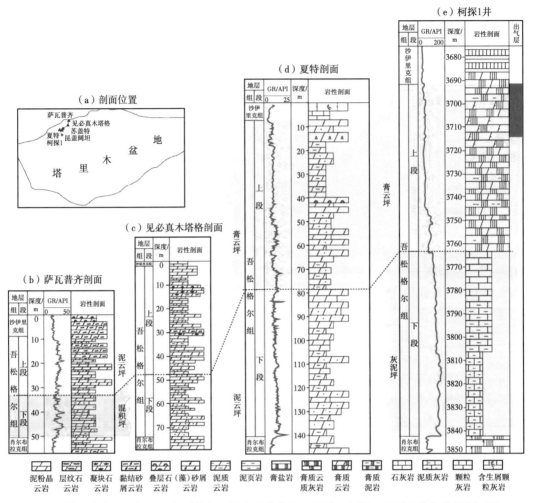

图 2　塔里木盆地柯坪地区萨瓦普齐—见必真木塔格—夏特—柯探 1 井吾松格尔组地层对比

3.2　岩性特征

与肖尔布拉克组主要发育建隆构造的微生物丘滩体不同[2-5]，柯坪地区一方面一直位于古隆起的构造高部位；另一方面气候干旱，受塔北古陆和塔南隆起影响，整体为蒸发台地下的潮坪环境，发育混积坪、泥云坪、云坪和膏云坪等亚相（图 2）。岩性有含陆源碎屑的泥质泥晶白云岩、泥质泥粉晶白云岩、颗粒白云岩、粉晶藻白云岩、叠层石白云岩和含膏白云岩等（图 3）。

（1）含陆源碎屑泥质泥晶白云岩：纵向上主要分布于吾松格尔组下段，以薄层或纹层状为主，碎屑主要为微米级石英颗粒，干净、次圆—次棱状，显示具有一定的搬运距离，或层状分布、或沿微裂缝分布，与泥质伴生（图 3a）。横向上，萨瓦剖齐剖面典型发育。

（2）泥质泥粉晶白云岩：多为薄层状，与中层状颗粒白云岩、粉晶藻白云岩、叠层石云岩互层，累计厚度厚，占地层厚度的 40%~60%。白云石晶体间充填泥质，偶见石英碎屑，致密，发育少量裂缝，部分方解石完全充填（图 3b）。

（3）粉晶藻白云岩：薄层—中厚层分布，白云石多为粉晶级，部分可达细晶，半自形

282

为主，晶体间发育晶间孔和晶间溶孔。与普通结晶白云岩类似，镜下见藻迹（图3c）。

（4）颗粒白云岩：多为中厚层状，颗粒有竹叶状砾屑和砂屑。竹叶状砾屑多分布于吾松格尔组下段，长轴最长达数厘米，具定向性（图3d，e）；砂屑与藻类作用有关，为藻砂屑（图3f）。颗粒间发育粒间溶孔、颗粒内部发育晶间溶孔。部分层段颗粒被后期白云

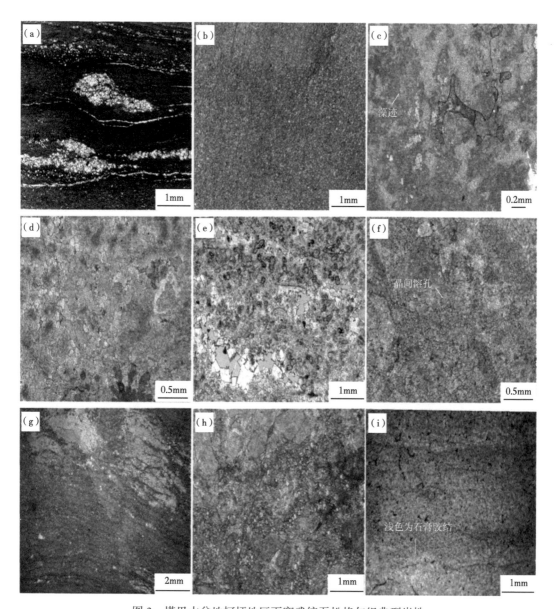

图3 塔里木盆地柯坪地区下寒武统吾松格尔组典型岩性

（a）石英质泥质泥晶白云岩，石英纹层状或团块状分布，吾松格尔组底部，萨瓦普齐剖面；（b）泥质泥粉晶白云岩，白云石多为粉晶级，晶间充填泥质，吾松格尔组下部，夏特剖面；（c）粉晶藻白云岩，发育晶间溶孔，吾松格尔组上部，轮探1井，埋深8166m；（d）藻砂屑白云岩，藻砂屑重结晶，见粒间溶孔，吾松格尔组中部，夏特剖面；（e）亮晶生屑砂屑白云岩，窗格孔，具弱粘结作用，吾松格尔组下部，苏盖特布拉克剖面；（f）藻砂屑白云岩，重结晶强烈，发育粒间溶孔和晶间溶孔，吾松格尔组上部，夏特剖面；（g）叠层石白云岩，发育晶间孔，层间方解石和石英充填，吾松格尔组上部，夏特剖面；（h）角砾状白云岩，发育砾间溶孔和晶间溶孔，方解石胶结，吾松格尔组上部，夏特剖面；（i）膏质胶结粉细晶藻云岩，浅色组分为石膏，中深5井，埋深6596.76m

石化作用改造，见残余结构。

（5）叠层石白云岩：多分布于吾松格尔组上段，为中厚层，常与颗粒白云岩、粉晶藻白云岩和含膏白云岩形成白云岩组合序列。白云石多粉晶级，发育晶间孔和晶间溶孔，与泥粉晶藻白云岩明显的区别是，地层内部具有微型的丘状建隆构造；显微镜下具"穹隆状"的纹层结构（图3g）。

（6）含膏白云岩：石膏易溶，为突出石膏影响，单列为一类。露头剖面多为膏质残余白云岩，见必真木塔格和夏特剖面吾松格尔组上段大量被覆盖的软地层，出露不全；显微镜下可见溶蚀残余或被方解石交代，或因石膏溶蚀坍塌呈现角砾化白云岩（图3h，i）。井下样品可见明显石膏，如中深5井可见膏质胶结粉细晶白云岩和膏质胶结颗粒白云岩。

3.3 岩性组合

根据不同的潮坪亚相，上述岩性可组合为以下3类。

3.3.1 混积坪下的含陆源碎屑泥质泥晶白云岩—泥质泥粉晶白云岩

靠近古陆等物源区，以潮上滨岸沉积为主，陆源碎屑含量较高，如白莹等[13]测试的XRD全岩矿物组分中部分样品的石英、长石和黏土等碎屑含量最高分别为18.4%、9.2%和93.2%。需注意的是，虽然XRD测试含量较高，但是露头为白云岩地层中的"透镜体"或"薄夹层"；显微镜下多为白云岩基质中的碎屑团块状、纹层状、条带状（图3a），仍为含陆源碎屑碳酸盐岩。随着频繁的海进/海退，与泥质泥粉晶白云岩互层。

3.3.2 泥云坪—云坪下的泥质泥粉晶白云岩—颗粒白云岩

颗粒白云岩发育，为潮间带沉积，包括竹叶状砾屑白云岩和砂屑白云岩。相比较于向海方向，礁滩体和丘滩体在海退过程中由宏体的丘、礁等生物建隆被海浪打碎成滩不同[21]；柯坪地区吾松格尔组向陆方向潮坪环境下，颗粒滩是在缓慢海进过程中，由于频繁的海进，海浪和风暴浪将藻席等卷起、打碎和搬运而成。

比较中、下寒武统岩性和碳同位素值 $\delta^{13}C$ 可知（图4a），早寒武世玉尔吐斯组沉积期末快速海进后，肖尔布拉克组沉积期缓慢海退，平台型的 $\delta^{13}C$ 曲线呈缓慢下降趋势；肖尔布拉克组沉积末期末海平面快速下降，区域内不整合发育，对应 $\delta^{13}C$ 数值急剧减小；吾松格尔组沉积期和沙依里克组沉积期转变为缓慢海进[8]，$\delta^{13}C$ 缓慢变大。吾松格尔组 $\delta^{13}C$ 曲线在增大的趋势下呈往返变化的锯齿状，说明吾松格尔组沉积期的海进/海退频繁；在海进过程中，海浪和风暴浪作用强烈，形成颗粒滩。

3.3.3 云坪—膏云坪下的泥质泥粉晶白云岩—颗粒白云岩—粉晶藻白云岩—叠层石白云岩和膏质白云岩

主要分布于上段，与前两类最大的区别是膏盐含量升高，藻类等微生物作用增强，泥粉晶藻白云岩、叠层石白云岩和膏质白云岩发育。吾松格尔组沉积早期海进过后，晚期短暂地海退，海平面下降，海水浓缩，膏盐发育。如图2在夏特剖面和柯探1井中发现膏盐岩和膏溶角砾状白云岩。图5柯探1等6口井中，上段膏盐岩增多；图中轮探1井吾松格尔组下段为石灰岩，上段演变为白云岩为主，中间见石膏岩屑，指示了相对咸化的海水背景。

咸化环境下，随着膏盐含量的升高，微生物作用对岩性的影响愈加显著。图4b至i为各类样品在场发射扫描电镜下发现的有机菌藻体、菌丝体、硅藻球等各类微生物[22,23]。从底至顶，对其进行半定量估算可知：（1）上段样品中微生物含量比下段高；（2）膏质白云岩或者紧邻膏质白云岩地层的样品微生物含量高，见图4a中的微生物作用强弱列。

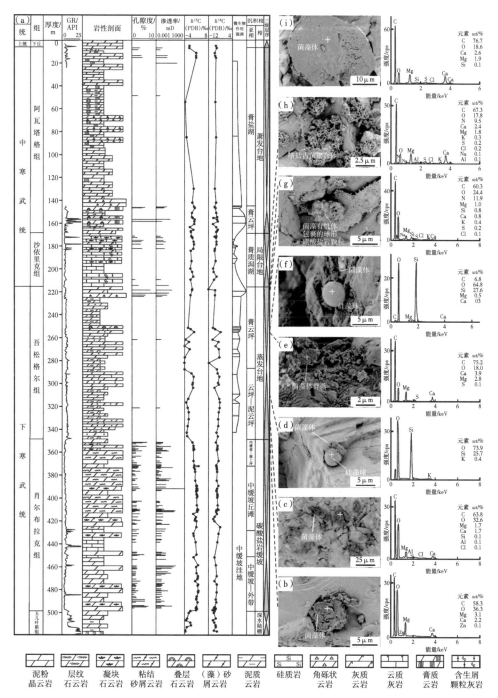

图4 塔里木盆地柯坪地区中、下寒武统岩性柱状图、吾松格尔组场发射扫描电镜
观察特征及对应的能谱分析

（a）昆盖阔坦—夏特中、下寒武统岩性综合柱状图；（b）和（c）颗粒云岩，见有机菌藻体，右图为左图十字点能谱分析（下同），夏特剖面；（d）粉晶藻云岩，见硅藻体，主要成分为Si，夏特剖面；（e）颗粒白云岩，见有机菌藻体群落，主要成分为C，对应图3（d），夏特剖面；（f）和（g）含砂屑粉晶藻云岩，见有机菌藻体群落，能谱显示主要成分为C，夏特剖面；（h）粉晶藻云岩，丝藻体，夏特剖面；（i）角砾状粉晶藻云岩，有机菌藻体，对应图3（h），夏特剖面

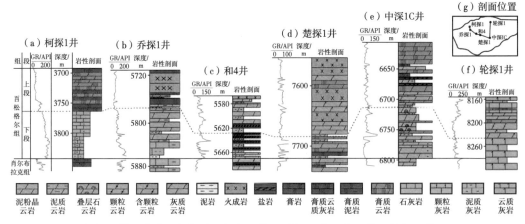

图5 塔里木盆地柯坪地区柯探1井—乔探1井—和4井—楚探1井—
中深1井—轮探1井吾松格尔组岩性对比

4 储层成因

4.1 储集空间

溶蚀孔洞：多沿颗粒白云岩层面发育，最大可至厘米级（图6a）。在吾松格尔组下段顶部颗粒滩中可见针状溶孔发育。溶蚀孔洞未充填—半充填，被裂缝贯穿，形成"羊肉串"式缝—洞体系。

粒间溶孔与粒内溶孔：发育于颗粒白云岩（图3d），受后期白云石化作用改造和方解石胶结影响，粒间溶孔多为残余溶孔；当颗粒滩发育，水动力条件较强，颗粒淘洗干净时，发育铸模孔和似窗格孔，如图3e为苏盖特剖面吾松格尔组亮晶生屑砂屑白云岩，颗粒种类丰富，可见生物碎屑和圆球形藻砂屑，孔隙多样，综合孔隙度高达12%。从孔隙和颗粒类型比较，其与肖尔布拉克组上段典型的丘滩相颗粒白云岩类似[1,17]。粒内溶孔为粒内晶间溶孔（图6b）。

晶间孔与晶间溶孔：发育于粉晶藻白云岩、叠层石白云岩，铸体片中表现为针点状孔隙密集分布（图3c至g）。场发射扫描电镜下为几微米至几十微米的晶间孔隙和晶间溶孔（图6c，d），孔隙度高，最高可达13.15%。

微裂缝：在颗粒白云岩和膏质白云岩中发育，特别是当膏质被溶蚀形成的角砾化白云岩中，裂缝被扩溶，形成扩溶缝，沟通晶间孔和晶间溶孔，极大地提高渗透率，如图3h样品孔隙度为7.75%、渗透率达3mD。

4.2 微生物诱导是藻相关白云岩发育的主要因素

微生物对原生白云石的促进作用和膏盐环境下微生物诱导白云石化是解决"白云石成因之谜"的有效手段[24-28]，近年来实验室下获得了直接的证据[29-31]。

这些证据有四个特征：（1）各种微生物细菌，如硫酸盐还原菌[25-27]、嗜盐菌[29-32]、产甲烷菌[33-35]等会降低白云石形成的能量障碍，改变白云石形成的微环境；（2）微生物胞外聚合物（EPS）可吸附Ca离子和Mg离子，作为白云石形成的模板和成核中心；（3）

图 6 塔里木盆地柯坪地区吾松格尔组典型储层样品储集空间特征

（a）颗粒白云岩，岩层表面溶蚀孔洞发育，多顺层分布，裂缝贯穿，呈羊肉串状，夏特剖面；（b）藻砂屑白云岩，砂屑内部见粒内溶孔，对应图 3（d），夏特剖面；（c）晶间孔和晶间溶孔发育，微生物菌，夏特剖面；（d）膏质白云岩，发育晶间孔和晶间溶孔，晶体间见片状石膏，对应图 3（i），中深 5 井，埋深 6596.76m

　　形成具有特殊形态的白云石及中间聚合体，如哑铃形、圆球形、花椰菜形等；（4）能谱分析的 Mg 和 Ca 等元素含量接近 1:1，XRD 揭示微生物成因的白云石有序度与无机白云石区别明显。

　　吾松格尔组中发现大量微生物，且具备 4 类特征（图 4，图 7）。图示展示了不同形态的微生物，如硅质为主的、圆球形硅藻球；碳质为主的嗜盐古菌及其聚合群落，形态有叶片状、丝缕状、与硅藻球和白云石结合的聚集状等。能谱分析除富集硅、碳等主要元素外[22,31]，还检测出 N、S 和 Zn 等生命元素以及 Cl、K 和 Na 等（图 4b 至 i）指示海源性环境的微量元素。通过与前人研究对比（图 7a，b），首次在天然样品中发现棒状嗜盐古菌（图 7c 至 e），嗜盐古菌以单体或聚合体的形式与白云石晶体共生，存在于晶体不同格架空间——顶点、内部、结合部（图 7f，g）。图 7h 中有机菌藻体渐变为菱形，虽然同样以 C 为主，但是 Ca 和 Mg 等元素含量远超嗜盐古菌及其菌落。图 7i 对粉细晶藻白云岩的逐级放大观察发现有机菌藻体群内部存在许多哑铃状的次级富 Ca 和 Mg 的有机颗粒，且菌藻体与白云石晶体间存在胞外聚合物。

　　膏盐背景下嗜盐古菌等有机菌藻体诱导藻白云石形成[36-40]，当膏盐含量升高时，白云石化作用增强，白云石晶体不断生长调整，并在蒸发和渗透——回流的作用下形成晶形较好的粉晶、细晶等结晶白云岩；此时，晶体体积收缩，形成晶间孔，如吾松格尔组顶部膏溶角砾状白云岩、粉细晶藻白云岩等的晶间微孔，对应微生物含量丰富。

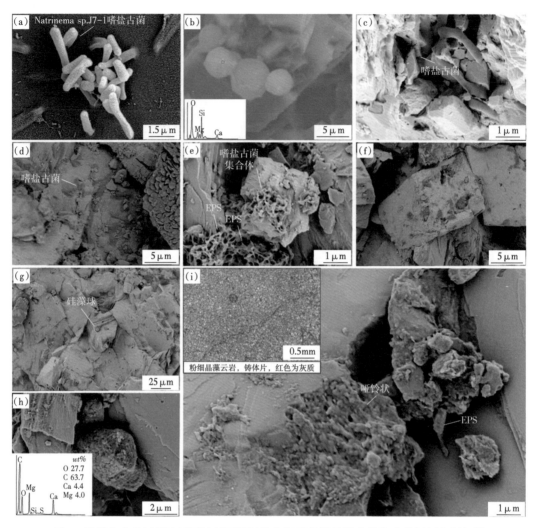

图 7　塔里木盆地柯坪地区夏特剖面吾松格尔组天然样品微生物发育特征场发射扫描
电镜图像及其与前人研究对比

（a）药彦辰等（2018）实验室内利用 Natrinema sp. J7 − 1 嗜盐古菌合成的球形白云石[30]；（b）由雪莲等
（2014）于塔里木盆地中寒武统发现的硅质成分为主的圆球状、哑铃状微生物白云石中间体[36]；（c）泥粉晶藻
云岩中的棒状嗜盐古菌；（d）嗜盐古菌位于白云石晶体内部；（e）嗜盐古菌聚合体及 EPS；（f）白云石晶体与
菌藻体有机共生；（g）晶体内部可见菌藻体，顶点处可见硅藻球；（h）菱形和似球状的有机菌藻体，Ca 和 Mg
富集；（i）粉细晶藻云岩中菌藻体发育，菌藻体位于白云石晶体内部、晶体与晶体的结合部，菌藻体群里可见
许多哑铃状、球状的白云石中间体，菌藻体与白云石之间通过胞外聚合物（EPS）粘结

4.3　准同生期的大气淡水溶蚀是储集空间形成的关键

　　云坪和膏云坪环境下形成的颗粒白云岩、泥粉晶藻白云岩等膏盐含量高，在频繁的海
退/海进过程中不断遭受准同生期大气淡水淋滤溶蚀[41,42]，形成溶蚀孔洞、粒间溶孔、晶
间溶孔等储集空间，并在裂缝的沟通下形成裂缝—孔洞型、孔洞—孔隙型储层。

　　图 3d、e 为粒间孔发育的颗粒白云岩，粒间多为晶粒状亮晶胶结，孔隙边缘或生长后
期自形白云石，或被亮晶方解石充填，说明溶蚀作用发生较早，对应的 $\delta^{13}C$ 和 $\delta^{18}O$ 值分

别为-6.70‰和-11.65‰（图 3d 样品），说明大气淡水影响明显，为准同生作用产物；图 3g、h 为晶间溶孔发育的叠层石白云岩、膏溶角砾状白云岩和粉晶藻白云岩，叠层石纹层间方解石胶结，充填少量碎屑质石英；膏溶角砾状白云岩和粉晶藻白云石中石膏被溶蚀后，部分被方解石充填，部分残余，形成晶间微溶孔。

对应发育模式如图 8。吾松格尔组沉积期早期海进/海退频繁（图 8a），海水为正常海水向咸化海水转化的偏咸化阶段，发育的颗粒滩被准同期大气淡水溶蚀形成中厚层的颗粒滩相储集体；晚期进入短暂的海退（图 8b），环境封闭，海水持续咸化，膏盐发育，微生物持续繁盛，形成的藻相关的颗粒白云岩—泥粉晶藻白云岩—叠层石白云岩被溶蚀改造后可成为优质储层，组合厚度可达数米。

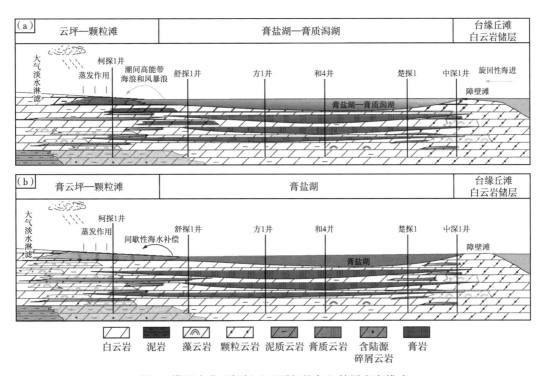

图 8 塔里木盆地柯坪地区吾松格尔组储层发育模式

（a）云坪环境下颗粒滩为主的储层发育模式；（b）膏云坪环境下膏质和微生物作用为主的颗粒白云岩、粉晶藻白云岩、叠层石白云岩等为主的储层发育模式

5 勘探意义

以轮南—古城台缘带为界，塔里木盆地寒武纪西部主要发育稳定的克拉通碳酸盐岩台地[43-45]，早寒武世肖尔布拉克组沉积期塔西台地受轮南—古城台缘带阻隔较小，与外海沟通，为浅水碳酸盐岩台地，中寒武世则演化为局限或封闭的蒸发台地和膏盐湖。居于中间过渡期的吾松格尔组受古陆、古隆起、古海水、古气候等因素影响，发育膏盐岩、碳酸盐岩、膏质碳酸盐岩、碎屑质碳酸盐岩等丰富的岩石类型；当上有膏盐层封盖，下有颗粒滩、藻席等滩—坪相碳酸盐岩或膏质碳酸盐岩发育时，则可能是优质的储盖组合，为下步有利的勘探方向。依据塔西台地隆凹相间格局，在构造控制沉积、古隆起控制有利相带的动力机制下[15,41]，指出环塔南隆起、轮南—牙哈凸起、温宿凸起、乌恰隆起等"隆—凸"

高部位周缘、靠近膏盐发育区存在图9中6个云坪—膏云坪—颗粒滩有利区。

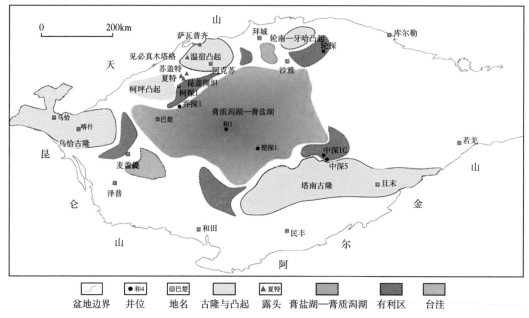

图9 塔里木盆地西部下寒武统吾松格尔组有利勘探区预测

6 结论

（1）柯坪地区吾松格尔组沉积期整体位于隆起高部位，以潮坪相为主，亚相主要有陆源碎屑背景下的混积坪和膏盐背景下的云坪—膏云坪—颗粒滩，对应岩性主要有含陆源碎屑泥质泥晶白云岩、泥质泥粉晶白云岩、颗粒白云岩、粉晶藻白云岩、叠层石白云岩和膏质白云岩等。颗粒滩主要受高频旋回控制，潮坪环境下的高频海进过程中，海浪和风暴浪打碎微生物藻席等，短距离搬运和再沉积形成藻砂屑为主的砂屑滩。微生物诱导白云石化作用是膏盐背景下吾松格尔组云坪—膏云坪藻相关白云岩形成的关键。

（2）颗粒白云岩、粉晶藻白云岩、叠层石白云岩和膏质白云岩在微生物诱导、蒸发泵等白云石化作用下，晶体调整形成晶间孔等原始孔隙，经准同生期大气淡水溶蚀后，形成以溶蚀孔洞、粒间溶孔、晶间孔和晶间溶孔等为储集空间的"千层饼"式层状储层。

（3）在此基础上，结合柯坪地区的构造分异，吾松格尔组的沉积环境与岩性组合、膏盐环境及微生物作用特征和塔里木盆地勘探生产实践等，指出塔里木盆地西部台地区的古隆起、古凸起等古构造高部位周缘是有利勘探区。

参 考 文 献

［1］杜金虎，潘文庆．塔里木盆地寒武系盐下白云岩油气成藏条件与勘探方向［J］．石油勘探与开发，2016，43（3）：327-339.

［2］陈永权，杨文静．塔里木盆地寒武系白云岩的主要成因类型及其储层评价［J］．海相油气地质，2009，14（4）：10-17.

［3］宋金民，罗平，杨式升，等．塔里木盆地苏盖特布拉克地区下寒武统肖尔布拉克组碳酸盐岩微生物建造特征［J］．古地理学报，2012，14（3）：341-354.

［4］ 李保华，邓世彪，陈永权，等．塔里木盆地柯坪地区下寒武统台缘相白云岩储层建模［J］．天然气地球科学，2015，26（7）：1233-1244.

［5］ 倪新锋，沈安江，陈永权，等．塔里木盆地寒武系碳酸盐岩台地类型、台缘分段特征及勘探启示［J］．天然气地球科学，2015，26（7）：1245-1255.

［6］ 管树巍，张春宇，任荣，等．塔里木北部早寒武世同沉积构造——兼论寒武系盐下和深层勘探［J］．石油勘探与开发，2019，46（6）：1075-1086.

［7］ 杨海军，陈永权，田军，等．塔里木盆地轮探1井超深层油气勘探重大发现与意义［J］．中国石油勘探，2020，25（2）：62-72.

［8］ 杨伟利，王毅，杨晓影，等．塔里木盆地寒武纪岩相古地理与油气［J］．长江大学学报（自科版），2017，14（11）：1-6.

［9］ 赵宗举，罗家洪，张运波，等．塔里木盆地寒武纪层序岩相古地理［J］．石油学报，2011，32（6）：937-948.

［10］ 乔博，高志前，樊太亮，等．塔里木盆地寒武系台缘结构特征及其演化［J］．断块油气田，2014，21（1）：7-11.

［11］ 冯增昭，鲍志东，吴茂炳，等．塔里木地区寒武纪岩相古地理［J］．古地理学报，2006，8（4）：427-439.

［12］ 刘伟，张光亚，潘文庆，等．塔里木地区寒武纪岩相古地理及沉积演化［J］．古地理学，2011，13（5）：529-538.

［13］ 王晓丽，林畅松，焦存礼，等．塔里木盆地中—上寒武统白云岩储层类型及发育模式［J］．岩性油气藏，2018，30（1）：63-74.

［14］ 白莹，徐安娜，刘伟，等．塔里木盆地西北部中下寒武统混积岩沉积特征［J］．天然气工业，2019，39（12）：46-57.

［15］ 胡明毅，孙春燕，高达．塔里木盆地下寒武统肖尔布拉克组构造—岩相古地理特征［J］．石油与天然气地质，2019，40（1）：12-23.

［16］ 李庆，胡文瑄，钱一雄，等．塔里木盆地肖尔布拉克组溶蚀型白云岩储层发育特征［J］．石油与天然气地质，2011，32（4）：522-530.

［17］ 邓世彪，关平，庞磊，等．塔里木盆地柯坪地区肖尔布拉克组优质微生物碳酸盐岩储层成因［J］．沉积学报，2018，36（6）：1218-1232.

［18］ 郑见超，李斌，刘羿伶，等．塔里木盆地下寒武统玉尔吐斯组烃源岩热演化模拟分析［J］．油气藏评价与开发，2018，8（6）：7-12.

［19］ 张臣，郑多明，李江海．柯坪断隆古生代的构造属性及其演化特征［J］．石油与天然气地质，2011，22（4）：314-318.

［20］ 白莹，罗平，周川闽，等．塔西北下寒武统肖尔布拉克组层序划分及台地沉积演化模式［J］．石油与天然气地质，2017，38（1）：152-164.

［21］ 贾晓静，柯光明，徐守成，等．超深层复杂碳酸盐岩滩相储层发育特征［J］．石油地质与工程，2019，33（5）：5-10.

［22］ 由雪莲，孙枢，朱井泉，等．微生物白云岩模式研究进展［J］．地学前缘，2011，18（4）：52-63.

［23］ 张慧，焦书静，李贵红，等．非常规油气储层的扫描电镜研究［M］．北京：地质出版社，2016：55-174.

［24］ Vasconcelos C，McKencie J，Bernasconi D，et al. Microbial mediation as a possible mechanism for natural dolomite formation at low temperatures［J］．Nature，1995，377（6546）：220-222.

［25］ Vasconcelos C，McKencie J. Microbial mediation of modern dolomite precipitation and diagenesis under anoxic conditions（Lagoa Vermelha，Rio de Janeiro，Brazil）［J］．Journal of Sedimentary Research，1997，67（3）：378-391.

［26］Bontognali T R R，Vasconcelos C，Warthmann R，et al. Microbes produce nanobacteria-like structures，avoiding cell entombment［J］. Geology，2008，36（8）：663-666.

［27］Bontognali T R R，Vasconcelos C，Warthmann R J，et al. Dolomitemediating bacterium isolated from the sabkha of Abu Dhabi（UAE）［J］. Terra Nova，2012，24（3）：248-254.

［28］胡文瑄，朱井泉，王小林，等. 塔里木盆地柯坪地区寒武系微生物白云岩特征、成因及意义［J］. 石油与天然气地质，2014，35（6）：860-869.

［29］段勇，药彦辰，邱轩，等. 三株嗜盐古菌诱导形成白云石［J］. 地球科学，2017，42（3）：389-396.

［30］药彦辰，邱轩，王红梅，等. 不同状态嗜盐古菌细胞及羧基微球诱导白云石沉淀［J］. 地球科学，2018，43（2）：449-458.

［31］王红梅，吴晓萍，邱轩，等. 微生物成因的碳酸盐矿物研究进展［J］. 微生物学报，2013，40（1）：180-189.

［32］Sánchez-Román M，Vasconcelos C，Schmid T，et al. Aerobic microbial dolomite at the nanometer scale-Implications for the geologic record［J］. Geology，2008，36（11）：879-882.

［33］Sánchez-Román M，McKenzie J A，Luca-Rebello-Wagener A，et al. Presence of sulfate does not inhibit low-temperature dolomite precipitation［J］. Earth and Planetary Science Letters，2009，285（1-2）：131-139.

［34］Kenward P A，Goldstein R H，González L A，et al. Precipitation of low-temperature dolomite from an anaerobic microbial consortium：the role of methanogenic Archaea［J］. Geology，2009，7（5）：556-565.

［35］Kenward P A，Fowle D A，Goldstein R H. Ordered low-temperature dolomite mediated by carboxyl-group density of microbial cell walls［J］. AAPG Bulletin，2013，97：2113-2125.

［36］由雪莲，孙枢，朱井泉. 塔里木盆地中上寒武统叠层石白云岩中微生物矿化组构特征及其成因意义［J］. 中国科学：地球科学，2014，44（8）：1777-1790.

［37］张德民，鲍志东，潘文庆，等. 塔里木盆地下古生界白云岩类型及成因［J］. 古地理学报，2013，15（5）：693-706.

［38］林良彪，郝强，余瑜，等. 四川盆地下寒武统膏盐岩发育特征与封盖有效性分析［J］. 岩石学报，2014，30（3）：718-726.

［39］徐安娜，胡素云，汪泽成，等. 四川盆地寒武系碳酸盐岩—膏盐岩共生体系沉积模式及储层分布［J］. 天然气工业，2016，26（6）：11-20.

［40］马奎，胡素云，王铜山，等. 膏盐岩对碳酸盐层系油气成藏的影响及勘探领域分析［J］. 地质科技情报，2016，5（2）：169-176.

［41］祝嗣安，李建英，陈洪涛，等. 滨里海盆地南部隆起带盐下成藏条件与主控因素分析［J］. 石油地质与工程，2018，2（3）：28-32.

［42］王彦良，王建国，常森，等. 苏里格气田东区下奥陶统马五5厚层白云岩储层成因［J］. 石油地质与工程，2017，31（6）：20-25.

［43］黄智斌，吴绍祖，赵治信，等. 塔里木盆地及周边综合地层区划［J］. 新疆石油地质，2002，23（1）：13-17.

［44］王招明，谢会文，陈永权，等. 塔里木盆地中深1井寒武系盐下白云岩原生油气藏的发现与勘探意义［J］. 中国石油勘探，2014，19（2）：1-13.

［45］漆立新. 塔里木盆地下古生界碳酸盐岩大油气田勘探实践与展望［J］. 石油与天然气地质，2014，35（6）：771-779.

原文刊于《石油与天然气地质》，2020，41（5）：928-940.

塔里木盆地古城地区
奥陶系碳酸盐岩成储与油气成藏

曹彦清[1,2,4]，张　友[3,4]，沈安江[3,4]，郑兴平[3,4]，齐井顺[2]，朱可丹[3,4]，
邵冠铭[3,4]，朱　茂[3,4]，冯子辉[2]，张君龙[2]，孙海航[5]

1. 南京大学地球科学与工程学院；2. 中国石油大庆油田有限责任公司勘探开发研究院；
3. 中国石油杭州地质研究院；4. 中国石油集团碳酸盐岩储层重点实验室；
5. 中国石油塔里木油田公司勘探开发研究院

摘　要　塔里木盆地古城地区奥陶系碳酸盐岩近年来展现出良好的勘探潜力。通过对古城地区钻遇奥陶系 10 余口探井的岩心、岩石薄片观察和阴极发光、包裹体、沥青反射率分析以及地震资料解释，并结合区域研究成果，系统分析了古城地区奥陶系碳酸盐岩的成储、成藏条件。研究表明：（1）古构造—流体作用是控制下奥陶统鹰山组下段—蓬莱坝组滩相白云岩储层发育及油气聚集成藏的重要因素；（2）二叠纪后的构造热事件对油气成藏起到关键的调整改造作用，受岩浆热液活动的影响，加里东期—早海西期原生油藏发生大规模裂解，形成原油裂解气藏及残留占油藏；（3）奥陶系油气藏的形成与演化经历了 3 个阶段，包括原生油气藏形成，古油藏破坏裂解生气，以及气藏调整、破坏、再形成阶段，并具有多期演化的油气成藏模式。指出古城低凸起西部、北部的生储盖组合条件良好，断裂和岩浆侵入影响较小，是有利油气勘探区。

关键词　构造—流体作用；成藏模式；勘探方向；奥陶系；古城地区；塔里木盆地

海相碳酸盐岩近年来不断取得重大突破，已经成为中国深层油气勘探可持续发展的重大战略领域[1-5]。2005 年，塔里木盆地古城地区 GL1 井在 6253～6419m 井段的奥陶系鹰山组白云岩中中途测试稳定期获日产气 $1 \times 10^4 m^3$，揭开了古城低凸起油气发现的序幕。随后 GL2 井奥陶系一间房组石灰岩经酸化压裂改造获日产气 $2 \times 10^4 m^3$。2012 年，GC6 井获得战略性突破，鹰山组下部获得高产气流，6144～6169m 井段试油，8mm 油嘴放喷获日产气 $26.4 \times 10^4 m^3$，油压稳定，产量稳定。此后，古城地区下古生界碳酸盐岩一直被寄予厚望，并相继部署了 GC7 井、GC8 井、GC9 井、CT1 井等井，并在 GC8 井、GC9 井鹰山组获得工业气流，展示出古城低凸起奥陶系碳酸盐岩良好的勘探潜力。勘探过程中也遇到储层和成藏条件复杂的情况，例如 GC4 井气测显示微弱，焦沥青发育；GC7 井等井气测显示良好，但由于储层孔隙发育较差而试油结果较差。前人在塔东地区层序地层[6,7]、岩相古地理环境及沉积储层特征[8,12]、烃源岩条件[13-19]、奥陶系碳酸盐岩油气成藏条件及勘探方向[20-23]等方面，从不同角度做了较为深入的探讨，并取得了一些基本共识，例如塔东地

第一作者：曹彦清，硕士研究生，工程师，从事天然气勘探研究工作。通信地址：163712 黑龙江省大庆油田勘探开发研究院；Email：cyq123@ petrochina. com. cn。

区油气勘探重点应主要放在古城、罗西等坡折带。但对重点区块和层位的风险领域、具体储层类型及成藏条件等方面的研究较少，尤其是对有利储层和天然气聚集过程中的古构造—热流体作用的非均一性研究不够深入，制约了下一步的风险勘探和井位部署。为此，笔者对古城地区奥陶系碳酸盐岩储层成岩及成藏条件的差异性进行了深入分析，以期对精细勘探评价提供更充分的依据。

1 地质概况

古城低凸起区域构造位置处于塔中与塔东的交会转折部位，古生代地层破碎、断裂发育、构造应力强，是在加里东末期形成的、在古隆起背景上发展起来的继承性坡折带[24-26]。古城地区位于古城低凸起东部（图1a），面积约为2720km²。

塔东地区震旦纪—奥陶纪碳酸盐岩地层发育齐全，分布于台地和斜坡—盆地相区[26]。自西向东寒武系—奥陶系整体呈现出由浅变深的古地理格局（图1a）[27-29]：碳酸盐岩台地相［泥晶灰岩滩间海、台内点滩（藻丘）、台内洼地泥灰岩］—浅缓坡（浅缓坡内带白云岩、浅缓坡外带石灰岩）—上斜坡（泥灰岩夹灰泥岩、泥岩及垮塌角砾灰岩）—下斜坡（灰泥岩、泥岩夹泥灰岩及钙屑浊积岩）—盆地相（黑色泥岩、灰泥岩夹钙屑浊积岩）。寒武系整体为一个水体逐渐变浅的过程（图1b），台地边缘向海方向进积；奥陶系则为一个水体逐渐加深的过程，台地边缘向陆方向退积，至中—上奥陶统却尔却克组为一个快速填平补齐的过程[27-29]。古城地区奥陶系的基本成藏条件为：主要发育下寒武统雅尔当山组以及中—下奥陶统黑土凹组2套有效烃源岩，主要分布于古城低凸起东部斜坡区[13-19]；储集体主要为下奥陶统鹰山组下段—蓬莱坝组缓坡台地滩相白云岩储层，以及一间房组和鹰山组上段台缘带的岩溶礁滩储层；圈闭主要是各个地质时期形成的构造圈闭与岩溶型地层或岩性圈闭。

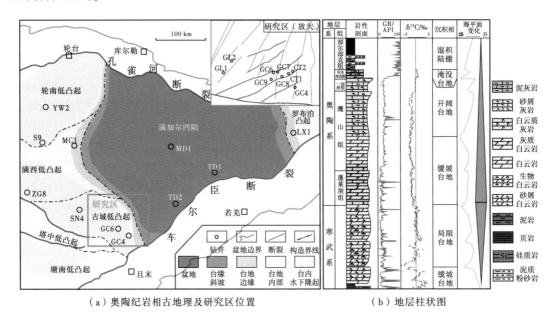

（a）奥陶纪岩相古地理及研究区位置　　　　（b）地层柱状图

图1　塔东地区奥陶纪岩相古地理及地层综合柱状图

2 古构造—流体作用控储与控藏

烃源岩、储集体、封盖条件、输导体系、圈闭等各种要素的有效匹配是油气聚集成藏的关键[30-32]。结合勘探生产中的钻探得失，本文主要探讨古构造—热流体作用对储层形成及油气成藏的影响。塔东地区下古生界的油气聚集主要经历了加里东期—海西早期原生古油藏、海西晚期原油裂解气藏及印支期—燕山期气藏差异演化 3 个阶段。烃源灶演化史的差异性、优质储层分布的非均质性以及构造热事件的分异性[17,18]，导致研究区寒武系—奥陶系的油气分布具有明显的"有点没面、差异富集"特点。

2.1 古构造—流体作用控储机理

古构造—流体作用是控制鹰山组下段—蓬莱坝组滩相白云岩储层发育及油气聚集成藏的重要因素。以古城地区鹰山组下段滩相白云岩储层为例，重点探讨了古隆起背景、沉积相带、表生岩溶及构造热事件等不同作用机制对储层的叠加改造作用，系统开展了储层形成机理与分布的综合解释。

古城地区下奥陶统岩溶—白云岩储层主要发育在鹰山组下段和蓬莱坝组，主要形成于缓坡台地浅缓坡内带，向西可发育于台内礁滩体中，主要代表井有 GC6 井、GC8 井、GL1井等。储集空间类型以残余孔隙、溶蚀孔洞（图 2a）、晶间（溶）孔（图 2b，c）以及裂缝为主，多数为中低孔、中细喉，局部连通性较好。储层类型以孔洞型及裂缝—孔洞（隙）为特征。应用中国石油集团碳酸盐岩储层重点实验室的高精度微纳米 CT 立体成像技术及 e-core 数字岩心软件，对孔喉三维空间展布进行了微纳米级的刻画表征，统计了孔喉半径、形状因子和空间连通性等表征参数，结果表明：储层孔隙、喉道为偏态分布，大孔隙、喉道相对较少（图 2d）。

鹰山组下段和蓬莱坝组岩溶—白云岩储层发育的早期受古隆起背景、沉积相的控制，经历了表生岩溶作用，晚期受到埋藏白云石化作用以及构造热液的叠加改造：（1）古隆起背景在加里东早期就已具雏形，以高能环境礁滩相发育为特征，受其影响储层主要发育在缓坡台地滩；（2）多孔礁滩（藻丘）灰岩是储层发育的重要物质基础，优质储层的分布与高能沉积相带关系密切；（3）表生岩溶作用以建设性改造的大气淡水淋溶为主，具有较好的成层性和受断裂控制明显的特点，主要分布于中—晚奥陶世形成的表生岩溶发育区；（4）断层、渗透性滩体是埋藏—热液白云石化的关键[33-41]。研究区早奥陶世活动的断裂断距小，对石灰岩顶面错动较弱，一般消失于鹰山组下段内，从下部地层带来的高温流体提供了鹰山组下段白云石化的成岩介质，所形成的白云岩呈斑状或透镜状，沿断裂、不整合面及渗透性滩体分布；而且从蓬莱坝组到鹰山组下段，下部碳酸盐岩地层热流体活动的迹象比上部地层明显，孔隙形成于对先存孔隙的继承和保存（图 2c）。阴极射线下总体以棕褐色光、棕色光最为多见，部分晶体具相对较亮的红色环边（图 2e），说明研究区白云岩以埋藏交代成因为主，局部受到晚期热液的改造。从质量平衡以及不同温压场条件下矿物的溶解—沉淀机制来说，溶蚀作用（或扩溶）与胶结作用（充填）作用是对立统一的[42]，构造热液活动的末端多表现为硅质热液的充填作用（图 2f）。

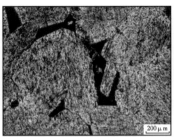

（a）灰色细晶白云岩,发育溶蚀孔洞。GC8井6051.1m,鹰山组下段。岩心

（b）细—中晶白云岩,发育晶间孔,被沥青充填。GC8井6059.4m,鹰山组下段。铸体薄片,单偏光

（c）细—中晶白云岩,发育晶间扩溶孔。GC8井6073.4m,鹰山组下段。铸体薄片,单偏光

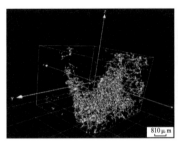
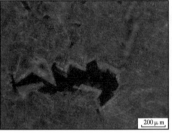

（d）分辨率为0.9μm的孔喉结构网络模型,红色为孔隙,白色为喉道。GC8井6074.0m,鹰山组下段。CT扫描

（e）细—中晶白云岩,阴极射线下总体发棕褐色光,部分晶体具有红色环边。GC8井6073.4 m,鹰山组下段。阴极发光

（f）细—中晶白云岩,见硅质热液充填。GC7井6110m,鹰山组下段。铸体薄片,正交光

图2　古城地区鹰山组下段滩相白云岩储层的储集空间类型及特征

2.2　古构造—流体作用对油气成藏的调整改造

塔里木盆地二叠纪末期断裂活动强烈,古城低凸起的南部构造带距车尔臣断裂较近,局部火成岩侵入作用会对所接触的油藏产生不同程度的破坏作用[43-45]。二叠纪大规模的岩浆侵入作用改变了当时的地温场,构造热事件不仅在物质上,而且在能量上对油气藏的形成和演化起到调整改造作用,并使古城地区奥陶系油气成藏更加复杂。

2.2.1　储层沥青的分布及成因

GC4井一间房组—鹰山组上段以及蓬莱坝组,均发育有百余米厚的沥青古油藏;GC6井鹰山组下段白云岩不仅形成高产气藏,而且发育残余固体沥青。研究区储层沥青广泛分布于奥陶系碳酸盐岩储层的溶蚀孔洞（图3a）、缝合线及构造裂缝（图3b）、晶间（溶）孔（图3c）、铸模（生物体腔）孔（图3d）,呈条带状、粒状、脉状或块状等他形充填。

储层沥青从成因角度讲大致可以分为3类:原油裂解成因的焦沥青、生物降解沥青以及沉淀沥青质[46]。不同成因的沥青在形态和成熟度上存在显著区别:焦沥青由于受到高温高压的影响呈边界轮廓较为清晰的多角状,而生物降解沥青以及沉淀沥青质常呈分散状、边界模糊、形态不规则[47];焦沥青的反射率远远高于沉淀沥青质和生物降解沥青[48,49],前者一般为4.0%~6.0%,而沉淀沥青质的反射率通常为0.5%~1.5%。

古城地区的储层固体沥青是原生油藏受岩浆热液活动影响而发生大规模裂解形成的焦沥青。无论是白云岩还是石灰岩,其中的沥青边缘都较清晰、平直,呈形态规则的多边形,沥青表面气泡孔发育（图3a至c）,说明古油藏曾经历过高温烘烤,表现出典型的焦沥青特征;固体沥青反射率较高,为3.94%~7.75%,而且同一样品测得的反射率值差异较大,沥青各向异性较强,反映其遭受了较强的高热演化作用。热液流体沿断裂以及裂缝

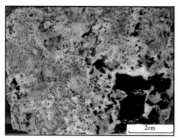

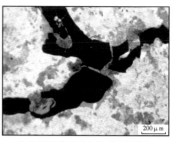

（a）沥青分布于溶蚀孔洞中。GC4井 6509m，蓬莱坝组。岩心

（b）沥青分布于缝合线及构造缝间，表面发育气泡孔。GC4井5597~5600m，一间房组。岩心

（c）沥青分布于白云石晶间孔内。GC4井6510m，蓬莱坝组。铸体薄片，单偏光

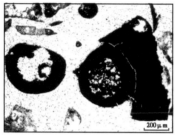

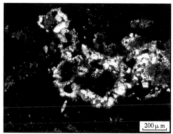

（d）沥青分布于生物体腔内。GC6井 6138m，鹰山组。普通薄片，单偏光

（e）硅质热液交代。GC4井6504m，蓬莱坝组。铸体薄片，正交光

（f）硅质热液充填。GC6井6136 m，鹰山组。铸体薄片，正交光

图 3　古城地区奥陶系碳酸盐岩储层中的沥青产状及硅质热液交代

活动的过程中，随着温度、压力条件的改变以及与围岩的相互作用，往往会沉淀出一些特殊的矿物如石英、黄铁矿、萤石以及沥青（主要为焦沥青）等[33,34]。此外，硅质热液交代与充填的发育（图3e，f），也反映了热液蚀变的程度。

2.2.2　流体包裹体特征

古城地区奥陶系储层中包裹体主要赋存于方解石脉、粒状方解石、结晶石英加大边之中，它们主要形成于成岩中晚期。观测发现流体包裹体主要有 5 种类型：固体沥青包裹体、含烃盐水包裹体、盐水两相包裹体、气液两相包裹体及气态烃包裹体。沥青包裹体主要由液态烃包裹体演化而来，液态烃包裹体经历高温，重烃裂解导致内压增大发生爆裂，包裹体中轻烃组分逸散、残留沥青而形成沥青包裹体，可作为经历过原油充注的直接证据。气态烃包裹体和气液两相包裹体可能为原油裂解时捕获的裂解气，也不排除后期天然气充注的可能性。

对古城地区烃类流体包裹体及与其共生的盐水包裹体进行鉴定、显微测温等，结果见表 1。GC4 井方解石脉中与气态烃包裹体相伴生的盐水包裹体均一温度最大可达 210℃（表1），远高于正常地层埋藏温度，表明沉淀方解石脉的流体温度要高于围岩地层的温度，此种类型的流体是典型的深部热液流体。有学者从方解石形成温度高于地层埋藏温度的角度证实了塔里木盆地地下古生界热液流体活动的存在[35-37]。

结合埋藏热演化史可知，曾经历的异常热事件（二叠纪后构造热事件）是导致奥陶系油藏被破坏的原因。综合分析 GC6 井埋藏热演化史可知，虽然经历了二叠纪后构造热事件，但没达到油气藏破坏的温度下限。GC6 井包裹体测温表明，与烃类流体包裹体共生的盐水包裹体均一温度分布范围较广，在 116~185℃（表1），统计发现均一温度存在 3 个明显的主峰。结合显微镜下包裹体相态特征等资料分析，应存在 3 期烃类流体注入：

（1）第 1 期包裹体主要赋存于早期缝洞中充填的方解石、方解石脉中，只发育盐水包裹体或固体沥青包裹体，形态不规则，具淡蓝色荧光，均一温度介于 116~123℃，平均为 118℃，其形成时间为奥陶纪晚期，说明液态烃运移和聚集形成古油藏。（2）第 2 期包裹体主要赋存于晚期孔洞中充填的方解石、方解石脉以及溶洞石英晶体中，发育气态烃包裹体和液态烃包裹体，形态呈椭圆形、长方形、圆形，同期盐水包裹体均一温度介于 140~163℃，平均为 152℃，其形成时间为海西期晚期，说明圈闭液态烃裂解进入气态烃演化阶段，原油裂解成气与残留沥青。（3）第 3 期包裹体主要赋存于方解石脉以及重结晶石英加大边中，微裂隙中主要发育气态烃包裹体群，液态烃包裹体几乎不发育，气液两相包裹体呈长方形、椭圆形、圆形和不规则形等形态分布，均一温度介于 167~185℃，平均为 171℃，其形成时间为印支期—燕山期，说明古油藏已经大规模裂解。

表 1　古城地区奥陶系碳酸盐岩缝洞充填矿物中流体包裹体特征

井名	层位	深度/m	宿主矿物	包裹体类型	包裹体形态及颜色	测点数	均一温度/℃		
							最低值	最高值	平均值
GC6 井	鹰山组下段	6165	早期缝洞充填的方解石	液态烃包裹体或固体沥青包裹体	不规则。淡蓝色荧光	11	116	123	118
		6165	早期缝洞充填的方解石脉	液态烃包裹体或固体沥青包裹体	不规则。淡蓝色荧光	6			
		6151	晚期孔洞充填的方解石、方解石脉	气液两相包裹体	椭圆形、圆形	13	140	163	152
		6151	溶洞石英	气液两相包裹体	椭圆形、圆形	9			
		6149	重结晶石英加大边	气态烃包裹体、气液两相包裹体	长方形、椭圆形、圆形和不规则形等	7	167	185	171
		6149	方解石脉	气态烃包裹体、气液两相包裹体	椭圆形、圆形、长方形和不规则形等	10			
GC4 井	蓬莱坝组	6504	方解石脉	气态烃包裹体、盐水包裹体	椭圆形和不规则形等	11	150	210	203
		6507	晚期缝洞充填的方解石	气态烃包裹体、盐水包裹体	椭圆形、长方形和不规则形等	9	153	210	207

此外，GC4 井和 GC6 井的气体均为干燥系数较高的原油裂解气，CO_2 含量高，而分散于泥岩中的液态烃伴生气为湿气，CO_2 含量低[50]。这从另一方面说明，受岩浆热液活动的影响，加里东期—早海西期原生油藏发生了大规模裂解，形成原油裂解气藏及残留古油藏。

2.2.3　古构造—热流体作用的非均一性

前已述及，古城地区奥陶系碳酸盐岩储层的粒间溶孔、粒内溶孔和晶间（溶）孔多被沥青侵染，这些沥青降低了储层的有效孔隙度，并对孔隙有较强的堵塞作用，降低了流体渗透性能。这反映了研究区早期曾经大规模形成油藏，而后期较高的热演化程度使得油藏中的大量液态烃裂解形成气藏后残留沥青在原地，也使得曾经大范围发育的礁滩和白云岩基质孔隙性储层孔渗降低。

鹰山组下段的白云岩是目前研究区奥陶系天然气的主要储集岩，滩相白云岩储层具有较强的宏观、微观非均质性。从宏观上看，鹰山组下段白云岩储层纵横向发育不均，主要沿断裂、不整合面及渗透性滩体分布。从微观上看，白云岩溶蚀孔洞具有较强的非均质性，CT 扫描表明孔（洞）大小不均，中细喉，喉道半径不均，局部连通性较好。溶蚀孔洞中有不同程度的石英、白云石、方解石等胶结充填物。深部热液流体沿断裂（孔洞缝系统）向上运移，有对断裂孔洞缝储集系统的充填破坏作用，也有建设性的扩大溶蚀作用。关于扩溶与胶结的对立统一以及分布发育机理问题仍然有待厘定。

3 油气成藏模式与有利区带预测

3.1 油气成藏模式

古城地区奥陶纪继承性古隆起总体呈现为台盆相间的古地理格局，邻近主力烃源岩，具有"盆生台储"的生烃与成藏特点，吐木休克组泥灰岩、瘤状灰岩和却尔却克组超千米厚的泥岩、粉砂岩可作区域盖层，奥陶系致密灰岩和泥灰岩可作为台缘礁滩体岩溶储层的直接盖层，生储盖组合条件良好，是油气运聚的有利指向区。根据盆地构造演化的阶段性，结合地层埋藏史、热演化史模拟及油气成藏主控因素分析成果，可将古城地区油气藏的形成与演化分为 3 个阶段（图 4）。

（1）原生油藏形成阶段（图 4c）。加里东期—早海西期，克拉通盆地中—晚奥陶世沉

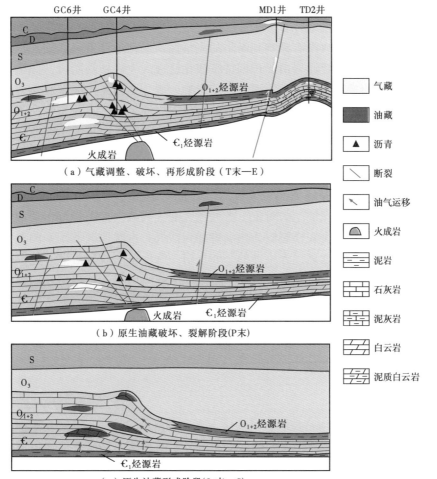

图 4 古城地区油气成藏演化模式

积中心位于满加尔凹陷以东广大地区，沉积厚度最大超过 6000m。此时盆地处于"热盆"发展阶段，保持了 (3.0~3.5)℃/100m 的高地温梯度，凹陷深处寒武系烃源岩快速成熟，R_o 达到 1.5%~3.0%，因此形成塔东地区最早一期的寒武系有效烃源灶，这是古油气藏形成的最早时期。塔东地区寒武系—奥陶系两套烃源岩持续生烃至海西晚期，侧向上有黑土凹组烃源岩输导供烃，垂向上有下伏寒武系烃源岩沿垂向断裂系统和侧向不整合面向上供烃，烃源条件优越；烃类主要富集在古隆起构造高部位的鹰山组下段—蓬莱坝组缓坡台地岩溶—白云岩储层，以及一间房组和鹰山组上段台缘带的岩溶礁滩储层，少量可富集在志留系碎屑岩中。

（2）原生油藏破坏、裂解阶段（图 4b）。晚海西期，满加尔凹陷持续沉降，早期烃源灶中心成为过成熟烃源岩分布区，周缘隆起区继续演化成为高成熟区。这一时期，隆起区下古生界古油藏大规模形成：原生油藏因海西末期的岩浆热液活动发生裂解，形成原油裂解气藏及残留古油藏（或沥青）。二叠纪末区域火成岩侵入活动，发生高温热事件，部分靠近火成岩体的原生油藏（如 GC4 井奥陶系）遭受高温烘烤而被破坏，迄今只残留大量干沥青；稍远部位的 GC6 井，原油已裂解成天然气，仍具有工业价值。据此预测向北远离火成岩侵入体的部位，高温影响逐渐减弱，可能仍保留原生油藏。

（3）气藏调整、破坏、再形成阶段（图 4a）。三叠纪以后古城地区构造总体较稳定，仅在圈闭翼部发育几条规模较小的断层，断距小，向上消失在中—上奥陶统砂泥岩地层中，未断至石炭系底界，故没有影响到圈闭的完整性，保存条件良好。满加尔凹陷早期供烃中心的寒武系—奥陶系烃源岩由于长期持续演化已进入生烃枯竭阶段，周缘地区寒武系烃源岩受中新生代的持续沉积以及地温升高的影响，部分原油发生裂解转化为天然气，形成凝析油气藏。喜马拉雅期烃源岩残留分散的有机质规模生气，主要富集在与喜马拉雅期相关的圈闭中。

3.2 有利勘探领域及方向

古油藏原油裂解气是深层天然气生成的一种重要途径[50-52]，也是中国高—过成熟海相碳酸盐岩储层天然气勘探的主力对象。古城地区油气成藏主控因素分析及油气成藏演化模式表明，二叠纪末原油大规模裂解为焦沥青和天然气。古城地区奥陶系的油气勘探可遵循以下原则：在坳陷周缘远离侵入岩体的一间房组—鹰山组上段岩溶礁滩储层寻找加里东期—早海西期原生油藏；在古油藏及周缘的蓬莱坝组—鹰山组下段岩溶—白云岩储层寻找晚海西期原油裂解气藏。而源内分散液态烃在高—过成熟阶段大规模裂解生气可为喜马拉雅期圈闭提供气源。因此，生储盖组合条件良好、断裂和岩浆侵入影响较小的古城低凸起西部、北部，是油气运聚的有利区，是未来奥陶系勘探的主要方向。

4 结论与建议

（1）古构造—流体作用是控制古城地区下奥陶统鹰山组下段—蓬莱坝组滩相白云岩储层发育及油气聚集成藏的重要因素。储层沥青的分布及成因、储层流体包裹体均一温度等均表明二叠纪后的构造热事件对油气成藏起到关键的调整改造作用。

（2）古城地区奥陶系油气藏的形成与演化经历了原生油藏形成，古油藏破坏裂解生气，以及气藏调整、破坏、再形成等 3 个阶段，并具有多期演化的油气成藏模式。

（3）古城地区奥陶系天然气资源丰富，目前探井主要集中在古城低凸起中部垒带的局限范围内。针对古城地区优质储层横向相变较快、储层宏观非均质性较强的突出问题，今后应加强古构造—热流体作用下储层孔隙的形成与保存（溶蚀与沉淀）定量机理研究，以明确优质储层的分布规律及规模性。针对中—低孔渗白云岩储层，建议开展地质—地震储层预测攻关，并向范围更加广阔、成藏条件更佳的古城低凸起西部、北部继续探索。

参 考 文 献

[1] 贾承造. 中国叠合盆地形成演化与中下组合油气勘探潜力 [J]. 中国石油勘探，2006，10（1）：1-4.

[2] 马永生，蔡勋育，李国雄. 四川盆地普光大型气藏基本特征及成藏富集规律 [J]. 地质学报，2005，79（6）：858-865.

[3] 赵文智，汪泽成，张水昌，等. 中国叠合盆地深层海相油气成藏条件与富集区带 [J]. 科学通报，2007，52（增刊 I）：9-18.

[4] 孙龙德，邹才能，朱如凯，等. 中国深层油气形成、分布与潜力分析 [J]. 石油勘探与开发，2013，40（6）：641-648.

[5] 杜金虎，邹才能，徐春春，等. 川中古隆起龙王庙组特大型气田战略发现与理论技术创新 [J]. 石油勘探与开发，2014，41（3）：1-10.

[6] 樊太亮，于炳松，高志前. 塔里木盆地碳酸盐岩层序地层及其控油作用 [J]. 现代地质，2007，21（1）：57-65.

[7] 刘豪，王英民. 塔里木盆地早古生代古地貌—坡折带特征及对地层岩性圈闭的控制 [J]. 石油与天然气地质，2005，26（3）：297-304.

[8] 冯增昭，鲍志东，吴茂炳，等. 塔里木地区寒武纪和奥陶纪岩相古地理 [M]. 北京：地质出版社，2005：23-60.

[9] 顾家裕，张兴阳，罗平，等. 塔里木盆地奥陶系台地边缘生物礁、滩发育特征 [J]. 石油与天然气地质，2005，26（3）：277-282.

[10] 赵宗举，王招明，等. 塔里木盆地奥陶系边缘相分布及储层主控因素 [J]. 石油与天然气地质，2007，28（6）：738-744.

[11] 王招明，张丽娟，王振宇，等. 塔里木盆地奥陶系礁滩体特征与油气勘探 [J]. 中国石油勘探，2007，12（6）：1-7.

[12] 郑兴平，潘文庆，常少英，等. 塔里木盆地奥陶系台缘类型及其储层发育程度的差异性 [J]. 岩性油气藏，2011，23（3）：1-4.

[13] 张水昌，张宝民，王飞宇，等. 塔里木盆地两套海相有效烃源岩：有机质性质、发育环境及控制因素 [J]. 自然科学进展，2001，11（3）：261-268.

[14] 张水昌，王飞宇，张宝民，等. 塔里木盆地中上奥陶统油源层地球化学研究 [J]. 石油学报，2000，21（6）：23-28.

[15] 赵宗举，郑兴平，等. 塔里木盆地主力烃源岩的诸多证据 [J]. 石油学报，2005，26（3）：10-15.

[16] 张水昌，朱光有，杨海军，等. 塔里木盆地北部奥陶系油气相态及其成因分析 [J]. 岩石学报，2011，27（8）：2447-2460.

[17] 冉启贵，程宏岗，肖中尧，等. 塔东地区构造热事件及其对原油裂解的影响 [J]. 现代地质，2008，22（4）：541-548.

[18] 张水昌，朱光有. 中国沉积盆地大中型气田分布与天然气成因 [J]. 中国科学：D 辑地球科学，2007，37（增刊 I）：1-11.

[19] 赵文智，王兆云，王红军，等. 再论有机质"接力成气"的内涵与意义 [J]. 石油勘探与开发，2011，38（2）：129-135.

［20］樊太亮，高志前，刘聪，等．塔里木盆地古生界不同成因斜坡带特征与油气成藏组合［J］．地学前缘，2008，15（2）：127-136.

［21］孙龙德．塔里木盆地海相碳酸盐岩与油气［J］．海相油气地质，2007，12（4）：10-15.

［22］朱光有，杨海军，苏劲，等．塔里木盆地海相石油的真实勘探潜力［J］．岩石学报，2012，28（3）：1333-1347.

［23］金之钧，云金表，周波．塔里木斜坡带类型、特征及其与油气聚集的关系［J］．石油与天然气地质，2009，30（2）：127-135.

［24］贾承造．中国塔里木盆构造特征与油气［M］．北京：石油工业出版社，1997.

［25］何登发，贾承造，李德生，等．塔里木多旋回叠合盆地的形成与演化［J］．石油与天然气地质，2005，26（1）：64-77.

［26］李曰俊，吴根耀，孟庆龙，等．塔里木盆地中央地区的断裂系统：几何学、运动学和动力学背景［J］．地质科学，2008，43（1）：82-118.

［27］冯增昭，鲍志东，吴茂炳．塔里木地区奥陶纪岩相古地理［J］．古地理学报，2007，9（5）：447-460.

［28］张月巧，贾进斗，靳久强，等．塔东地区寒武—奥陶系沉积相与沉积演化模式［J］．天然气地球科学，2007，18（2）：229-234.

［29］高志前，樊太亮，焦志峰，等．塔里木盆地寒武—奥陶系碳酸盐岩台地样式及其沉积响应特征［J］．沉积学报，2006，24（1）：19-27.

［30］戴金星，宋岩，张厚福．中国大中型气田形成的主要控制因素［J］．中国科学：D 辑地球科学，1996，26（6）：481-487.

［31］张水昌，张宝民，李本亮，等．中国海相盆地跨重大构造期油气成藏历史：以塔里木盆地为例［J］．石油勘探与开发，2011，38（1）：1-15.

［32］赵宗举，贾承造，等．塔里木盆地塔中地区奥陶系油气成藏主控因素及勘探选区［J］．中国石油勘探，2006，11（4）：6-16.

［33］金之钧，朱东亚，胡文瑄．塔里木盆地热液活动地质地球化学特征及其对储层影响［J］．地质学报，2006，80（2）：245-253.

［34］陈代钊．构造—热液白云岩化作用与白云岩储层［J］．石油与天然气地质，2008，29（5）：614-622.

［35］Cai Chunfang, Li Kaikai, Li Hongtao, et al. Evidence for cross formational hot brine flow from integrated $^{87}Sr/^{86}Sr$, REE and fluid inclusions of the Ordovician veins in Central Tarim, China［J］. Applied geochemistry, 2008, 23（8）: 2226-2235.

［36］Li Kaikai, Cai Chunfang, He H, et al. Origin of palaeo-waters in the Ordovician carbonates in Tahe oilfield, Tarim Basin: constraints from fluid inclusions and Sr, C and O isotopes［J］. Geofluids, 2011, 11（1）: 71-86.

［37］朱东亚，孟庆强，胡文瑄，等．塔里木盆地塔北和塔中地区流体作用环境差异性分析［J］．地球化学，2013，42（1）：82-94.

［38］舒晓辉，张军涛，李国蓉，等．四川盆地北部栖霞组—茅口组热液白云岩特征与成因［J］．石油与天然气地质，2012，33（3）：442-458.

［39］焦存礼，何治亮，邢秀娟，等．塔里木盆地构造热液白云岩及其储层意义［J］．岩石学报，2011，27（1）：277-284.

［40］吕修祥，杨宁，解启来，等．塔中地区深部流体对碳酸盐岩储层的改造作用［J］．石油与天然气地质，2005，26（3）：284-289.

［41］陈轩，赵文智，张利萍，等．川中地区中二叠统构造热液白云岩的发现及其勘探意义［J］．石油学报，2012，33（4）：562-569.

［42］黄思静，侯中健．地下孔隙率和渗透率在空间和时间上的变化及影响因素［J］．沉积学报，2001，19（2）：224-232.

［43］潘文庆，刘永福，Dickson J A D，等．塔里木盆地下古生界碳酸盐岩热液岩溶的特征及地质模型［J］．沉积学报，2009，27（5）：983-994.

［44］张巍，关平，简星．塔里木盆地二叠纪火山—岩浆活动对古生界生储条件的影响［J］．沉积学报，2014，32（1）：148-158.

［45］刘春晓，李铁刚，刘城先．塔中地区深部流体活动及其对油气成藏的热作用［J］．吉林大学学报（地球科学版），2010，40（2）：279-285.

［46］赵孟军，张水昌，赵陵，等．南盘江盆地古油藏沥青、天然气的地球化学特征及成因［J］．中国科学：D辑地球科学，2007，37（2）：167-177.

［47］Jacob H. Classification, structure, genesis and practical importance of natural solid bitumen（migrabitumen）［J］. International journal coal geology, 1989, 11（1）：65-79.

［48］Hwang R S, Teerman S, Carlson R. Geochemical comparison of reservoir solid bitumens with diverse origins［J］. Organic geochemistry, 1998, 29（1/3）：505-518.

［49］高志农，胡华中．高压对天然沥青结构组成演变的影响［J］．沉积学报，2002，20（3）：499-503.

［50］刘全有，金之钧，王毅，等．塔里木盆地天然气成因类型与分布规律［J］．石油学报，2009，30（1）：46-50.

［51］马永生．四川盆地普光超大型气田的形成机制［J］．石油学报，2007，28（2）：9-14.

［52］王铜山，耿安松，熊永强，等．塔里木盆地海相原油及其沥青质裂解生气动力学模拟研究［J］．石油学报，2008，29（2）：167-172.

原文刊于《海相油气地质》，2020，25（4）：303-311.

鄂尔多斯盆地海相碳酸盐岩主要储层类型及其形成机制

周进高[1,2]，付金华[3]，于　洲[1]，吴东旭[1]，
丁振纯[1]，李维岭[1]，唐　瑾[4]

1. 中国石油杭州地质研究院；2. 中国石油天然气集团有限公司碳酸盐岩储层重点实验室；3. 中国石油长庆油田公司；4. 中国石油大学（北京）

摘　要　对于鄂尔多斯盆地海相碳酸盐岩储层宏观分布规律和有利区带的认识目前尚不十分清楚，难以满足区带评价和目标优选的需求。为此，利用野外露头、钻井和地球物理测井资料并结合实验分析数据，深入探讨了该盆地海相碳酸盐岩储层的特征、形成机制和分布规律，并指出了下一步天然气勘探的方向。研究结果表明：（1）鄂尔多斯盆地海相碳酸盐岩主要发育岩溶型和颗粒滩型两类白云岩储层，前者发育于蒸发台地的含膏云岩和膏质云岩坪微相，主要分布在下奥陶统马家沟组马五段上组合及马一段和马三段，后者主要发育于台地边缘颗粒滩和台内颗粒滩微相，分布在中寒武统张夏组、上寒武统三山子组、马四段和马五段中组合；（2）颗粒滩型储层岩性为鲕粒云岩、砂屑云岩、晶粒云岩及微生物云岩，储集空间以残余粒间（溶）孔、微生物格架（溶）孔、晶间（溶）孔和溶洞为主，少量裂缝，孔隙度介于 2.00%～18.03%，平均孔隙度为 6.16%，机械沉积和微生物造丘是原生孔隙形成的重要机制，准同生溶蚀和裸露期风化壳岩溶作用是溶孔溶洞形成的主控因素，早期白云石化和封闭体系有利于孔隙的保持；（3）岩溶型储层岩性为（含）膏模孔细粉晶云岩和粉晶云岩，储集空间为膏模孔、溶洞及微裂缝，孔隙度介于 2.00%～16.36%，平均孔隙度为 5.98%，同生期层间岩溶和裸露期风化壳岩溶是膏模孔形成的主要机制，而膏模孔的保存受矿物充填和封闭体系两大因素的控制。结论认为，有利储层主要分布在该盆地鄂托克前旗—定边—上韩、桃利庙—吴起和榆林—志丹一带，其中桃利庙—吴起和榆林—志丹一带是深层碳酸盐岩气藏勘探最有利的区带。

关键词　鄂尔多斯盆地；寒武纪—奥陶纪；海相碳酸盐岩；储层类型；形成机制；储层分布；勘探有利区带

　　鄂尔多斯盆地是中国重要的含油气叠合盆地，寒武系—奥陶系以海相碳酸盐岩为主，夹碎屑岩沉积，上古生界—中新生界以陆相碎屑岩沉积为主，海相碳酸盐岩产天然气、陆相碎屑岩油气皆产。中国石油长庆油田公司（以下简称长庆油田）目前已连续 6 年油气产量超过 5000×10⁴t 油气当量，成为中国目前产量最大的油气田企业。其中，海相碳酸盐岩已在下奥陶统马家沟组上组合累计探明天然气地质储量 6500×10⁸m³，是向首都供气的重

第一作者：周进高，1967 年生，正高级工程师，博士；主要从事碳酸盐岩沉积储层及油气地质综合评价研究工作，已发表论文 70 余篇、出版专著 7 部。地址：（310023）浙江省杭州市西溪路 920 号。ORCID：0000-003-4064-361X。E-mail：zhoujg_hz@ petrochina. com. cn。

要资源基础之一。在长庆油田"稳油增气，二次加快发展"的背景下，加强海相碳酸盐岩尤其是深层的油气勘探、夯实天然气资源基础就显得尤为重要。近年来，在马家沟组中组合以及深层的马四段、马三段和寒武系的天然气勘探见到了很好的苗头，如桃38、统74和莲92等井获得了高产工业气流，展示鄂尔多斯盆地深层海相碳酸盐岩具有良好的天然气勘探前景。

　　勘探揭示，鄂尔多斯盆地海相碳酸盐岩发育两类储层，即风化壳岩溶型白云岩储层和颗粒滩型白云岩储层。其中对于前者前人已开展了大量研究并取得丰硕成果，大多数学者都认为，该套储层紧靠风化壳分布，涉及层位主要是马家沟组、上寒武统三山子组和中寒武统张夏组，其中以马家沟组上组合最为发育，研究成果也最多，对储层成因的认识也基本一致，即潮坪相、岩溶作用和岩溶古地貌是储层发育的主控因素[1-5]；而对于后者，研究起步则较晚，认识上尚存在着较大的分歧，目前并存着多种成因观点，如白云石化成因、相控成因、岩溶成因等[6-9]。目前对于上述两类储层的分布虽然已经有了一定的认识，但有效储层的宏观规律性尤其是有利区带尚不清楚，难以满足区带评价和目标优选的需求。为此，笔者针对上述研究现状和存在的问题，基于野外露头、重点钻井和测井资料并结合实验分析测试数据，着重探讨了该盆地海相碳酸盐岩发育的、具有规模的储层类型及其成因和分布，目的是深化储层成因和分布的规律性认识，以期为区带评价和天然气勘探目标优选提供依据。

1　地质背景

　　鄂尔多斯盆地海相碳酸盐岩主要发育在马家沟组和三山子组、张夏组[10-12]，马家沟组为一套碳酸盐岩和蒸发岩沉积，残余厚度介于0～600m，自下而上分为马一段至马六段6个岩性段，其中马二段、马四段和马六段为海侵沉积，沉积物岩性以白云岩和石灰岩为主，局部夹膏岩和盐岩薄层；马一段、马三段和马五段为海退沉积，沉积物岩性以膏岩和盐岩为主，局部夹泥质云岩、白云岩和石灰岩薄层。受次级海侵、海退旋回控制，马五段自上而下又细分为马五$_1$亚段至马五$_{10}$亚段10个亚段。生产现场依据储层类型及成藏特征，将马五$_1$亚段—马五$_4$亚段称为上组合，马五$_5$亚段—马五$_{10}$亚段称为中组合，马四段—马一段称为下组合。三山子组和张夏组为一套鲕粒云岩和粉—细晶云岩，夹石灰岩，厚度介于0～500m（图1）。

　　前人的研究认为，鄂尔多斯盆地海相碳酸盐属碳酸盐岩台地沉积[10,11,13-15]，近期又取得了新进展，认为镶边台地是马家沟组和张夏组等勘探目的层的主要沉积背景[16-18]。张夏组、马四段和马五段中组合是潮湿气候条件下的镶边台地沉积体系，由西向东依次发育了盆地—斜坡相、台地边缘、局限台地相（图2a至c）；马一段、马三段、马五$_6$亚段等为障壁蒸发条件下的镶边台地沉积体系，该时期由于中央隆起将华北海与祁连海隔绝，盆地中东部表现为蒸发台地相，发育了潮坪和潟湖亚相（图2d），西部则发育了盆地—斜坡相。从目前的钻探结果看，储层主要发育于台地边缘鲕粒滩和局限台地台内鲕粒滩以及蒸发台地的含膏云坪和膏质云坪等微相，表明了颗粒滩和膏质潮坪微相是储层发育的基础。

　　寒武系—奥陶系海相碳酸盐岩直接不整合覆盖在前寒武系变质基底上。研究认为，前寒武系裂陷普遍发育[19-21]，其对寒武系沉积具有控制作用。受早期裂陷和隆起的影响，寒武系特别是张夏组有利储集相带主要沿裂陷边缘和古隆起周缘分布。寒武纪末，在怀远

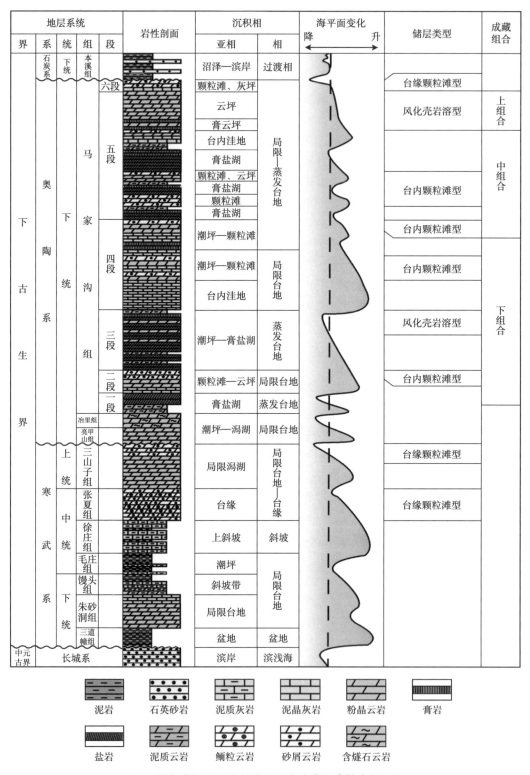

图 1 鄂尔多斯盆地海相碳酸盐岩成藏组合综合柱状图

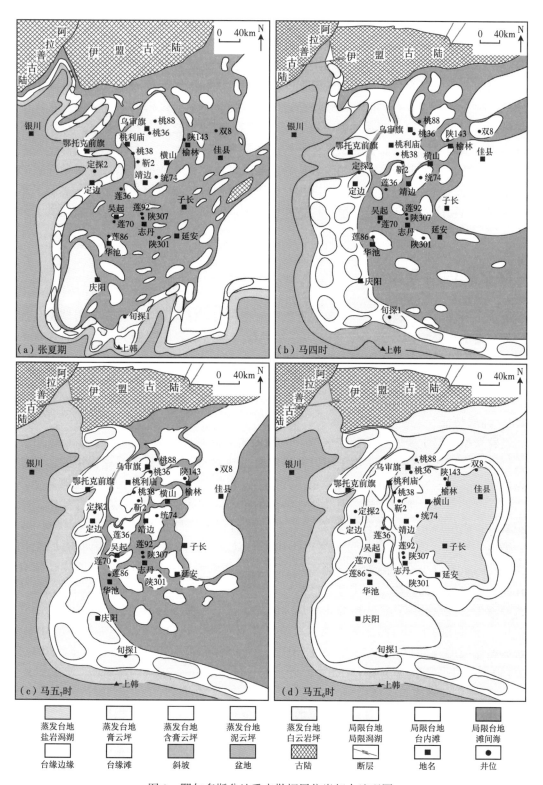

图2 鄂尔多斯盆地重点勘探层位岩相古地理图

图例：

蒸发台地盐岩潟湖 | 蒸发台地膏云坪 | 蒸发台地含膏云坪 | 蒸发台地泥云坪 | 蒸发台地白云岩坪 | 局限台地局限潟湖 | 局限台地台内滩 | 局限台地滩间海

台缘边缘 | 台缘滩 | 斜坡 | 盆地 | 古陆 | 断层 | 地名 | 井位

(a) 张夏期　(b) 马四时　(c) 马五₇时　(d) 马五₆时

307

构造运动影响下，华北地台整体抬升，寒武系遭受风化淋滤和剥蚀，位于庆阳和横山古隆起部位剥蚀最为强烈，成为岩溶型储层发育的有利区。怀远运动后，鄂尔多斯盆地构造格局发生很大变化，由寒武纪北东向裂陷与隆起间互格局转化为南北向隆坳格局，中央古隆起分隔了华北海和祁连海，古隆起和次级隆起共同控制了颗粒滩的发育，而坳陷则控制了蒸发潟湖和膏质云坪的分布。奥陶纪晚期，受华北板块和扬子板块沿商丹构造带碰撞造山作用的影响，华北地台再次抬升，致使马家沟组遭受长时间大规模的风化剥蚀，在庆阳古隆起等地区，寒武系和奥陶系被剥蚀殆尽，局部甚至剥蚀至长城系和蓟县系，长期的风化淋滤为岩溶型储层的规模发育提供了良好构造背景。

综上所述，鄂尔多斯盆地海相碳酸盐岩主要发育在寒武系—奥陶系，主要勘探目的层张夏组、马四段和马五段为镶边台地沉积，膏质云坪和颗粒滩微相为储层发育奠定了良好物质基础，而层序界面特别是加里东构造和怀远构造两期不整合面为储层改造提供了区域构造条件。

2 储层成因与分布

鄂尔多斯盆地海相碳酸盐岩主要发育颗粒滩型白云岩储层和岩溶型白云岩储层。前人研究大多集中在岩溶型白云岩储层[1-3,5]，对颗粒滩型白云岩储层研究较少，笔者将系统探讨上述两类储层的形成机制和宏观分布规律。

2.1 颗粒滩型储层成因与分布

2.1.1 储层特征

颗粒滩型储层主要岩性是鲕粒云岩、砂屑云岩、晶粒云岩及微生物云岩（图3）。鲕粒云岩主要发育在张夏组和三山子组以及马四段，砂屑云岩则发育于马家沟组的台缘和台内颗粒滩，晶粒云岩在各层段均有分布；微生物云岩常常与马家沟组台内颗粒滩共生，由于二者在测井解释上难以区分，因此往往将微生物云岩统计到台内颗粒滩型储层中，从岩心观察看，微生物云岩主要是凝块石云岩和纹层石云岩。储集空间包含残余粒间（溶）孔、微生物格架（溶）孔、晶间（溶）孔和溶洞以及少量裂缝，其中孔隙既有原生孔也有次生孔隙，洞以小型溶洞为主，缝则包含构造缝和成岩缝（图3）。常见原生孔隙有粒间孔和微生物格架孔，原生孔中常有纤状或犬牙状白云石胶结物和方解石胶结物，致使孔隙大幅减少，残余孔隙孔径一般介于 0.02~0.50mm[6,8]；溶蚀孔洞包含原生孔隙扩溶孔和非组构岩溶形成的小型溶洞，其中也常见块状方解石和鞍状白云石充填。物性统计表明，颗粒滩型储层的孔隙度介于 2.00%~18.03%，平均孔隙度为 6.16%；渗透率为 0.002~203.150mD，平均渗透率为 6.810mD。

2.1.2 储集空间形成与保持机制

机械沉积和微生物造丘是原生孔隙形成的重要机制。在颗粒滩沉积过程中，鲕粒或砂屑的机械堆积造成颗粒之间存在空隙，这就是最初的粒间孔，机械沉积作用产生的原生孔隙度理论上最大可达40%，鉴于颗粒的分选和磨圆存在差异，颗粒滩相沉积原生孔隙度一般介于30%~35%。微生物作用可以从以下方面产生孔隙：（1）通过微生物粘结形成凝块，再由凝块颗粒造架产生孔隙；（2）由微生物纹层或叠层造架产生格架孔；（3）微生物席早期腐烂产生不规则（鸟眼状）孔隙等。鄂尔多斯盆地微生物作用形成的原生孔隙尚

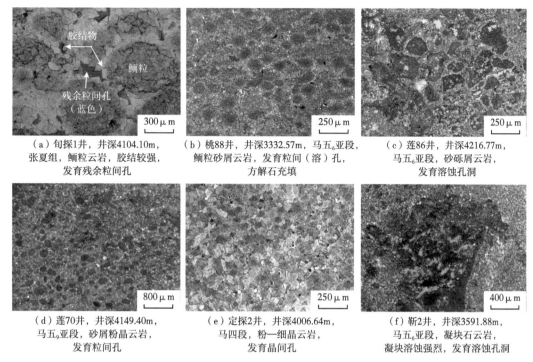

（a）旬探1井，井深4104.10m，
张夏组，鲕粒云岩，胶结较强，
发育残余粒间孔

（b）桃88井，井深3332.57m，
马五₆亚段，鲕粒砂屑云岩，发育粒间（溶）孔，
方解石充填

（c）莲86井，井深4216.77m，
马五₆亚段，砂砾屑云岩，
发育溶蚀孔洞

（d）莲70井，井深4149.40m，
马五₉亚段，砂屑粉晶云岩，
发育粒间孔

（e）定探2井，井深4006.64m，
马四段，粉—细晶云岩，
发育晶间孔

（f）靳2井，井深3591.88m，
马五₆亚段，凝块石云岩，
凝块溶蚀强烈，发育溶蚀孔洞

图3　鄂尔多斯盆地颗粒滩型储层特征照片

无法定量，但从四川盆地和塔里木盆地震旦系—寒武系微生物岩储层看，原生孔隙介于10%~30%[22-26]。

准同生溶蚀和风化壳岩溶作用是溶孔溶洞形成的机制。野外露头和岩心观察可见颗粒滩型储层中发育大小不等、形态各异的溶蚀孔洞，这些孔洞纵向上往往发育在颗粒滩旋回的中上部，多数孔洞的长轴顺层分布，少量斜交层面，其中充填少量自形的白云石和块状铁方解石，这些孔洞的形成主要与准同生溶蚀有关。图4展示了颗粒滩旋回与孔洞发育程度、物性之间具有正相关关系：在向上变浅的颗粒滩旋回中，越往上靠近高频层序界面（短暂间断面），孔洞越发育，物性也越好，这说明孔洞的发育与高频海平面下降引起的准同生溶蚀作用相关[27-34]。当然，早期形成的溶蚀孔洞部分可能经历过风化壳岩溶作用的改造，这种改造在中央隆起强烈剥蚀区比较明显，尤其是张夏组、三山子组、马四段甚至中组合的颗粒滩相直接暴露地表，遭受长期的淋滤溶蚀的区域，溶沟溶洞较发育，其中充填了上覆地层的铝土质黏土。

早期白云石化和封闭体系有利于孔隙的保持。关于颗粒滩白云岩的成因，大多学者认为与准同生白云石化有关[7,35,36]，鄂尔多斯盆地颗粒滩白云岩的地球化学分析数据（图5）也支持这一观点。关于白云石化的作用，近来的研究认为既没有明显的增孔也没有明显的减孔效应，而是趋向于对早期孔隙的保持具有建设性作用，主要依据是早期白云石化将钙质沉积物转变为白云岩后，增强了抗压溶能力，避免压溶引起的钙质沉淀而堵塞孔隙，从而避免了减孔[22,29-32]。早期孔隙能在漫长的地质历史中保存下来，还有赖于水岩反应达到长久的平衡。由于深层碳酸盐岩上覆沉积了马五₆亚段厚层膏盐岩，加上石炭系—二叠系煤系地层的区域封堵，海相碳酸盐岩进入早二叠世后就被完全封堵，处于长期的封闭体

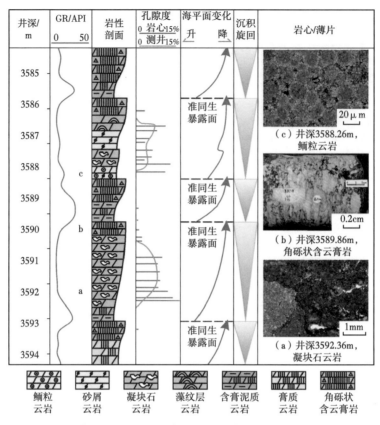

图4 靳2井马五$_6$亚段高频颗粒滩旋回与物性的关系图

系，在这个封闭体系里，除了沉淀少量铁方解石或铁白云石外，很快达到水岩反应平衡，这种平衡体系使残留的孔隙或孔洞得以保留[37,38]。

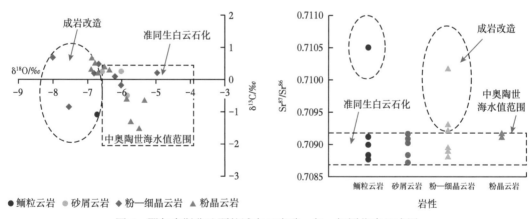

图5 鄂尔多斯盆地颗粒滩白云岩碳、氧、锶同位素组成图

2.1.3 有利储层分布

从以上储集空间的形成与保持机制看，控制储层发育的主要因素是颗粒滩微相和准同生溶蚀作用，这意味着经历准同生溶蚀的颗粒滩有利于储层形成。据此预测了颗粒滩型储层的有利分布区（图6）。图6显示，张夏组储层主要分布在鄂托克前旗—定边—上韩台

缘带和榆林—子长一带（图6粉红色区域）；马四段储层主要发育在沿中央古隆起展布的台缘带和沿榆林—横山展布的台内低隆颗粒滩带（红线区域）；中组合储层分布在中央古隆起的东部桃利庙—吴起和榆林—志丹低隆颗粒滩带（棕黄色区域）。

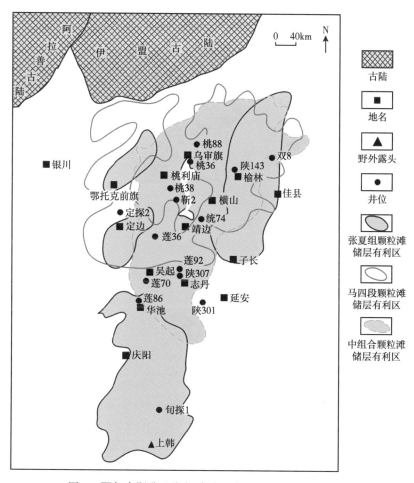

图6　鄂尔多斯盆地海相碳酸盐岩颗粒滩型储层分布图

2.2　岩溶型储层成因与分布

2.2.1　储层特征

岩溶型储层主要发育在马一段、马三段和马五段上组合，目前以马五段上组合研究最为详细[2,3,5,39]。从大量钻井岩心看，产层的主要岩性是（含）膏模孔细粉晶云岩和粉晶云岩（图7）。储集空间为膏模孔、溶洞及微裂缝。膏模孔包括石膏晶体铸模孔和石膏结核铸模孔，约占总孔隙的90%以上。石膏晶体铸模孔大小介于（0.05mm×0.50mm）~（0.20mm×0.50mm），呈孤立状顺层分布，其中大多数被方解石、石英、高岭石等全充填或半充填（图7a至c）；石膏结核铸模孔由石膏结核溶蚀形成，常呈不规则圆形、椭圆形等形态，直径介于0.5~5.0mm，1.5~3.0mm居多，常见渗流白云石粉砂及方解石等半充填或全充填（图7d至f）。溶洞见于风化壳附近及岩溶角砾岩，但因泥质充填残留有限。晶间孔常见于粉晶云岩中，分布于马五$_1^4$层和马五$_2$亚段。微裂缝常见于（含）膏模孔粉—细晶云岩，沟通膏模孔，对储层渗透率有重要贡献（图7b）。物性统计表明，岩溶型储层的孔隙度介于 2.00% ~ 16.36%，平均孔隙度为 5.98%，渗透率介于 0.002 ~ 251.690mD，平均渗透率为 2.620mD。

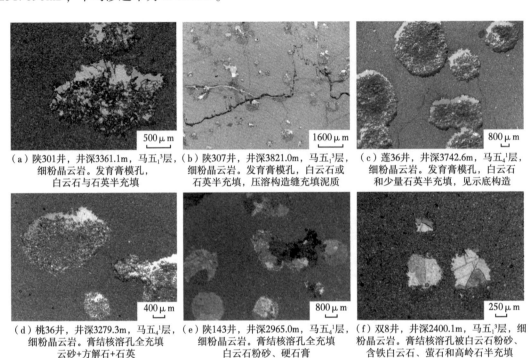

（a）陕301井，井深3361.1m，马五₁³层，细粉晶云岩。发育膏模孔，白云石与石英半充填

（b）陕307井，井深3821.0m，马五₁³层，细粉晶云岩。发育膏模孔，白云石或石英半充填，压溶构造缝充填泥质

（c）莲36井，井深3742.6m，马五₄¹层，细粉晶云岩。发育膏模孔，白云石和少量石英半充填，见示底构造

（d）桃36井，井深3279.3m，马五₄¹层，细粉晶云岩。膏结核溶孔全充填云砂+方解石+石英

（e）陕143井，井深2965.0m，马五₄¹层，细粉晶云岩。膏结核溶孔全充填白云石粉砂、硬石膏

（f）双8井，井深2400.1m，马五₁³层，细粉晶云岩。膏结核溶孔被白云石粉砂、含铁白云石、萤石和高岭石半充填

图 7　鄂尔多斯盆地马家沟组上组合岩溶型储层特征照片

2.2.2　储集空间形成与保持

膏模孔在鄂尔多斯盆地岩溶型储层中占绝对优势，以下以膏模孔为例来探讨储集空间的形成与保持。

蒸发潮坪是储层发育的基础。从已有钻探结果看，岩溶型储层基本发育在含膏云坪和膏云坪环境，而潟湖环境则主要发育盖层，储层的发育具有明显的相控性[2,5]。

同生期层间岩溶和裸露期风化壳岩溶是膏模孔形成的主要机制。同生期层间岩溶指由于三级或四级海平面下降使已固结或半固结沉积物暴露地表，遭受淡水淋滤的溶蚀作用，这主要发生在马一段、马三段和马五段，尤其是马一段和马三段的沉积末期，造成马一段和马三段上部潮坪沉积中易溶的石膏结核或晶体溶蚀，形成膏模孔，该期形成的膏模孔大多可见方解石全—半充填。风化壳岩溶是马五段膏模孔形成的关键因素。晚奥陶世，由于秦岭洋关闭，造山运动使华北地台隆升，造成长达 150Ma 的沉积间断，致使鄂尔多斯盆地奥陶系遭受严重风化剥蚀，欠稳定的石膏矿物被溶蚀带走而形成膏模孔，孔隙度最高可达 40%，而白云岩经长期淋滤溶蚀，其碳、氧、锶同位素具有明显的淡水改造特点（图8）。该时期形成的膏模孔底部往往充填有同期白云石粉屑（可能是岩溶流体带来或是结核本身包含少量白云石），与后期充填矿物形成示底构造。

膏模孔的保存受矿物充填和封闭体系两大因素的控制。矿物充填破坏孔隙，充填作用越弱，越有利于孔隙保存。研究成果揭示，膏模孔经历多期充填，第一期是与膏模孔形成同时的白云石粉屑充填，第二期是硬石膏、自形白云石或连晶方解石充填，第三期是无铁

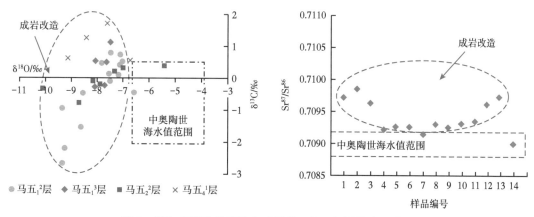

图8　鄂尔多斯盆地岩溶白云岩碳、氧、锶同位素组成图

方解石和石英充填，第四期是铁白云石或铁方解石充填。在不同岩溶古地貌环境，充填作用和充填程度不同，岩溶高地、斜坡和岩溶盆地的残丘往往是白云石粉屑+白云石或石英充填，以半充填为主；岩溶高地和斜坡的沟槽、岩溶盆地多为方解石或白云石粉屑+方解石充填，以全充填为主。经充填作用改造，膏模孔大多被充填缩小甚至消失，孔隙度大幅降低至3%～20%。残留下来的孔隙主要依靠封闭体系来保持水岩反应的长久平衡。石炭系煤系地层沉积后，随着压实作用的增强，煤系地层的封堵能力迅速增加，其与下伏马五₆亚段膏盐岩一道将上组合封闭，为残余孔隙的保持提供的条件。

2.2.3　有利储层分布

综上分析表明，岩溶型储层的形成受沉积微相和岩溶作用的控制，但储层的保持取决于充填矿物及充填程度，而岩溶古地貌又控制了充填矿物类型和充填程度，因

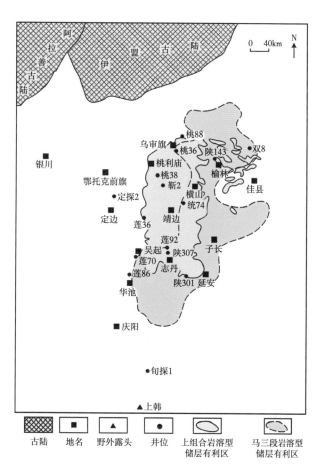

图9　鄂尔多斯盆地海相碳酸盐岩岩溶型储层分布图

此，有利储层的分布主要与微相和岩溶古地貌相关[2]，（含）膏云坪与岩溶高地、岩溶斜坡或岩溶残丘叠合的地区有利于储层的形成和保存，据此预测了乌审旗—靖边—志丹以及佳县—榆林是马家沟组上组合有利储层分布区（图9紫色区域）；而榆林—子长—延安—华池一带为马三段有利储层分布区（图9棕黄色区域）。

3 有利勘探方向

从储层预测结果看，鄂托克前旗—定边—上韩、桃利庙—吴起和榆林—志丹一带是储层有利分布区。鄂托克前旗—定边—上韩一带是张夏组和马四段颗粒滩型储层有利分布区，该区特点是储层厚度大，物性好，但缺乏圈闭条件，目前处于构造低部位，已钻探井大多产水，失去了勘探意义。桃利庙—志丹区带是岩溶型储层与台缘颗粒滩型储层的叠合地区，其中，岩溶型储层位于岩溶高地与岩溶斜坡古地貌环境，充填较弱，物性较好，其与沟槽充填的泥页岩一起形成地层圈闭；颗粒滩型储层位于台缘带向台内迁移地区，储层物性较好，其上倾方向为台内坳陷沉积，可共同构成岩性圈闭。榆林—志丹一带是岩溶型储层与台内颗粒滩型储层的叠合区，岩溶型储层位于斜坡古地貌位置，物性较好，与沟槽充填的泥页岩一起形成地层圈闭；颗粒滩型储层包括张夏组台内鲕粒滩储层、马五段中组合台内颗粒滩型储层和马四段台内颗粒滩型储层，与台缘滩相比，台内滩厚度变薄，但仍然具有较好储集性能，其上倾方向也具备良好封堵条件，可形成系列岩性圈闭。综合评价认为，桃利庙—吴起和榆林—志丹一带是最有利勘探区带，目前在上述区带内马家沟组上组合已发现大气田，深部的中组合和马四段也有零星发现，随着进一步勘探，深层一定会取得天然气勘探大突破。

4 结论

（1）鄂尔多斯盆地海相碳酸盐岩主要发育岩溶型和颗粒滩型两种类型白云岩储层，岩溶型储层发育于蒸发台地的含膏云坪和膏云坪微相，主要分布在马家沟组上组合、马一段和马三段；颗粒滩型储层主要发育于台缘鲕粒滩和台内鲕粒滩微相，分布在张夏组、三山子组、马四段和马家沟组中组合。

（2）颗粒滩型储层主要岩性是鲕粒云岩、砂屑云岩、晶粒云岩及微生物云岩，主要储集空间为残余粒间（溶）孔、微生物格架（溶）孔、晶间（溶）孔和溶洞，孔隙度介于2.00%~18.03%，平均孔隙度为6.16%，机械沉积和微生物造丘是原生孔隙形成的重要机制，准同生溶蚀和裸露期风化壳岩溶作用是溶孔溶洞形成的机制，早期白云石化和封闭体系有利于孔隙的保持。

（3）岩溶型储层的主要岩性是（含）膏模孔细粉晶云岩和粉晶云岩，储集空间为膏模孔、溶洞及微裂缝，孔隙度介于2.00%~16.36%，平均孔隙度为5.98%同生期层间岩溶和裸露期风化壳岩溶是膏模孔形成的主要机制，膏模孔的保存受矿物充填和封闭体系两大因素的控制。

（4）鄂尔多斯盆地海相碳酸盐岩有利储层主要分布鄂托克前旗—定边—上韩、桃利庙—吴起和榆林—志丹一带，其中桃利庙—吴起和榆林—志丹一带是该盆地深层碳酸盐岩气藏勘探的有利区带，有望取得天然气勘探新突破。

参 考 文 献

[1] 杨华，郑聪斌，席胜利，等. 鄂尔多斯盆地下古生界奥陶系天然气成藏地质特征 [M]. 北京：石油工业出版社，2000.

［2］周进高，邓红婴，郑兴平．鄂尔多斯盆地马家沟组储层特征及其预测方法［J］．石油勘探与开发，2003，30（6）：72-74.

［3］任军峰，包洪平，孙六一，等．鄂尔多斯盆地奥陶系风化壳岩溶储层孔洞充填特征及机理［J］．海相油气地质，2012，17（2）：63-69.

［4］杨华，付金华，魏新善，等．鄂尔多斯盆地奥陶系海相碳酸盐岩天然气勘探领域［J］．石油学报，2011，32（5）：733-740.

［5］沈扬，吴兴宁，王少依，等．鄂尔多斯盆地东部奥陶系风化壳岩溶储层孔隙充填特征［J］．海相油气地质，2018，23（3）：21-31.

［6］于洲，丁振纯，王利花，等．鄂尔多斯盆地奥陶系马家沟组五段膏盐下白云岩储层形成的主控因素［J］．石油与天然气地质，2018，39（6）：1213-1224.

［7］包洪平，杨帆，蔡郑红，等．鄂尔多斯盆地奥陶系白云岩成因及白云岩储层发育特征［J］．天然气工业，2017，37（1）：32-45.

［8］于洲，孙六一，吴兴宁，等．鄂尔多斯盆地靖西地区马家沟组中组合储层特征及主控因素［J］．海相油气地质，2012，17（4）：49-56.

［9］付金华．鄂尔多斯盆地下古生界海相碳酸盐岩油气地质与勘探［M］．北京：石油工业出版社，2018.

［10］冯增昭，陈继新，张吉森．鄂尔多斯盆地早古生代岩相古地理［M］．北京：地质出版社，1999.

［11］冯增昭，鲍志东，康祺发，等．鄂尔多斯早古生代古构造［J］．古地理学报，1999，1（2）：84-91.

［12］杨俊杰．鄂尔多斯盆地构造演化与油气分布规律［M］．北京：石油工业出版社，2002.

［13］侯方浩，方少仙，赵敬松，等．鄂尔多斯盆地中奥陶统马家沟组沉积环境模式［J］．海相油气地质，2002，7（1）：38-46.

［14］周进高，张帆，郭庆新，等．鄂尔多斯盆地下奥陶统马家沟组障壁潟湖沉积相模式及有利储层分布规律［J］．沉积学报，2011，29（1）：64-71.

［15］李文厚，陈强，李智超，等．鄂尔多斯地区早古生代岩相古地理［J］．古地理学报，2012，14（1）：85-100.

［16］周进高．碳酸盐岩障壁台地与储层发育规律［M］．北京：石油工业出版社，2015.

［17］周进高，席胜利，邓红婴，等．鄂尔多斯盆地寒武系—奥陶系深层海相碳酸盐岩构造—岩相古地理特征［J］．天然气工业，2020，40（2）：41-53.

［18］周进高，刘新社，沈安江，等．中国海相含油气盆地构造—岩相古地理特征［J］．海相油气地质，2019，24（4）：27-37.

［19］陈友智，付金华，杨高印，等．鄂尔多斯地块中元古代长城纪盆地属性研究［J］．岩石学报，2016，32（3）：856-864.

［20］管树巍，吴林，任荣，等．中国主要克拉通前寒武纪裂谷分布与油气勘探前景［J］．石油学报，2017，38（1）：9-22.

［21］王坤，王铜山，汪泽成，等．华北克拉通南缘长城系裂谷特征与油气地质条件［J］．石油学报，2018，39（5）：504-517.

［22］周进高，姚根顺，杨光，等．四川盆地安岳大气田震旦系—寒武系储层的发育机制［J］．天然气工业，2015，35（1）：36-44.

［23］周进高，张建勇，邓红婴，等．四川盆地震旦系灯影组岩相古地理与沉积模式［J］．天然气工业，2017，37（1）：24-31.

［24］郑剑锋，潘文庆，沈安江，等．塔里木盆地柯坪露头区寒武系肖尔布拉克组储层地质建模及其意义［J］．石油勘探与开发，2020，47（3）：499-511.

［25］乔占峰，沈安江，倪新锋，等．塔里木盆地下寒武统肖尔布拉克组丘滩体系类型及其勘探意义［J］．石油与天然气地质，2019，40（2）：392-402.

[26] 倪新锋, 黄理力, 陈永权, 等. 塔中地区深层寒武系盐下白云岩储层特征及主控因素 [J]. 石油与天然气地质, 2017, 38 (3): 489-498.

[27] 李文正, 周进高, 张建勇, 等. 四川盆地洗象池组储层的主控因素与有利区分布 [J]. 天然气工业, 2016, 36 (1): 52-60.

[28] 周进高, 姚根顺, 杨光, 等. 四川盆地栖霞组—茅口组岩相古地理与天然气有利勘探区带 [J]. 天然气工业, 2016, 36 (4): 8-15.

[29] 周进高, 徐春春, 姚根顺, 等. 四川盆地下寒武统龙王庙组储层形成与演化 [J]. 石油勘探与开发, 2015, 42 (2): 158-166.

[30] 姚根顺, 周进高, 邹伟宏, 等. 四川盆地下寒武统龙王庙组颗粒滩特征及分布规律 [J]. 海相油气地质, 2013, 18 (4): 1-8.

[31] 周进高, 房超, 季汉成, 等. 四川盆地下寒武统龙王庙组颗粒滩发育规律 [J]. 天然气工业, 2014, 34 (8): 27-36.

[32] 周进高, 郭庆新, 沈安江, 等. 四川盆地北部孤立台地边缘飞仙关组鲕滩储层特征及成因 [J]. 海相油气地质, 2012, 17 (2): 57-62.

[33] 赵文智, 沈安江, 胡素云, 等. 中国碳酸盐岩储层大型化发育的地质条件与分布特征 [J]. 石油勘探与开发, 2012, 39 (1): 1-12.

[34] Zhou Jingao, Deng Hongying, Zhou Yu, et al. The Genesis and prediction of dolomite reservoir in reef-shoal of Changxing Formation-Feixianguan Formation in Sichuan Basin [J]. Journal of Petroleum Science and Engineering, 2019, 178: 324-335.

[35] Adams J E, Rhodes M L. Dolomitization by seepage refluxion [J]. AAPG Bulletin, 1960, 44 (12): 1912-1920.

[36] Illing L V, Wells A J, Taylor J C M. Penecontemporay dolomite in the Persian Gulf [J]. AAPG Bulletin, 1965, 448 (1): 532-533.

[37] 张单明, 刘波, 秦善, 等. 川东北二叠系长兴组碳酸盐岩深埋成岩过程及其意义 [J]. 岩石学报, 2017, 33 (4): 1295-1304.

[38] 吴东旭, 孙六一, 周进高, 等. 鄂尔多斯盆地西缘克里摩里组白云岩储层特征及成因 [J]. 天然气工业, 2019, 39 (6): 51-62.

[39] 谢锦龙, 吴兴宁, 孙六一, 等. 鄂尔多斯盆地奥陶系马家沟组五段岩相古地理及有利区带预测 [J]. 海相油气地质, 2013, 18 (4): 23-32.

原文刊于《天然气工业》, 2020, 40 (11): 20-30.

鄂尔多斯盆地南缘中寒武统张夏组鲕粒滩相储层特征及主控因素

李维岭[1,2]，周进高[1,2]，吴兴宁[1,2]，吴东旭[1,2]，
王少依[1,2]，丁振纯[1,2]，于　洲[1,2]

1. 中国石油杭州地质研究院；2. 中国石油集团碳酸盐岩储层重点实验室

摘　要　鄂尔多斯盆地寒武系深层具有良好的勘探潜力，中寒武统张夏组为寒武系勘探的重要目的层系。通过野外剖面详测和岩心、薄片观察及实验分析，对张夏组储层的特征、成因及主控因素进行了分析和研究，并预测了有利储层发育区。研究表明：（1）张夏组主要发育台缘鲕粒白云岩和台内鲕粒白云岩 2 类储层。（2）台缘带鲕粒滩累计厚度集中在 50~300m，鲕粒粒径平均为 1.25mm，鲕粒白云岩储集空间以溶蚀孔洞、粒间溶孔和晶间（溶）孔为主，平均测井孔隙度和渗透率分别为 2.0% 和 0.038mD。（3）台内鲕粒滩厚度在 50~120m，鲕粒粒径平均为 0.85mm，鲕粒白云岩储集空间以溶蚀孔洞、粒间溶孔为主，平均测井孔隙度和渗透率分别为 3.3% 和 2.787mD。（4）张夏组储层受鲕粒滩相、白云石化以及三级/四级层序界面控制，台缘规模有利储层发育在四级海退层序中上部的鲕粒白云岩地层中，台内规模有利储层发育在寒武系顶部不整合面之下的鲕粒白云岩地层中。预测台缘岐山—旬邑一带和台内陇东地区为两大规模有利储层发育区。

关键词　鲕粒白云岩；储层特征；主控因素；张夏组；寒武系；鄂尔多斯盆地

　　鄂尔多斯盆地寒武系深层具有良好的成藏条件和勘探潜力。近年来，相继在盆地西南缘发现了多套富含有机质的规模有效烃源岩[1-8]，上覆的上古生界煤系烃源岩、奥陶系马家沟组烃源岩以及寒武系徐庄组、三道撞组烃源岩均可为其供烃；寒武系顶部不整合面之上的上古生界煤系地层、奥陶系马家沟组泥质碳酸盐岩可作为有效区域盖层；张夏组鲕粒滩、三山子组云坪可以作为良好的储层[9-13]。然而长期以来，寒武系深层的油气勘探并未取得重大突破，主要原因是勘探程度较低，缺乏沉积、储层、成藏方面的系统研究。目前鄂尔多斯盆地钻遇寒武系的井较少，仅有 103 口，而且大多是兼探井，这种情况下依然有多口井见气，如陇 17 井、陇 18 井见到工业气流，因此鄂尔多斯盆地寒武系深层展现出良好的勘探前景。随着勘探力度的不断加大，寒武系深层碳酸盐岩储层也成为研究热点。

　　前人的研究表明，寒武系张夏组广泛发育鲕粒滩沉积[14-21]。张夏组鲕粒滩能否发育规模有效储层，规模有效储层发育受哪些因素控制，是勘探生产亟待解决的地质问题。通过野外剖面详测和岩心、薄片观察及实验分析，对比分析了盆地南缘张夏组台缘、台内鲕粒滩储层的特征，结合测井、地震等资料，对储层主控因素开展研究，并预测出南缘两大

第一作者：李维岭，硕士，工程师，主要从事碳酸盐岩沉积储层研究。通信地址：310023 浙江省杭州市西湖区西溪路 920 号中国石油杭州地质研究院；E-mail：liwl_hz@petrochina.com.cn。

规模储层发育区，以期为鄂尔多斯盆地寒武系深层勘探提供依据。

1 构造—沉积背景

鄂尔多斯盆地位于华北板块西缘[22]，其发育受控于周缘洋盆的扩张和消减[23,24]。盆地东部与华北地区相连，受华北陆表海的影响，它的南部受秦岭洋控制，西南部受古祁连洋控制[22,25-32]。区域研究成果表明：前寒武纪冰期结束后，气候开始转暖，此时的华北板块处于 Rodinia 超大陆裂解所形成的拉张背景下，鄂尔多斯盆地西、南缘为被动大陆边缘[33]。南部秦岭海、西部祁连海的海水由南向北、从西向东逐渐海侵，中寒武世徐庄组沉积期—张夏组沉积期海侵达到寒武纪的高峰，鄂尔多斯全区基本上为广阔的浅水海域覆盖，形成了大规模的鲕粒滩沉积。

张夏组沉积时期，鄂尔多斯盆地南缘被西部祁连海槽和南部秦岭海槽所环绕（图1），为古陆—地台—海槽构造古地理格局。前人的研究表明，鄂尔多斯盆地长城系发育一系列大致北东向展布的裂谷[34-36]，平面上具有堑垒相间的构造格局[20]，早期裂谷对中寒武世张夏组沉积期海槽的分布范围也有一定的控制作用。徐庄组沉积期大面积海侵之后，张夏组沉积期开始缓慢海退，盆地地台区为水体较浅的地表海环境，出露镇原古陆。

从南缘张夏组残余地层厚度图来看，盆地中东部地台区地层厚度薄，一般小于150m；向西部、南部海槽方向地层厚度迅速加厚，一般超过200m。地层厚值区可以代表海槽发育区域（图1）。

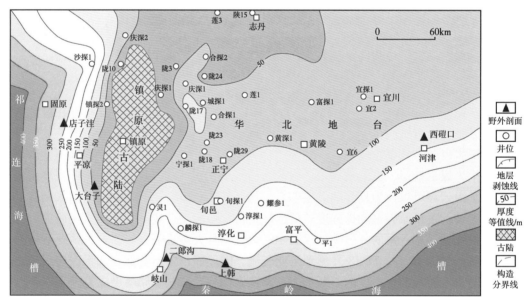

图1 鄂尔多斯盆地南缘张夏组构造—沉积背景与地层厚度等值线图

2 沉积相分布特征

近十年以来，前人针对鄂尔多斯盆地张夏组沉积相做了一些研究工作，对张夏组构造岩相古地理格局有了初步的认识：有的学者认为张夏组沉积期发育局限/开阔台地、台地边缘、斜坡/陆棚—盆地[14-20]，也有学者认为发育开阔台地、缓坡、海槽[20]。但是，由于这些研究对近年来新的钻井资料、数据尚未采用，而且侧重于岩相古地理整体格局的刻画，对鲕粒滩的刻画以及鲕粒滩分布规律的研究十分薄弱，因此无法满足当前油气勘探的需求。笔者在系统梳理前人已有成果认识的基础上，进一步通过露头、最新的钻井资料、测井岩性解释资料的研究，结合地层厚度、主要岩性百分比等单因素分析方法，来恢复鄂尔多斯盆地南缘寒武纪张夏组沉积期构造岩相古地理。

研究认为，盆地南缘寒武系张夏组主要发育剥蚀古陆、局限台地、台地边缘、斜坡、盆地相（图2）。西部发育镇原古陆，由前寒武纪变质白云岩、变质砂岩组成，寒武纪无沉积。局限台地相分布较为广泛，为中东部的主要沉积相类型，岩性主要以薄层粉晶白云岩、鲕粒白云岩为主，石灰岩很少分布；发育较多的台内鲕粒滩沉积，滩体沿古陆边缘近南北向或北东向展布，滩体厚度较薄，累计厚度一般小于100m。台地边缘主要分布在盆地西缘固原东部至平凉一带的狭长地带，以及盆地南缘岐山—黄陵南部一带和富平—河津一带，其中南缘岐山—黄陵南部一带的台缘鲕粒滩以深灰色厚层鲕粒白云岩夹粉—细晶白云岩为主，富平—河津一带的台缘鲕粒滩岩性以灰色厚层鲕粒灰岩为主，夹泥—粉晶灰岩。台缘带鲕粒白云岩/灰岩发育较厚，累计厚度一般超过150m，鲕粒间多为亮晶胶结，反映较强的水动力条件。斜坡、盆地相主要分布在盆地西部及南部，沿固原—平凉西部—岐山南部—河津南部分布，岩性以深灰色泥晶灰岩、泥质灰岩夹灰质泥岩为主，其分布反映古祁连洋及古秦岭洋的海槽范围。

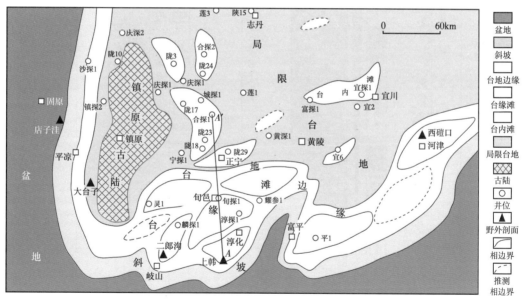

图 2　鄂尔多斯盆地南缘张夏组沉积相图

3　鲕粒白云岩储层特征

纵向上，研究区张夏组发育1个三级层序，4个四级海退层序旋回，四级海退层序旋回中上部发育鲕粒滩沉积。以麟探1井为例（图3），该井位于鄂尔多斯盆地西南部，井深4570m，张夏组地层钻厚157.8m，底部与徐庄组深灰色泥质灰岩、灰质泥岩整合接触，

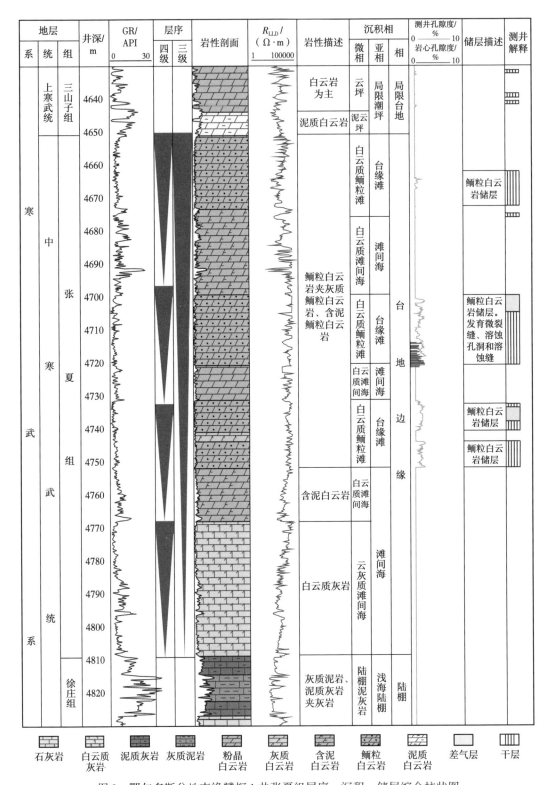

图3 鄂尔多斯盆地南缘麟探1井张夏组层序—沉积—储层综合柱状图

顶部与三山子组深灰色泥质白云岩整合接触。从沉积旋回看，麟探 1 井发育 4 个四级海退层序旋回。自下向上，第 1 个旋回由一段褐灰色白云质灰岩组成，为云灰质滩间海沉积，厚度约为 41m。第 2 个海退旋回底部为深灰色—灰黑色含泥白云岩、粉晶白云岩，为云灰质滩间海沉积，厚度约为 16m；顶部为 2 套深灰色—灰色厚层鲕粒白云岩夹同色灰质白云岩、泥质白云岩，总厚度约为 20m，为台缘鲕粒滩沉积。第 3 个海退旋回底部为深灰色—灰黑色粉晶白云岩，厚度约为 10m，含泥纹层发育，为云灰质滩间海沉积；顶部发育深灰色厚层（残余）鲕粒白云岩，为台缘鲕粒滩沉积。第 4 个海退旋回底部为灰黑色粉晶白云岩夹泥质白云岩，厚度约为 27m，为滩间灰云坪沉积；顶部为深灰色—灰黑色鲕粒白云岩，夹少量含灰白云岩、粉晶白云岩，厚度约为 22m，为台缘鲕粒滩沉积。总体上，麟探 1 井处于华北地台陆缘附近，张夏组鲕粒滩累计厚度较大，早期以潮坪沉积为主，中后期鲕粒滩发育。这些厚层滩体，主要发育在第 2 至第 4 个海退旋回的顶部，通过准同生或后期溶蚀作用，形成优质储层。

野外露头、岩心、薄片观察与实验分析对比表明：盆地南缘张夏组发育台缘鲕粒白云岩、台内鲕粒白云岩两类有利储层，这两类储层在储层岩性、储集空间类型、物性、鲕粒滩厚度、白云石化程度共 5 个方面存在明显差异。

3.1 岩性特征

盆地南缘张夏组野外及钻井薄片资料统计显示，台缘、台内储层岩性均以（残余）鲕粒白云岩为主，粉细晶白云岩、砂屑白云岩、生物碎屑白云岩中储层很少发育。台缘、台内发育的鲕粒白云岩比例相近，台缘白云岩中鲕粒白云岩占比 71.4%，台内白云岩中鲕粒白云岩占比为 79.0%（图 4）。

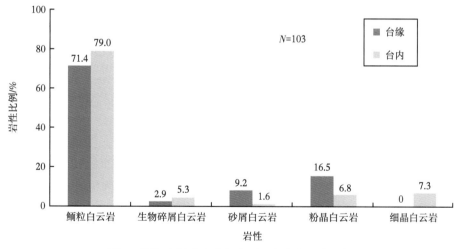

图 4　鄂尔多斯盆地南缘张夏组各类白云岩比例

台缘鲕粒白云岩与台内鲕粒白云岩的岩石结构存在一定的差异。对野外样品、岩心及薄片中的鲕粒粒径进行统计，结果显示：台缘滩鲕粒粒径为 0.03～2.25mm，平均为 1.25mm；台内滩鲕粒粒径为 0.03～1.55mm，平均为 0.85mm。台缘鲕粒粒径值分布范围较台内广，平均值较台内大，这说明台缘带鲕粒沉积期处于更为强烈和动荡的水体环境之中，而台内鲕粒沉积环境能量较台缘弱且相对稳定。

3.2 储集空间特征

盆地南缘张夏组台缘与台内鲕粒滩储层的储集空间均以次生溶孔为主，其中台缘鲕粒滩主要发育溶蚀孔洞、粒间溶孔、晶间（溶）孔（图5a至c），台内鲕粒滩主要发育溶蚀孔洞、粒间溶孔（图5d至f）。由于台缘带白云石化程度超过台内，因此台缘鲕粒滩白云石晶体结晶程度较高，储层中晶间（溶）孔相较台内更发育。

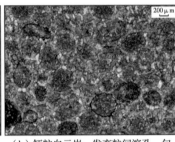

（a）鲕粒白云岩，发育裂缝、溶蚀　（b）鲕粒白云岩，发育粒间溶孔。旬　（c）中晶（残余）鲕粒白云岩，发育
孔隙、孔洞。上韩剖面　　　　　探1井4110.3m。铸体薄片，单偏光　晶间孔。上韩剖面。铸体薄片，单偏光

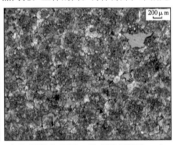

（d）鲕粒云岩，发育溶蚀孔洞、孔洞　（e）鲕粒白云岩，发育溶蚀孔洞。　（f）鲕粒白云岩，发育粒间溶孔。宁
直径0.5~2cm。宜2井3129.5m。岩心　宜6井2829.5m。铸体薄片，单偏光　探1井3727.8m。铸体薄片，单偏光

图5　鄂尔多斯盆地南缘张夏组鲕粒白云岩储层储集空间特征

3.3 物性特征

对研究区台缘、台内测井孔隙度大于1%的储层段进行了统计（表1），结果表明：台缘鲕粒白云岩储层测井孔隙度介于1.0%~6.3%，平均为2.0%，渗透率介于0.001~0.467mD，平均为0.038mD；台内鲕粒白云岩储层测井孔隙度介于1.0%~18.6%，平均为3.3%，渗透率介于0.002~25.853mD，平均为2.787mD。台缘和台内其他岩石的物性均较差，平均孔隙度小于1.4%，平均渗透率小于0.314mD。因此，鲕粒白云岩物性最好，张夏组储层主要发育于鲕粒白云岩之中。

表1　鄂尔多斯盆地南缘张夏组测井物性统计表（$N = 1696$）

储层	测井孔隙度/%			测井渗透率/mD		
	最大值	最小值	平均值	最大值	最小值	平均值
台缘鲕粒白云岩	6.3	1.0	2.0	0.467	0.001	0.038
台内鲕粒白云岩	18.6	1.0	3.3	25.853	0.002	2.787
台缘其他岩性	1.9	1.0	1.3	0.311	0.001	0.023
台内其他岩性	2.3	1.0	1.4	1.128	0.001	0.314

3.4 鲕粒滩厚度

利用岩性录井、野外实测等资料，统计了盆地南缘张夏组鲕粒滩厚度，结果显示：台缘带鲕粒滩累计厚度集中在 50~300m，台内鲕粒滩厚度在 50~120m。可见台缘鲕粒滩厚度明显大于台内。

在单个四级层序旋回内，台缘鲕粒滩厚度也大于台内。前期研究表明，张夏组发育 1 个三级层序、4 个四级层序旋回，鲕粒滩发育在海退旋回的中上部（图 3）。对比台缘带和台内单个四级层序旋回的厚度，台缘带为 50~90m，台内为 30~60m，台缘带厚度较大（图 6）。由于海退旋回的中上部鲕粒滩较为发育，因此推断在单个四级层序旋回内，台缘鲕粒滩厚度大于台内。

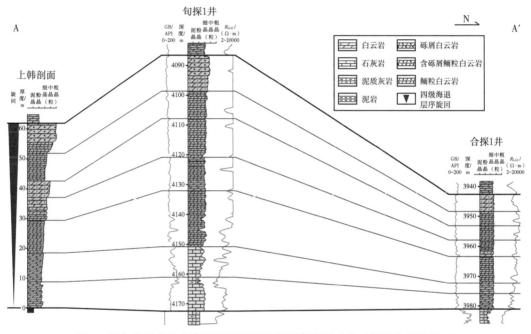

图 6 鄂尔多斯盆地南缘张夏组四级海退层序旋回对比（剖面位置见图 2）

3.5 白云石化程度

基于测井解释、野外露头实测等资料，采用单因素分析综合作图方法，绘制了鄂尔多斯盆地南缘张夏组白云岩厚度等值线图。结果显示，台缘带西段（耀参 1 井以西）白云岩厚度主要集中在 50~200m，台内白云岩厚度集中在 0~100m 范围内，台缘带东段（耀参 1 井以东）基本未白云石化（图 7）。

薄片资料统计显示：台缘带白云岩中，粉晶、细晶、中晶和粗晶白云石所占的比例分别为 45.2%、37.7%、9.4% 和 7.8%；台内白云岩中，相应比例分别为 60.0%、38.4%、1.6% 和 0（图 8）。台缘带白云石矿物中的中晶和粗晶的比例远大于台内，可见台缘带白云岩中白云石的结晶程度更高。

盆地南缘张夏组台缘带、台内储层在沉积、埋藏过程中，经历了不同的沉积环境、成岩环境和孔隙演化过程，因此台缘带、台内储层特征才会出现这 5 种较为明显的差异。这些特征差异，也反过来佐证了张夏组台缘带的存在。

323

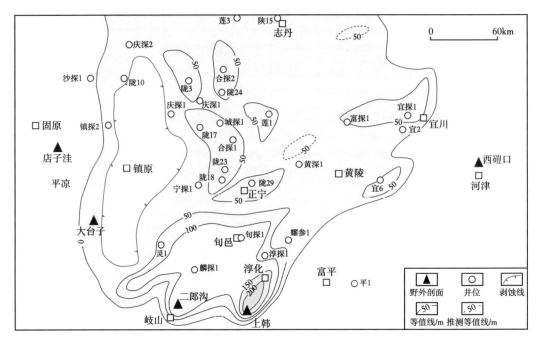

图 7　鄂尔多斯盆地南缘张夏组白云岩厚度等值线图

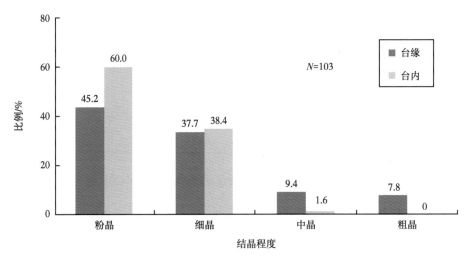

图 8　鄂尔多斯盆地南缘张夏组不同结晶程度白云石矿物比例

4　储层发育主控因素

盆地南缘张夏组台缘鲕粒白云岩、台内鲕粒白云岩可以形成规模有效储层，规模有效储层的发育受鲕粒滩相、白云石化和层序界面的控制。

4.1　鲕粒滩相

鲕粒滩相是储层发育的有利相带。张夏组储层的主要岩性为鲕粒白云岩（图 4），主体由浑圆、次圆形鲕粒构成的鲕粒滩沉积，具有良好的孔隙空间和渗透性，沉积期鲕粒滩良好的储集物性，为现今的鲕粒白云岩储层的形成奠定了良好的物质基础。对张夏组岩心、野外样品的统计显示，无论台缘带还是台内的有效储层，都发育在鲕粒白云岩中。

4.2 白云石化

白云石化作用是孔隙保存的关键因素。研究区张夏组台缘、台内鲕粒滩沉积时期，经历了渗透回流白云石化作用，形成的白云石具有抗压实作用的能力，为白云石化程度较高的台缘带西部鲕粒滩原生粒间孔隙的保存起到积极作用。从单井上看，在同一四级层序旋回的鲕粒滩中，白云石化程度越高，孔隙度越高，而石灰岩中孔渗层不发育（图3）。

4.3 层序界面

三级/四级层序界面控制储层发育位置。台缘鲕粒白云岩储层受四级层序界面控制，台内鲕粒白云岩储层受三级层序界面控制。

4.3.1 台缘鲕粒白云岩储层受四级层序界面控制

台缘鲕粒白云岩储层受四级层序界面控制，孔隙层发育在四级海退层序旋回的中上部（图3）。在四级海退旋回中上部，准同生溶蚀孔隙得到保存，发育溶蚀孔洞（图5a）、粒间溶孔（图5b）、晶间孔（图5c）。

碳、氧同位素分析表明：台内鲕粒白云岩 $\delta^{18}O_{VPDB}$ 值基本在同期海水的范围内；台缘鲕粒白云岩样品 $\delta^{18}O_{VPDB}$ 值受到大气淡水的影响，明显偏负（图9a）。锶同位素分析表明：台内鲕粒白云岩的 $^{87}Sr/^{86}Sr$ 值分布在同期海水的范围内；台缘鲕粒白云岩的 $^{87}Sr/^{86}Sr$ 值可能受到大气淡水锶的影响，大部分样品偏正（图9b）。

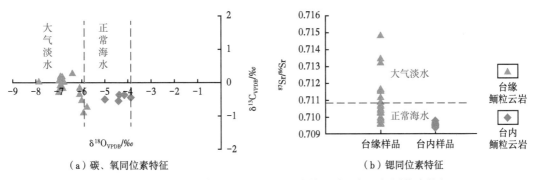

（a）碳、氧同位素特征　　　　　　　（b）锶同位素特征

图9　鄂尔多斯盆地南缘张夏组鲕粒白云岩储层碳、氧和锶同位素特征

4.3.2 台内鲕粒白云岩储层受三级层序界面控制

台内鲕粒白云岩储层受三级层序界面控制，孔隙层发育在寒武系顶不整合面之下。准同生期，台内鲕粒滩间歇性暴露溶蚀，四级层序旋回顶部形成少量溶蚀孔隙。寒武纪末期，张夏组处于晚表生期，中央古隆起抬升剥蚀（图2），张夏组台内鲕粒白云岩大规模暴露溶蚀，构造裂缝的大量发育为晚表生期大气淡水溶蚀改造创造条件（图5d），不整合面之下发育溶缝伴生的溶蚀孔隙、孔洞（图5d、e）。

台内鲕粒白云岩储层受不整合面的控制明显，平面上发育在不整合面剥蚀区域附近，纵向上发育在不整合面之下，发育与构造裂缝伴生的溶蚀孔隙、孔洞。以镇原古陆东部，即陇东地区为例，寒武系顶部不整合面之下张夏组储层发育，陇17井获工业气流。

台缘鲕粒滩的发育程度和白云石化程度均高于台内，但由于台内镇原古陆及周缘处于古地貌高部位，受岩溶改造强烈，而处于盆地南缘的台缘处于古地貌低部位，溶蚀作用较弱，因此台内鲕粒白云岩储层的性质优于台缘鲕粒白云岩储层（表1）。

5 规模有利储层分布区

通过叠合鲕粒滩分布区（图2）、白云岩分布区（图7）与张夏组顶部不整合范围，预测出盆地南缘张夏组两大规模有利储层分布区（图10）。

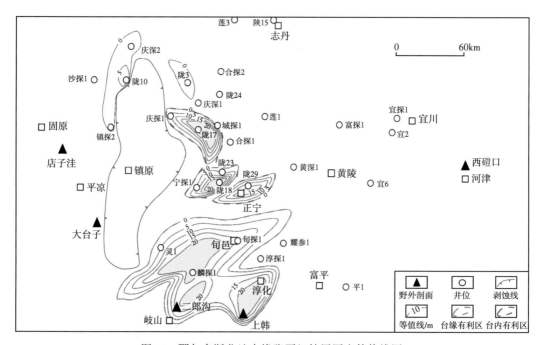

图10 鄂尔多斯盆地南缘张夏组储层厚度等值线图

台缘带有利储层分布在岐山—旬邑一带（图10下部橘黄色虚线范围），分布面积为9332km²；台内有利储层分布在陇东地区（图10上部褐色虚线范围），分布面积为3205km²。

6 结论

（1）鄂尔多斯盆地南缘张夏组主要发育台缘鲕粒白云岩、台内鲕粒白云岩2类储层，这2类储层在岩性、储集空间、物性、鲕粒滩厚度、白云石化程度共5个方面具有明显差异，体现了台缘、台内鲕粒滩经历了不同的沉积环境、成岩环境和孔隙演化过程。

（2）台缘带、台内规模有效储层的发育受鲕粒滩相、白云石化和层序界面3大因素的控制。台缘规模有利储层发育在四级海退层序中上部的鲕粒白云岩地层中；台内规模有利储层受三级层序界面控制，发育在寒武系顶部不整合面之下的鲕粒白云岩地层中。

（3）台缘鲕粒滩的发育程度和白云石化程度均高于台内，但由于台内镇原古陆及周缘处于古地貌高部位，受岩溶改造强烈，而处于盆地南缘的台缘处于古地貌低部位，溶蚀作用较弱，因此台内鲕粒白云岩储层的性质优于台缘鲕粒白云岩储层。

（4）盆地南缘张夏组发育两大规模有利储层发育区：台缘带有利储层分布在岐山—旬邑一带，分布面积为 9332km²；台内有利储层分布在陇东地区，分布面积为 3205km²。

参 考 文 献

［1］戴金星，刘德良，曹高社．华北陆块南部下寒武统海相泥质烃源岩的发现对天然气勘探的意义［J］．地质论评，2003，49（3）：322-329.

［2］廖英泰，李风勋，杨玉玺，等．南华北南缘下寒武统优质海相烃源岩初探［J］．石油地质与工程，2010，24（4）：26-28.

［3］闫相宾，周小进，倪春华，等．华北—东北地区海相层系烃源特征与战略选区［J］．石油与天然气地质，2011，32（3）：448-460.

［4］倪春华，周小进，王果寿，等．鄂尔多斯盆地南缘平凉组烃源岩沉积环境与地球化学特征［J］．石油与天然气地质，2011，32（1）：38-46.

［5］朱建辉，吕剑虹，缪九军，等．鄂尔多斯西南缘下古生界烃源岩生烃潜力评价［J］．石油实验地质，2011，33（6）：662-670.

［6］陈启林，白云来，廖建波，等．鄂尔多斯盆地深层寒武系烃源岩展布特征及其勘探意义［J］．天然气地球科学，2015，26（3）：397-407.

［7］廖建波，陈启林，李智勇，等．鄂尔多斯南缘下寒武统烃源岩的发现与意义［J］．中国矿业大学学报，2016，45（3）：527-534.

［8］李伟，涂建琪，张静，等．鄂尔多斯盆地奥陶系马家沟组自源型天然气聚集与潜力分析［J］．石油勘探与开发，2017，44（4）：521-530.

［9］魏魁生，徐怀大，叶淑芬．鄂尔多斯盆地北部下古生界层序地层分析［J］．石油与天然气地质，1997，18（2）：48-55.

［10］段杰．鄂尔多斯盆地南缘下古生界碳酸盐岩储层特征研究［D］．成都：成都理工大学，2009：10-11.

［11］郑浩夫．鄂尔多斯盆地东南部张夏组和三山子组储层特征研究［D］．成都：成都理工大学，2015.

［12］郭江南．鄂尔多斯盆地南部三山子组白云岩储层特征研究［D］．成都：成都理工大学，2016.

［13］郝哲敏．鄂尔多斯盆地寒武系张夏组和三山子组储层形成机理研究［D］．成都：成都理工大学，2017.

［14］李文厚，陈强，李智超，等．鄂尔多斯地区早古生代岩相古地理［J］．古地理学报，2012，14（1）：85-100.

［15］刘晓光，陈启林，白云来，等．鄂尔多斯盆地中寒武统张夏组沉积相特征及岩相古地理分析［J］．天然气工业，2012，32（5）：14-18.

［16］陈启林，白云来，黄勇，等．鄂尔多斯盆地寒武纪层序岩相古地理［J］．石油学报，2012，33（增刊2）：82-94.

［17］陈启林，白云来，马玉虎，等．再论鄂尔多斯盆地寒武纪岩相古地理及沉积构造演化［J］．吉林大学学报（地球科学版），2013，43（6）：1697-1715.

［18］陈洪德，钟怡江，许效松，等．中国西部三大盆地海相碳酸盐岩台地边缘类型及特征［J］．岩石学报，2014，30（3）：609-621.

［19］周进高，刘新社，沈安江，等．中国海相含油气盆地构造—岩相古地理特征［J］．海相油气地质，2019，24（4）：27-37.

［20］周进高，席胜利，邓红婴，等．鄂尔多斯盆地寒武系—奥陶系深层海相碳酸盐岩构造—岩相古地理特征［J］．天然气工业，2020，40（2）：41-53.

［21］张春林，张福东，朱秋影，等．鄂尔多斯克拉通盆地寒武纪古构造与岩相古地理再认识［J］．石油

与天然气地质，2017，38（2）：281-291.

［22］付金华，郑聪斌. 鄂尔多斯盆地奥陶纪华北海和祁连海演变及岩相古地理特征［J］. 古地理学报，2001，3（4）：25-36.

［23］王鸿祯. 中国古地理图集［M］. 北京：地图出版社，1985.

［24］王传远，段毅，杜建国，等. 鄂尔多斯盆地三叠系延长组原油中性含氮化合物的分布特征及油气运移［J］. 油气地质与采收率，2009，16（3）：7-10.

［25］王鸿祯，刘本培，李思田. 中国及邻区大地构造分区和构造发展阶段［C］//王鸿祯，杨森楠，刘本培. 中国及邻区构造古地理和生物古地理. 武汉：中国地质大学出版社，1990：3-34.

［26］翟光明，宋建国，靳久强，等. 板块构造演化与含油气盆地形成和评价［M］. 北京：石油工业出版社，2002.

［27］黄汲清，任纪舜，姜春发，等. 中国大地构造基本轮廓［J］. 地质学报，1977，51（2）：117-135.

［28］金性春. 板块构造基础［M］. 上海：上海科学技术出版社，1984.

［29］黄汲清，任纪舜，姜春发，等. 中国大地构造及其演化：1∶400万中国大地构造图简要说明［M］. 北京：科学出版社，1985.

［30］赵重远，刘池洋. 华北克拉通沉积盆地形成与演化及其油气赋存［M］. 西安：西北大学出版社，1990.

［31］贾承造. 中国中西部前陆盆地的地质特征及油气聚集［J］. 地学前缘，2005，12（3）：3-13.

［32］白云来，王新民，刘化清，等. 鄂尔多斯盆地西部边界的确定及其地球动力学背景［J］. 地质学报，2006，80（6）：702-813.

［33］许效松，刘宝珺，牟传龙，等. 中国中西部海相盆地分析与油气资源［M］. 北京：地质出版社，2004：168-175.

［34］陈友智，付金华，杨高印，等. 鄂尔多斯地块中元古代长城纪盆地属性研究［J］. 岩石学报，2016，32（3）：856-864.

［35］管树巍，吴林，任荣，等. 中国主要克拉通前寒武纪裂谷分布与油气勘探前景［J］. 石油学报，2017，38（1）：9-22.

［36］王坤，王铜山，汪泽成，等. 华北克拉通南缘长城系裂谷特征与油气地质条件［J］. 石油学报，2018，39（5）：504-517.

原文刊于《海相油气地质》，2021，26（1）：25-34.

鄂尔多斯盆地西缘奥陶系白云岩地球化学特征及成因分析

吴兴宁[1,2]，吴东旭[1,2]，丁振纯[1,2]，于 洲[1,2]，
王少依[1,2]，李维岭[1,2]

1. 中国石油杭州地质研究院；2. 中国石油集团碳酸盐岩储层重点实验室

摘 要 白云岩成因及白云岩储层发育的控制作用尚不明确，这造成了优质白云岩储层预测的困难，严重制约了鄂尔多斯盆地西缘奥陶系的勘探部署和天然气发现。早奥陶世，盆地西缘总体处于开阔海缓坡或弱镶边台地沉积环境，内缓坡及台地边缘带起到一定的障壁作用。岩石薄片观察表明，盆地西缘奥陶系白云岩主要为颗粒白云岩和晶粒白云岩，颗粒白云岩残余颗粒结构清晰，晶粒白云岩包括泥粉晶白云岩、粗粉晶白云岩、粉细晶白云岩、细晶白云岩、中细晶白云岩和中粗晶白云岩等。白云岩地球化学分析显示：泥粉晶白云岩碳同位素 $\delta^{13}C$ 值多偏正，微量元素具有低 Na、K 及较高 Fe 的特征，锶同位素 $^{87}Sr/^{86}Sr$ 值与同时期海水相似，稀土元素 Eu 亏损，阴极发光显示为暗棕色或暗褐色；细晶—颗粒白云岩 $\delta^{13}C$ 值多偏负，微量元素具有低 Na、K、Fe 的特征，$^{87}Sr/^{86}Sr$ 值明显大于同时期海水，阴极发光显示为橘黄色、暗红色及红色发光，包裹体均一温度普遍偏高。根据区域构造和沉积演化、岩石学特征、气候环境以及地球化学特征综合分析，盆地西缘奥陶系泥粉晶白云岩由准同生期蒸发泵白云石化作用形成，细晶—颗粒白云岩由浅埋藏期回流—渗透白云石化作用形成。同生期颗粒滩原生孔隙在白云石化之后由于白云岩的抗压实能力强而得以保存下来，后期进一步溶蚀扩大形成现今盆地西缘奥陶系白云岩储层中最主要的储集空间。

关键词 白云岩；地球化学特征；成因；桌子山组；克里摩里组；奥陶系；鄂尔多斯盆地

近年来，长庆油田持续加强鄂尔多斯盆地西缘的勘探部署和综合攻关研究，多口探井在奥陶系获得低产气或气显示。勘探实践及研究表明[1,2]，白云岩储层是盆地西缘奥陶系主要储层类型，储层岩性为颗粒滩残余藻砂屑白云岩、残余生物碎屑砂屑白云岩，孔隙度达 2%~9%，储集性能好。目前针对奥陶系白云岩成因及白云岩储层发育控制因素等方面研究较少，优质白云岩储层的分布预测仍缺乏明确的地质依据，这严重制约了盆地西缘奥陶系进一步的勘探部署和天然气发现。笔者在前人研究的基础上，重点针对鄂尔多斯盆地西缘桌子山、樱桃沟、牛首山、青龙山 4 条露头剖面以及乐 1 井、忠探 1 井、芦参 1 井等 53 口取心探井开展研究工作，通过对露头、钻井岩心及岩石薄片的详细观察描述，结合相关地球化学实验分析，着重探讨盆地西缘奥陶系白云岩的成因机制，建立白云岩成因模式，并进一步明确其对白云岩储层发育的控制作用，以期为优质白云岩储层的分布预测提供基本地质依据。

第一作者：吴兴宁，博士，高级工程师，长期从事海相碳酸盐岩沉积储层研究。通信地址：310023 浙江省杭州市西湖区西溪路 920 号；E-mail：wuxn_hz@petrochina.com.cn。

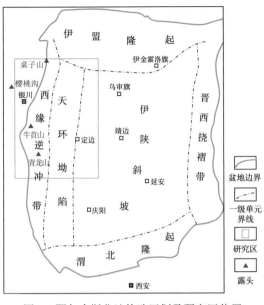

图 1　鄂尔多斯盆地构造区划及研究区位置

1　白云岩沉积特征

鄂尔多斯盆地西缘横跨伊陕斜坡、天环坳陷和西缘逆冲带等构造单元（图1），区内奥陶系是重要的天然气勘探层系，其中—下奥陶统白云岩是重要的储层。综合构造、沉积演化和层序地层学分析，盆地西缘奥陶系沉积总体上受贺兰坳拉槽演化所控制[3-7]。早奥陶世桌子山组沉积早期，贺兰坳拉槽进一步发育，盆地西缘沉降作用加大，由早期的潮坪—缓坡沉积环境向缓坡环境转换。至桌子山组沉积晚期，受贺兰坳拉槽进一步发育的影响，盆地西缘构造沉降增大造成水体相对加深，前期的缓坡有所变陡，但基本继承了桌子

山组沉积早期的格局，仍属于开阔海缓坡沉积环境，在内缓坡和中缓坡发育颗粒滩沉积。至克里摩里组沉积期，板块构造运动活跃，盆地西缘开始发育拉张裂谷和同沉积正断层，沉积环境由桌子山组沉积晚期的开阔海缓坡演化为盆地—台地边缘—开阔台地。到中奥陶世，盆地中东部发生构造抬升而形成古陆，盆地西部沉积水体进一步加深，沉积环境转变为盆地—斜坡，仅在下部见到一些薄层泥晶灰岩沉积，盆地相区受陆源碎屑供给影响则主要发育一套砂泥岩互层的类复理石浊积岩，厚度巨大，属超补偿沉积。

盆地西缘奥陶系白云岩自下而上主要发育在下奥陶统桌子山组和克里摩里组（图2）。综合钻录井资料和测井解释可以看出，桌子山组纵向上常大段或整段白云石化，白云岩累计厚度约为0~150m。平面上，桌子山组白云岩的分布受沉积相带控制：桌子山组沉积期内缓坡和中缓坡相带沉积时水体能量总体较高，发育高能颗粒滩，岩性以砂屑灰岩、藻砂屑灰岩、含生物碎屑砂屑灰岩为主，由于沉积时粒间原生孔隙较为发育，可作为含Mg^{2+}流体运移的重要通道，因而易于白云石化且白云石化程度高，形成细晶—中晶结构的晶粒白云岩及残余颗粒白云岩。桌子山组白云岩厚值区主要分布于中央古隆起鄂托克旗至定边一带（图2a），向两侧厚度逐渐减薄，在乐1井区、忠探1井区及芦参1井区局部加厚；平面上呈连片大规模分布，面积达$1.8 \times 10^4 km^2$。

克里摩里组白云岩纵向上主要以石灰岩中的夹层发育，单层厚度一般约为0~40m，累计厚度最大可达75m，盆地西缘南部的白云岩主要位于克里摩里组下部，而盆地西缘北部的白云岩主要位于克里摩里组上部。钻录井及测井资料解释表明，平面上克里摩里组白云岩主要发育在靠近克里摩里组剥蚀线一侧（图2b），分布受沉积相带控制：克里摩里组沉积期发育弱镶边台地，台地边缘沉积颗粒滩相砂屑灰岩、生物碎屑灰岩及礁灰岩等，多表现为粗结构，原生粒间孔发育，有利于含Mg^{2+}流体的运移，白云石化更彻底，白云岩厚度也较大。克里摩里组白云岩的平面连续性较差，主要分布于乐1井区、鄂19井至鄂12井一带、李1井至忠探1井一带、芦参1井区以及李17井—李29井一带（图2b），面积约为8000km²。

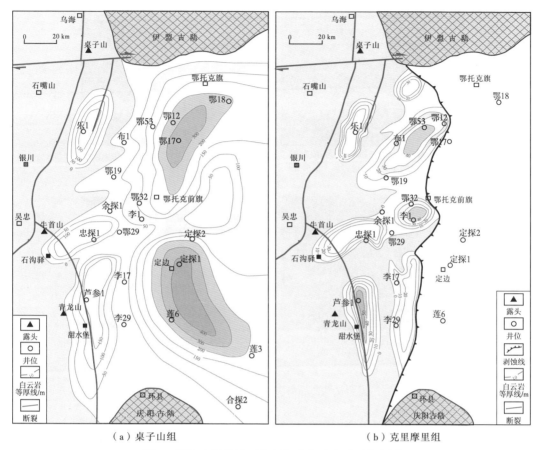

（a）桌子山组　　　　　　　　　　　（b）克里摩里组

图 2　鄂尔多斯盆地西缘奥陶系白云岩平面分布图

2　白云岩岩石学特征

桌子山组白云岩主要发育于内缓坡相带，岩性为颗粒白云岩和晶粒白云岩。其中颗粒白云岩是最主要的储层岩性，以砂屑或藻砂屑白云岩为主，部分可以见到生物碎屑结构，颗粒残余结构较为清晰，当重结晶作用强烈时不易保留下来，粒间溶孔发育，多未充填。晶粒白云岩包括泥粉晶白云岩、粗粉晶白云岩、粉细晶白云岩、细晶白云岩、中细晶白云岩和中粗晶白云岩等（图3）。粉晶白云岩类宏观上常呈块状结构，镜下白云石以他形粒状致密镶嵌为主，白云石加大胶结一般不发育，常见原岩残余结构及组分，如残余颗粒结构、未白云石化泥线及生物碎屑（主要为棘屑）。细晶白云岩类（粉细晶白云岩、细晶白云岩、中细晶白云岩）宏观上也呈块状结构，镜下白云石可呈多种结构，如半自形—自形晶粒结构、他形—半自形粒状结构及他形粒状结构，前二者往往具雾心亮边结构，并不同程度发育晶间孔、晶间溶孔，白云石呈他形粒状结构者一般晶间致密镶嵌，晶间孔不发育。

从薄片观察来看，克里摩里组岩性主要以粉晶白云岩、粉细晶白云岩、残余砂屑白云岩为主（图4），局部见中粗晶白云岩。宏观上，克里摩里组白云岩常呈中薄层状，镜下粉晶白云石呈半自形—他形粒状镶嵌结构，细晶白云石及残余砂屑白云岩白云石呈半自形—自形晶粒结构，重结晶作用强，白云石化程度较高，粒间溶孔发育，未充填，是最重要的储集空间。

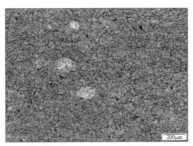

（a）细粉晶白云岩，见白云石化钙球。
余探1井4329.45m。普通薄片，单偏光

（b）细晶白云岩，发育晶间孔（溶
孔），未充填。定探2井3942m。铸
体薄片，单偏光

（c）中粗晶白云岩，硅质交代作用强烈。
乐1井2381.19m。普通薄片，单偏光

（d）残余颗粒白云岩，发育粒间
孔，未充填。鄂29井4520.24m。铸体
薄片，单偏光

图3 鄂尔多斯盆地西缘奥陶系桌子山组白云岩岩石学特征

（a）粉晶白云岩，无显孔。布1井
4123.5m。普通薄片，单偏光

（b）细晶白云岩，不均匀发育晶间
孔，未充填。鄂12井3783.96m。铸
体薄片，单偏光

（c）残余颗粒白云岩，发育粒间溶
孔，未充填。余探1井4332.4m。铸体
薄片，单偏光

（d）残余颗粒白云岩，发育粒间溶
孔。鄂32井3912.03m。铸体薄片，
单偏光

图4 鄂尔多斯盆地西缘奥陶系克里摩里组白云岩岩石学特征

3 白云岩地球化学特征

3.1 碳氧同位素特征

白云石的碳氧稳定同位素组成与引起白云石化的流体介质有关，并主要受到介质盐度和温度的影响。海水蒸发作用使得海水的碳氧同位素值向偏正方向迁移，所以准同生白云岩中的碳氧同位素值比海水和海水胶结物中更偏正。相反，埋藏条件下的地下卤水是海水、淡水以及其他来源的水混合而成的地层水，再加上高温使氧同位素 $\delta^{18}O$ 值向偏负的方向迁移，所以埋藏成因白云石的 $\delta^{18}O$ 值比海水和海水胶结物偏负，比准同生白云岩更要偏负。埋藏条件下，碳同位素 $\delta^{13}C$ 值由于淡水混入和有机碳的影响变化比较大，但总的来说还是比海水胶结物和准同生白云岩要偏负。

对研究区内 13 个样品碳氧稳定同位素的分析表明：研究区奥陶系白云岩 $\delta^{18}O_{PDB}$ 值一般为 -7‰~-4‰（图 5），与同时期的海水相当[8,9]，且随温度的升高而亏损；$\delta^{13}C$ 值一般为 -1‰~1‰（图 5），而且泥粉晶白云岩的值偏正，细晶—颗粒白云岩的值偏负。这表明泥粉晶白云岩主要形成于准同生成岩环境，而细晶—颗粒白云岩主要形成于浅埋藏成岩环境。

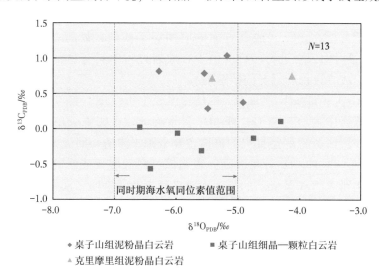

图 5 鄂尔多斯盆地西缘奥陶系白云岩碳氧稳定同位素图版

3.2 锶同位素特征

白云岩的锶同位素比值（$^{87}Sr/^{86}Sr$）一方面受白云岩形成时的孔隙水或原岩锶同位素特征控制，另一方面在白云岩的埋藏压实过程中受成岩作用的影响会逐渐变大。表生期大气淡水带入的锶元素或埋藏期深部热液带入的锶元素都对白云岩的锶同位素组成具有重要影响。地质历史中，海水的锶同位素组成也是不断变化的，晚寒武世—早奥陶世古海水的 $^{87}Sr/^{86}Sr$ 值约为 0.7087~0.7092，为地质历史中 ^{87}Sr 最富集的时期。

对研究区内 9 个样品锶同位素组成的分析（图 6）表明：研究区奥陶系泥粉晶白云岩 $^{87}Sr/^{86}Sr$ 值介于 0.7087~0.7093，反映该类白云岩主要形成于准同生成岩环境；而细晶—颗粒白云岩 $^{87}Sr/^{86}Sr$ 值普遍大于 0.7093，反映该类白云岩的形成受到大气淡水输入的影响。从盆地构造演化及奥陶系成岩演化过程来看，晚奥陶世鄂尔多斯盆地整体抬升遭受了长达130Ma的风化剥蚀作用，而该地区热液活动并不明显，因此判断盆地西缘奥陶系细晶—颗粒白云岩[87]Sr的富集是受到了表生期大气淡水锶的混入，说明实际的白云石化作用发生在浅埋藏成岩环境。

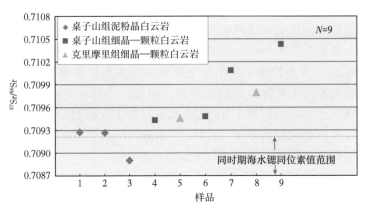

图6　鄂尔多斯盆地西缘奥陶系白云岩锶同位素图版

3.3　微量元素特征

元素地球化学方法在白云岩成因方面的应用还不成熟，目前一般依据 Fe、Mn、Sr、Na、Ba 等元素含量对白云岩进行研究。由于在成岩过程中具有稳定性，微量元素可以作为指示成岩环境与成岩过程的很好的示踪剂。

根据 SiO_2—Al_2O_3—TFe_2O_3—Na_2O—K_2O 含量变化折线图（图7）来看，研究区奥陶系细晶—颗粒白云岩中 K_2O、Na_2O、TFe_2O_3 含量均低，表明该类白云岩形成于浅埋藏条件下，白云石化作用所需的富含 Mg^{2+} 的流体主要来源于渗透—回流海水；泥粉晶白云岩中 K_2O、Na_2O 含量低，而 TFe_2O_3 含量较高，表明该类白云岩形成时的环境更接近于准同生期，白云石化作用所需的富含 Mg^{2+} 的流体主要来源于准同生期海水或混合水。

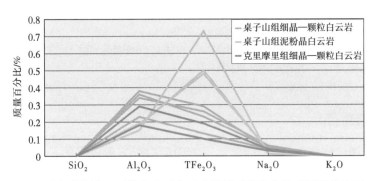

图7　鄂尔多斯盆地西缘奥陶系白云岩微量元素化合物质量百分比图

3.4　稀土元素特征

碳酸盐沉积作用和沉积后的成岩变化中，介质流体性质会发生巨大的变化，这对碳酸盐沉积物改造、胶结物和交代物的形成以及孔隙的形成和演化有着至关重要的作用。孔隙流体介质性质对稀土元素（REE）也有重要的影响。对碳酸盐岩形成和形成后变化有影响的流体是海水、大气淡水、地下水以及地下的热流体。研究这些流体的稀土元素含量及其REE 模式，对碳酸盐岩成因的讨论和储层孔隙演化的探索具有重要意义。在稀土元素中能够反映成岩环境的主要有 Eu（铕）和 Ce（铈）：Eu 的富集与亏损主要取决于含钙造岩生物的聚集和迁移；Ce 含量反映了表生作用的氧化条件——在氧化条件下亏损、在缺氧条件下富集，因此埋藏白云岩及热液白云岩中 Ce 往往比较富集。

对 10 个样品的稀土元素进行分析，发现鄂尔多斯盆地奥陶系桌子山组和克里摩里组白云岩的稀土元素配分模式总体呈现为轻稀土元素和重稀土元素富集较为均一的特征，曲线均呈平缓模式（图8）。具体来看，桌子山组和克里摩里组泥粉晶白云岩的 Ce、Eu 元素配分比值均表现为略微负异常，表明白云石化流体主要来源于海水，反映蒸发氧化环境；细晶—颗粒白云岩 Ce 元素配分比值表现为略微负异常，而 Eu 元素配分比值表现为略微正异常，反映浅埋藏环境。

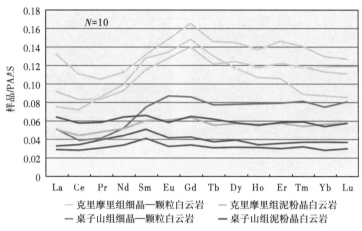

图8　鄂尔多斯盆地西缘奥陶系白云岩稀土元素标准化配分曲线图

3.5　阴极发光特征

同种矿物的阴极发光强度和颜色存在较大差异：不发光的定性解释为氧化环境的产物，常见于大气淡水成岩环境；明亮发光则与晶体中相对高的 Mn/Fe 值有关，通常在埋藏成岩作用的早期至中期阶段的还原条件下形成；昏暗发光见于具有较低 Mn/Fe 值的碳酸盐晶体中，通常为埋藏成岩作用中期至晚期阶段形成的胶结物或交代物。海水成岩环境可能是氧化环境，也可能是还原环境。

根据研究区 12 个白云岩样品的阴极发光特征来看，桌子山组和克里摩里组白云岩样品阴极发光总体显示为暗棕色、暗褐色及橘黄色、暗红色、红色等（图9）：泥粉晶白云岩主要显示为暗棕色或暗褐色，反映白云石化流体多为来源于准同生期的海水，即形成于准同生期；而细晶—颗粒白云岩主要显示为橘黄色、暗红色或红色，表明白云石化作用发生在浅埋藏环境，与渗透—回流作用有关。

3.6　包裹体均一温度特征

白云石包裹体是在白云石结晶生长时被保存下来的，它完整记录了白云石形成的条件和历史，反映了白云石化流体的性质（温度、盐度等）。由于泥粉晶白云岩中极难找到包

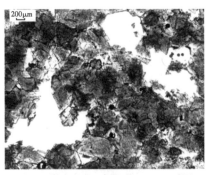

（a）颗粒白云岩。余探1井4332.55m,桌子
山组。普通薄片,单偏光

（b）同（a）,阴极发光。白云石发红色光

（c）粉晶白云岩。鄂32井3910.9m,克里摩
里组。普通薄片,单偏光

（d）同（c）,阴极发光。白云石发暗棕色光

图9 鄂尔多斯盆地西缘奥陶系白云岩阴极发光特征

裹体,故仅对20块细晶—颗粒白云岩样品作了包裹体测试。实验表明:包裹体均一温度为108.6~138.3℃（平均为122.9℃）,形成温度较高,反映白云石化是在浅埋藏成岩环境下发生的;而（铁）白云石胶结物中包裹体均一温度为109.7~197.7℃（平均为154.6℃）,形成温度高达180℃左右的白云石胶结物应是晚期深埋藏阶段的产物,不排除局部受深部热液流体的影响和改造的可能。

4 白云石化成因机制

20世纪50年代以来,学者们相继提出了一系列白云石化作用的模式,如萨布哈白云石化模式、渗透回流白云石化模式、混合水白云石化模式、埋藏白云石化模式、热液白云石化模式等[10-14]。鄂尔多斯盆地西缘在奥陶纪相对海平面总体处于持续上升阶段,海水由西向东补给至盆地中东部,海水的循环相对通畅,桌子山组沉积期中缓坡和内缓坡颗粒滩以及克里摩里组沉积期台地边缘带会对海水的补给造成一定的障壁作用。前人的研究表明鄂尔多斯盆地早奥陶世总体为干旱炎热气候[15,16],结合前述桌子山组和克里摩里组白云岩地球化学特征,综合分析认为盆地西缘奥陶系白云岩有准同生期蒸发泵白云石化和浅埋藏期回流—渗透白云石化两种成因机制。

如图10a所示,在干旱炎热的气候条件下,由西部流入台内潟湖或洼地的海水在经过障壁向台地内流动过程中逐渐被蒸发,从而建立起水平的高浓度梯度。在台内潟湖或洼地至中央古隆起的过渡带，在蒸发泵吸的作用下台内潟湖或洼地的高浓度卤水从潟湖一侧被抽汲进入过渡带的沉积物内，使过渡带孔隙水的 Mg/Ca 值提高，从而引起白云石化。

当台内潟湖或洼地内卤水的密度达到一定程度时，会导致重卤水向障壁方向回流，建立起向海倾斜的密度跃层，将流入的海水与流向海洋的浓卤水分离开来，正是由于海水由西向东补给以及重卤水由东向西回流—渗透，使得 Mg^{2+} 能被有效搬运以确保毗邻障壁的石灰岩发生大范围的白云石化（图10b）。由于内缓坡、中缓坡以及台地边缘颗粒滩具有较高的原生孔隙度，使得这些部位最先被白云石化，而且白云岩的厚度也大，这是造成如图2所示平面上桌子山组白云岩厚薄不一、克里摩里组白云岩分布不连续的主要原因。此外，同生期的颗粒滩原生孔隙在白云石化之后由于白云岩的抗压实能力强而得以保存下来，并可为表生期以及深埋藏期溶蚀作用提供重要的流体通道，从而造成孔隙进一步溶蚀扩大，形成现今盆地西缘奥陶系白云岩储层中最主要的储集空间。

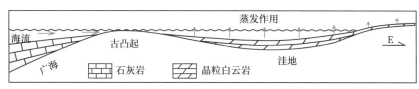

（a）泥粉晶白云岩蒸发泵白云石化模式

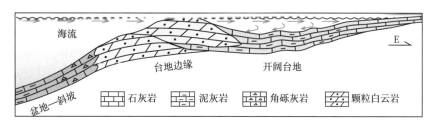

（b）细晶—颗粒白云岩回流—渗透白云石化模式

图 10 鄂尔多斯盆地西缘奥陶系白云岩成因模式

5 结论

（1）鄂尔多斯盆地西缘奥陶系白云岩主要为颗粒白云岩和晶粒白云岩，其中颗粒白云岩常见雾心亮边和残余颗粒结构，晶粒白云岩包括泥粉晶白云岩、粗粉晶白云岩、粉细晶白云岩、细晶白云岩、中细晶白云岩和中粗晶白云岩等。

（2）盆地西缘桌子山组白云岩分布广泛、厚度不一，以鄂托克旗至定边一带厚度最大；克里摩里组白云岩在盆地西缘分布较局限，厚度较薄。

（3）泥粉晶白云岩碳同位素 $\delta^{13}C$ 值多偏正，微量元素具有低 Na、K 及较高 Fe 的特征，锶同位素 $^{87}Sr/^{86}Sr$ 值与同时期海水相似，稀土元素 Eu 亏损，阴极发光显示为暗棕色或暗褐色；细晶—颗粒白云岩 $\delta^{13}C$ 值多偏负，微量元素具有低 Na、K、Fe 的特征，$^{87}Sr/^{86}Sr$ 值明显大于同时期海水，阴极发光显示为橘黄色、暗红色及红色，包裹体均一温度普遍偏高。

（4）根据区域构造—沉积演化、岩石学特征、气候环境以及地球化学特征综合分析，盆地西缘奥陶系泥粉晶白云岩由准同生期蒸发泵白云石化作用形成，细晶—颗粒白云岩由浅埋藏期回流—渗透白云石化作用形成。

参 考 文 献

[1] 王大兴，吴兴宁，孙六一，等．鄂尔多斯盆地天环北段奥陶系白云岩储层特征及分布规律［J］．西安石油大学学报（自然科学版），2016，31（1）：1-9.

[2] 吴兴宁，孙六一，于洲，等．鄂尔多斯盆地西部奥陶纪岩相古地理特征［J］．岩性油气藏，2015，27（6）：87-96.

[3] 付金华，郑聪斌．鄂尔多斯盆地奥陶纪华北海和祁连海演变及岩相古地理特征［J］．古地理学报，2001，3（4）：25-34.

[4] 韩品龙，张月巧，冯乔，等．鄂尔多斯盆地祁连海域奥陶纪岩相古地理特征及演化［J］．古地理学报，2009，23（5）：822-827.

[5] 冯增昭，鲍志东，康祺发，等．鄂尔多斯早古生代古构造［J］．古地理学报，1999，1（2）：84-91.

[6] 王少昌，付锁堂，李熙哲，等．鄂尔多斯盆地西缘古生代槽台过渡带裂谷系弧形构造带的形成与发展及对油气聚集富集规律的影响［J］．天然气地球科学，2005，16（4）：421-427.

[7] 徐黎明，周立发，张义楷，等．鄂尔多斯盆地构造应力场特征及其构造背景［J］．大地构造与成矿学，2006，30（4）：455-462.

[8] Veizer J, Hoefs J. The nature of $^{18}O/^{16}O$ and $^{13}C/^{12}C$ secular trends in sedimentary carbonate rocks［J］. Geochimica et cosmochimica acta, 1976, 40（11）: 1387-1395.

[9] Wadleigh M A, Veizer J. $^{18}O/^{16}O$ and $^{13}C/^{12}C$ in lower Paleozoic articulate brachiopods: implication for the isotopic composition of seawater［J］. Geochimica et cosmochimica acta, 1992, 56（1）: 431-443.

[10] 孙健，董兆雄，郑琴．白云岩成因的研究现状及相关发展趋势［J］．海相油气地质，2005，10（3）：25-30.

[11] 李振宏，杨永恒．白云岩成因研究现状及进展［J］．油气地质与采收率，2005，12（2）：5-8.

[12] 张学丰，胡文瑄，张军涛．白云岩成因相关问题及主要形成模式［J］．地质科技情报，2006，25（5）：32-40.

[13] 毕胜宇，郑聪斌，李振宏，等．鄂尔多斯盆地天环北段白云岩成因分析［J］．东华理工学院学报，2005，28（1）：1-4.

[14] 李波，颜佳新，刘喜停，等．白云岩有机成因模式：机制、进展与意义［J］．古地理学报，2010，12（6）：699-710.

[15] 洪永康．古气候与古海洋对碳酸盐岩储层发育的控制［J］．化工管理，2017（7）：94.

[16] 汪啸风，陈孝红．中国奥陶纪古生物地理与古气候［C］//地层古生物论文集，1999，27：1-27.

原文刊于《海相油气地质》，2020，25（4）：312-318.

鄂尔多斯盆地奥陶系盐下白云岩储层
特征、成因及分布

丁振纯[1]，高　星[2]，董国栋[2]，唐　瑾[3]，
惠江涛[4]，王少依[1]，赵振宇[4]，王　慧[1]

1. 中国石油杭州地质研究院；2. 中国石油长庆油田公司勘探开发研究院；
3. 中国石油大学（北京）；4. 中国石油青海油田公司采油五厂

摘　要　奥陶系盐下白云岩储层是鄂尔多斯盆地中东部天然气勘探的重要接替领域。基于钻井岩心、微观薄片、物性分析及地球化学特征等资料，应用微区多参数实验分析方法，对奥陶系盐下白云岩储层特征、成因与分布开展了系统研究。结果表明：（1）奥陶系盐下主要发育颗粒滩白云岩和微生物白云岩储层，其中颗粒滩白云岩储层岩性为砂屑白云岩、鲕粒白云岩和粉—细晶白云岩，储集空间由溶蚀孔洞、粒间孔、晶间（溶）孔和裂缝组成，平均孔隙度为6.04%；微生物白云岩储层岩性为凝块石白云岩，储集空间为溶蚀孔洞和微裂缝，平均孔隙度为5.64%。（2）奥陶系盐下白云岩储层孔隙来源于对颗粒滩和微生物丘中原生孔隙的继承，并经受了溶蚀作用、白云石化作用，以及膏盐矿物、石英、细—中晶白云石与方解石等充填作用的改造。（3）有利储层主要分布于中央古隆起、横山隆起及乌审旗坳陷中的低凸起带上。

关键词　白云岩；溶蚀作用；充填作用；盐下；马家沟组；奥陶系；鄂尔多斯盆地

鄂尔多斯盆地奥陶系马家沟组海相碳酸盐岩是天然气勘探的重要领域，针对该领域的勘探始于1989年，并首先发现了以硬石膏结核溶模孔为主要储集空间的靖边大气田[1]。2011年，通过深化沉积、储层及成藏认识，提出"中央古隆起东侧发育颗粒滩相白云岩岩性圈闭，上古生界煤系烃源岩侧向供烃成藏"等认识，并在靖边气田西侧奥陶系马五$_5$亚段发现以晶间孔、晶间溶孔为主要储集空间的白云岩岩性气藏[2]。

近年来，在盆地中部的苏322井和东部的统74井、莲92井奥陶系盐下白云岩储层段均获得了几十至上百万立方米的高产工业气流，展示出奥陶系盐下白云岩储层具有较大的勘探潜力。前人对盐下白云岩储层特征、发育主控因素、成岩作用类型及孔隙演化已做过一些研究，但仍存在较大争议[2-6]：有的学者认为奥陶系盐下白云岩储层主要为晶间孔型，孔隙由颗粒滩经过埋藏白云石化或混合水白云石化作用形成[2-4]；有的学者认为奥陶系盐下白云岩储层主要形成于颗粒滩和微生物丘中[5,6]，并主要受到准同生溶蚀作用[5,6]、埋藏重结晶作用[5]和膏盐矿物充填作用[6]的影响。此外，以往的研究区多集中于鄂尔多斯盆地中部[2-5]或东部膏盐岩边界线内侧[6]，而对盆地中东部白云岩储层特征、成因及分布规

第一作者：丁振纯，工程师，现从事海相碳酸盐岩储层成因研究及地震预测工作。通信地址：310023 浙江省杭州市西湖区西溪路920号；E-mail：dingzc_hz@petrochina.com.cn。

律缺乏整体、系统的认识，这制约了下一步的勘探进程。为此，本文基于钻井岩心、微观薄片、物性数据及地球化学特征等资料（其中取心井 20 口，地球化学测试样品共计 80 块），应用微区多参数实验等方法对鄂尔多斯盆地奥陶系盐下白云岩储层进行研究，明确了优质白云岩储层特征及其成因机理，预测了有利白云岩储层的分布范围，为研究区下一步勘探部署提供了支持。

1 地质背景

鄂尔多斯盆地中东部在奥陶纪马家沟组沉积期位于赤道附近[7,8]，气候干旱炎热[9]，且具有"多隆多坳"的古地理格局[10,11]，由西向东依次为中央古隆起、乌审旗坳陷、横山隆起、米脂坳陷和离石隆起（图 1a）。受古地貌、古气候和海平面升降变化控制，在纵向上发育了马一段、马三段和马五段 3 套膏盐岩层（图 1b），其中马五段受次级海侵—海退旋回控制，马五$_{10}$亚段、马五$_8$亚段、马五$_6$亚段和马五$_{1-4}$亚段以膏质白云岩和蒸发岩类为主；而马五$_9$亚段、马五$_7$亚段和马五$_5$亚段为相对海侵沉积，岩性以碳酸盐岩为主。前

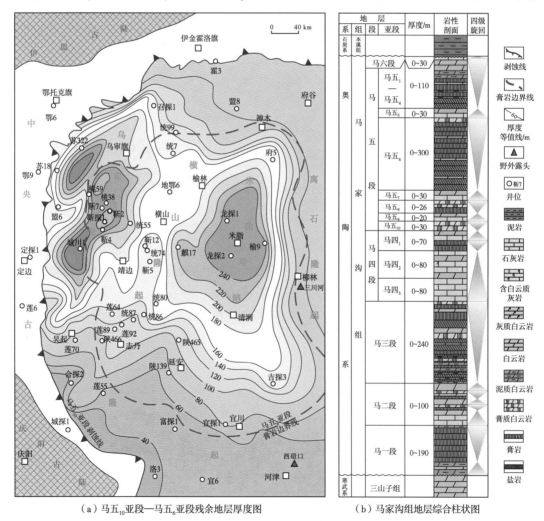

（a）马五$_{10}$亚段—马五$_6$亚段残余地层厚度图　　　（b）马家沟组地层综合柱状图

图 1　鄂尔多斯盆地奥陶系盐下残余地层厚度图与马家沟组地层岩性柱状图

340

人根据勘探现状及沉积特征，将马家沟组分为上组合（马五$_4$亚段—马五$_1$亚段）、中组合（马五$_{10}$亚段—马五$_5$亚段）和下组合（马一段—马四段）[2]。由于中组合的马五$_6$亚段具有膏盐岩沉积厚度大、分布范围广的特征，又以该亚段为界，将中组合内部的马五$_{10}$亚段—马五$_6$亚段简称为盐下地层[3]。加里东末期，鄂尔多斯盆地发生构造抬升，并经历了 140Ma 的风化暴露[11]，长期的大气淡水淋滤作用导致鄂尔多斯盆地中东部奥陶系盐下地层在伊盟古陆东南侧、中央古隆起和庆阳古陆东北侧被完全剥蚀，形成一个"C"形剥蚀窗口（图 1a）。

2 白云岩储层特征

对钻井岩心与微观薄片的观察研究表明，鄂尔多斯盆地中东部奥陶系盐下主要发育颗粒滩白云岩储层和微生物白云岩储层（图 2）。

2.1 颗粒滩白云岩储层

颗粒滩白云岩储层主要发育在马五$_9$亚段、马五$_7$亚段和马五$_6$亚段中，从岩性上可分为 2 类：颗粒白云岩和粉—细晶白云岩。

颗粒白云岩包含砂屑白云岩（图 2a 至 c）和鲕粒白云岩（图 2d，e），储集空间主要为残余粒间孔和粒间溶孔，含少量硬石膏晶体铸模孔和裂缝。残余粒间孔（粒间溶孔）孔径大小一般为 0.02～0.5mm，粒间可见马牙状白云石、方解石、硬石膏和盐矿物等胶结物（图 2a 至 d），如图 2d 中颗粒边缘见第 1 世代犬牙状胶结物，局部边缘可见溶蚀现象，后期充填第 2 世代方解石胶结物；硬石膏晶体铸模孔呈长方形（图 2e），长度一般为 0.5～1mm，宽 0.1～0.2μm，孔隙常常切割砂屑、鲕粒及其早期的粒状白云石胶结物。粉—细晶白云岩由粉晶白云石和细晶白云石组成（图 2f，g），部分可见疑似残余颗粒结构（图 2f），主要储集空间为溶蚀孔洞、晶间溶孔和晶间孔，含少量裂缝。溶蚀孔洞由残余粒间孔、晶间孔和晶间溶孔扩溶而来，直径介于 0.2～20mm，以 6～10mm 为主，少数孔隙内被硬石膏、中晶白云石、巨晶白云石（图 2g 红色箭头所指）、石英和萤石等矿物充填。对200 余块样品的物性统计表明：该类储层的孔隙度介于 1.27%～18.03%，平均孔隙度为6.04%，主要分布于 2%～8%（图 3a），其占比为 80.4%；渗透率介于 0.002～172.83mD，平均渗透率为 7.36mD，主要分布于 0.1～100mD（图 3b），其占比为 86.7%，而渗透率在1～10mD 的样品占了 48.4%。

2.2 微生物白云岩储层

微生物白云岩储层主要发育在马五$_6$亚段，储层岩性主要为凝块石白云岩，宏观上呈褐灰色与浅褐灰色杂乱分布的斑状结构（图 2h，i），灰色区域为粉晶白云岩（图 2h 红色箭头所指），浅色区域为残留凝块。浅色区域发育溶蚀孔洞，局部仍可见残余藻屑、砂屑（图 2i），不发育孔隙处主要由他形粉晶白云石组成，呈镶嵌接触（图 2i）。孔径一般为0.02～0.2mm，孔隙中可见方解石和硬石膏等充填物（图 2i）。对 50 余块样品物性的统计表明：该类储层的孔隙度介于 2.1%～14.6%，平均孔隙度为 5.64%，主要分布于 2%～8%（图 4a），其占比为 83.1%；渗透率介于 0.002～28.08mD，平均渗透率为 3.71mD，主要分布于 1～10mD（图 4b），其占比为 63.2%。

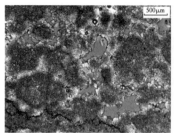

（a）砂屑白云岩。残余粒间孔发育。靳12井3640.29m，马五₉亚段。蓝色铸体片，单偏光

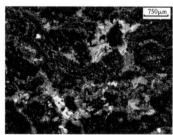

（b）藻砂屑白云岩。残余粒间孔发育，溶蚀孔洞内硬石膏充填。靳7井3674.48m，马五₆亚段。普通薄片，正交光

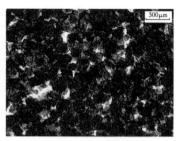

（c）砂屑白云岩。残余粒间孔发育，盐矿物充填。靳5井3529.72m，马五₇亚段。蓝色铸体片，单偏光

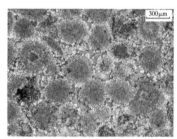

（d）鲕粒白云岩。残余粒间孔发育。靳7井3581.1m，马五₆亚段。红色铸体片，单偏光

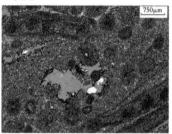

（e）鲕粒白云岩。硬石膏晶体铸模孔不均匀发育。靳7井3677.10m，马五₆亚段。红色铸体片，单偏光

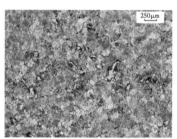

（f）粉—细晶白云岩。疑似残余颗粒结构，晶间孔、晶间溶孔发育。苏18井3630m，马五₇亚段。蓝色铸体片，单偏光

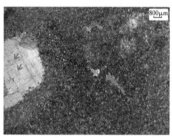

（g）粉—细晶白云岩。溶蚀孔洞、晶间孔、晶间溶孔发育，溶蚀孔洞被白云石充填。桃38井3630m，马五₇亚段。蓝色铸体片，单偏光

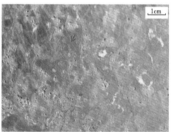

（h）凝块石白云岩。宏观上呈花斑状，发育针状溶孔或溶蚀孔洞。靳探1井3657.12m，马五₆亚段。岩心照片

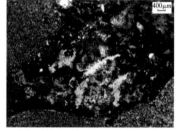

（i）凝块石白云岩。发育溶蚀孔洞，见硬石膏充填物。靳探1井3657.12m，马五₆亚段。蓝色铸体片，正交光

图2 鄂尔多斯盆地奥陶系盐下储层岩性、储集空间类型及成岩特征

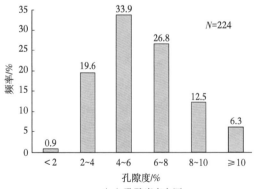

（a）孔隙度直方图

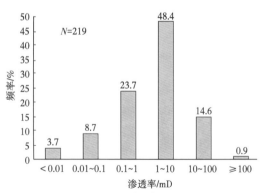

（b）渗透率直方图

图3 鄂尔多斯盆地奥陶系盐下颗粒滩白云岩储层物性直方图

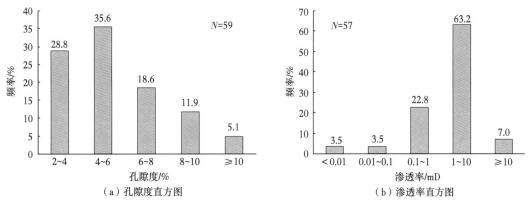

图 4　鄂尔多斯盆地奥陶系盐下微生物白云岩储层物性直方图

3　白云岩储层地球化学特征

3.1　碳、氧同位素组成

白云岩的碳、氧同位素组成与引起白云石化的成岩流体密切相关，并受到蒸发作用、稀释作用和温度的影响[12]。形成于高盐度蒸发海水中的白云岩具有较高的碳、氧同位素值；大气淡水环境下的成岩作用使白云岩的氧同位素值向偏负的方向迁移；在埋藏成岩环境中，埋深加大和温度的升高也会使氧同位素值向偏负的方向迁移。

从图 5a 可以看出，绝大多数奥陶系盐下粉晶白云岩、砂屑白云岩、鲕粒白云岩和粉—细晶白云岩的氧同位素值落在同期海水值（ $-6.6‰ \sim -4.0‰$ ）范围内[13,14]；部分基质白云石的氧同位素值偏负与大气淡水溶蚀、深埋藏等因素相关；孔隙中的白云石和方解石氧同位素充填物偏负与其形成环境相关。

3.2　锶同位素组成

海相碳酸盐岩的 $^{87}Sr/^{86}Sr$ 值主要取决于同期海水的 $^{87}Sr/^{86}Sr$ 值[12]，并受到成岩作用影响。成岩过程中，受到硅酸盐矿物影响的深部地层水可向碳酸盐矿物提供放射性的 ^{87}Sr ，造成碳酸盐矿物的 $^{87}Sr/^{86}Sr$ 值增加[15]；大气淡水流经富含放射性 ^{87}Sr 的硅质碎屑沉积物时将其溶入，并与海相碳酸盐矿物发生作用也会造成碳酸盐矿物的 $^{87}Sr/^{86}Sr$ 值增加。

从 14 个奥陶系盐下样品的 $^{87}Sr/^{86}Sr$ 值分布统计来看（图 5b），绝大多数砂屑白云岩、粉—细晶白云岩和粉晶白云岩样品的 $^{87}Sr/^{86}Sr$ 值落在同期海水值变化范围内（ $0.7087 \sim 0.7092$ ）[16]，反映白云石化流体为同期海水，部分样品 $^{87}Sr/^{86}Sr$ 值大于同期海水值与后期成岩作用相关。

3.3　Fe、Mn 含量

碳酸盐岩的成岩过程是对 Fe、Mn 不断获取的过程[17,18]。埋藏条件下形成的碳酸盐岩具有较高的 Fe、Mn 含量；热液流体对碳酸盐岩的改造过程也会导致碳酸盐矿物中 Fe、Mn 含量的增加[19]。因此，可依据碳酸盐矿物的 Fe、Mn 含量判断其经受成岩蚀变的程度和成岩序次。

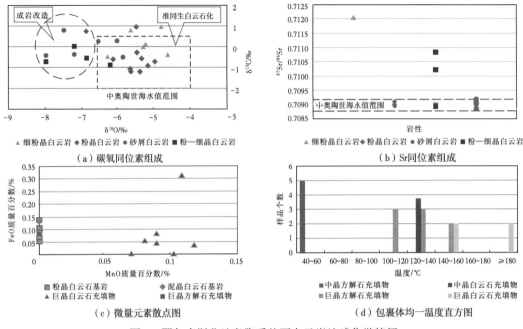

（a）碳氧同位素组成 ▲ 细粉晶白云岩 ◆ 粉晶白云岩 ■ 砂屑白云岩 ■ 粉—细晶白云岩

（b）Sr同位素组成 ▲ 细粉晶白云岩 ◆ 粉晶白云岩 ■ 砂屑白云岩 ■ 粉—细晶白云岩

（c）微量元素散点图 ■ 粉晶白云石基岩 ◆ 泥晶白云石基岩 ▲ 巨晶白云石充填物 ■ 巨晶方解石充填物

（d）包裹体均一温度直方图 ■ 中晶方解石充填物 ■ 中晶白云石充填物 ■ 巨晶方解石充填物 ■ 巨晶白云石充填物

图 5　鄂尔多斯盆地奥陶系盐下白云岩地球化学特征

从电子探针的 Fe、Mn 元素分析结果来看（图 5c），孔隙中的方解石、白云石充填物比大部分基质白云石具有更高的 Fe、Mn 含量，部分基质白云石 Fe、Mn 含量与充填物含量大致相当，表明其受到强烈的后期成岩流体改造，从而导致更多的 Fe、Mn 进入碳酸盐矿物晶格。

3.4　流体包裹体均一温度

通过测定参与矿物晶体形成的流体包裹体的近似成分和原始温度，可推测矿物岩石形成的环境和温度。

从图 5d 可以看出，研究区方解石充填矿物形成时间有 2 期：第 1 期为中晶方解石，由 5 个样品测得的包裹体均一温度为 47.2~56.8℃；第 2 期为巨晶方解石，由 8 个样品测得的包裹体均一温度为 104.5~148.1℃。白云石充填物形成时间有 2 期：第 1 期为中晶白云石，4 个样品的包裹体均一温度为 123.2~129.2℃；第 2 期为巨晶白云石，来自统 7 井马五$_7$亚段深度 3162.8m 的 2 个样品的包裹体均一温度分别为 140.3℃ 和 150.1℃，来自莲 64 井马五$_9$亚段深度 4258.2m 的 2 个样品的包裹体均一温度为 180.6℃ 和 181.5℃。

4　储层成因

钻井岩心、微观薄片及地球化学特征综合研究表明，鄂尔多斯盆地奥陶系盐下白云岩储层孔隙的形成与沉积相和成岩作用相关。

4.1　储层与沉积相的关系

沉积相是海相碳酸盐岩形成的物质基础和先决条件，并控制优质储层的平面分布。中央古隆起、横山隆起及乌审旗坳陷中的低凸起地势相对较高，水动力较强，是颗粒滩和微生物丘发育的有利场所，这些部位的沉积物岩性主要为砂屑白云岩、鲕粒白云岩、粉—细晶白云岩和凝块石白云岩；米脂坳陷及乌审旗坳陷中的凹陷地势相对较低，水动力较弱，发育局限潟湖相，沉积物岩性以粉晶白云岩、灰质粉晶白云岩和泥晶灰岩为主（图6）。前人研究认为，在颗粒滩沉积过程中，鲕粒或砂屑的机械堆积造成颗粒之间存在孔隙，颗粒滩的原始孔隙一般高达40%~60%[20]；而凝块石白云岩中的初始孔隙是由微生物粘结形成凝块，再由凝块颗粒造架产生的。这些沉积阶段形成的初始孔隙为储层的形成奠定了基础条件。

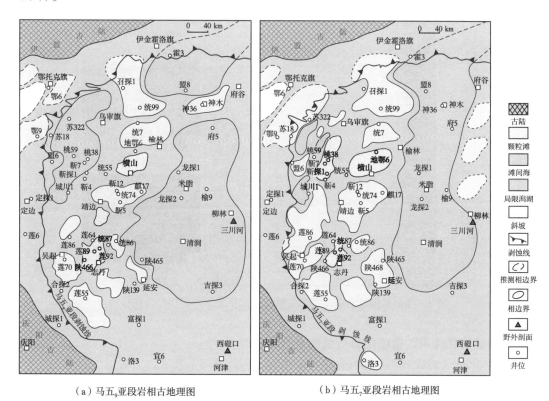

（a）马五₉亚段岩相古地理图　　　　（b）马五₇亚段岩相古地理图

图6　鄂尔多斯盆地奥陶系马五₉亚段与马五₇亚段岩相古地理图

4.2　储层与成岩作用的关系

4.2.1　溶蚀作用是储层溶蚀孔洞形成的关键

研究表明，鄂尔多斯盆地中东部奥陶系盐下白云岩储层经历了2期溶蚀作用：第1期溶蚀作用是准同生溶蚀作用，形成的孔隙类型为粒间溶孔、粒内孔和溶蚀孔，具有明显的组构选择性（图7a至c）；该类型成岩作用的发生与高频沉积旋回引起的暴露（短暂间断面）相关，呈现出颗粒滩或微生物丘旋回与孔洞发育程度及物性之间具有正相关性，即在向上变浅的颗粒滩或微生物丘旋回中，越向上靠近高频层序界面（短暂间断面），孔洞越发育，物性也越好（图7）。第2期溶蚀作用为晚表生大气淡水溶蚀作用，形成的孔隙类型为溶蚀孔洞、硬石膏晶体铸模孔和溶缝；该类成岩作用的发生与加里东末期长达140Ma的风化暴露有关。长期的大气淡水溶蚀作用致使在中央古隆起东侧形成一个环古隆起分布、缺失马五₁₀亚段—马五₆亚段的剥蚀窗口，大气淡水对中央古隆起剥蚀窗口区的盐下白云岩储层进行溶蚀，并沿剥蚀窗口下渗至盆地东部处于埋藏环境下的盐下白云岩储层中，溶蚀准同生期形成的硬石膏柱状晶体等易溶矿物（图2e）或对早期形成的储层进行溶蚀扩溶，造成部分基质白云岩的氧同位素组成偏负（图5a）、$^{87}Sr/^{86}Sr$ 值偏大（图5b），形成富含溶蚀孔洞、粒间溶孔和硬石膏铸模孔的白云岩储层。

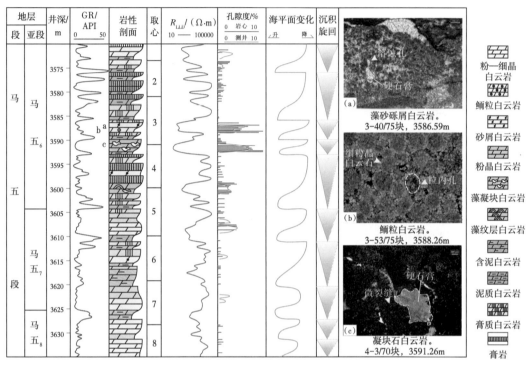

图7　鄂尔多斯盆地靳2井奥陶系盐下沉积旋回与储层综合柱状图

4.2.2　白云石化作用改造储层岩石结构及孔隙类型

从研究区白云岩岩石学与地球化学特征来看，部分奥陶系盐下白云岩储层岩性为晶粒较粗的粉—细晶白云岩，且部分可见残余颗粒结构（图2e至g），其氧、锶同位素仍处于同期海水值范围内，表明此类白云岩储层经历了近地表浅埋藏白云石化作用，白云石化流体为封存于孔隙中的富 Mg^{2+} 地层水。埋藏白云石化作用对储层的改造主要为导致储层的原始岩性结构被破坏或完全消失，孔隙由早期的粒间孔、粒间溶孔转换为晶间孔和晶间溶孔。

4.2.3　充填作用降低储层储集性能

钻井岩心、微观薄片与地球化学特征研究表明，鄂尔多斯盆地中东部奥陶系盐下白云岩储层经历了粒状细粉晶白云石、硬石膏、盐矿物、石英、细—中晶白云石和方解石等充填作用。粒状细粉晶白云石形成于准同生期，呈等厚环边状分布于颗粒间，为海底成岩环境产物，是储层孔隙中首期充填矿物（图2a，b）。硬石膏、盐矿物充填作用也形成于准同生期，形成时间晚于粒状白云石形成期及准同生溶蚀作用，其流体来源于膏岩、盐岩沉积期的高盐度卤水，流体的运移通道为准同生期暴露面，充填的部位往往是地势相对较低的颗粒滩或微生物白云岩储层中的孔隙空间（图2c，e，图7a，c）。由图5d反映的2期方解石充填物、2期白云石充填物，对其 Fe、Mn 含量及流体包裹体的综合研究表明：第1期方解石形成于晚表生成岩期，第2期方解石形成于晚埋藏期；第1期中晶白云石和第 2 期巨晶白云石均形成于晚埋藏期，但第 2 期巨晶白云石形成时间晚于第 1 期中晶白云石。

4.2.4 破裂作用形成的裂缝改善了储层渗流能力

鄂尔多斯盆地奥陶系马家沟组沉积后经历了加里东末期构造抬升、燕山期构造反转及晚期再次构造抬升等构造运动。受其控制，研究区奥陶系盐下白云岩储层经历了多期次构造破裂作用，由其形成的裂缝将溶蚀孔洞、粒间（溶）孔和晶间（溶）孔等早期孔隙连通起来，从而改善了储层的渗流能力。尤其是晚期裂缝，由于形成时间晚，通常切割围岩、硬石膏、连晶方解石和中—粗晶白云石等晚期充填矿物，且处于开启状态，对改善储层渗流能力起积极的建设性作用（图 7c）。

5 有利储层分布

储层成因分析表明，控制鄂尔多斯盆地奥陶系盐下白云岩储层发育的主要因素是颗粒滩与微生物丘微相、溶蚀作用和膏盐矿物充填作用，这意味着经历了溶蚀作用的颗粒滩和微生物丘有利于储层孔隙的形成，而发育于远离风化壳剥蚀窗口且位于膏岩、盐岩边界线内侧的颗粒滩和微生物白云岩储层中的孔隙易于被膏盐矿物充填，而且晚表生岩溶作用改造弱或未受到改造，不利于原始孔隙的保存。据此，叠合奥陶系盐下颗粒滩体分布、马五$_9$亚段剥蚀线和马五$_6$亚段膏盐岩边界线，编制了鄂尔多斯盆地奥陶系盐下白云岩储层分布与评价图。如图 8 所示，鄂尔多斯盆地奥陶系盐下白云岩储层主要沿中央古隆起、横山隆起及乌审旗坳陷中的低凸起分布。根据沉积相和成岩作用特征，储层的分布可以划分为 3 类区：Ⅰ类区紧邻中央古隆起剥蚀窗口，沉积期颗粒滩发育，准同生期和晚表生岩溶期大气淡水溶蚀作用强，且无膏盐矿物充填（图 2f）；Ⅱ类区位于马五$_6$亚段膏岩边界线与盐岩边界线之间的颗粒滩和微生物丘分布区，存在硬石膏充填或再次溶蚀等现象，因而孔隙中既可见硬石膏充填物（图 2b，h，i），也可见受晚表生期大气淡水溶蚀作用改造形成

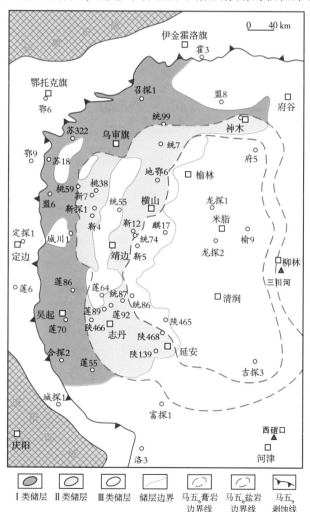

图 8　鄂尔多斯盆地奥陶系盐下有利白云岩储层分布区

的硬石膏铸模孔（图2e）；Ⅲ类区位于盐岩边界线内侧的颗粒滩分布区，孔隙中盐矿物充填严重（图2c），且不易受到晚表生岩溶作用的再次改造。

6 结论

（1）鄂尔多斯盆地奥陶系盐下主要发育颗粒滩白云岩储层和微生物白云岩储层。颗粒滩白云岩储层岩性为鲕粒白云岩、砂屑白云岩和粉—细晶白云岩，主要储集空间为溶蚀孔洞、残余粒间（溶）孔、晶间（溶）孔和微裂缝，孔隙度介于1.27%~18.03%，平均孔隙度为6.04%；微生物白云岩储层岩性为凝块石白云岩，储集空间为溶蚀孔洞和微裂缝，孔隙度介于2.1%~14.6%，平均孔隙度为5.64%。

（2）鄂尔多斯盆地奥陶系盐下白云岩储层孔隙的形成与沉积相和成岩作用相关。颗粒滩和微生物丘是储层发育的物质基础；溶蚀作用进一步改善储集性能；埋藏白云石化作用改造储层岩石结构及孔隙类型；充填作用堵塞孔隙，降低储层孔隙度和渗流能力；破裂作用形成的裂缝改善了储层渗流能力。

（3）鄂尔多斯盆地奥陶系盐下白云岩储层主要受颗粒滩与微生物丘微相、溶蚀作用和膏盐矿物充填作用控制，有利储层沿中央古隆起、横山隆起及乌审旗坳陷中的低凸起分布。

参 考 文 献

[1] 侯方浩，方少仙，何江，等. 鄂尔多斯盆地靖边气田区中奥陶统马家沟组五$_1$—五$_4$亚段古岩溶型储层分布特征及综合评价 [J]. 海相油气地质，2011，16（1）：1-13.

[2] 杨华，包洪平. 鄂尔多斯盆地奥陶系中组合成藏特征及勘探启示 [J]. 天然气工业，2011，31（12）：1-10.

[3] 姚泾利，包洪平，任军峰，等. 鄂尔多斯盆地奥陶系盐下天然气勘探 [J]. 中国石油勘探，2015，20（3）：1-12.

[4] 陈洪德，胡思涵，陈安清，等. 鄂尔多斯盆地中央古隆起东侧非岩溶白云岩储层成因 [J]. 天然气工业，2013，33（10）：1-7.

[5] 左智峰，熊鹰，何为，等. 鄂尔多斯盆地中部马五段盐下储层成岩作用与孔隙演化 [J]. 地质科技情报，2019，38（5）：155-164.

[6] 于洲，丁振纯，王利花，等. 鄂尔多斯盆地奥陶系马家沟组五段膏盐下白云岩储层形成的主控因素 [J]. 石油与天然气地质，2018，39（6）：1213-1224.

[7] 杨振宇，马醒华，孙知明，等. 豫北地区早古生代古地磁研究的初步结果及其意义 [J]. 科学通报，1997，42（4）：401-406.

[8] 吴汉宁，常承法，刘椿，等. 依据古地磁资料探讨华北和华南块体运动及其对秦岭造山带构造演化的影响 [J]. 地质科学，1990，25（3）：201-214.

[9] 张永生，郑绵平，包洪平，等. 陕北盐盆马家沟组五段六亚段沉积期构造分异对成钾凹陷的控制 [J]. 地质学报，2013，87（1）：101-109.

[10] 于洲，丁振纯，孙六一，等. 鄂尔多斯盆地中东部奥陶系马五$_4$亚段沉积演化及岩相古地理 [J]. 古地理学报，2015，17（6）：787-796.

[11] 杨俊杰，裴锡古. 中国天然气地质学卷四：鄂尔多斯盆地 [M]. 北京：石油工业出版社，1996.

[12] 黄思静. 碳酸盐岩的成岩作用 [M]. 北京：地质出版社，2010.

[13] Allan J R, Wiggins W D. Dolomite reservoirs：geochemical techniques for evaluating origin and distribution

［M］．Tulsa：AAPG continuing education course note series No. 36, 1993.

［14］Lohmann K C, Walker J C G. The δ^{18}O record of Phanerozoic abiotic marine calcite cements ［J］．Geophysical research letters, 1989, 16 (4)：319-322.

［15］赵卫卫，王宝清．鄂尔多斯盆地苏里格地区奥陶系马家沟组马五段白云岩的地球化学特征［J］．地球学报，2011, 32 (6)：681-690.

［16］Veizer J, Ala D, Azmy K, et al. ^{87}Sr/^{86}Sr, δ^{13}C and δ^{18}O evolution of Phanerozoic seawater ［J］．Chemical geology, 1999, 161 (1)：59-88.

［17］黄思静．海相碳酸盐矿物的阴极发光性与其成岩蚀变的关系［J］．岩相古地理，1990, 10 (4)：9-15.

［18］黄思静，卿海若，胡作维，等．川东三叠系飞仙关组碳酸盐岩的阴极发光特征与成岩作用［J］．地球科学（中国地质大学学报），2008, 33 (1)：26-34.

［19］金之钧，朱东亚，胡文瑄，等．塔里木盆地热液活动地质地球化学特征及其对储层影响［J］．地质学报，2006, 80 (2)：245-253.

［20］周进高，徐春春，姚根顺，等．四川盆地下寒武统龙王庙组储层形成与演化［J］．石油勘探与开发，2015, 42 (2)：158-166.

原文刊于《海相油气地质》，2021, 26 (1)：16-24.